"十三五"普通高等教育本科部委级规划教材

U0149679

染整工艺设备（第3版）

王 炜 主 编

中国纺织出版社有限公司

内 容 提 要

本书对各种染整工艺设备的结构特点、作用原理、性能、操作、纺织品适应性和当前国内外研发进展趋势进行了较深入的分析和讨论。具体内容包括引言、通用装置、通用单元机、前处理设备、染色设备、印花机、整理设备及染整设备的自动控制等内容。

本书为高等院校轻化工程专业教材,同时也可供印染行业技术人员和科研人员阅读。

图书在版编目(CIP)数据

染整工艺设备/王炜主编. --3版. --北京:中国纺织出版社有限公司,2020.9 (2023.2重印)

“十三五”普通高等教育本科部委级规划教材

ISBN 978-7-5180-6613-1

Ⅰ.①染… Ⅱ.①王… Ⅲ.①染整机械—高等学校—教材 Ⅳ.①TS190.4

中国版本图书馆CIP数据核字(2019)第186458号

责任编辑:范雨昕　　责任校对:楼旭红　　责任印制:何　建

中国纺织出版社有限公司出版发行
地址:北京市朝阳区百子湾东里A407号楼　邮政编码:100124
销售电话:010—67004422　传真:010—87155801
http://www.c-textilep.com
中国纺织出版社天猫旗舰店
官方微博 http://weibo.com/2119887771
唐山玺诚印务有限公司印刷　各地新华书店经销
2020年9月第1版　2023年2月第3次印刷
开本:787×1092　1/16　印张:17.25
字数:305千字　定价:72.00元

前言

《染整工艺设备》自1980年出版，一直是染整专业大学本科的沿用教材，并连续被列入普通高等教育规划教材。本书于2008年修订再版后，至今已十余年，这期间，印染行业发展非常迅猛，企业转型升级明显，自动化、信息化正重塑印染企业的面貌。与之对应的染整设备也已有了翻天覆地的变化，所涉及的理论与应用研究也都有了很大发展。但教材内容已明显滞后，不能满足当今染整专业教学需要。

染整工艺设备是企业生产经营的基础，是企业生产能力和技术水平的物化体现，是保证产品质量与企业竞争力的重要支撑，对于企业生存发展起着至关重要的作用。设备是现代染整技术的重要组成部分，技术的进步必须依靠工艺、设备、染辅材料三者协同作用、互为依靠。而熟悉设备的工作原理及其应用技巧已成为所有从业技术人员必须熟练掌握的知识体系。

为了适应形势发展，提高教材质量，根据国家"十三五"普通高等教育本科教材规划要求，在认真总结教学经验、广泛征求兄弟院校和使用单位意见的基础上，吐故纳新，再次对本书进行修订。

主要修订内容有以下几个方面：

1. 对全书总篇幅进行了一定的调整。从原来的四章增加到八章，包括引言、通用装置、通用单元机、前处理设备、染色设备、印花机、整理设备以及染整设备的自动控制内容，按印染加工顺序划分主要章节，均衡各个章节内容。层次更为明晰，便于教学。增加自动控制一章，以适应当今染整工厂信息化、智能化的技术发展趋势。

2. 对部分章节内容做了删减和增补。删减了与当前生产实际不相符的陈旧内容，如去掉了铜辊印花机，增加了数码印花机的内容。在染色设备中，增加了气流染色机的篇幅。采编了设备自动控制系统、中央群控系统等内容。新机器比老设备普遍具有节能、节水、小浴比、节约染化料等优点，并且更加高效，可以精密控制。对不符合新技术的内容以及部分不准确的说法进行了修改和纠正，更加方便读者学习掌握，适应社会需求。

3. 更注重内在规律探讨与基本原理的阐释。教材不同于一般知识介绍或产品信息发布的参考书，要强调重点，关注基本概念、基本理论。本着重点突出的原则，对重点理论进行充实提高，且补充了新内容。在知识性方面，重点论述了设备的技术特性、机器的工作原理、质量以及工艺的形成过程、机构的运动分析以及纺织品的物理指标与生产设备的关联性等。力求寓生产实际于理论之中，融理论于运行设备实践之内，使本书既有实用参考价值，又有一定的理论深度。

4. 对重要的术语或专业名称在第一次出现之处加注英文，为高校学生延伸阅读，查阅文献提供一些帮助，也便于提高读者的专业英语水平。

5. 本书有别于机械设计、机械制造类的书籍，对机械结构、运动、受力分析不做过多讨论，着重阐明实现工艺所必要的条件，工艺因素所对应的设备关键性指标，以及设备关键执行机件与整机参数之间的关系，掌握设备运行以及磨损规律，以掌握设备的选择和使用为主要目的。

为激发读者的学习兴趣和拓展学生的应用能力，培养学生利用课程知识进行设备改造和创新设计的能力，在部分章节后，附有少量 Auto CAD 作图练习，鼓励有能力的同学完成设备草图或关键部件图。有助于理解染整工厂的布局原则，掌握设备安装等相关知识。提升学生的学习兴趣和实际应用能力，培养创新能力。同时也可加深对课程的理解，拓宽学生的知识面，提升就业能力。

配套教学课件是作者在总结多年课堂教学经验的基础上不断修改完善下制作完成的，可以根据教学进程，实时渐进地演示相应内容，实现教学互动，适应教学实际需要。

本次修订工作由东华大学染整教研组组织，第一、第八章由东华大学王炜编写，第二、第三、第六章由江南大学王潮霞编写，第五章由江南大学王平编写，第七章由俞丹编写，全书由王炜担任主编，负责统稿。东华大学蔡再生担任主审。

天津工业大学马晓光，浙江理工大学沈一峰对本书的大纲和内容的编写提出了许多宝贵意见。研究生茅昀、梁冰莹、孟周奇也帮助整理书稿、协助编目插图等工作。在本书编写过程中也得到了三元控股集团等单位的大力支持，在此表示衷心感谢。

在教材的修订过程中参阅了国内外大量的文献资料和专著，若将其一一列出，恐占去很大篇幅，因此只是在书后列出主要参考资料。

由于编者水平有限，纰漏之处在所难免，诚恳希望同行和读者给予指正，以便再版时去粗取精，使之臻于完善。

编者

2019 年 5 月

目录

第一章 引言

第一节 染整工艺设备与印染生产的关系

纺织服装作为我国国民经济传统支柱产业、重要的民生产业和国际竞争优势明显的产业，在繁荣市场、吸纳就业、增加国民收入、加快城镇化进程以及促进社会和谐发展等方面发挥着重要作用。根据国家发展规划，当前纺织业发展重点是推动行业转变发展模式，以智能化、信息化促进行业进步，将高端纺织装备、高性能纤维及产业用纺织品作为行业新的增长点。生产装备升级和印染设备研发具有明显的现实意义和广阔前景。

染整是纺织产业链中的重要环节，是提升产品质量、赋予其文化时尚内涵、提高纺织品附加值的关键过程。然而，印染加工中水耗、能耗大，占整个纺织产业链的大部分，一直是制约行业发展的重要问题。改革开放以来，国内印染加工规模快速扩张所引发的环保问题给印染企业带来不少负面影响，成为社会的敏感问题。近年来，随着科技进步，信息技术和自动控制技术在装备上广泛应用，印染行业呈现全新面貌，准入门槛高、资金密集、技术密集、信息化和智能化水平高，管理要求高成为新特征，逐渐摆脱传统印染行业带给人们的印象。特别是近年来环保治理日趋完善，高效、节水、节能为技术特点的新型设备大量装备企业，资源利用更加合理，生产线一般配套中水回用设施，清洁生产已成为印染企业持续发展的必然选择。新形势正加速推动印染技术进步，产业转型与升级，印染设备升级换代就是重要标志之一。

常有人把染整设备称为染整机械，从定义上看，设备包含有机械和机器，设备内涵更广泛。机器(machine)是执行机械运动的装置，可以变换或者传递能量、物料和信息，具备机械的三个特征，即机件组合体，各部分有确定的相对运动，能够转换机械能完成有效的机械运动，机器分为原动机和工作机两大类。本课程所提染整机器都属于工作机，或者被称为工艺设备。工艺设备则是区别其他通用装备，为印染生产所特有，并对工艺实现至关重要。本书以实现染整加工的工艺设备为研究对象，对工业通用装备只做简单介绍。

设备是实现工艺的基础，“工欲善其事，必先利其器”。染整设备、染整工艺和染料助剂构成染整工艺学主体。

设备是先进技术的负载体。设备是物化的技术，许多先进的技术、工艺都依赖于高精度、高效率和稳定运行的成套设备，多数节能减排的措施也依靠设备得以实现，某种程度上设备水平也反映了企业技术水平，许多企业以先进装备为自身形象的代表。

设备管理是企业生产经营的保障。优秀的企业管理可以确保企业提高产品质量，提高生产效率，增加花色品种，降低生产成本，获得最高经济效益。保证设备正常运行、有效利用，是达成生产经营目标的条件,并最终提高企业市场竞争力。

设备选型与更新、改造决定了生产效率的高低,也极大地影响着经营的兴衰成败。如果企业只是低价配置染整设备,则可能造成生产不能正常运行;但片面追求高价配置染整设备,企业资金投入大,设备折旧负担重,生产成本增加,产品失去市场竞争力,也有可能会拖垮企业。因此,合理选择设备非常重要。一般选型原则包括以下几点:

(1)满足生产工艺要求,并能保证产品质量和设计产量;

(2)满足经济性要求,如水、电、汽消耗少,备品备件供应方便,耗材低廉,生产运行费用低;

(3)满足操控安全要求,操作简便、易于维修,劳动强度低;

(4)投入产出比高、性价比高,经济合理;

(5)造型美观,结构紧凑。

近年来,染整技术的进步极大地改变了传统印染业的面貌。现代信息技术和控制技术高速发展,其成果不断融入设备的运行、维护、保养等各个方面。在线检测、远程监控、自动控制、人机交互界面、制造执行管理系统(MES)、企业资源计划系统(ERP)等手段广泛使用;现代染厂生产呈现高效、低耗、智能化的现代感;新型染整设备运行速度大大加快,生产效率显著提高;新型设备还更多呈现出模块化,灵活组装的特征;由于用地资源紧张,设备设计更紧凑,并更多考虑利用向上的空间,故被设计得越来越高;同时染整设备呈现智能化特点,由于自动化技术、机器人技术不断发展,许多过程已实现多个生产工序自动运行,对生产过程中央集中控制,设备工作状态实时监控、报警、反馈处理都可以在群控中心完成。可以预期,随着技术进步,更多的生产岗位将会被机器人取代。

与此同时,日趋严厉的环保政策法规不断出台,促使环保技术长足发展,新型设备更加注重生态环保,并强调资源可循环利用,力求减少化学药剂和能源的消耗,对染整设备要求符合生态与可持续发展。

对工艺设备的理解和把握是从染整理论到生产实践的基础,是印染从业人员必备的专业知识,是制订工艺的依据和完成生产的条件,是将环保理念贯彻于生产实践的路径。染整专业学生和从业者应当熟练掌握染整设备知识,并时刻关注染整工艺设备的进步与发展。

第二节　染整工艺设备的主要特点

染整可简单地分成前处理、染色、印花、后整理等几个加工阶段,染整即借助各种设备,通过化学或物理的方法对纺织品进行处理的过程。通过染整,纺织品从粗糙的坯布,变为具有一定染色牢度,良好的实物质量,并满足一定物理指标的服装、家纺、装饰面料,抑或是具备某些特定功能的产业用纺织品。通过染整,还可使织物获得灵动的触觉、视觉、手感、甚至是嗅觉感知,使之被赋予文化审美、时尚流行等主观内涵。

染厂设备可大致分成工艺设备、工业通用设备和非标设备三种类型。工艺设备是指如烧毛机、煮练机、印花机、染色机、定型机等专业性较强,由染整机械制造厂生产,专门用于完成某特定工艺的加工装置。通用设备是指如锅炉、电动机、真空泵、空压机、水泵、阀门等各行各业都能适用的通用机电产品。非标设备指既不属于工艺设备，也不属于通用设备的某些专门设计的特殊装备，多在施工现场就地加工制造，如助剂的储存罐、推布车、工序流转槽、管道连接头，这些非标设备同样重要，不可缺少。工业通用设备和非标设备不作为本书的研究重点。为区别于这些工业通用设备和非标设备，将在染整加工中所特有的、对实现工艺条件至关重要的部分，定义为染整工艺设备，并进一步将其细分为染整专业通用装置（universal device）、通用设备（universal equipment）和专用设备（special equipment）。

设备的发展的推动力是来自于工艺的需要，而新材料、新产品又会不断提出新的工艺，因此工艺的进步推动设备升级，而设备的进步，又不断促进工艺的改进。

按照现代设备的概念，染整机械一般包括动力机构、传动机构、执行机构、控制系统四个部分。与其他工业相比，染整工艺设备具有以下特点：

一、设备种类较多

染整加工的对象包括多种纺织纤维的多种形态，如棉、毛、丝、麻、涤纶、锦纶、腈纶多种纤维，散纤维、纱线、机织物和针织物（混纺、交织）多种形态等，同样的工序又有多种生产方法和工艺要求，而且一些同类设备又因其公称宽度不同和传动装置在设备左右位置差异，又可细分成窄幅、宽幅和左手车、右手车等，因此染整工艺设备种类较多。

二、单元机通用性强，可组合成多种联合机

染整加工过程除了少数工序外，基本加工方法均包括浸轧、水洗、脱水、烘燥、汽蒸等，因而单元机通用性强，如平幅浸轧机、平幅水洗机、平幅轧水机以及烘燥机等。染整加工过程中则采用单元设备“搭积木”方式进行组合，特别是加工棉织物、涤棉混纺织物的染整设备，素来由“轧、洗、烘、蒸”四大类通用设备组成。

印染机械的配套零件很多，由早期的辊筒、布铗、链条、吸边器等，发展到现在的扩幅弯辊、烘筒、红外线对中、红外线探边、光电整纬等，甚至发展到非标压力容器、小样机、各种传感器等。这些配套件有两个特点：一是其虽为整台设备中的部分构件，但通用性很强，用量大；二是批量大，如导布辊，在有些设备上就装有上百根。过去由总装厂自行生产配套件，既费时，又费工，成本降不下来，质量还不易控制。现多改由专业厂制造后送总装厂装配成机，专业制造，批量大，成本低，品质明显提升。因此，一些标准化、系列化、通用化（俗称“三化”）强的零部件如轧、洗、烘、蒸等通用单元机趋于专业化生产。

三、材料种类多

染整加工过程几乎都是通过化学品辅以温度、压力等因素作用于纺织品，要求设备耐高温、耐高压、耐化学品，加之近年来设备运行速度大幅提升，要求材料具有耐摩擦或者有极低摩擦系数。部分设备需要承担烘燥、除湿等功能，因此其零部件除了具备一定的刚度，还需要具备导热

性或者绝热性等要求。要求的多样性致使用材料多样,除了铸铁、碳钢、不锈钢、合金钢、有色金属、橡胶、纺织纤维、木材和陶瓷、石棉等,高性能合成材料聚四氟乙烯(PTFE)、高强度聚乙烯(HDPE)和聚氨酯(PU)也大量运用于染整设备的各种零部件中。

四、生产效率高

染整工艺设备生产效率高,某些平幅染整设备织物运行速度可达100m/min以上,而有些绳状水洗机运行可达到200m/min。这对相关的零部件的构造和材质提出了较高的要求,同时加强设备维护保养也显得尤为重要。

五、多数设备较大、较长、较重

为了满足染整工艺规定所需的作用时间,特别是在较高车速下某些单元机需要较大的容布量,而且有些设备公称宽度较宽,以致不少设备的外形庞大。此外除了某些工序设备如轧光机、电光机、轧纹机等需要施加数吨、数十吨的总压力外,一般染整设备都配有施加机械压力的轧辊组,并同时保证在织物高运行速度下运转。为了确保这些设备的机械强度,减轻设备机械振动,其机架和相关部件尺寸较大且较笨重。

目前大多数染整设备都是组合联合机,并且排成流水线进行连续化生产,对比其他行业的机械来看,染整工艺设备就显得大而长。

六、同步传动要求高,调速范围宽

联合机(dyeing and finishing range)各单元同步传动要求高,某些特定设备调速范围广。联合机往往由十几个通过变速电动机单独传动的单元机组合而成,要求传送的织物的各主动辊面线速度能自动同步调整并稳定可靠,以保证平幅织物在机内正常运行。对于总长达数十米的染整联合机,织物从进布到出布联合机,在机内的织物长度有数百米到数千米,要保证所有单元设备的输送装置都具有相同的线速度是难以达到的。如果前方的线速度低于后方,织物就会松弛下来,可能产生严重事故;相反如果前方织物线速度过多地高于后方,则又使织物承受过大的张力,不仅造成织物伸长,影响质量,而且会损坏机件。此外由于加工的织物品种、工艺要求不同,调速范围要求也不同。如印花联合机,经常需要降低车速以进行对花操作,故要求选用调速范围较宽的变速电动机,调速范围视工艺要求可选如1:3~1:10不等。

七、自动化程度高

现代染整工艺设备基本上是高速连续化生产,设备正常运转是获得稳定优异的产品质量,最少地能源消耗和降低劳动强度的根本保证。目前自动化控制、机电一体化技术以及人机交互界面已经在染整设备上开始广泛应用。比如有染整工艺参数(如温度、流量、液位、流体压力、溶液浓度、织物带液率、烘干后剩余含湿量、织物增重率、单位面积重、湿热汽湿度)等的在线自动检测、控制和调节,多机台中央群控系统,自动称料系统与染料助剂管道配速系统以及越来越多机械动作自动控制。随着电子信息技术的不断发展与制造技术日益提高，染整工艺设备的自动化程度将继续提高。

第三节 我国染整工艺设备的发展历程

直到20世纪初，我国印染业一直处于手工作坊的状态，在染坊中，师徒劳作，言传身教，心口相传，所借助的设备也只有大缸、挂架、轧布石。从20世纪20年代初，国外染整机械和合成染料快速发展并引入国内，逐渐形成近代印染业雏形。当时印染被称为练染业（取意精练、漂白、染色等过程），逐渐引进国外的电动染整机械，并逐渐使用合成染料和助剂，丝绸精练改为平幅方式进行。1918年，采用机械丝光的上海精练厂成立。1926年，上海大昌精练染色厂投产。在这些工厂中，练槽内加入纯碱和肥皂等精练剂，由蒸汽升温，平幅悬挂，汽蒸煮练。相比于手工粗布，如此练染的棉制品轻薄细致、富有光泽、颜色鲜艳，外观整洁。此后数年，练染工厂逐步取代手工业生产。然而直到中华人民共和国成立之前，国内染整设备全部依赖进口。当时，由于国内工业基础薄弱，所谓的染整设备厂只能生产简单的配件，设计和制造水平低下，装备简陋，产品粗糙。染厂生产的印染布质量不高，品种单调，市场还是"洋布"的天下。

中华人民共和国成立初期，逐步将原外资印染厂和许多私营印染厂改造成为国营企业，并在全国各地新建和扩建大批印染厂。在以往上海、天津、青岛（俗称"上青天"）老纺织印染基地的基础上，于"一五""二五"期间扩充新建，同时设计投产并最终形成北京、石家庄、邯郸、郑州、西安五个印染工业新基地，并以革新改造与引进国外先进技术相结合，不断提高练漂、印染、整理的技术水平。

改革开放前，在纺织工业部主导下，我国染整设备尤其是棉类染整机械经历了五次大的设计定型。中华人民共和国成立初期，在苏联专家指导下，国内顶尖专家和设计人员结合国外新技术和国内积累的经验，于1954年完成整套棉纺织印染设备的设计制造与定型，命名为54型纺织印染设备。这套设备主要仿制苏联等国外设备，采用集体传动、杠杆与重锤加压、铸铁墙板，设备扎实笨重，但在当时看来，54型设备有产量高，染色质量好的优点，但幅宽窄、织物运行张力大，接近当时国际上的先进水平。后期，54型设备还相继成套出口越南、朝鲜、坦桑尼亚、阿尔巴尼亚、赞比亚等二十多个国家。

十多年后，染整工艺和机械制造取得较大进步，我国纺织品出口贸易增多，国际市场对纺织品质量、花色品种要求提高。在时任纺织部长钱之光的积极推动下，部属纺织机械公司从1964年开始组织使用单位和纺机设计、制造单位，共同对54型棉纺织成套设备进行重大改进，融合国内外新技术，研制并定型了65型棉纺织成套设备。65型设备的特点是同步单独传动，气动加压，织物张力明显减小。在以后的十几年间，这些新型设备在新厂建设和老厂改造中被广泛采用，对纺织工业技术水平的提高和改进纺织产品质量、增加花色品种起到了重要作用。

1971年，为适应当时援建国外中小型染整厂的需要，轻工业部决定在总结54型、65型经验的基础上，吸收技术革新成果，试制新型成套漂染整理设备。由上海印染机械厂、黄石纺机厂、闯新纺机厂、沪东纺机厂等组成联合设计组,完成了71型成套漂染整理设备的设计。71型设备的特点是采用直流电动机传动和气动加压。主要为出口发展中国家和地区,建设许多中小型染整厂。这套棉纺织设备无论在制造质量、使用性能和可靠性方面均有所提高,出口到泰国、巴基斯坦等国家。这期间共完成狭、宽幅通用单元机50种,专用单元机42种,联合机29种。

1973年,纺织工业部又重新组织设计,并在1979年完成定型验收74型系列单元机和联合机。74型设备在我国纺织工业发展历史上具有重要影响。该型设备主要用于纯棉、涤棉机织物的连续生产,包括通用单元机58种,专用单元机29种,联合机50种。增加了宽幅系列、多热源系列等,机械化、自动化程度大大提高。开辟了"积木式"组合设计联合机的新模式,从而能在协议厂间组织专业生产,缩短了设计周期,提高了劳动生产率。并在内销的同时大批量供应国外,逐步淘汰了54型、71型的染整设备。由74型设备设计所产生的理论、数据和结构特点沿用时间比较长,其后多年新设备的发展与此型设备有关。

在改革开放以前的计划经济时期,我国每隔十年左右,主要的染整工艺设备就升级换代一次,所有染整设备制造"全国一张图",根据国家计划安排生产。针对当时行业底子薄基础差的现状,制定了印染设备标准。每次设备定型,都将国际上的许多新技术、新工艺运用到设计中,基本适应了国内以及世界上发展中国家纺织工业的需求。纺织印染业的稳健发展,支撑了中华人民共和国成立之初脆弱的国民经济,并培养了一批专业技术人才。

20世纪80年代以来,随着合成纤维的快速发展,服装纺织品原料结构发生了很大变化,针对新纤维的染整生产技术和加工含合成纤维纺织品的染整工艺设备高速发展。如高温高压染色机、拉幅定型机、热熔染色机、转移印花机等相继出现并不断改进。

90年代,计划经济向市场经济过渡。国家对经济结构进行调整,对机制进行转换。一大批私营企业则抓住机遇,大量引进了国际先进技术和设备,合成纤维的印染蓬勃发展,民营企业逐渐成为印染行业的主角。特别是2001年中国加入WTO后,染整行业持续快速发展,先进装备相继开发成功,新产品、新技术纷纷亮相。染整技术的重大进步极大地改变了传统印染业的面貌,加工过程信息化、自动化趋势明显,以低耗、高效、减排为特色的各单元加工技术迅速发展,传统行业又焕发出勃勃生机。

随着科技进步,计算机控制、设备机电一体化和自动化控制开始广泛应用,为印染设备提升了性能和效率。1996年,印染行业又设计定型了新一代宽幅棉、涤棉染整设备96型印染设备,新型号设备机电一体化水平大为提高,以交流变频调速电动机取代了可控硅直流电机驱动,同步性能大为提高,首次将印染工艺参数在线检测与控制系统列入设备设计要求,还将节能与可靠性的理念融入产品开发,印染产品的色差、纬斜和缩水三个老问题大为改善,国产印染设备制造水平有了长足提升。

目前,我国染整设备和生产技术已与国际接轨,数控机床大量运用使工件精度大幅提升,染整生产中劳动强度降低,生产效率不断提高。生产中关键工艺因素开始采用自动控制,设计中引用模块化、积木化的理念,突出环境保护,强调电气拖动的稳定可靠以及一批新技术如数码印花、液氨整理、气流染色广泛应用。我国正处在从世界纺织大国迈向纺织强国的关键时期,随机电设计制造水平的提高,传统工艺设备也有了很大发展,如连续汽蒸练漂机、连续轧染机、卷染机、树脂整理机、高速丝光机等相继得到改进。近年来,用于服装、装饰、国防等织物在品种和实用性能方面更加多样化,又促进染整设备有了新的发展,尤其在整理设备方面更为突出,如泡沫整理机、涂层整理机、电光轧光机、磨毛机、预缩机、气流翻动式烘燥整理机等不断出现。

毛织物染整设备发展相对缓慢,国产设备型号还是 MB 型, N 型毛染整设备仍有生产,仍是欧洲厂商主导发展趋势。主要原因是需求量不大,近年来国内已有企业尝试设计并制造,有企业开发了适用于精纺、粗纺毛织物缩绒和高速洗涤的洗缩联合机等,以适应新纤维、新工艺对设备的需求,并对一些染整设备从原理和结构上予以优化创新,以获得更好的染整加工质量和节能减排效果。

当前,染整工艺设备也在不断发展进步中,呈现出一些新趋势:

1. 设备更趋于节约能源、减少排放,生态环保为重要评价指标 近年来研制的新型染整设备日益重视节约能源、降低消耗和减少排污量这一发展趋势。设备生产者以生态理念作为标准开发节能型、高效短流程设备、注重水资源的重复利用,减少用水量和污水的排放,注重利用化学助剂提高效率,开发冷处理与高效短流程设备,退、煮、漂一步法,达到缩短工艺流程,节约能源,减少废水,降低成本的目的。

例如新型的震荡式高效水洗设备、小浴比溢流喷射染色机、泡沫整理机、高效平幅轧水机等的研制,高温染整设备以及水洗机热洗部分趋向于余热回收利用,热风烘燥设备自动检测其所排湿热废气的湿度并通过自动控制系统使热能耗用降低至最小。圆网印花机改进为机上清洗圆网、刮刀、刮浆辊,降低洗网水耗以及污水排放量,并减少更换色浆的停机时间。

2. 工艺设备的控制系统更趋向于智能化、网络化、集控化 及时响应与快速反应是当今国际竞争的主要特点。信息化使企业更高效地组织生产,响应市场。目前印染企业正在设计、研发、生产、营销、管理的全过程和各个环节推广和运用信息技术,提升行业整体管理水平和竞争力。自动控制使操作变得更加简单,工艺重现性和一次成功率会大为提高;自动染料助剂配送系统既可提高加工质量,还可节约成本,并能减少由化学品浪费带来的污染;机器视觉系统将使印花在高速中精确完成,废布将减至最少;车间级、厂级的信息联网与成本、质量、产量、能耗的统一监控将得以实现。

近年来,染整工艺设备配置自动检测装置,通过计算机自动控制工艺参数,加工程序和机械动作的设备日益增多,其目的是为了有效控制染整加工质量,保证产品质量以及重现性,降低操作劳动强度以及加强成本管理。

3. 适应小批量多品种生产的设备得以差异性发展 由于国际纺织品市场竞争激烈,商家为降低库存,订货批量小,要求反应快,产品质量要求高,促使设备厂商不断研制高质量、适宜小批量多品种的间歇式加工的染整设备。同时,为满足市场对个性化纺织品的需求,从 20 世纪 90 年代开始,小批量、多品种的生产模式广受欢迎,促进了间歇式染色机的发展。

如卷染机在解决了张力不匀,运行速度差异大的缺点后,织物恒张力、低阻力运行,并可在高温高压条件下染色,而获得了更广泛的应用。在印花方面,为适应小批量、多品种、交货快的要求,开发短流程的单元机如印花的转移印花机。数码印花机核心技术喷头、墨水工艺不断突破,大幅降低喷墨印花的加工成本,并实现了高速印花。one - pass 印花机生产速度已经可以与平网印花相当了。

此外,为了增强设备对染整工艺的适应性,减少设备投资,提高设备利用率,近年来一机多用、适应多品种加工的染整设备引起了人们的重视。如高温高压大容量卷染机可兼供小批量织物前处理。采用饱和蒸汽、过热蒸汽,可供棉、合成纤维、涤棉混纺织物、丝绸及针织物等在无张力下印花后蒸化、轧蒸、染色后汽蒸处理的多用长环蒸化机。

4. 适应新原料、新技术、新工艺的设备开发 随着新型纺织纤维被开发运用,其配套的染整设备也是研究热点,比如 Lyocell、T-400、XLA、PTT 等新型纤维以及一些功能纤维相继开发成功,具有适应性的设备将成为研究热点。同时染整生产技术的发展,机电设备设计、制造水平的提高,应用新技术、新工艺的新型染整设备日益增多。例如微波染色机、高频介质烘燥机、数码喷射印花机、高温高压气流机等。此外,用于具有外观敏感组织的针织物、机织物的间歇式高温高压气流染色设备,适用小批量、多品种加工要求,低浴比,助剂、染液消耗量少。

第四节　染整工艺设备与清洁生产

改革开放以来,我国国民经济快速增长并取得巨大成就,但也出现了资源过度开发和环境遭到破坏的情况,发展与环境间矛盾日趋尖锐,公众对环境污染问题反响强烈。不加快调整经济结构、转变增长方式,资源支撑不住,环境容纳不下,社会承受不起,经济发展难以为继。染整行业因用水量大、排放污染物总量多等特点,被国家发改委和环保总局列为重点整治高污染、高耗水行业之一。而纺织服装又是重要的民生产业,我们人口大国的穿衣问题也不可能依靠进口,因此印染行业走清洁生产之路是行业必然选择。

清洁生产(clean production)是指生产中不断改进设计、使用清洁的能源和原料、采用先进的工艺技术与设备、改善管理、综合利用等措施,从源头削减污染,提高资源利用效率,减少或者避免生产、服务和产品使用过程中污染物的产生和排放,以减轻或者消除对人类健康和环境危害。清洁生产是一种兼顾经济效益和生态效益、环境效益的最优生产方式,它可以最大限度地减少原材料和能源的消耗,可以降低生产成本,增加经济效益;可以使有毒、有害的原料或产品变得无毒、无害,对环境和人类的危害减到最小;对生产工艺进行科学的改进和创新,使生产过程中排放的污染物的数量降到最小化。

实施清洁生产是实现可持续发展的要求。清洁生产很好地体现了可持续发展的基本思想。通过实施清洁生产,不仅可以减少甚至消除污染物的排放,而且能够节约大量的能源和原材料,降低废物处理和处置的费用,从而在经济上有助于提高生产效率和产品质量,降低生产成本,使产品在市场上更具竞争力。

一、清洁生产的核心是节能减排

清洁生产强调清洁的能源、清洁的生产过程和清洁的产品三个方面。强调废物的源头削减,即在废物产生之前予以防止。推行清洁生产,首先是要提高资源利用效率,核心就是节能减排，进行同样生产但更加节约能源、降低能源消耗、减少污染物排放。肩负纺织行业节能减排重任的印染设备及技术也自然成为业界关注的焦点，对现有染整工艺设备的升级改造就成为节能减排的重点和标志。

国家发展和改革委员会于2008年第14号公告《印染行业准入条件》。两年后，为进一步加快印染行业结构调整，规范印染项目准入，推进印染行业节能减排和淘汰落后产能，国家工业和信息化部于2010年对原公告进行修订，即《印染行业准入条件(2010年修订版)》积极采用少水或无水工艺技术，减少污染物的产生和排放。有待研究或推广的技术有：生物工程、低温等离子体处理技术、临界CO_2无水染色技术、涂料印花技术、数码印花、纳米技术及激光技术等；开发绿色环保纺织品、功能性纺织品、智慧型纺织品，增强企业竞争力。禁止选用列入《产业结构调整指导目录》限制类、淘汰类的落后生产工艺和设备，限制采用使用年限超过5年以及达不到节能环保要求的二手前处理、染色设备。

新建或改扩建印染生产线总体水平要接近或达到国际先进水平。新建或改扩建印染项目应优先选用高效、节能、低耗的连续式处理设备和工艺；连续式水洗装置要求密封性好，并配有逆流、高效漂洗及热能回收装置；间歇式染色设备浴比要能满足1:8以下的工艺要求；拉幅定形设备要具有温度、湿度等主要工艺参数在线测控装置，具有废气净化和余热回收装置，箱体隔热板外表面与环境温差不大于15℃。

二、清洁生产要求染整工艺设备不断进行技术创新

开发耗水耗能低的新技术、新工艺、新设备、新原料就成为清洁生产的特点。它是一个持续过程，随着生产的发展和新技术的应用，可能将会出现新的问题，必须采用新的方法来解决。

浴比的大小是染色机用水量多少的一个主要标志。在当前倡导资源节约的背景下，降低设备的浴比已经成为染色机制造企业的一个主攻课题。具有突破性进展的高温高压气流染色机，将浴比从原来1:10降低为1:3，其耗水量大大低于普通溢流染色机，与普通溢流染色机相比，节约用水50%，节省蒸汽40%，染色时间缩短近一半。节能、节水和清洁生产是印染工业亟待解决和必须持续下去的任务，今后连续式退煮漂设备、丝光机、连续染色机和印花水洗机等湿加工设备可配备在线废水过滤循环再利用系统和高温废水热能回收利用系统，做到少取新鲜水，少排放污水，节省蒸汽消耗，降低成本；定型机和各种烘房可配备热回收装置，加强机体外壁的保温，减少热损失，提高热效率；同时在业内推广碱、双氧水浓度实时检测配送系统和染化料计量配送系统，做到精确投放化学品，减少由于浪费造成的化学污染。

连续式退煮漂设备、丝光机、连续染色机和印花水洗机等湿加工设备可配备在线废水过滤循环再利用系统和高温废水热能回收利用系统，做到少取新鲜水，少排放污水，节省蒸汽消耗，降低成本；定型机和各种烘房可配备热回收装置，加强机体外壁的保温，减少热损失，提高热效率；同时在业内推广碱、双氧水浓度实时检测配送系统和染化料计量配送系统，做到精确投放化学品，减少由于浪费造成的化学污染。

污染全过程控制，尤其是对生产过程产生的污染的控制，使各个生产环节的污染预防具体化和定量化；弥补当前环境标准侧重末端治理、忽视全过程控制的弊病，实现两者的有机结合，

丰富环境标准体系。

此外,实现印染节能与清洁生产还可以拓宽思路,将其他领域的成熟技术和装备用于印染生产线,如将超声波技术和装置用于水洗,可以节省热能,提高水洗效率和色牢度。为印染厂研发的污水处理系统,将物理处理、化学处理、生物处理、电化处理和膜分离过滤处理技术进行整合,从而实现印染废水处理集成化。

三、染整工艺设备或流程中资源循环再利用

靠循环再利用的方法来进行印染水的循环使用,可以减少生产新鲜水的用量,从而降低排放量。应用高效环保的染化料、助剂,或通过更新改造生产装备,使生产过程酸、碱、盐、尿素、水、电、蒸汽消耗量降低;废水分质分流、中水回用,末端深度处理达标排放回用,生产过程的废物料、废气、废热回收利用。

与纺织印染强国的差距,主要表现在科技创新能力不足,高技术纤维和新型装备技术与国际先进水平有一定差距;自主品牌建设步伐滞后,提高产品附加值和完善产业价值链形势紧迫;节能减排和淘汰落后产能任务艰巨,先进技术推广和技术改造工作有待加强;纺织产业必须由劳动密集型、资源消耗型产业转向技术密集型、资源节约型、环境友好型产业。

练习题

1. 连续水洗机由辊筒和水槽组成,如题图1-1(a)所示,织物在辊筒上下穿行,洗涤液与织物相互运动比较平缓,往往需要6~8格平洗机才能完成洗涤过程。采用新型震荡水洗机,如题图1-1(b)所示,则仅需2格洗槽即可达到同样效果,而且织物手感和风格都有改进,加热水洗机能源减少,用水量降低,请问为什么?

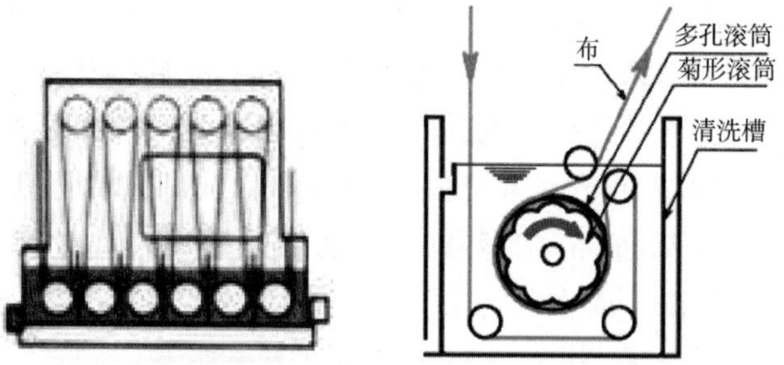

(a)普通平洗机　　(b)震荡平洗机

题图1-1　两种水洗箱结构的比较

参考解答:洗涤是污物从纤维表面到洗液的传质过程,纤维表面与洗液间扩散边界层的厚度对传质速度影响显著,而扩散边界层厚度取决于洗液与织物间相对速度,传统水洗箱水流平缓。震荡水洗箱发生的洗涤过程如题图1-2所示,洗液的震荡是由花瓣截面的转鼓高速旋转引起,转鼓外面是可独立回转的多孔滚筒,织物包绕在多孔滚筒外圈行进,转鼓带动洗液旋转产生离心力,洗液甩出多孔滚筒穿布而出,因此转鼓滚筒间又产生瞬时真空,进而回吸洗液。由此

洗液高速频繁地穿透织物，产生剧烈的湍流使扩散边界层变薄，传质加快，洗涤效率提高。传统水洗机多个水洗箱需大量水流，维持水温也需要耗费大量热能，现在只需加热 2 个水洗单元，节省大量的蒸汽和水资源，真正做到节能环保。织物经过水流震荡摩擦，手感变得柔软，并形成独特的风格。

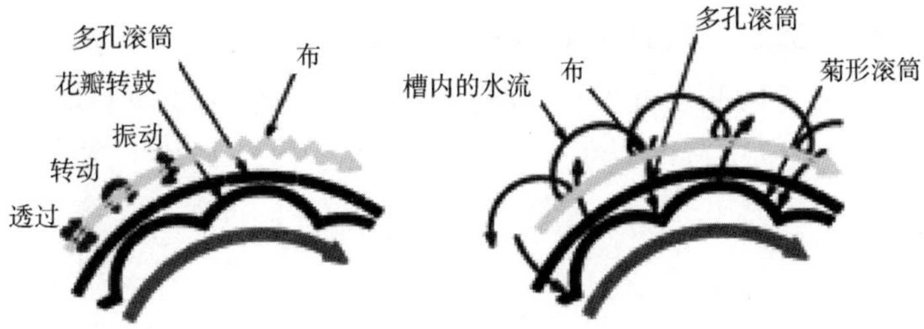

题图 1－2　震荡水洗机转鼓、多孔滚筒和织物间液流方向示意图

2. 染整加工很多工序在高温下进行，如棉织物煮漂联合机多采用不锈钢箱体，不做保温处理箱体外表温度很高。试计算每平方米表面积（设箱体为 304 不锈钢壁厚 3mm），如不做保温，箱体温度 95℃，生产车间温度 25℃，每天浪费的热量是多少？当采用保温层后，箱体外表面温度可降低到 40℃，能节约多少热量？

参考解答：根据传热理论，高温表面向四周散失的热量 Q 可由下式算得：

$$Q = \sum F\alpha_T(t_w - t)\cdot\tau \tag{1}$$

式中：F 为设备的散热表面积；α_T 为散热表面向四周围介质的联合给热系数［kJ/（m^2·h·℃）］，它是对流和辐射两种给热系数的综合，平壁隔离层外壁：$\alpha_T = 3.4 + 0.06(t_w - t)$；$t_w$ 为设备外表温度；t 为环境温度，τ 为传热时间；

$$Q = 1\times[3.4 + 0.06(95-25)]\times(95-25)\times 24 = 12768(\text{kJ}) \tag{2}$$

$$Q' = 1\times[3.4 + 0.06(40-25)]\times(40-25)\times 24 = 324(\text{kJ}) \tag{3}$$

$$Q - Q' = 12444(\text{kJ}) \tag{4}$$

3. 测算一个染整设备的表面积，并估算在其增加保温层后，每天可节约多少吨温度为 115℃ 的饱和蒸汽。估算这个机器，每天可以节省多少钱成本。

4. 为什么气流染色机浴比可以从原来的 1:10 降低到 1:3，减少了哪一部分用水？

参考解答：请参阅第五章。

思考题

1. 在我国印染行业的发展进程中，由国家主导的印染机设备选型、定型为印染机械的发展发挥了巨大作用，试述染整设备曾经历过哪几个重要的设备定型，主要特点有哪些？

2. 设备选型与设备的更新、改造决定了生产效率的高低，印染厂选配工艺设备时要遵循哪些一般原则？

3. 与其他工业相比，染整工艺设备有哪些特点？

4. 为什么设备性能成为选择染整生产方式、制订工艺的决定因素？举例说明。

5. 为什么说染整工艺设备是染整专业必须掌握的技能。

6. 什么是清洁生产，为什么说清洁生产是印染发展的必由之路。

7. 染整工艺设备也在不断发展进步中，当今染整工艺设备的有什么发展趋势？

8. 家用不锈钢小勺在食盐罐中久置会产生锈斑，试解释其原因。

9. 某染色工厂有一蒸汽管道，内充满压力为1.0MPa的蒸汽，试计算有一段长1mϕ42mm×8mm的裸露管子，每年浪费的热量有多少？损失的热量能折算多少吨标准煤？

第二章　通用装置

通用装置是指在单元机或联合机中可灵活配置，具有通用性，对染整加工过程起到引导、传输、定位等辅助作用的一类构件系统，是染整工艺设备不可缺少的组成部分。通用装置品种较多，如进出布装置、导布装置、扩幅装置、纠偏装置和自检自控、张力调节装置等。通用装置和通用单元机是染整联合机的主要组成部分，对产品质量、整机效率以及降低消耗有着重要影响。随现代染整工艺设备的发展，通用单元机也在不断地改进结构、提高精度，并降低能源资源消耗，单元机改进则意味着联合机进步。为此必须了解各类通用装置和通用单元机的构造、原理、性能以及优劣，便于正确选型配置、评估比较和维修保养。

第一节　平幅织物与辊面摩擦的规律

平幅织物染整加工中最常见的构件之一是导布辊(roller)，其基本结构包括辊体、闷头和轴头三部分(图2－1)。辊体一般由不锈钢管组成，可以覆以不同材质加工成橡胶辊、尼龙辊等；轴头是辊体的支承部位。轴头与辊体通过闷头采用焊接相连接，形成完整的导布辊。

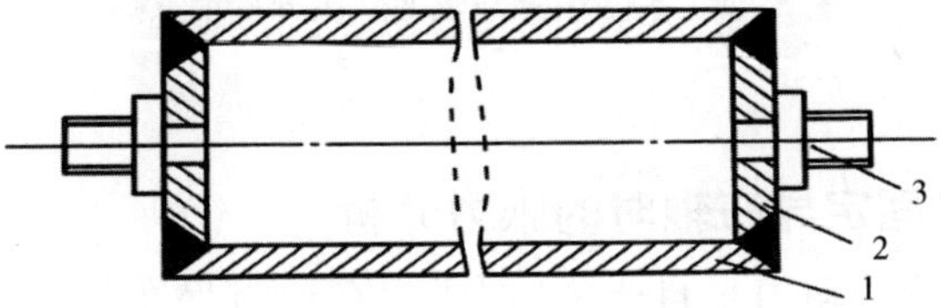

图2－1　导布辊结构

1—辊体　2—闷头　3—轴头

平幅(open－width)织物在设备上运行并被加工的过程可以看成是各种状态的织物与不同材质的导布辊的相对运动，辊面与织物的摩擦产生对织物运行的牵引力或者运动阻力。由于不同导布辊的辊面材质，回转速度、方向等有差异，对织物摩擦作用必然不同。因此，导布辊可以固定轴头不转动，也可以外加动力，其作用不仅可支撑和引导平幅织物按一定的方向运行，而且可以影响织物张力大小。

为讨论通用装置的作用原理和性能，首先对平幅织物与各种状态的导布辊的辊面摩擦规律进行分析(图2－2)。为便于分析，此处略去织物变形、经纬纱之间的作用力等。

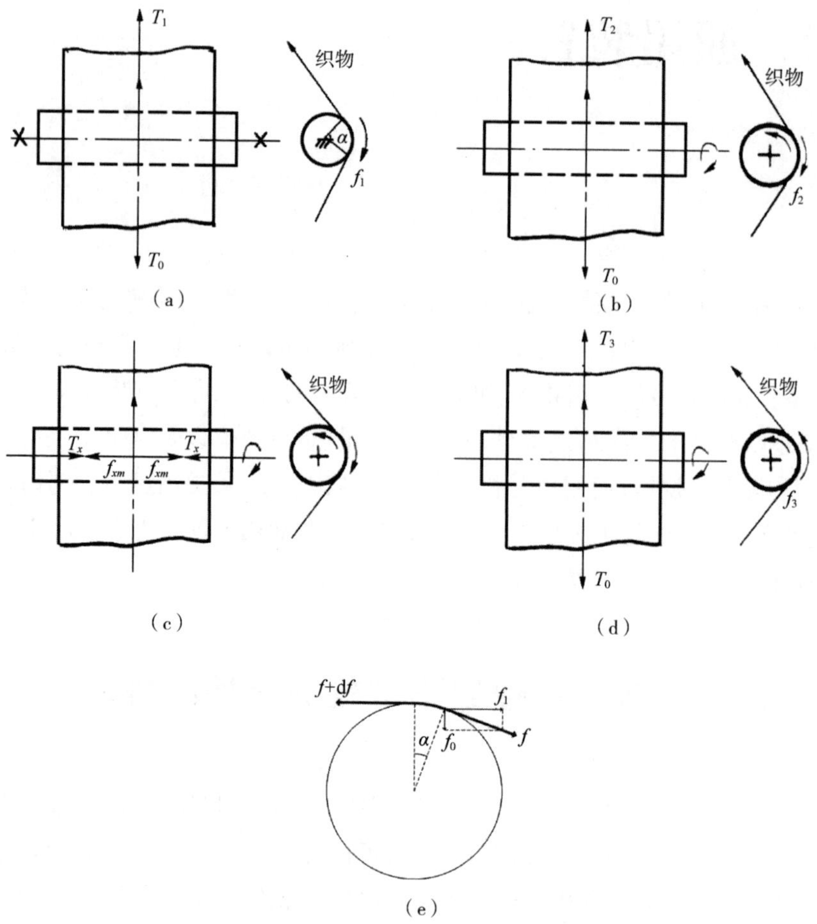

图2-2　平幅织物与辊面摩擦分析示意图

一、平幅织物经过固定导布辊时的张力分析

设备上平幅织物运行的动力来自张力,而张力在通过导布辊后会发生相应的增加。如图2-2(a)所示,设T_0和T_1分别为平幅织物以包绕角α滑过固定导布辊面前后的经向张力,f_1为包绕时接触面的滑动摩擦力。

由于$T_1 > T_0$,则织物经向受力平衡关系为:

$$T_1 = T_0 + f_1 \tag{2-1}$$

当接触面为“曲面”时,静摩擦力方向在接触点所在的切线上,设摩擦系数为μ,则图2-2(e)中织物在辊体表面产生较小的包绕角$d\alpha$时,则满足下列受力平衡:

$$f + df = f\cos d\alpha + \mu f\sin d\alpha \tag{2-2}$$

根据欧拉公式可知,织物滑过固定辊时经向张力间存在如下关系:

$$\frac{T}{T_0} = e^{\mu\alpha} \tag{2-3}$$

式中:μ为织物与辊体表面间的摩擦系数;α为织物在辊体表面的包绕角。

由式(2-1)~式(2-3)可知：

$$f_1 = T_0(e^{\mu\alpha} - 1) \tag{2-4}$$

因此，平幅织物经过固定导布辊时，织物经向张力的增量与其在辊体表面的包绕角有较大的关系，包绕角越大，织物经向张力增量也越大。

二、平幅织物经过被动导布辊时的张力分析

如图2-2(b)所示，设运行的平幅织物与被动回转的导布辊接触面之间不存在相对滑动，则两者之间存在静摩擦力f_2。

由于$T_2 > T_0$，则织物经向受力平衡关系为：

$$T_2 = T_0 + f_2 \tag{2-5}$$

式中：f_2为静摩擦力，用以克服导布辊轴头与轴承之间的摩擦阻力，其计算公式为：

$$f_2 = P\mu_1 \frac{r}{R} \tag{2-6}$$

式中：P为施加于轴承的压力；μ_1为轴头与轴承间的摩擦系数；R、r分别为辊体、轴头的半径。

由此可见，织物经过被动导布辊时，经向张力增量与轴承类型、润滑情况、辊体半径等因素相关。

织物经过被动导布辊时，当两端经向张力达到一定程度时[图2-2(c)]，与辊面接触的织物左右两半幅将产生纬向张力T_x，辊面给织物以纬向摩擦力f_x。若设f_{xm}为辊面给织物纬向的最大静摩擦力，则当$T_x > f_{xm}$时，织物产生纬向收缩。

三、平幅织物经过主动导布辊时的张力分析

如图2-2(d)所示，当辊面与织物之间不存在相对滑动时，设导布辊与织物间的静摩擦力为f_3，轴承驱动导布辊转动的力矩为M。此时若静摩擦力为0，表明织物输入和输出的张力相同，导辊只是起到导布的作用。

若$T_3 < T_0$，则织物经向受力平衡关系为：

$$T_0 = T_3 + f_3 \tag{2-7}$$

此时平幅织物经过主动导布辊后，经向张力将有所下降，且经过的主动导布辊越多，经向张力下降也越明显。

第二节　平幅进布、导布与出布装置

平幅织物在进入染整工艺设备加工前，多以折叠方式堆放，布面张力较低，加工中容易产生折皱。为提高印染产品的加工质量，保证染整加工的顺利进行，必须使织物先经过进布装置然后再进行相应的染整加工。通过平幅进布装置(inlet device)，能适当增加布面张力，减少因织物在堆置和运输过程中产生的折皱，引导织物在正常位置运行，同时还能有效去除布面尘埃等

杂物,避免损坏辊面和影响产品质量。

平幅织物进布装置结构见图2-3,由张力杆、紧布器、吸边器、扩幅装置、导布辊和机架等组成,安装于平幅染整设备进布处。张力杆与紧布器能适当增加织物的经向张力;吸边器能防止织物卷边,并自动诱导织物在机台中间位置运行;扩幅装置的作用是扩展织物,达到防皱和去皱的目的。

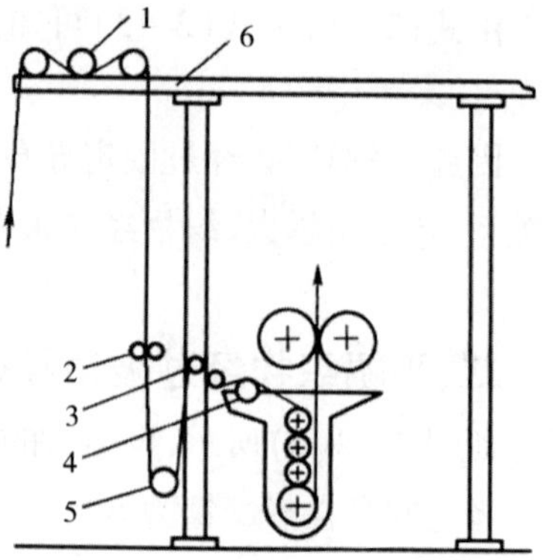

图2-3 平幅进布装置组成

1—张力杆 2—吸边器 3—紧布器 4—扩幅辊 5—导布辊 6—机架

一、张力杆

张力杆又称导布杆,通常由三只不锈钢管为一组固定安装于进布架上,利用运行中的平幅织物与相互平行的各张力杆弯曲表面的包绕摩擦增加进机织物的经向张力(图2-4)。当织物与三只杆面间的摩擦系数都相等时,则织物滑过这组张力杆引出端经向张力T可按式(2-3)求得:

$$T = T_0 e^{\mu(\alpha_1+\alpha_2+\alpha_3)} \tag{2-8}$$

式中:T为引出端经向张力;T_0为引入端张力;α_1,α_2,α_3为织物在通过张力杆1,3,4时的卷绕包角。

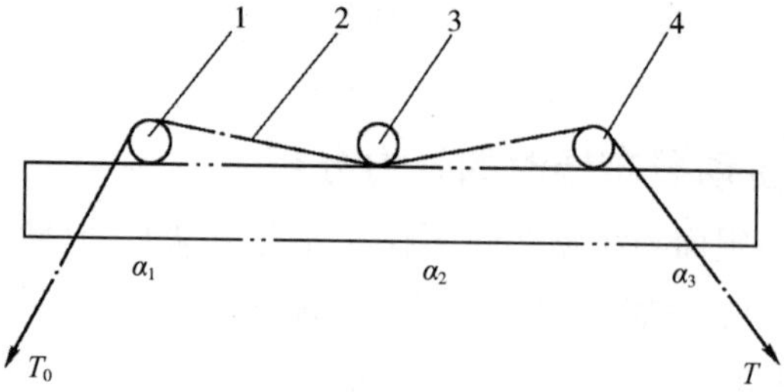

图2-4 张力杆结构

1,3,4—张力杆 2—平幅织物

由于织物在各杆面的包绕角不能调节,所以张力杆只能在一定范围内增加织物经向张力。

二、紧布器

如图2-5(a)所示,紧布器由两支不能自转的钢管紧布杆、支架和调节机构组成。调节机构由手动蜗轮蜗杆组成,通过手动调节使两支紧布杆绕支架中心点O回转适当角度,可相应增、减运行平幅织物在两支紧布杆面上的包绕角α_1和α_2。

图2-5(b)中当两支紧布杆的相对位置为A—B时,若紧布杆与织物间的摩擦系数相等,根据式(2-3)可计算出织物滑过紧布器的经向张力T'为:

$$T' = T_0 e^{\mu(\alpha_1+\alpha_2)} \tag{2-9}$$

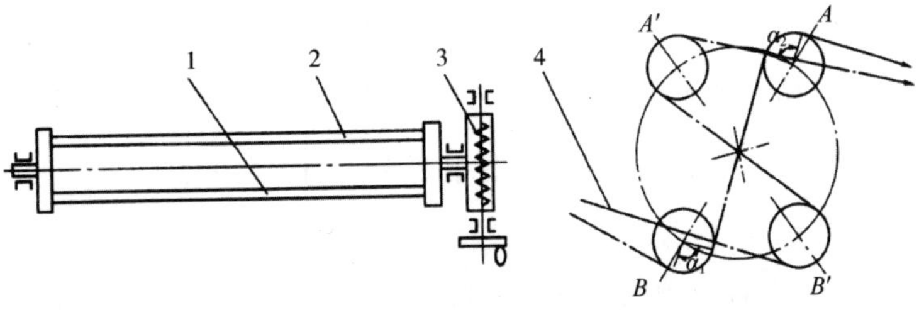

图 2－5　紧布器结构示意图

1, 2—紧布杆　3—包绕角调节装置　4—平幅织物

手动调节使两支紧布杆从 $A—B$ 到和 $A'—B'$ 位置时，织物与紧布杆表面的接触包绕角增加，引出端经向张力 T' 也相应增大。因此，紧布器能在一定范围内增加并可调节平幅织物的经向张力，以适应不同品种织物进入各种平幅染整设备加工的经向张力要求。使用紧布器调整布面张力时，还应根据不同品种织物的紧度、克重及加工要求等情况调节织物在紧布杆上的包绕角。

三、平幅扩幅装置

棉织物在连续化平幅（open－width）染整加工中，除热风拉幅等少数工序外，多数机械或化学加工中织物经向张力较大，布面往往容易起皱，造成大量疵布，甚至因皱条延续、加剧而引起设备有关零部件损坏。织物加工中产生经向皱条的主要原因是纬向张力过小，因而在染整联合机的平幅进布处常需配置扩幅装置（spreading device），以适当增加织物的纬向张力，达到防皱、去皱的目的。

扩幅装置包括弧形扩幅管、伸缩板式扩幅辊、螺纹扩幅板、螺纹扩幅辊、扩幅弯辊以及挠性螺旋条式扩幅辊等。这里主要介绍目前工厂中使用广泛的螺纹扩幅板、螺纹扩幅辊和扩幅弯辊。

1. 螺纹扩幅板　螺纹扩幅板又称扩幅板，是结构最简单的一种螺纹类型扩幅装置，见图 2－6（a）。扩幅板一般由钢质或铸黄铜制成，板面具有自中央分向左右的锯齿形条纹（以下简称螺纹），其条纹角为 10°～15°。螺纹扩幅板通常固定在机架上，当织物从上面滑过时对织物产生扩幅作用。取一对以扩幅板中心线为对称轴的螺纹，分析其作用原理见图 2－6（b）。

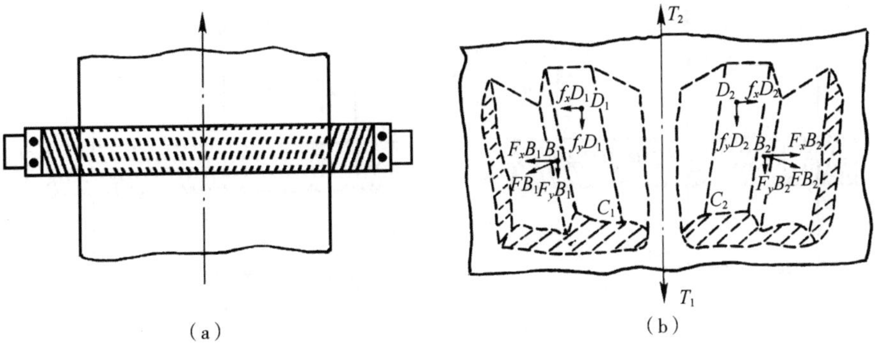

图 2－6　螺纹扩幅板扩幅原理图

(1)运行的平幅织物压触于螺纹的斜面A_1和A_2的对称点B_1和B_2上,由于受到织物法向压力而产生反作用力FB_1和FB_2,它们各分解为两个分力F_xB_1、F_yB_1和F_xB_2 F_yB_2。$\sum F_xB_1$和$\sum F_xB_2$是使织物分别向左右边部扩展去皱的主要因素,而$\sum F_yB_1$和$\sum F_yB_2$则是产生织物两端经向张力$T_2 > T_1$的因素之一。

(2)运行织物滑过这对螺纹顶面C_1和C_2时,对称点D_1和D_2由于织物经向张力所致而分别存在经向滑动摩擦力f_yD_1和f_yD_2;$\sum f_yD_1$和$\sum f_yD_2$也是造成$T_2 > T_1$的一种因素。当织物存在纬向张力T_xD_1和T_xD_2,则顶面D_1和D_2处还会产生纬向摩擦力f_xD_1和f_xD_2,但$\sum f_xD_1$和$\sum f_xD_2$的防皱能力却是较微弱的。

(3)运行织物的每根纬纱与每对螺纹接触过程中,接触点的移动方向是按两者接触先后次序逐点分别向织物左右边部移动,有利于织物扩展去皱。

影响去皱效率的因素有板面螺纹角度、板面材料和螺纹表面情况以及织物经向张力、织物运行速度、织物与板面接触程度和织物自身厚度、组织结构情况。安装与使用扩幅板时须使板面中央的螺纹箭头指向与织物运行方向相反,这样才能获得扩幅去皱效果。

2. 螺纹扩幅辊 如图2-7所示,螺纹扩幅辊(screw-shaped expander)是具有自辊中央分向左右的锯齿形螺纹辊面的直辊。辊面材料有黄铜、不锈钢、钢管表面镀铬和硬橡胶等几种,现多用不锈钢辊面。用于针织物、毛织物、丝织物及易擦伤稀薄织物时,可采用不锈钢辊面焊绕不锈钢丝而形成螺纹扩幅辊。

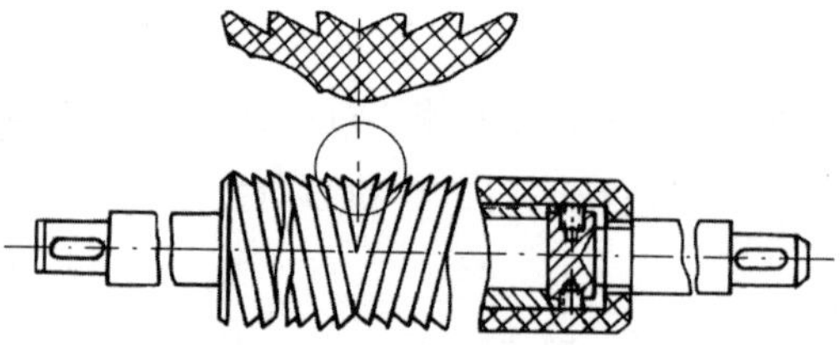

图2-7 螺纹扩幅辊示意图

根据使用方法不同,螺纹扩幅辊分主动回转和被动回转两种。主动螺纹扩幅辊扩幅原理与螺纹扩幅板相同,其螺纹箭头指向和回转方向都与织物运行方向相反,见图2-8(a)。由于加大了织物与螺纹辊面之间的相对速度,因而其扩展去皱效率较螺纹扩幅板高。被动螺纹扩幅辊工作原理见图2-8(b),辊体由运行的平幅织物拖动回转。

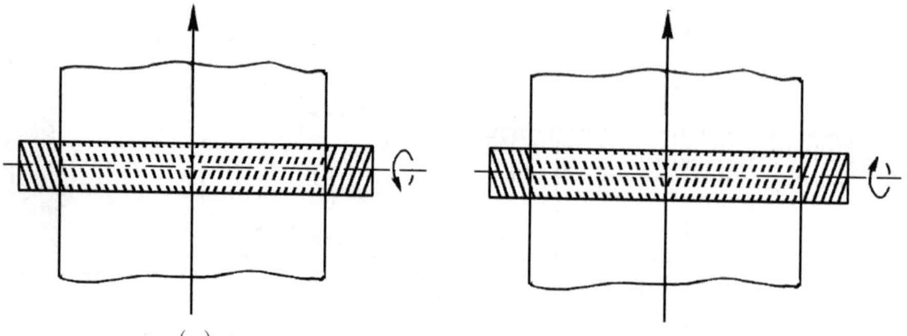

(a) (b)

图2-8 主动/被动螺纹扩幅辊工作原理

主动螺纹扩幅辊和螺纹扩幅板均有积极扩展去皱作用,前者织物经向张力增加较多,扩幅效果也较好。为了加强去皱和消除织物卷边,常将螺纹扩幅辊组合使用,使织物正、反面分别与一螺纹辊面接触。此外,安装和使用这类螺纹扩幅装置时,必须使其螺纹箭头指向分别符合上述各种情况下的要求。

3. 扩幅弯辊

(1)弯辊结构。扩幅弯辊(convex expanding roller)是平幅织物染整加工中常用的通用装置之一,其主体部分是弯辊,表面是由完整且具有一定弹性的橡胶辊面组成,但因有特殊结构的辊体而使辊面能在固定的弧形芯轴上由织物拖动回转。

弯辊的结构见图2-9,由弧形芯轴和辊体两部分组成,具有螺旋隙缝的无缝钢管辊体3经滚动轴承2与弧形芯轴1相连,外套橡胶管4构成扩幅弯辊。弯辊辊体外套橡胶套管是为了适应绕固定弧形芯轴回转时的反复扩展、收缩,并使之具有较大摩擦力,有利于织物扩展去皱。同时,还可防止辊体轴承漏油和套筒嵌连处或螺旋隙缝内所积污垢沾污织物,避免织物直接接触辊体而产生擦伤、条花等疵病。

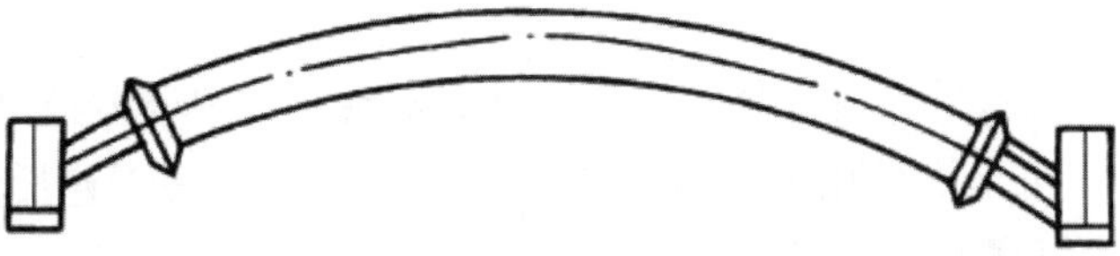

(a)

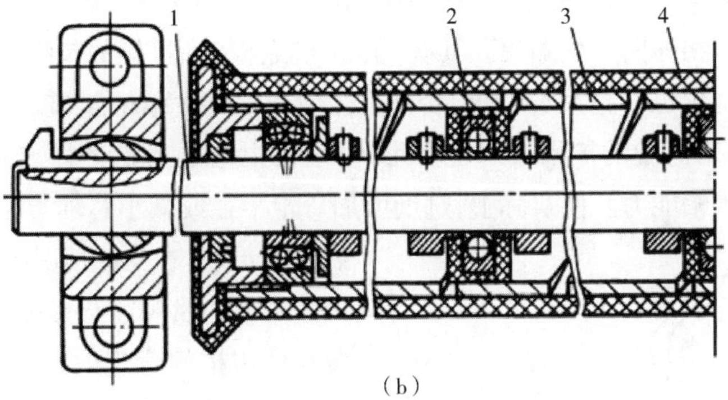

(b)

图2-9　扩幅弯辊结构示意图

1—弧形芯轴　2—滚动轴承　3—无缝钢管辊体　4—橡胶套管

如图2-9所示扩幅弯辊采用具有螺旋缝隙的无缝钢管作辊体,具有转动灵活、刚性好、橡胶套管使用寿命较长的优点。除此之外,也有部分弯辊的辊体是用具有凹凸牙端面的尼龙套筒在弧形芯轴上依次镶嵌相连而成的,虽然结构简单,重量轻,但套筒易磨损,转动精度低,使用中橡胶套管使用寿命较短。

(2)弯辊扩幅原理。图2-10(a)中当平幅织物以一定的包绕角与回转扩展的弯辊表面接触时,由于湿织物与辊面橡胶之间包覆以及静摩擦力握持织物运行,使织物随辊面扩展而展幅,两者具有相同的线速度。如图2-10(b)所示,与织物接触的辊面点 A、A' 的运行方向垂直弯辊芯轴,其经向分速度 v_1 使织物前进,速度不变,纬向的分速度 v_2 迅速降低为零,减速作用成为扩展织物的动力,使半幅织物向纬向两边扩展,从而使织物的幅宽随之增大,达到扩幅、去皱的效果。弯辊辊体中心位置点 O 的速度方向与织物前进方向一致,v_2 数值为0,因此扩幅能力也最小。

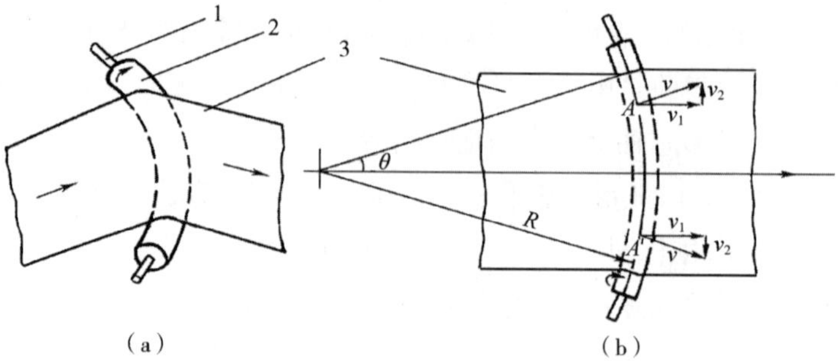

图2-10　弯辊扩幅原理图

1—弧形芯轴　2—辊面　3—平幅织物

(3)影响弯辊扩幅效果的因素分析。与螺纹扩幅辊相比,扩幅弯辊的扩幅去皱效果较好,一般不会擦伤织物。安装和使用中,影响弯辊扩幅效果的主要因素包括弯辊的安装位置,织物与弯辊的包角,弯辊辊体的直径等。

安装和使用中,必须使弯辊的弧突方向与织物的运行方向一致(图2-10),否则不但扩幅效果较小,还可能使织物纬向产生缩幅。其次,织物与辊体表面接触的包绕角越大,织物纬向的扩幅效果越好,但包绕角也不宜大于180°,否则也会使纬向产生缩幅起皱。此外,弯辊的半径 r 与芯轴的弧形半径 R 对弯辊的扩幅效果也有影响,理论上增加弯辊半径和减小芯轴的弧形半径,可以提高弯辊的扩幅能力。但实际上,过度增加弯辊半径或减小芯轴半径,不但会增加弯辊制造的难度,在某些情况下,还会使稀薄织物产生中稀边密和前凸形弧形纬斜的疵病。安装与使用扩幅弯辊时,还需经常检查有无金属屑粒或其他硬质屑粒嵌入橡胶辊面,以免擦伤织物。

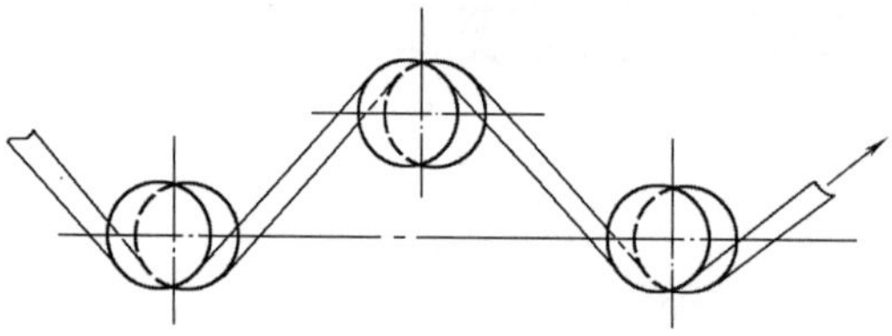

图2-11　三弯辊扩幅器结构示意图

如图2-11所示三弯辊扩幅器为实际生产中最常用的扩幅弯辊组合,由三根相同的弯辊组成,其扩幅量为三根弯辊扩幅量之和。生产中可通过改变中间弯辊的相对高度或转动弯辊,调整其芯轴位置,达到调节扩幅器扩幅能力的目的。

4. 指形剥边器　指形剥边器(selvedge uncurler)一般成对安装于某些平幅染整设备进布处。每只剥边器有三只螺纹短杆,由微型电动机经齿轮机构传动而主动回转(图2-12)。由图2-12可知,织物边部正、反面接触的三只螺纹短杆的剥边效果是基于与主动回转螺纹扩幅辊产生扩展去皱的原理。中间一只螺纹短杆经调整可稍作移动，以微调织物边部在每只螺纹短杆上的包绕角和压力。因而这种剥边器具有扩展去皱、剥边的效果，主要适用于容易卷边的平幅针织物。

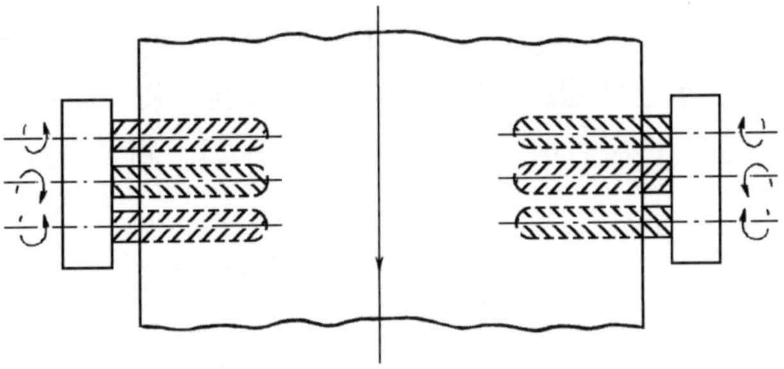

图 2－12　三指剥边器示意图

四、平幅导布装置

平幅导布装置(guiding device)是染整常见装置之一，其作用是自动诱导进机平幅织物在规定位置运行，防止织物左右跑偏，同时对织物一定程度上还具有扩幅防皱的效果。

1. 压辊式吸边器　压辊式吸边器也称压辊式平幅导布器，简称吸边器(selvedge guider)。按其作用原理和结构可分为释压型和摆动型，目前广泛使用的吸边器大都属于释压型。按加压、释压方法不同，吸边器又可分为气动式、电动式、重锤杠杆式、弹力式和偏心轮式等。后三种压辊加、释压过程虽无须电源或气源，但灵敏度不够、对织物运行速度适应性不强，因此生产中应用较少。

(1)结构。左右两只吸边器装于专用调幅横架上，通过手轮可同时或分别调节两者间的距离，以适应不同平幅织物的幅宽要求(图 2－13)。

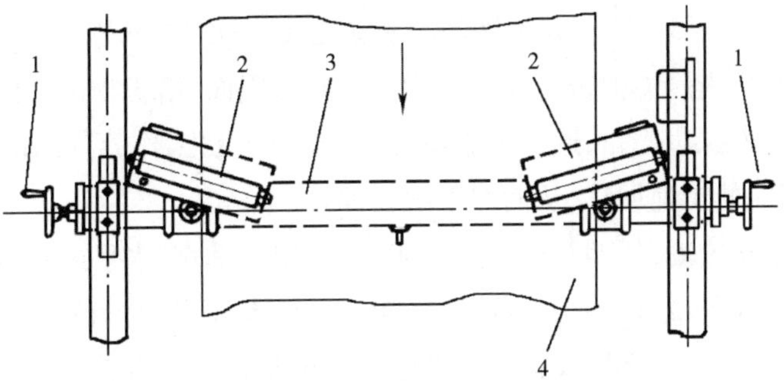

图 2－13　吸边器安装示意图

1—调节手轮　2—左右吸边器　3—支架　4—织物

每只吸边器有一对小压辊，常由一只不锈钢辊和一只橡胶辊组成，其中一只为固定辊，另一只的芯轴可移动或芯轴固定而其辊体可移动称为活动辊,即两辊可压触、脱离。两辊都由通过其轧点的运行织物边部拖动而被动回转。每只导布器配有触杆式或光电式探边装置,探测运行织物边部左右游动的方向和程度,再经加压机构自动控制活动辊的加压、释压。触杆式多用于传统常规织物品种,光电式采用非接触式的光电探边装置,适合布速较高和某些轻薄织物品种。

如图2－14所示为气动吸边器的示意图。活动压辊8由薄膜式气压机构6加压,当运行织物1边缘外移,触及触杆2或遮断探边装置光路3,气阀7排气使活动压辊8固压力消失而脱离固定压辊9,导布器对织物的扩展力迅速消失,织物则由于另一侧导布器的扩展力而迅速回移。

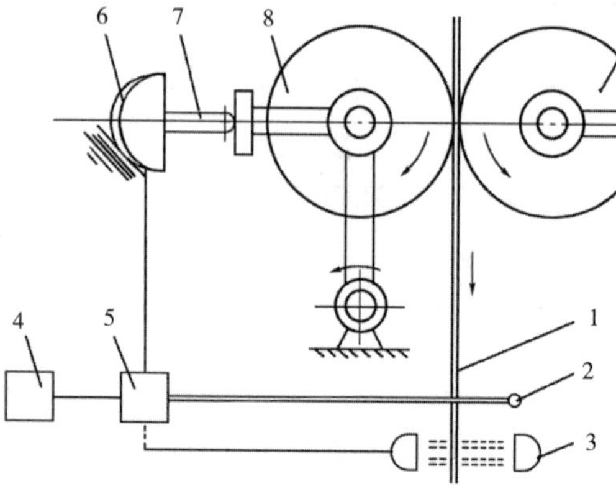

图2－14　气动式吸边器示意图

1—织物　2—触杆　3—光电探边装置　4—压缩空气源　5—气阀　6—薄膜式气压机构　7—压力杆　8—活动压辊　9—固定压辊

气动式吸边器结构简单,压辊间压力较大,气压可按要求调节,维修较方便,对工作环境(如温度、湿度、腐蚀性气体、液体等)的适应性较强。

如图2－15所示为电动式吸边器示意图。活动压辊2的不锈钢辊体内装有活动衔铁4、固定电磁铁5,两者间装有压力弹簧9。电磁铁与固定支架6连接,活动衔铁则与用滚动轴承同不锈钢辊体相连的空心轴心3连接,电磁铁与衔铁通过杠杆连接于支点8。织物运行位置正常时,电磁铁线圈不通电,借压力弹簧将其辊面紧压于橡胶辊面,给织物边部以扩展力。当织物边缘外移触及触杆或遮断探边光路,通过控制单元,使电磁吸铁工作,克服弹簧压力,这对轧辊脱开释压,织物即向另一侧迅速回移,从而纠正织物偏移。

电动式吸边器结构紧凑,纠偏与展幅效果明显,适用于垂直、水平或倾斜等运行状态的平幅织物。这种吸边器动作灵敏,但结构较复杂,压辊压力调整不便,消耗电能且造价较高,保养的要求也较高,故多适用于干燥环境及速度要求较高的染整设备机台。

(2)作用原理。平幅织物按照图2－13所示方向进布,织物居中运行中时,左、右两只导布器的压辊分别对织物左、右边部的扩幅张力是相等的。以吸边器的右后辊为例[图2－16(a)],假设织物纬向不打滑,则织物与辊面接触点($A \to A'$)具有相同的线速度v,其水平方向的分速度v_2与对织物产生扩幅作用。但当织物向左或向右游动时织物左、右边部所受各自导布器的扩展

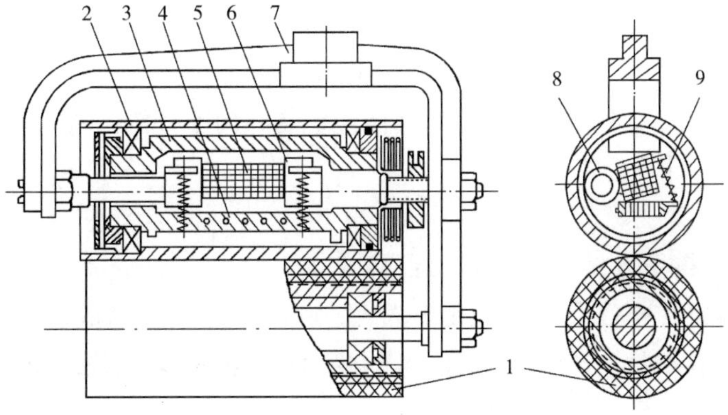

图 2 – 15　电动式吸边器示意图

1—固定压辊　2—活动压辊　3—空心轴心　4—活动衔铁　5—固定电磁铁

6—固定机架　7—支架　8—支点　9—压力弹簧

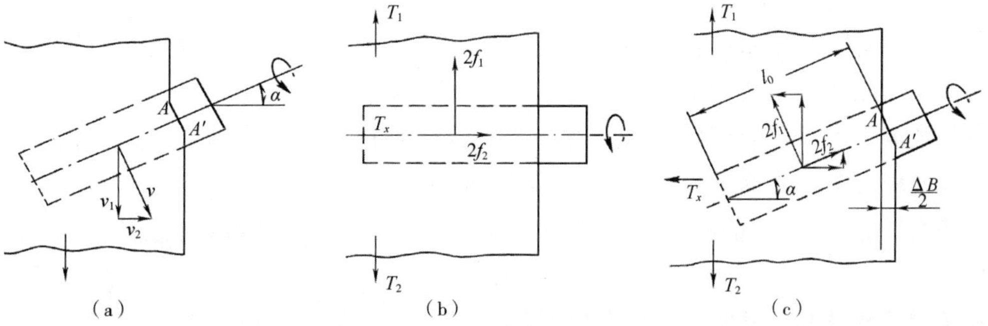

图 2 – 16　吸边器压辊扩幅作用分析

力不再保持平衡。若织物左偏，则左边吸边器的一对压辊相分离，织物仅受向右的扩展力，迅速向右移动。反之，织物就迅速向左移动。平幅织物就是在这两只吸边器的诱导下，保持在较小的左、右游动范围内运行。

从吸边器压辊辊面的受力分析，也能很好地解释吸边器的作用原理。假设织物经纬纱之间没有相互作用力，纬向扩展力较经向张力大而致使织物在扩展过程中只有经纱产生曲折，并不考虑织物离开小压辊轧点后的弹性收缩。仍以吸边器右后辊为例，作用原理分析如下。

①吸边器处于图 2 – 16(b)位置，此半幅织物的受力平衡关系为：

$$T_2 - T_1 = 2f_1 \tag{2-10}$$

$$T_x = 2f_2 \tag{2-11}$$

式中：T_1、T_2分别为半幅织物进入端和引出端的经向张力；T_x为半幅织物的纬向张力；f_1、f_2分别为一只压辊表面给予织物的周向摩擦力和轴向摩擦力。

②吸边器处于图 2 – 16(c)位置，压辊倾斜角为 α，压辊扩展织物的有效长度为 l_0，此半幅织

物的受力平衡关系为:

$$T_2 - T_1 = 2f_1\cos\alpha + 2f_2\sin\alpha \tag{2-12}$$

$$T_x = 2f_2\cos\alpha - 2f_1\sin\alpha \tag{2-13}$$

压辊表面需要给予织物必要的摩擦力,才能使织物纬向不打滑。从式(2-13)可知此摩擦力为 $2f_2\cos\alpha$,其中 f_2 计算公式为:

$$f_2 = 2\mu_2 P \tag{2-14}$$

式中:μ_2 为轴向静摩擦系数;P 为吸边器压辊间压力。

由此可见,为保证扩幅效果,P 必须足够大,否则吸边力下降易造成起皱或逃边。但 P 也不宜过大,否则不但易在织物上产生压痕,还会影响织物机械强度。此外,考虑到吸边力过大会引起较大的纬斜,辊体倾斜角 α 一般取 10°~20°。

(3)吸边器的安装和使用。

①运行织物须以切线方向通过导布器两只压辊的轧点,织物自上向下垂直运行时,织物自上部导布辊进入导布器的距离不小于1.5m为宜。

②释压时,两只压辊轧点处辊面间隙须视织物厚薄而定,通常调整为2~3mm,织物边缘与探边机构的触杆或电光束的距离,一般调整为10~20mm。

③使用中须检查压辊回转是否灵活、平稳,加、释压是否灵敏;检查和清除压辊轴头缠绕的短纤维、纱线等杂质。压辊内滚动轴承每年调换润滑油脂。

④须经常检查压辊表面是否光洁。橡胶辊面不能嵌有金属等硬质屑粒,金属辊面不能有凸出的粒块或残缺断口,以免造成大量织物边部擦伤。

⑤检查气动式导布器的供气系统和探边装置作用是否正常,光电探边装置应加强清洁和维修工作。

2. 圆盘式吸边器 圆盘式吸边器又称圆盘式平幅导布器,适用于针织物、丝织物、绒面织物等不宜以压辊式吸边器进行导布的织物品种。如图2-17所示,由左右两只吸边器组成,分别装于调幅横架上。由力矩电动机通过蜗轮蜗杆传动的回转圆盘1上装有盘圈3,与织物接触的全面上有弧形齿槽5。圆盘端面倾斜10°左右,使织物边部平滑接触圆盘,并提高扇形压板2对织物的压持或放开的灵敏度。扇形压板有与圆盘弧形齿槽相配合的弧形槽,由电磁力的或气动的执行机构6控制其压向或离开圆盘的动作,而执行机构则按运行织物边缘位置是否触及触杆4的信号工作。

织物运行位置正常时,其左右边部分别在两只吸边器的扇形压板和回转圆盘的摩擦力作用下得到扩展并展平卷边。当一侧织物边缘游移触及触杆发出信号,通过执行机构使扇形压板压脱离圆盘时,织物则由另一侧圆盘吸边器的扩展作用而回移,继续保持正常位置运行。使用中应经常检查圆盘和扇形压板弧形槽表面状态是否正常,以免织物边部受损。扇形压板动作必须灵敏,按需要调整恰当的圆盘倾斜角。

3. 指形剥边器式平幅导布器 指形剥边器式平幅导布器是在指形剥边器的原理基础上,加装探边和调节机构设计而成,可根据织物运行位置偏移情况调整螺纹辊对织物的扩展力。这种导布器适用于容易卷边的平幅针织物,其特点是在不对针织物边部压轧的情况下自动诱导其

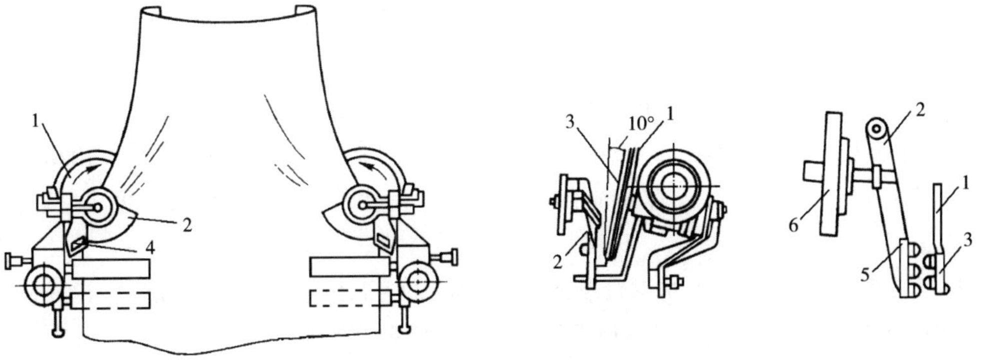

图2－17　圆盘式吸边器示意图

1—圆盘　2—扇形压板　3—摩擦盘圈　4—探边触杆　5—弧形齿槽　6—执行机构

运行位置,并加强展平卷边和扩幅去皱的效果。

五、平幅出布装置

平幅出布装置(outlet device)又称为落布架(outlet frame),是将平幅织物自染整设备导出的一类通用装置,分折叠落布和卷装落布。两者可单独配置使用,也可组成折叠落布、卷装两用的平幅出布复合装置。

(一)折叠落布型平幅出布装置

如图2－18所示,折叠落布(swing delivery)型平幅出布装置由牵引导布部分、摆动落布部分、传动系统等组成,能将平幅织物自染整设备导出并摆动折叠落入堆布车。

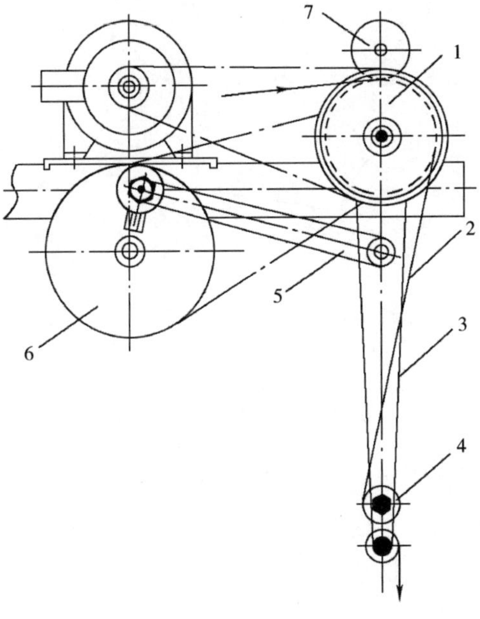

图2－18　折叠落布型平幅出布装置示意图

1—出布辊　2—织物　3—摇杆　4—落布辊　5—连杆　6—曲柄　7—压布辊

1. 牵引导布部分 牵引导布部分由主动牵引出布辊、压布辊、加卸压装置和传动机构等组成,其作用是牵引织物。

(1)主动牵引出布辊:主动出布辊表面常平整地包绕糙面橡胶带或呢毡带,以增加其与织物的摩擦,辊直径一般为200~250mm。为了使平幅织物能被牵引辊顺利地牵引出机,该辊的表面线速度必须适当超速,其超速量应按出布装置和织物的具体情况确定,通常超速范围为3%~5%。

(2)压布辊:压布辊多由不锈钢管制成,辊径为120~125mm。压布辊安装在出布辊之上,由出布辊辊面摩擦带动而旋转,具有协助出布辊牵引出布的作用。

(3)加卸压装置:主要由手柄、连杆及杠杆组成,可对压布辊进行加压或卸压,满足不同织物落布时对压力的要求。

至于是否需加压布辊辅助出布,可根据织物的厚薄、干湿、运行速度、设备特点以及摆动落布情况而定。一般运行布速下,湿织物可不使用压布辊,而干织物或高速运行下则宜加压布辊;当以平幅出布装置的主动牵引辊牵引织物在设备中运行,或出布装置距离设备最末主动辊较远的情况下,都应使用压布辊;在尚能正常出布情况下,对一些提花织物、针织物以不加压布辊为宜;平幅出布装置摆动落布部分的两只落布辊若为上、下接触式,一般可不加压布辊。

2. 摆动落布部分 摆动落布部分能将由牵引辊导出的平幅织物以适当摆幅平整地摆落折叠在堆布车内或堆布板上,其结构由摆动机构和落布机构两部分组成。

(1)摆动机构。常用的曲柄摇杆式摆动结构由主动皮带轮、连杆和摇臂等组成,见图2-19。其中构件AD固定不动,曲柄CD能作圆周运动,摇杆AB可以一定的角度左右摆动,曲柄CD与摇杆AB通过连杆BC相连。使用时曲柄由牵引辊传动作等角速回转,经连杆带动装有落布辊(或落布斗)的摇杆往复摆动,使织物平整地摆动落下。调节连杆铰链支点在曲柄上的位置,可改变摇杆的摆动幅度。

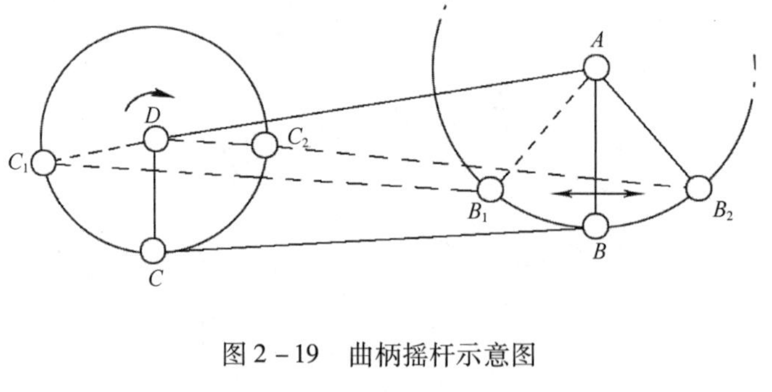

图2-19 曲柄摇杆示意图

链式摆动机构由牵引辊、往复运动水平链和落布辊等组成,见图2-20。水平链由牵引辊轴端通过链传动,从而带动两只落布辊作水平往复运动将织物摆动落下。这类摆动机构振动较小,较适用于车速较低的平幅针织物落布。

(2)落布机构。

①落布辊式:通常采用两只落布辊装在摇杆下端,一些高速染整设备采用三只落布辊。为

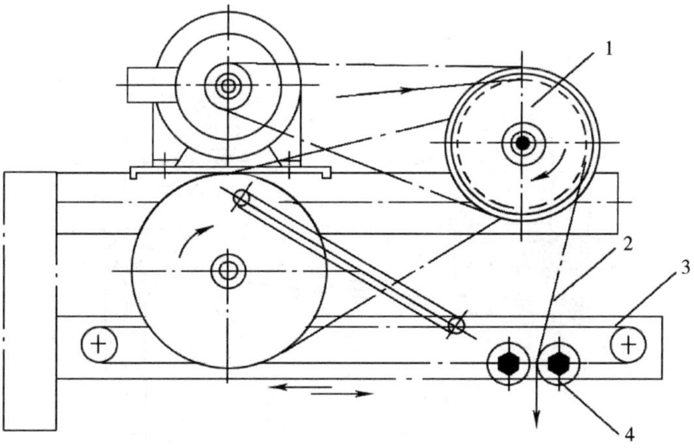

图 2－20　链式水平往复摆动机构示意图
1—牵引辊　2—织物　3—往复运动水平链　4—落布辊

了能正常落布，落布辊均需主动回转，其表面线速度应大于牵引辊线速度，一般采用 1.06:1。落布辊的排列方式见图 2－21。

a. 上下接触式：两只落布辊上下接触位置，见图 2－21(a)。下辊由牵引辊轴头通过平面胶带传动，上辊则由下辊面摩擦传动。这类落布辊穿布操作不便，对深色干织物容易产生极光，且不宜用于某些凸纹组织织物和轻薄织物。

b. 水平分开式：两只落布辊水平分开安置，见图 2－21(b)。其中一只由牵引辊轴头通过平面胶带传动，再经该辊另一端用一对圆柱齿轮传动另一只落布辊。这种排列方式虽有所改进，但高速运转时，织物在牵引辊与落布辊之间容易松弛飘荡，以轻薄干织物为明显。

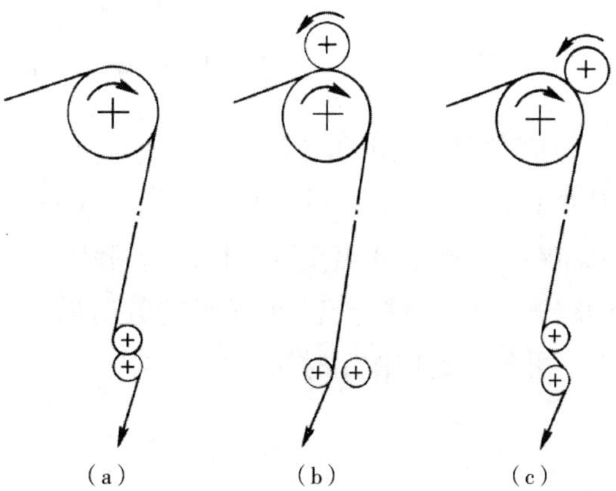

图 2－21　落布辊排列方式

c. 上下分开式：两只落布辊上下分开装置，见图 2－21(c)。上下辊都由牵引辊轴头通过平面胶带传动。在非高速情况下，对运行布速、织物品种适应性较强。

②落布斗式：如图 2－22 所示，落布斗由摆动机构带动，无落布辊，结构简单，适用于运行布速较低的丝织物、毛织物、化纤混纺织物以及针织物等落布。

折叠落布型平幅出布装置的传动，通常由邻近单元机通过平面皮带传动，也有采用链传动。后者虽传动比恒定，链可安装于封闭型机架内，整洁安全，但低布速时传动欠平稳，并且处理织物缠绕与辊面故障不便。近年来为适应某些混纺织物和轻薄织物出布经向张力宜小的需要，有采用力矩电动机或直流电动机单独传动出布装置。

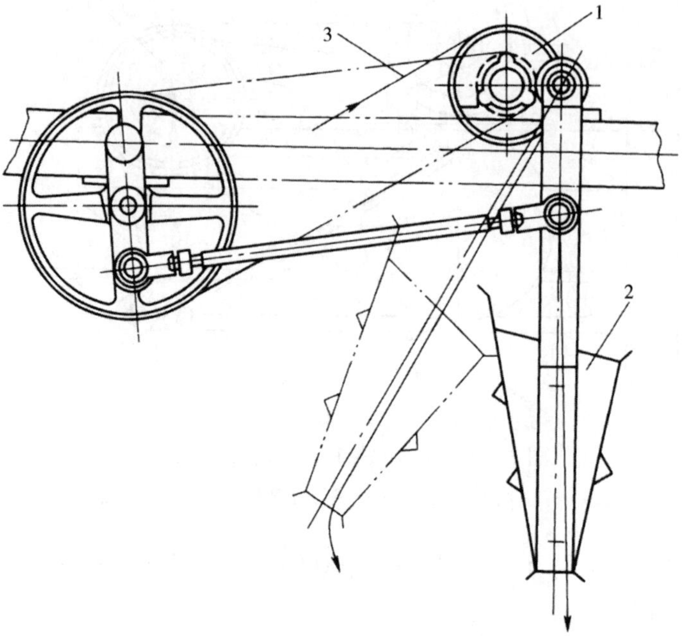

图2-22　落布斗示意图

1—牵引辊　2—落布斗　3—织物

(二)成卷型平幅出布装置

成卷型平幅出布装置(batcher cloth discharge device)能将牵引到导布部分引出的平幅织物卷绕成布卷。与折叠式出布装置相比,该装置出布平整,容布量多,适用于化纤、涤棉等易产生折皱的织物品种,可降低出布和运输的劳动强度。对于某些采用轧液打卷堆置的织物品种,成卷出布还可延长处理作用时间。

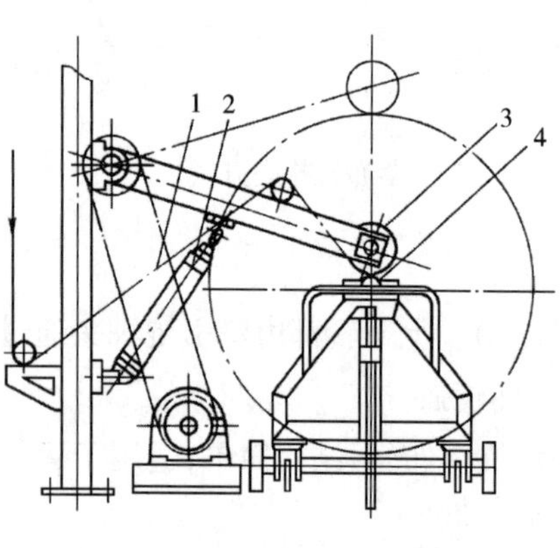

图2-23　成卷型平幅出布装置示意图

1—卷布辊　2—主动压辊　3—气缸

4—卷布辊

卷装型平幅出布装置由牵引导布、调换卷布辊缓冲机构和卷布等部分组成。牵引导布机构与折叠落布型相同。调换卷布辊缓冲机构又称储布装置,能储容一定量的织物,当卷布满卷时可在设备连续运转下调换卷布辊,一般以J型箱方式为多见。图2-23为常用的一种卷布机构,卷布车在规定位置由插销定位,将由直流电动机拖动的主动橡胶压辊压在卷布辊上,摩擦传动卷布辊卷绕织物,并使卷取线速度与出布线速度同步。卷布机构的另一种传动方式是采用变速电动机直接传动卷布辊,随卷绕直径增大,自动减小卷布辊转速,保持所需的卷取线速度。

第三节　织物正位装置与线速度调节装置

平幅织物在染整设备加工过程中,其运行位置往往歪移而影响加工质量,甚至造成设备零部件损伤。因此,除平幅导布器外某些单元设备还需使用矫正平幅织物运行歪移的自动纠偏装置(或称正位装置)。此外,为了协调染整联合机中的各单元机运行状态,保证各单元机的织物线速度一致,还需要安装同步线速度调速装置,也称为线速度调节器。本节主要讨论织物正位装置、线速度调节装置和消除织物纬斜的整纬装置。

一、织物正位装置

织物正位装置由探边器、调节辊等几部分组成,使用中探边器可检测进布织物的偏移情况,借助于调节辊控制织物的运行状态,能使偏移的织物(或呢毯)自动回移到正常位置运行。正位装置分为自力式纠偏装置和他力式纠偏装置,其基本结构与工作原理相同。常用的他力式纠偏装置有电动式、气动式和红外光电式等多种。

1. 电动式纠偏装置　如图2－24所示为筛网印花机使用的电动式纠偏装置(electric offset correction device)示意图,其纠偏原理与吸边器的工作原理相似。当环形橡胶输送带2向右歪移至其边缘触及探边小轮3时,通过操纵机构启动电动机6传动丝杆4,带动被动调节辊7的调心轴承座5沿丝杆轴线移动,使得调节辊7作如图2－24中a所示方向歪斜,输送带2拖动调节辊7被动转动,其水平方向向左的分速度而使输送带回移,粘贴于输送带上的印花织物运行位置随之恢复正常。同理,若输送带向左歪移,触及左侧探边小轮时,调节辊则自动呈如图2－24中b所示方向歪斜,使输送带与织物向右自动纠偏,保证输送带与织物运行在正常位置。

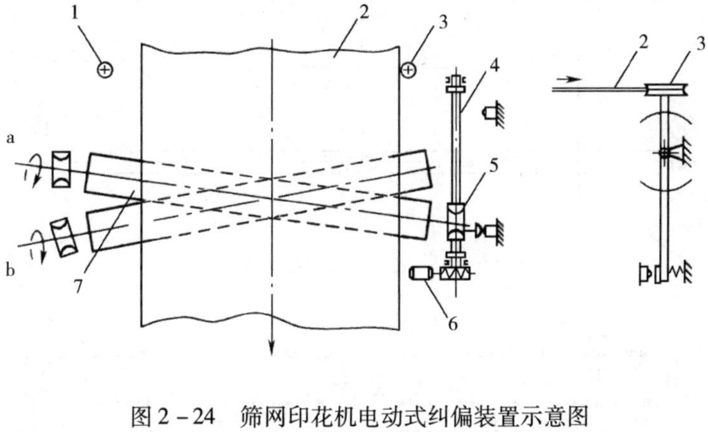

图2－24　筛网印花机电动式纠偏装置示意图

1,3—探边小轮　2—橡胶输送带　4—传动丝杆　5—调心轴承座　6—电动机　7—调节辊

2. 气动式纠偏装置　如图2－25所示为连续蒸呢机使用的气动式纠偏装置示意图,其结构包括探边器、双动气缸和调节辊等。当织物1和蒸呢毯2向左偏移触及探边器时,控制单元6

可自动调整左右气缸的压力使调节辊3呈如图2-25所示左后型歪斜,被动辊体引导织物和呢毯向右偏移,自动矫正织物和蒸呢毯的运行位置。这类装置具有结构简单,灵敏度高,外形整洁的特点。平网或圆网印花联合机的热风烘燥机进布处也采用气动式纠偏装置,自动矫正输送待烘印花织物的环形输送网带在烘房内的运行位置。

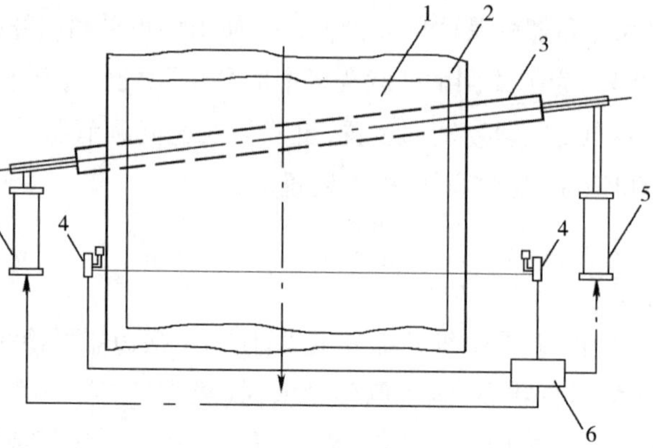

图2-25 连续蒸呢机气动式纠偏装置示意图

1—织物 2—呢毯 3—调节辊 4—探边器 5—双动气缸 6—控制单元

针织物连续式染整加工中,多车速较低且不耐较大张力,加工中可采用如图2-26所示气动毛刷条式纠偏装置。针织物运行位置正常时,不与循环运行的环形毛刷条和调节辊接触。若针织物左移触及探边触杆5,通过气缸8将调节辊2压向针织物,则右侧针织物触及向外侧运行的毛刷条6而位移到正常位置;当针织物左边缘离开触杆5时,气缸将调节辊推离针织物,针织物也随之与毛刷条6脱离。同理,若针织物右移触及探边触杆4时,针织物也能在毛刷条7作用下自动纠偏而回移到正常位置运行。

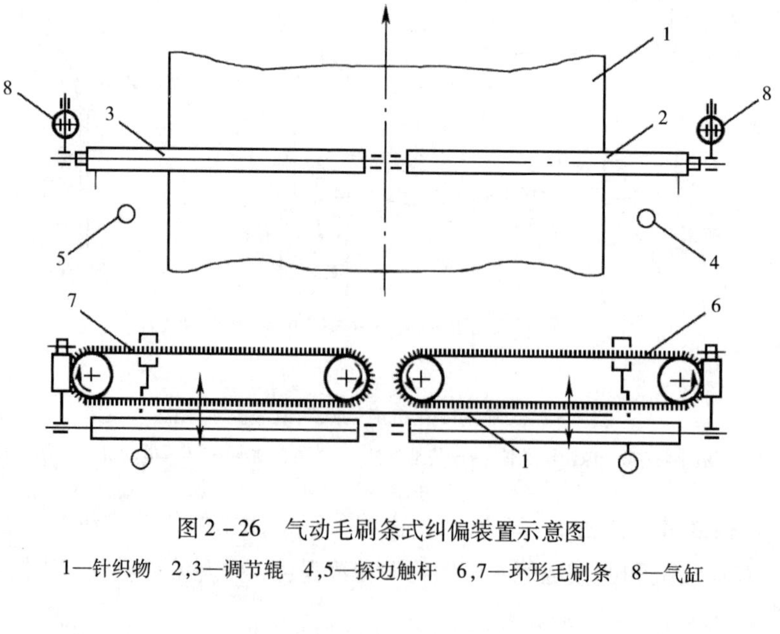

图2-26 气动毛刷条式纠偏装置示意图

1—针织物 2,3—调节辊 4,5—探边触杆 6,7—环形毛刷条 8—气缸

3. 红外光电探测自动扩展纠偏组合装置 如图2－27所示是一种平幅织物红外光电探测自动去皱、纠偏的组合装置，由螺纹扩幅辊组1、红外光电探边系统2和自动纠偏对中辊组5等组成。其中三只主动螺纹扩幅辊用以扩展去皱、展平布边，微调中间一只螺纹扩幅辊的水平位置可调节织物在三只辊面的包绕角及经向张力，以适合不同品种的加工要求。纠偏装置中，左、右侧两组发射头和接收头组成的红外光电探边系统2可检测平幅织物左右边部歪移情况，并根据光电监控信号的变化控制执行机构自动纠偏。纠偏时，控制部分指令气动控制阀控制气缸4使纠偏辊组合5按织物歪移方向作出相应倾斜，致整幅织物与两只纠偏辊面间产生相对速度而使织物迅速向另一侧回移到正常位置，随之纠偏辊复位。也有采用可改变转向的专用电动机按控制部分指令，以所需转向传动丝杆通过连杆操纵纠偏辊组合。这类扩展纠偏组合装置能有效扩展织物、自动纠偏，灵敏而稳定，适合平幅织物高效连续化加工。

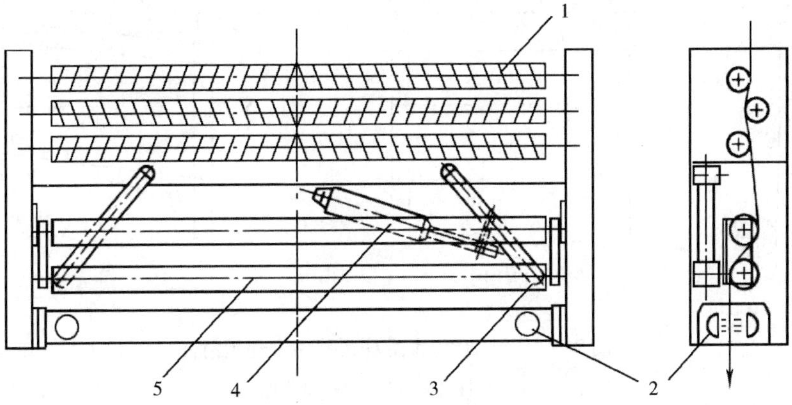

图2－27 红外光电探测自动扩展纠偏组合装置示意图

1—螺纹扩幅辊组 2—红外光电探边系统 3—连杆 4—气缸 5—自动纠偏对中辊组

二、整纬装置

染整加工过程中，织物由于受到机械拉伸或意外摩擦，往往会产生纬纱歪斜或弯曲，这种现象称为纬斜（skew weft）。纬斜若不及时纠正，会使成品和成衣的外观变形，尤其是条格类花布和色织布，其外观质量下降尤为明显。

纬斜的基本形状有直线形、弧线形和两者混合形。整纬装置或与自控装置整合而成整纬器（weft straightener）是用于纠正纬斜的通用装置，其工作原理是利用织物在湿热条件下具有一定的可塑性，按纬移情况，通过整纬装置的机械作用调整织物全幅内各部分的经向张力，使运行的平幅织物纬纱的相应部分"超前"或"滞后"，重新使纬纱回到正常状态，再经烘燥使之稳定。根据纠正纬斜的种类不同，整纬器分为直辊整纬器、弯辊整纬器和混合整纬器等，一般多装在烘燥、热定形等设备的进口前。尽管通用整纬装置的类型有多种，但其整纬基本原理相同。

1. 直辊式整纬装置 如图2－28（a）所示是直辊整纬器（weft skew straightener）的结构示意图，由丝杆装置和三只被动导布辊组成。其中前后两辊的轴承固定在机架，中间辊可通过丝杆装置调整其轴线的位置,使该轴线可以发生上下偏移。通过分析全幅织物经向张力的变化,可了解整纬装置的工作原理。

如图2-28(b)所示当织物无纬斜时,整纬辊与前后两辊及织物纬向平行,经向张力在织物全幅范围内的分布是均匀的,经纱左右端的相对运行速度也一致。当出现左后型纬斜时(面对进布方向,纬纱右端高于左端),转动右端丝杆,使整纬辊右端升高;或转动左端丝杆,使整纬辊左端下降,如图2-28(c)所示,织物经向张力就产生了从右至左的递减。织物与辊面的摩擦阻力也从右到左递减,于是织物左端的经纱运行速度快,右端速度稍慢,与经纱相交的纬纱 *AB* 也就出现了左端加快、右端变慢的现象,经过整纬辊后纬纱 *A′B′* 与经纱垂直交织,左后形纬斜得到纠正。

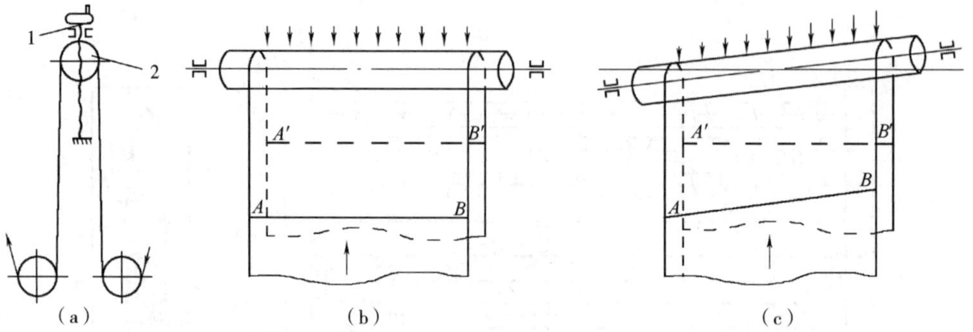

图2-28 单辊整纬器及其整纬原理示意图

1—丝杆升降装置 2—整纬辊

如图2-29所示四辊整纬器属于常用的直辊式整纬装置之一,由四只被动整纬直辊和调节机构组成。各辊两端装有双列向心球面滚动轴承,分别由左右两组连杆相连。加工中织物有纬斜移时,旋动手轮1带动丝杆2使连杆4绕中心回转一定角度,使整纬直辊3的左右两端不再互相平行,织物全幅内的左右经向张力随之发生变化,从而使歪移的纬纱在运行中得到纠正。

若织物无纬斜,则各整纬辊正常运行,织物左右边部在被动导布辊 *A* 端和 *B* 端间穿行的间距相等,见图2-30(a)。此时织物全幅范围内各经纱张力大小一致,运行速度相等。

当布面有右后直线形纬斜时,通过连杆调节左右辊位置,使四只导布辊 *A* 端的穿布路径缩短,*B* 端穿布路径增加,织物全幅范围从 *A* 端至 *B* 端的张力递增,*A* 端滞后的经纱速度增加,*B* 端织物经纱运行速度降低,使纬斜得到纠正,见图2-30(b)。

当织物纬纱向左后歪斜时,四辊整纬装置调整方法见图2-30(c)。

近年来,随机电一体化技术的发展,手动调节被更加灵敏的自控电动装置所取代,但作用原理一致。

2. 弯辊式整纬装置 弯辊整纬装置用以矫正弧线形纬斜,如图2-31(a)所示,由两只弯辊和调节机构组成。经手动或电动可使两只被动弯辊的芯轴作相反方向回转适当角度,以调节两弯辊的间距,达到整纬的目的。

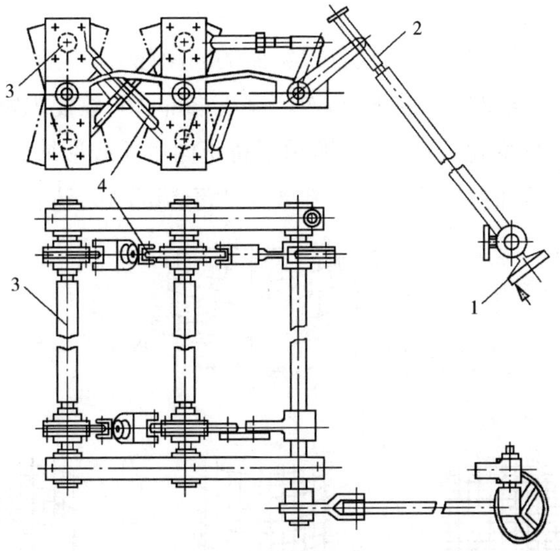

图 2-29 四辊整纬器结构示意图

1—手轮 2—丝杆 3—整纬辊 4—连杆

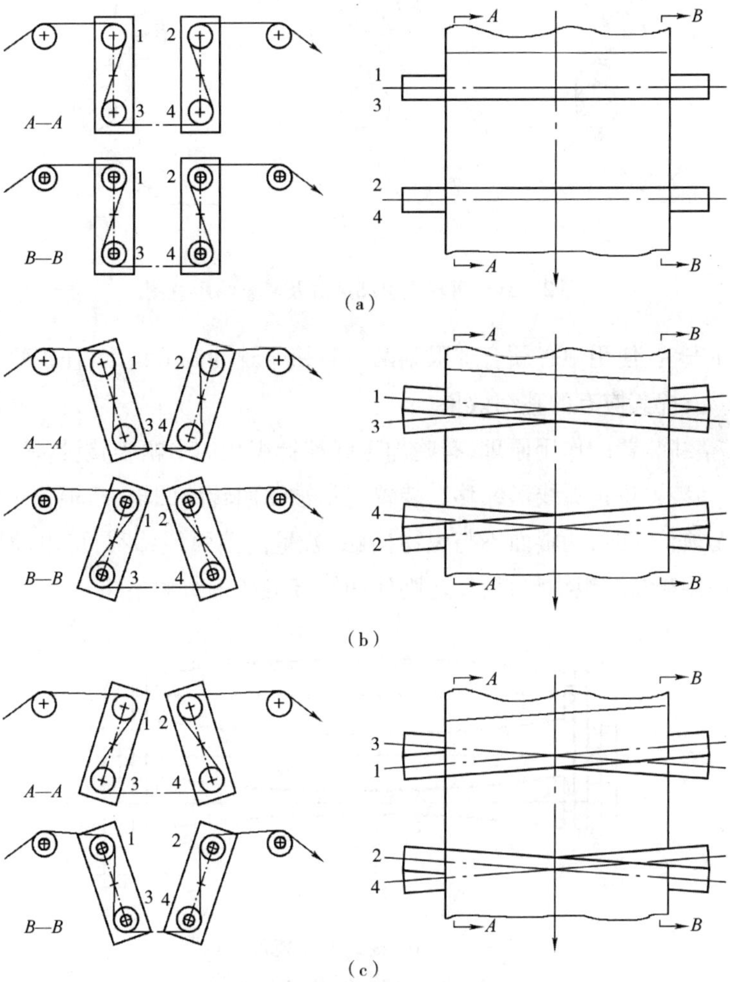

图 2-30 四辊整纬装置整纬示意图

图2－31(b)中两只弯辊中部至两端各段辊面的间距相等,不产生整纬作用。

图2－31(c)中两只弯辊的间距是中部$A'B'$小于端部AB,致使织物全幅内的经向张力中部最小,并向左右边部按弧形变化逐渐增大,适用于矫正向后弧线形纬斜。

图2－31(d)中两只整纬弯辊间距是中部$A'B'$大于端部AB,适合于矫正向前弧线形纬斜。

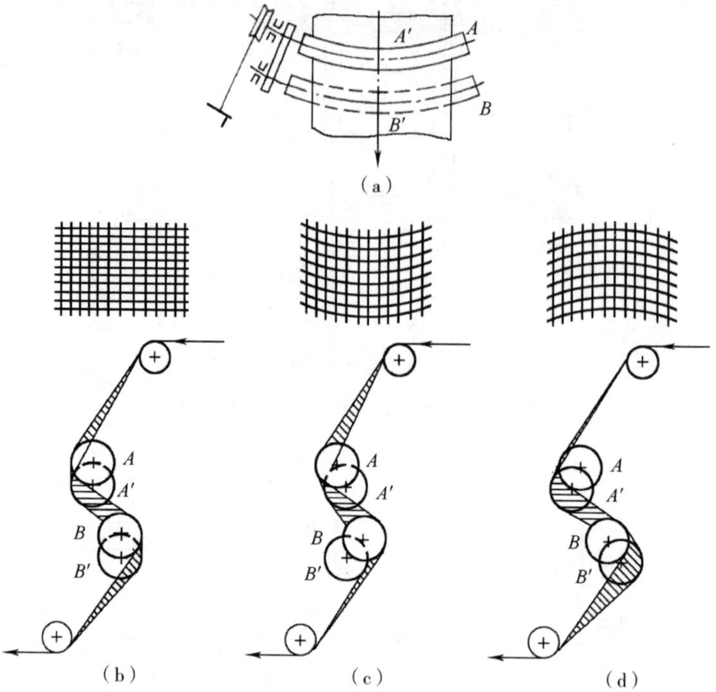

图2－31　弯辊式整纬装置及其整纬示意图

值得注意,在安装、使用中必须合理限制两只整纬弯辊的调节角度,使织物在弯辊的扩展辊面内接触辊面,以发挥其应有的整纬效果。

参照弯辊式整纬装置的作用原理,有些加工纬编针织物的平幅染整设备采用如图2－32所示的凹凸辊式整纬装置矫正弧线形纬移。装置包括被动回转的凹辊、凸辊各一只。纬编织物自两辊之间穿行,无须整纬时,两辊面不与织物接触;若呈向前弧线纬移,可电动操作使该装置转动适当角度,凸辊接触纬编织物整纬;反之则使凹辊接触纬编织物整纬。

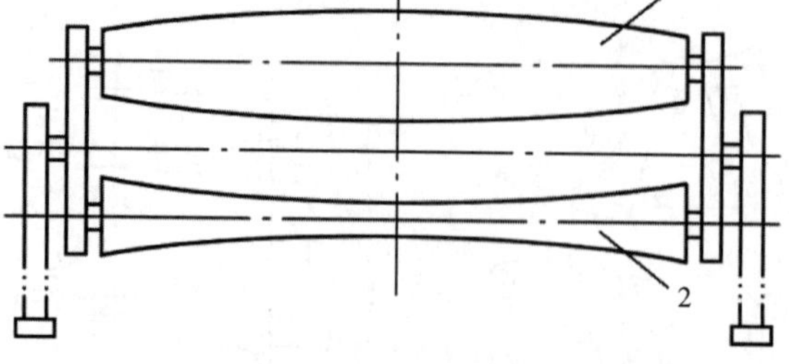

图2－32　凹凸辊式整纬装置示意图

1—整纬凸辊　2—整纬凹辊

3. 光电整纬装置　直辊和弯辊整纬装置使用中需人工操作，要根据布面纬斜情况及时调整整纬辊的状态，生产中劳动强度高，效率低。为了提高较高运行布速下整纬的灵敏度，减轻人工检查的负担，光电整纬装置（photoelectricstraightener device）的应用正日益增多。常用的光电整纬器是将整纬直辊、弯辊组合起来，能自动检测纬移和整纬的装置。光电整纬装置的种类虽多，但都是由光电检测器、控制器和执行机构三个部分组成（图 2－33），其结构和工作原理如下。

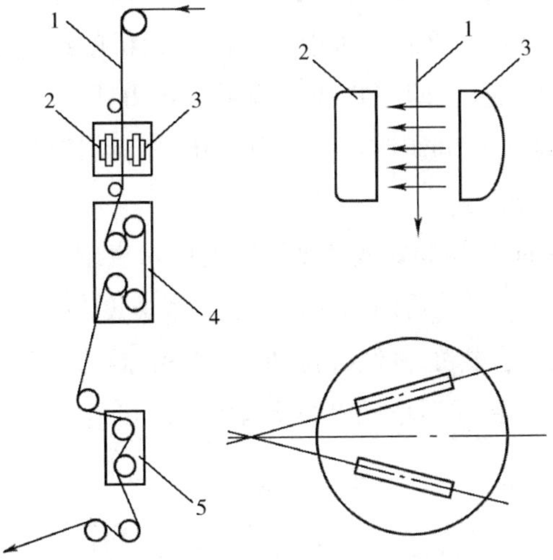

图 2－33　光电整纬原理示意图

1—织物　2—光源发射头　3—光电检测接收头　4—直辊整纬装置　5—弯辊整纬装置

（1）光电检测器的数量一般以两只、三只或四只为一组，分别装置于织物全幅内的左、中、右或左、右部位。每只光电检测器由检测发光头和光电检测接收头组成，分装于织物两面。检测发光头由光源和透镜组成。有的发光头光源分两挡，可按织物厚薄、纬密、颜色等情况选用。光电检测接收头为由遮光片、圆柱形透镜、狭缝片、硅光电池组成的一组光学接收元件。每只狭缝片上有横布的单八字形或双八字形狭缝，其倾角有多种，单八字形狭缝以 ±7°和 ±14°等几种。若角度适宜，双八字形狭缝能获得较高的检纬精度和较广的检纬范围。

从各个发光头射出的平行光线透过运行的平幅织物，通过各自的光电检测接收头的光学系统，将纬纱的像投影到硅光电池上。各硅光电池将所接收的光通量差异进行转换，输出同纬纱歪移相关的电信号。这些微弱电信号经放大电路放大后输至控制器。

（2）控制器将光电检测接收头输来的电信号通过微机运算、调节，输入控制执行机构。

（3）执行机构一般采用两台电动机按控制器输来的信号分别带动整纬直辊和整纬弯辊。也有采用活塞气缸代替电动机操作的。

光电整纬装置也在不断发展和改进中，需解决的主要性能是如何适应厚密、深色、斜纹织物等的整纬。这类整纬装置还不能矫正波形纬移。

安装、使用时应注意保持发光头和接收头的前垂直面应与织物所在平面平行，同时定期做好发光头和接收头玻璃表面的清洁工作。

三、织物线速度调节装置

织物在连续式染整设备上加工时,各单元机的线速度必须协调,以保证不致因经向张力失调而发生织物的松弛缠绕或绷紧断裂,从而造成故障或影响产品加工质量。线速度调节装置(也称线速度调节器)是通过调整有关单元主动牵引辊线速度来实现各单元机间同步调速的目的。线速度调节装置按控制单元不同可分为张力式、重力式和悬挂式。

1. 张力式线速度调节器 染整联合机中前后两单元机的线速度出现微差时,运行织物的经向张力必然随之发生相应变化,即织物或松或紧。张力式线速度调节器(tension line speed regulator)就是根据相邻两单元机间织物经向张力变化进行调速的。按调节机构的运动方式不同,该装置分为升降式和摆动式。

(1)摆动力式。图2-34是摆动式线速度调节器的示意图,由摆动型织物线速度缓冲机构和电气调速机构组成。使用中当前后两单元机的织物线速度存在微差时,织物经向张力相应变化而使张力辊1和重锤2随之摆动,再经链传动调节变阻器的电阻值,自动微调拖动有关单元机专用变速电动机转速,而达到前后单元机织物线速度同步的目的。

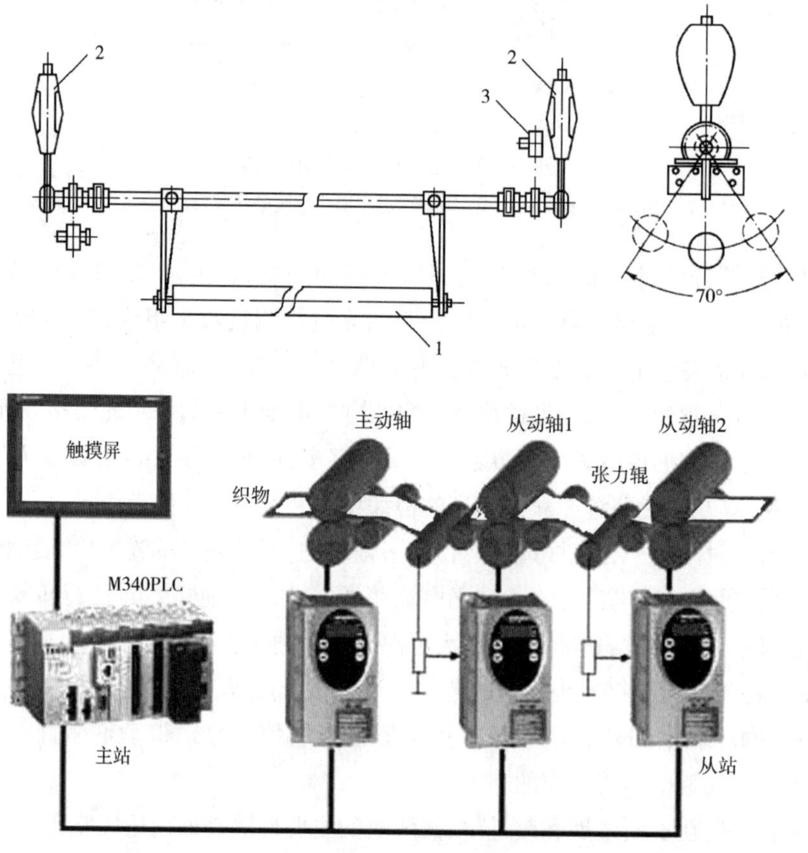

图2-34 摆动型张力式织物线速度调节装置示意图

1—张力辊 2,3—重锤

为了适应湿度高或有腐蚀性气体的环境条件，也有采用非接触的棒式变感器代替变阻器，即随张力辊摆动相应改变电感值而自动同步调速。

(2)升降式。图2－35是升降式线速度调节器的示意图。张力辊2随织物1的经向张力的变化而产生上下升降，再经升降链3传动而相应地调节变阻器6的电阻值，自动微调有关单元机的变速电动机转速而同步调速。增减平衡重锤的重量可调整织物的经向张力。

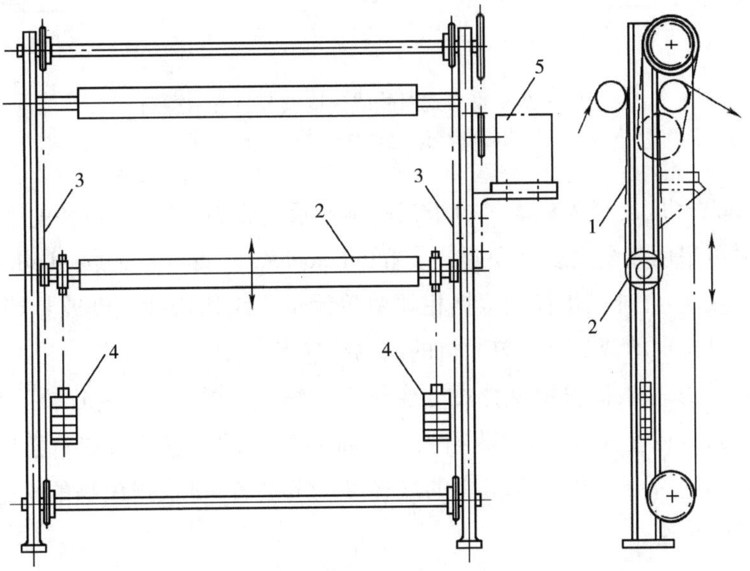

图2－35　升降型张力式织物速度调节装置示意图

1—织物　2—张力辊　3—升降链　4—重锤　5—变阻器

2. 重力式线速度调节器　若织物在染整联合机相邻两单元间储布器(J－box cloth accumulator)中稍做储存时，可采用如图2－36所示的重力式织物线速度调节装置。当前后单元机速度失调时，储布器中织物的重量会发生变化，储布器的位置也会随之变化，从而触发电气调节机构自动控制有关单元机的运行布速，这就是这类调节装置的作用原理。相对于其他线速度调节装置而言，其灵敏度较低，因此多用于对织物线速度调节要求不太高的情况。

图2－36(a)中当两台单元机间的储布器因所储织物重量超过规定的上限数值而倾斜至一定位置时，通过电气开关的作用，使进布单元机自动暂停运转。直待储布器内织物重量减至规定的下限数值时，通过电气开关的作用使该单元机自动恢复运转。对于紧式绳状浸轧、水洗机，为避免其再次启动运转时，两只轧液辊轧点间启动阻力较大而易摩擦织物产生破洞，大多已改由直流电动机拖动，以通过张力式织物线速度调节装置经变阻器自动调节相关单元机的运行布速。

图2－36(b)和图2－36(c)为其他结构形式的重力式线速度调节装置，其工作原理与图2－36(a)相似，对相关单元机运转都是通过储布的重力变化来实现“开、关”两位式的调节。

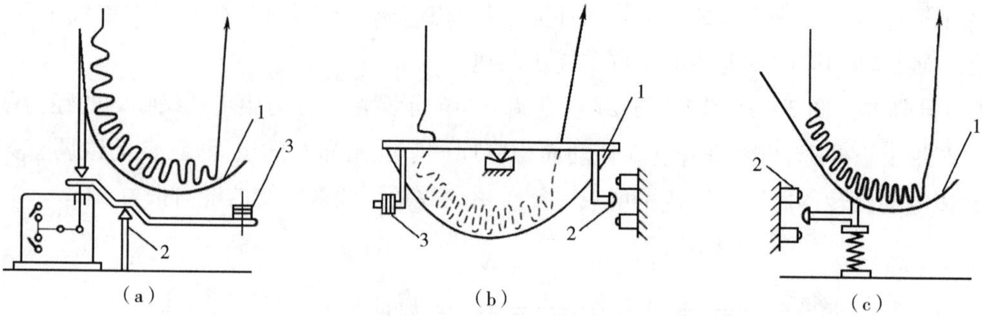

图2-36　重力式织物线速度调节装置示意图

1—储布器　2—重锤　3—织物

3. 光电式织物线速度调节装置　对于某些不能承受张力,又不宜折叠的平幅织物,在染整联合机上加工时可采用光电式线速度调节装置(photoelectric cloth line speed adjustment device)。其原理是借光电效应、红外同步检测根据相邻两单元机间织物松弛程度或悬挂长度的变化,通过电气调节速度机构自动调节有关单元机的织物线速度。

图2-37(a)所示是根据织物悬挂长度变化而调整车速的。图2-37(b)是应用于前处理汽蒸箱的线速度调节装置,可根据汽蒸箱内缓缓前行织物的堆置位置或汽蒸时间变化控制出布。图2-37(c)是应用于圆网印花机中的线速度调节装置,可根据织物的松弛程度控制印花机与热风烘燥机的车速。

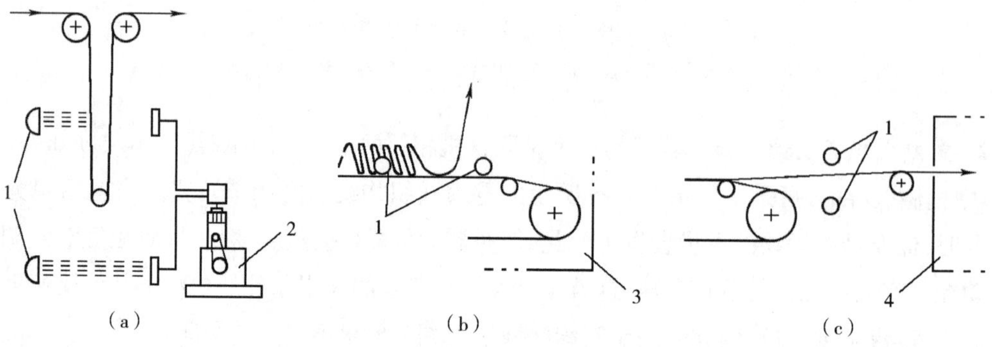

图2-37　悬挂式织物线速度调节装置示意图

1—光电检测装置　2—调速单元　3—汽蒸箱　4—烘燥机

第三章　通用单元机

第一节　平幅轧水机与浸轧机

现代染整设备大多是联合机(range),一般由浸轧、汽蒸、水洗、烘干等单元设备组合而成。联合机车速快,效率高,相对于传统设备用地少,适合大批量产品的加工,具有广泛适用性,并可以在多种不同工序的联合机中频繁使用,这类单元机称为通用单元机(universal unit machine)。而构造特点明显,仅在特定工序中使用的单元机称为专有设备。常见通用单元机有浸轧机、净洗机、烘燥机和汽蒸箱,简称轧、洗、烘、蒸四大类。作为染整联合机的主要组成部分,通用单元机对染整设备的整机性能、所加工产品质量有着重要影响。

生产中习惯常将平幅轧水机(extraction padder, squeezer)和轧液机(impregnating padder)统称为轧车。前者用于平幅织物烘燥前、不同单元机间或者浸轧某些溶液前的脱水,为了区别轧液机,又被称为普通轧车;后者用作平幅织物浸轧染液或化学品、整理剂处理液,要求施液透芯、带液率均匀,称为平幅轧液机或者是均匀轧车。这两种单元机在组成和外形上很相似,但由于各自的加工目的不同,则对其机械性能和结构的要求必然有所差异。本节分别介绍和讨论这两类轧压设备。

一、平幅轧水车的组成

普通轧车的种类很多,按轧液辊排列方式可以分为立式、卧式和斜式;按加压方法可以分为气压式、油压式和重锤杠杆加压式;根据轧辊数量可分为两辊轧车和三辊轧车,前者只能用作一浸一轧,后者多用作二浸二轧或一浸二轧。

一般平幅轧水机由机架、轧辊、加压机构、水槽、传动机构及安全防护装置等结构组成。

(一)轧辊

1. 种类　轧辊又称轧液辊,常由两只或三只轧液辊组成轧液辊组。由电动机经传动机构拖动回转的称为主动轧辊,经主动轧辊面摩擦带动而回转的称为被动轧辊。主动辊的辊面材料一般硬度较高,通常为金属辊或硬橡胶辊,因其辊面较硬而耐磨,不需经常修磨,从而辊径变化小,有利于联合机各单元机同步传动时线速度协调。被动轧液辊一般为橡胶辊或纤维辊,多具有一定的弹性,以避免织物通过轧点时受损及缝头处经过轧点时发生断裂。

2. 结构

(1)辊轴。一般用45#钢车制而成,分为整体轴和短轴两种。原来都采用通轴,见图3-1(a),现多采用非通轴,即两根短轴,见图3-1(b)。但属中支辊、中固辊结构者和纤维辊必须采用通轴。

通轴与铸铁辊体连接处先用锥形塞铁(又称瓦片销)紧固,三片塞铁间的缝隙用青铅填实,外侧再用红套法装上红套箍,以防塞铁松动和液体渗进辊内腔。非通轴是用红套法使其与铸铁辊体端部轴孔直接紧固。用料省,制造工艺简便,且当辊体直径与辊轴直径的比值大于2时,通轴与非通轴对加压时辊体弯曲变形所产生的绕度影响差异不大。

辊轴直径须视辊面幅度、辊结构、受压、辊轴材料以及传递扭矩等因素而定。

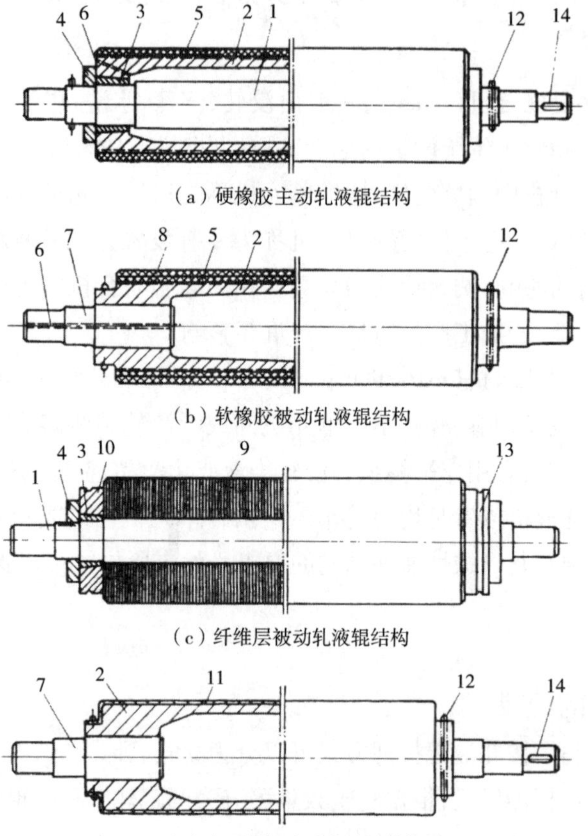

(a)硬橡胶主动轧液辊结构

(b)软橡胶被动轧液辊结构

(c)纤维层被动轧液辊结构

(d)包不锈钢主动轧液辊结构

图3-1　轧辊结构图

1—通轴　2—辊体　3—瓦片销　4—红套箍　5—硬橡胶层　6—通气孔　7—非通轴　8—软橡胶层　9—纤维层　10—闷头　11—不锈钢层　12—挡油圈　13—挡油槽　14—键槽

(2)辊体。不锈钢轧辊、橡胶轧辊的辊体一般用HT18-36或HT20-40铸铁制成,也可用无缝钢管或30#钢板圈焊而成。为使轧液辊运转平稳,辊体需校静平衡。铸铁辊体表面经加工后应无气孔、夹灰等缺陷。对辊体上下包覆其他材料层而直接使用者,辊面要求更高,不能有芝麻点凹陷,表面粗糙度应达到3.2~0.4,至于橡胶轧液辊的铸铁辊体,需将其表面由中间向两端分别制左、右旋螺纹(3mm×60°),以加强与橡胶包覆层的结合。为适应包覆橡胶辊面气蒸硫化加工需要,铸铁辊体两端须有孔径不小于20mm的通气孔,待轧液辊制成后再用平头螺钉堵塞。对于直径小于150mm，长度不超过1200mm的金属辊体和由钢管或钢板卷制的辊体，允许不开通气孔。

辊体壁厚应视辊体直径、结构、材料和受力情况而定。根据我国设计、使用轧液辊的经验，铸铁辊体厚度一般不应小于15mm。无缝钢管和钢板卷制的辊体壁厚：辊体直径<100mm者，应≥5mm；辊体直径为100～250mm者，应≥8mm；辊体直径为250m以上，500mm以下者，应≥12mm。

（3）辊面。

①不锈钢轧液辊：在铸铁或钢管的辊体表面和端面一般包覆不锈钢薄板（1Cr18Ni9Ti），经氩弧焊接法焊接、车、磨加工而成，加工后此包覆层厚度应≥2mm［图3－2（d）］。它取代了平幅轧水机原用的铜或镀铜辊面。

②橡胶轧液辊：是在铸铁或钢管的辊体表面包覆橡胶的一种轧液辊。因其橡胶辊面可按染整加工要求做成所需的硬度，并耐腐蚀，所以在平幅轧水、平幅浸轧等设备滞后广泛采用。按其辊面硬度分为硬、软两种，硬橡胶轧液辊为邵氏硬度A90～100，软橡胶轧液辊为邵氏硬度A75～85。经车磨加工后的橡胶辊面要求光洁，不得有气孔、气泡、裂纹、含杂等缺陷，特别不能嵌有金属屑粒，以免损伤织物。辊面不圆度允许≤0.1mm。橡胶轧液辊的辊面橡胶层厚度一般在15～25mm。硬橡胶轧液辊的辊面橡胶层直接包覆在车左右旋螺纹的铸铁辊体上，而软橡胶轧液辊的辊面软橡胶层与辊体表面之间须先包覆6～9mm硬橡胶层为过渡层，以防运转中辊面软橡胶层脱壳［图3－1（a）、（b）］。

③纤维轧液辊：是以棉、麻、毛等纤维为辊面材料的一种轧辊见图3－1（c）。其特点是弹性好，耐用，能承受较大压力，不会损伤被轧织物。该辊由中间有孔的干燥棉（麻或毛）织物或纸片叠套在辊轴上（每层叠套的纤维材料厚度为600～800mm），用水压机逐渐加压，并保持加压状态（纤维材料承压35～40MPa）不少于8h，使其压缩定形。经多次叠装加压直至达到规定的辊面幅度，最后装上压盖用锥形塞铁紧固，再经车圆、研磨。目前纤维辊多用于轧光机、电光机和轧纹机等干轧设备。

除辊体与辊面外，轧辊结构还包括闷头、挡油圈和红套箍等。

（二）加压机构

1. 气压加压机构　染整机械中加压设备应用气压加压较广泛，这是由于它具有下列优点：

①结构简单。以压缩空气为加压工作介质，可由一台空气压缩机或压缩空气站供应多台气压加压机构所需的气源，并可与一些气动式自动调节装置共用。

②操作方便。加压系统中压缩空气流速快，加压、卸压动作迅速，并便于集中控制和远距离操纵。

③压力稳定。空气具有可压缩性，较厚织物接头处通过轧点时压力波动较小，轧液率稳定，织物不易受损。

④比较清洁。气压加压装置不会沾污辊面、织物和设备附近环境。

但由于压缩空气的可压缩性，气压加压的工作稳定性较差。系统中压缩空气的压强不宜过高，一般为0.3～0.8MPa，而加压机构尺寸又不宜过大，因而气压加压机构一般适用于加压总压力为9.8×10^4N以下的设备。

图 3－2 是气压加压系统示意图,由气源部分、控制部分和执行部分组成。

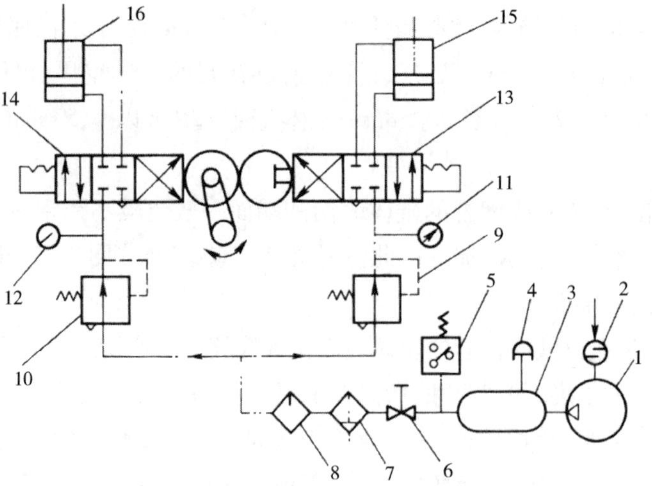

图 3－2　气压加压系统

1—空气压缩机　2—空气过滤器　3—储气筒　4—安全阀　5—压力继电器　6—阀　7—气水分离器　8—油雾器　9,10—压力调节器　11,12—压力表　13,14—换向阀　15,16—气缸

气压加压系统的工作原理是空气先经空气过滤器 2 滤去尘埃,然后进入压缩机 1 加压。通过气水分离器 7 将干燥的压缩空气储存在储气筒 3 内。储气筒内的压缩空气经油雾器 8 与雾化油混合,再经压力调节器 9、10,换向阀 14 和节流阀等进入气缸,推动气压加压机构加压于轧辊。

气压加压机构有活塞气缸、薄膜气缸和气袋三种。

(1)活塞气缸。活塞气缸分单向作用和双向作用两种。单向作用的气缸结构虽较简单,耗气量少,但活塞借助弹簧力或辊的重力复位,因而在加压时需耗一部分压缩空气的能量克服弹簧力或辊的重力,并且辊的安装位置和传压方向还受到一定限制。因此多采用双向作用的活塞气缸。

①单活塞杆单活塞双向作用气缸:如图 3－3(a)所示,缸体由钢材或铸铁制的圆筒形气缸 1 和上、下两块盖板 2、3 用螺栓紧固组成。气缸内壁粗糙度 0.4～0.8。气缸体与活塞 4 之间需有较好的密封性,因而活塞上装有皮碗或活塞环 5,活塞杆 6 与盖板之间镶有密封环 7 用以防漏。

双向作用活塞杆的两个行程极限位置常受到辊的升降(或加压、卸压位移)极限位置的限制,则如图 3－3(a)所示结构的活塞气缸尚能适用。但当从动机械中未设限制活塞杆行程的装置,而行程较长的情况下,则应采用如图 3－3(b)所示结构的缓冲气缸;即当活塞推行到接近上极限位置时,上缓冲活塞 3 或下缓冲 4 能相应地进入上气室 1 或下气室 2,借室内空气被压缩产生的压力使活塞运动速度降低而不致撞击气缸盖板。

②单活塞杆双活塞双向作用气缸:在不允许加大气缸直径和加压系统工作压强的情况下,

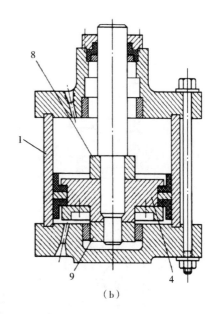

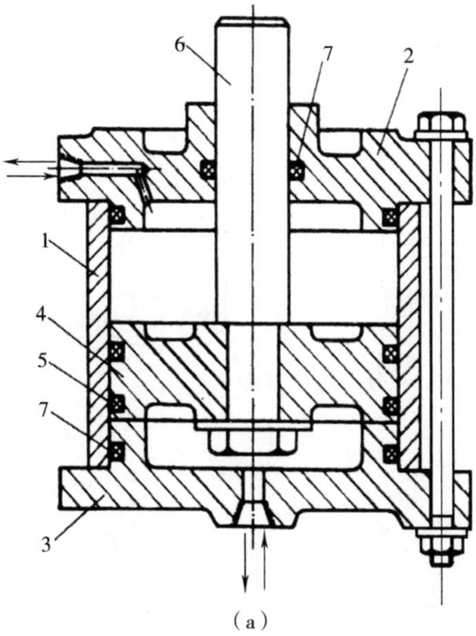

图3-3 单活塞杆活塞双向作用气缸示意图

1—气缸 2—上盖 3—下盖 4—活塞 5—活塞环 6—活塞杆 7—密封环
8—上缓冲活塞 9—下缓冲活塞

可采用多级活塞气缸以加大活塞杆的推力。如图3-4所示,为单活塞杆多向作用气缸,用于要求推力大,缸径小,缸体不长的场合;但结构较单活塞者复杂,制造精度要求较高。

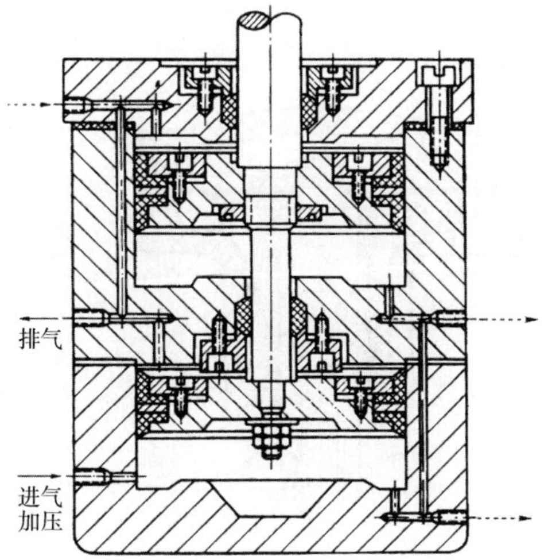

图3-4 单活塞杆双活塞双向作用气缸示意图

上述两例活塞气缸各自活塞杆上的作用力 F_1(N)和 F_2(N)可计算如下:

$$F_1 = \frac{\pi}{4}D^2\gamma\eta_1 \tag{3-1}$$

$$F_2 = \frac{\pi}{4}[nD^2 - (n-1)d^2]\gamma\eta_2 \tag{3-2}$$

式中:D 为气缸内径(cm);d 为活塞杆直径(cm);n 为活塞数量;γ 为压缩空气的工作压强(MPa);η_1 和 η_2 分别为单活塞气缸和多活塞气缸的机械效率,一般取0.8~0.9。

常见的活塞气缸加压方式如图3-5所示,其中除图3-5(f)所示者外,都利用杠杆原理以达增压目的。图3-5(d)~(f)所示主要用于平幅水洗机轧液装置。

(2)薄膜气缸。薄膜气缸是由压缩空气推动橡皮膜片及其加压杆作直线运动的气缸。按膜片形状可分平板形和蝶形两种膜片的气缸,前者加压杆行程较后者小,因此多使用蝶形膜片。

①单层薄膜气缸:如图3-6所示,由铸铁圆盖1、橡胶薄膜2、膜盘3、加压杆4和复位弹簧5等组成。由3~6mm厚的夹有织物的丁腈橡胶制成的圆形薄膜装于两只圆盖之间用螺

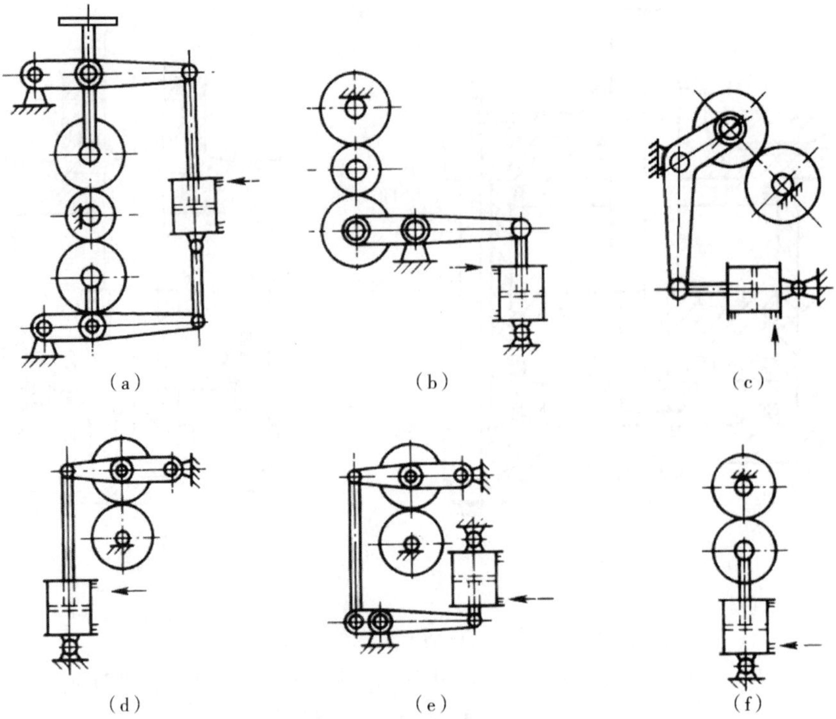

图3-5　活塞气缸加压轧液辊组的几种安装方式

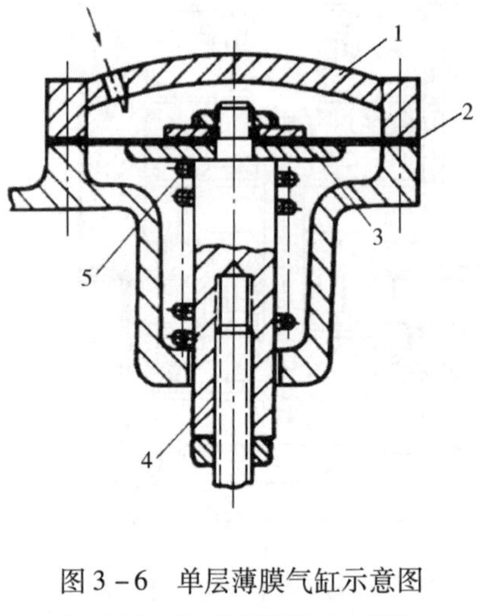

图3-6　单层薄膜气缸示意图
1—圆盖　2—橡皮薄膜　3—膜盘
4—加压杆　5—复位弹簧

栓紧固,其中心连有加压杆。为了防漏,圆盖、膜盘以及压板等与薄膜接触的表面上有V形小槽,使薄膜受压嵌入槽内以增强密封效果。膜盘外圆边缘和圆盖内壁凡与薄膜接触的棱缘处都倒圆角,以免快口割伤薄膜。

单层薄膜气缸结构简单而紧凑,重量轻,无须特殊的密封措施,易于防漏,省气,制造成本低,维修方便,使用寿命长;但压力杆行程短,一般不超过40mm,且其输出的压力随行程加大而有所减小,所以多用于平幅水洗机轧液装置的加压。

②多层薄膜气缸:在要求施加较大压力,而进气压强和气室直径又不宜增大的情况下,可采用多层薄膜气缸。

(3)气袋。气袋是以橡胶气袋充入压缩空气所产生的压力加压轧液辊组的一类气压加压机构。常用的加压气袋包括管状气袋和伸缩式气袋,其基本工作原理相同。以图3-7所示伸缩式气袋为例,使用时橡胶气袋以铰链方式装于机架,充气可纵向伸胀,并将其产生的压力通过杠杆施加于轧液辊组,排气时气袋回缩而卸压。

与其他气压加压机构相比，气袋加压具有结构简单、制造成本低和维修方便的特点，但对气袋材质要求较高，必须耐压耐用。

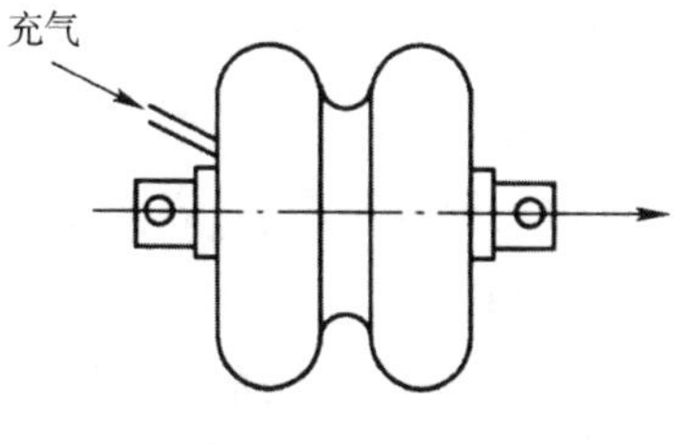

图 3－7　伸缩式加压气袋示意图

2. 液压加压机构　液压加压机构以油压为加压工作介质，因此也称为油压加压机构。与气压加压相比，液压加压具有如下几方面的特点。

（1）容易获得较高的压力。液压加压的基本原理是利用密闭油液的压强传递，当油液的压强作用在大面积的活塞上，可获得较大的压力。因此油压加压主要用于轧点线压力较高（500～1500N/m）和加压总压力较大（9.8×10^4N 以上）的一些设备，如轧光机、电光机、轧纹机和一些丝光碱液浸轧机等。

（2）操作控制方便，加压系统安全。液压加压的压强由稳压器控制，可使轧辊两端加压均匀。采用阀门控制油压，不但操作方便，且没有气压加压可能会造成爆炸的危险。

（3）结构较气压加压机构复杂。为了防止加压油缸漏油，需配置稳压装置稳定油压，再加上油压机构的各种阀门与管道系统，油压加压结构显得较复杂，设备费用也较高。此外，液压加压系统还必须有良好的密封性，防止漏油和沾污织物。

图 3－8 是油压加压立式三辊平幅轧水机油路系统示意图。加压时，由齿轮泵 1 将油自储油箱 2 输经稳压器至三向调节阀 9，再通过并联管路分别输至下轧液辊两端轴承座下方的加压油缸 4，推动活塞顶起下、中辊压向位置固定于机架的上辊，自下向上传压。

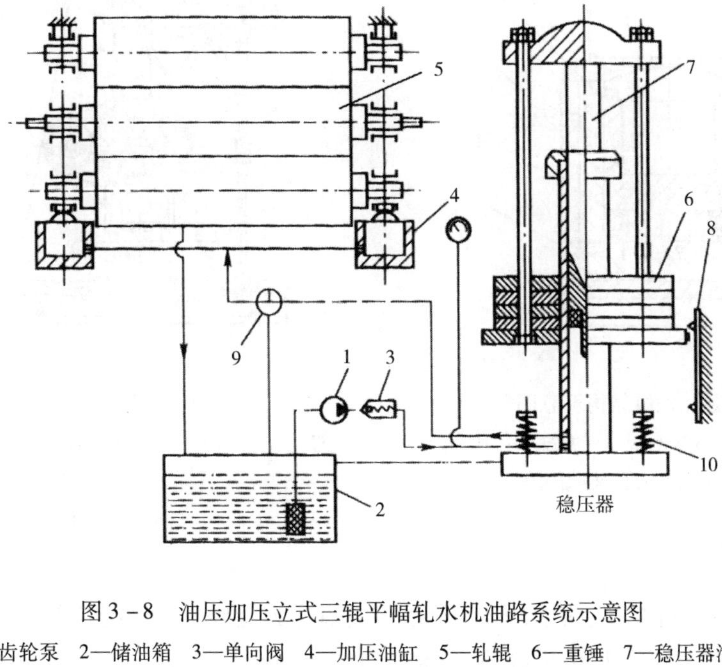

图 3－8　油压加压立式三辊平幅轧水机油路系统示意图

1—齿轮泵　2—储油箱　3—单向阀　4—加压油缸　5—轧辊　6—重锤　7—稳压器活塞
8—行程限位器　9—三向调节阀　10—缓冲弹簧

图3－9为加压油缸结构示意图。缸体和活塞都为铸铁件,两者动配合。活塞3下端有环形槽,用压板5将皮碗4固定于槽内。当高压油进入缸体向上推动活塞时,利用被撑开的皮碗压向缸体内壁紧密配合,以防止和减少漏油。泄漏的少量油可自缸体上端的泄油口经回油管路回流到储油箱。

为改善加压系统油压稳定性,将图3－8中三向调节阀9前的进油管与稳压器相连,借助加压油缸所需油压强而加的重锤6及其支架的重力施加于稳压器升降轴心上,使系统内因漏油致使油压下降数值维持在较小范围内。通过重锤升降行程限位器8,可自动控制拖动齿轮油泵电动机的运转。

3. 重锤杠杆加压机构 重锤杠杆加压是结构较简单、使用历史较长的加压装置,是将重锤重力通过左右两套杠杆的作用施加于轧液辊组。

图3－10为重锤杠杆加压的立式三辊平幅轧水机示意图。通过手动升降装置旋动升降螺杆,可使上、中两辊升、降而分别使三辊两个轧点处相邻两辊面接触或分开。操作手动加压、卸压装置能使辊组的相邻两辊面接触加压或卸压脱离。轧液辊组的传压方向是自上而下的,压力大小与重锤的重量和力臂长短相关。这类平幅轧水机的轧点线压力一般为400～900N/m。

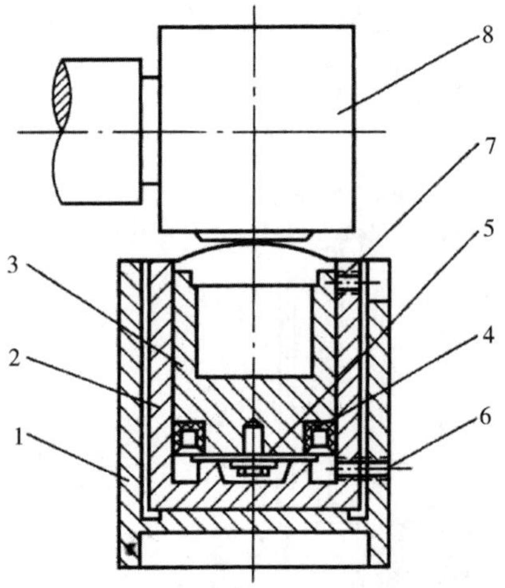

图3－9 加压油缸结构示意图

1—机架 2—缸体 3—活塞 4—皮碗 5—压板 6—进油口 7—泄油口 8—轴承座

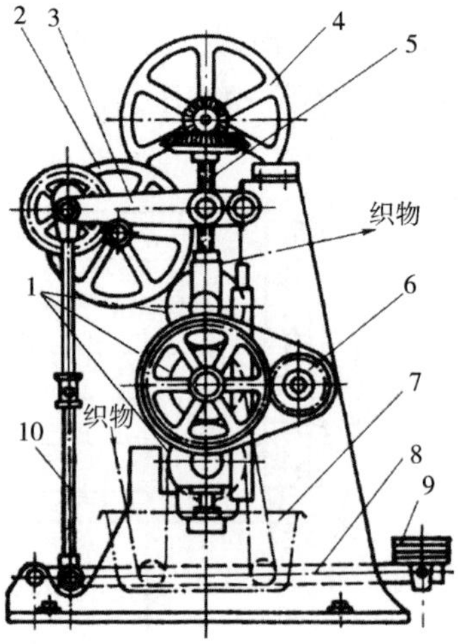

图3－10 立式三辊平幅轧水机示意图

1—轧液辊 2—加卸压手轮 3—上杠杆 4—轧液辊升降手轮 5—丝杆 6—传动齿轮 7—水槽 8—下杠杆 9—重锤 10—连杆

重锤杠杆加压机构虽较简单,维修方便,但轧点压力受到一定限制且不稳定,生产中往往随织物缝头处厚度变化使杠杆发生震动,引起轧点压力较大的波动。此外,重锤杠杆加压机构升降轧液辊和加压、卸压操作也较不便,因此现在已很少使用,逐渐被气压或液压加压机构所取代。

二、影响平幅轧水带液率的因素

影响轧水带液率的因素很多,包括总压力、轧点压强、橡胶辊面硬度、辊径、运行布速、温度、浸轧次数、织物组织及其纤维特征等。由于其中不少因素对带液率的影响是相互关联而又相互消长的,因而很难从某个因素得出较全面而确切的结论。应根据具体情况从各有关因素中找出主要矛盾,采取可行而有效的措施才能收到应有的预期效果。

1. 轧点压强 织物通过轧水机间轧辊时,单位长度上所承受的压力称为线压力。轧辊轧点处单位面积上的压力称为轧点压强。轧车线压力与轧点压强的计算公式如下:

$$q = \frac{P}{l}$$

$$\sigma_{p} = \frac{P}{l \cdot b}$$

式中:q 为线压力(N/cm);P 为总压力(N);l 为轧点有效长度(cm);σ_{p} 为平均轧点压强(kPa)。

研究表明,轧点宽度和压强均随总压力或线压力的加大而有所增加,且压强的增加率稍滞后于总压力的增加率。对于辊径相近的各轧液辊而言,在相同的线压力或总压力下,辊面橡胶硬度低者轧点宽。辊面硬度相近的各轧液辊中,辊径小者轧点宽度窄。轧液后轧余率总是随轧点压强和线压力增大而呈下降的趋势。

2. 温度 温度与织物的吸液效果和轧液效果关系密切。在浸渍吸液过程中,升高温度,织物轧液前含液量增加,轧压后织物带液率有增高的趋势。但轧液过程中,又由于升高温度使液体黏度减小,有利于去液而使带液率有所下降。此外,升高温度对降低轻薄而渗透性好的织物带液率有利,但不利于降低厚密而渗透性差的织物带液率。

3. 运行布速 织物运行布速加快时,由于织物轧液前浸渍时间缩短而含液量少,从而轧液后带液率相应下降;但同时也缩短了织物通过轧点的时间和可能产生压滞效应等原因,又会使带液率有所增高,并且此效应常大于前者下降效应。至于降低运行布速时,织物轧液前浸渍时间的加长而使含液量增加,不利于轧液后带液率下降(此效应对渗透性好的织物并不显著)。但织物通过轧点轧液的时间也相应加长,带液率有所下降(此效应在轻薄织物显著)。因此总体上以低运行布速轧液时带液率较低。

4. 织物情况 除各类纤维由于吸水性能不同,对织物带液率有明显影响外,在相同的浸轧条件下,同类纤维织制的织物由于其组织结构不同,轧液后带液率也并不完全一致。对相同纤维织制的织物而言,通常经纬捻度低,组织疏松,可压缩性大者,轧液后带液率往往较低。

影响轧水效果的其他因素还包括浸轧次数、纤维特点和浸轧前工艺状况等。实际生产中,上述不同因素对轧水带液率的影响往往随织物特点、操作条件和轧车机械性能等相互消长。

三、提高平幅轧水效率的措施

1. 中小辊轧液辊组轧水 为提高轧水效果,降低织物表面的带液率,可通过减小轧辊直径来增加轧辊组的轧点压强,提高其轧水效率。考虑到轧辊直径降低,抗弯刚度小,受压时易产生较大挠度，导致辊体轧水效果不匀，因此可采用中小辊的轧液辊组进行平幅轧水。

目前使用较多的如平幅水洗机末道轧水机械(习惯称小轧车)采用中小辊三辊轧水机械，主动不锈钢中辊辊径 ϕ150mm，上、下被动合成橡胶轧液辊辊径较大，为 ϕ300mm，硬度为邵氏A85，轧水效率有所提高。

2. 微孔弹性轧液辊轧水机械 微孔弹性轧液辊是配有由涂胶纤维薄片压制而成的微孔弹性轧液辊高效轧水机。所用纤维大部分为棉纤维，其余为黏胶纤维，也有用涤纶、维纶、腈纶等纤维。涂胶一般为天然橡胶，含胶量为重量的20%左右。如图3-11所示，由于这种辊体有无数个直径很小的微孔，并有较好的弹性，因而在进入轧点到轧点中心的 *ao* 段，辊体微孔受压闭合，而在进入轧点中心到出轧点的 *ob* 段内，压强递减，微孔扩张直至恢复原有间隙而形成局部负压，能将所接触的已经轧水的湿织物中的部分水分吸入。由辊面再次进入轧点 *ao* 段时，已吸入微孔内的水分和湿织物上的部分水分一起被挤压掉，微孔闭合，而再次进入 *ob* 段时又可将湿织物上的部分水分吸入，轧吸后织物带液率可降低13%以上。据此，也有在轧点另一侧安装辅助挤压辊预先挤除再次进入轧点 *ao* 段前辊面微孔内的水分。

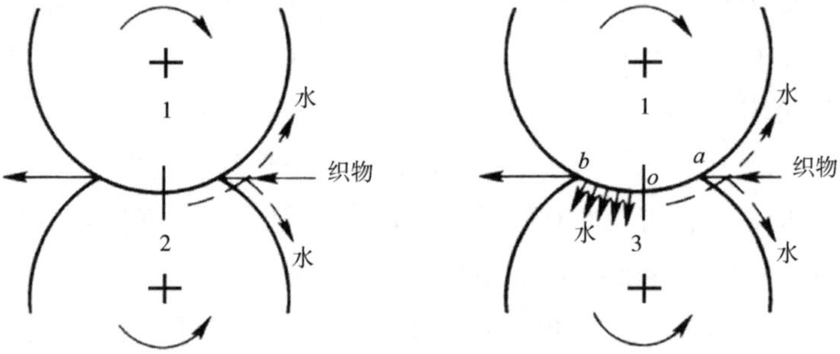

图3-11 微孔弹性轧液辊去除水分的原理

1—金属或橡胶辊 2——般橡胶辊 3—微孔弹性轧液辊

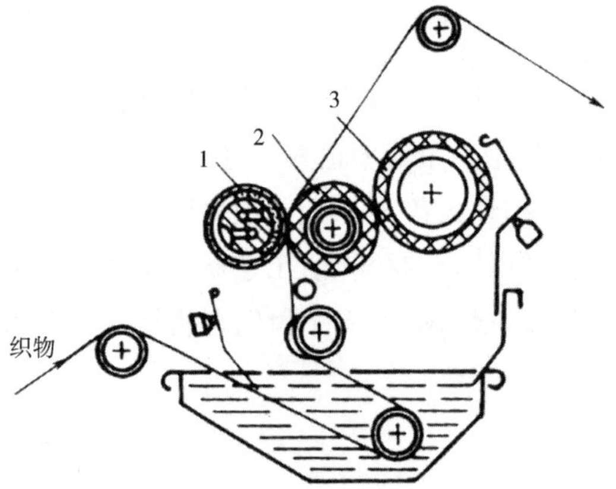

图3-12 均匀高效平幅轧水机结构示意图

1—均匀轧液辊 2—贝纶辊 3—普通结构橡胶轧辊

由于微孔弹性轧液辊在较低压力下即可获得同样的轧水后带液率，因而也适用于不宜较高压力挤压的某些针织物轧水。但使用中应避免接触油类、溶剂、强酸、强碱和氧化剂。若所轧织物上带有酸或碱，则在使用完毕时需用清水冲洗，空车运转，以清水置换微孔中的酸液或碱液，以延长该辊的使用寿命。此外，微孔弹性辊的吸水效果与吸水时间有关，因此使用中这种轧水机的运行布速受到一定限制。

3. 均匀高效平幅轧水机械 图3-12所示为一种均匀高效平幅轧水机。该机用

由 ϕ160mm 均匀轧液辊 1 和 ϕ200mm 贝纶辊（或微孔弹性轧液辊）2 组成，由于辊 1 直径较小，有利于提高轧水效率并能均匀轧水。主动辊为直径较大（ϕ240mm）的普通结构橡胶辊 3，并起承压作用，可减少贝纶辊的受压挠度。该机在 100m/min 高速下，对棉织物的轧水带液率可达 57% 左右，目前使用较多。

4. 喷射压缩空气平幅轧水机械　图 3－13 所示的喷射压缩空气平幅轧水机是一种轧压加喷吹的轧水机，由上、下两只主动橡胶辊 5 和两只小直径被动不锈钢辊 3 组成，四辊两端有密闭件使辊间形成密封区通入压缩空气。两只辅助辊 4 可分别调节轧液辊压力。湿织物通过两个轧点轧水时，其表面和纤维间、纱线间空隙中的部分水分还随压缩空气一起呈水珠状被喷射出去，大大提高了脱水效率。

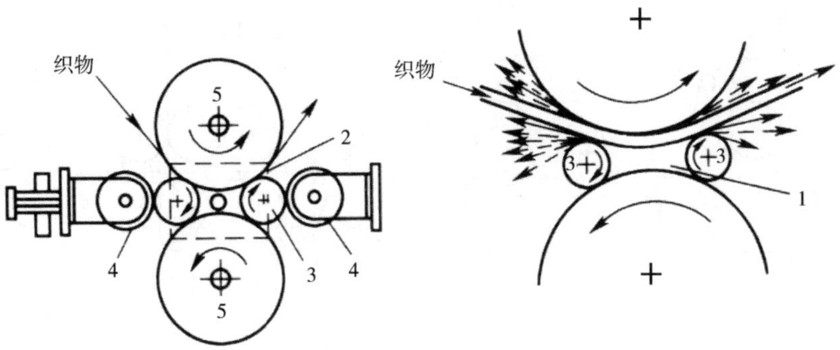

图 3－13　喷射压缩空气平幅轧水机示意图

1—密封区　2—密封件　3—不锈钢辊　4—辅助辊　5—橡胶辊

该机上、下两只橡胶辊的硬度较低，轧辊压力可比一般普通轧水机的压力小 20% 左右，除轧水外还可用以轧染液、树脂液等，用于叠层轧水时各层织物的带液率差异也很小。织物轧液后幅向带液率较均匀，且织物较丰满，手感好，因而适用于各种织物轧水，更加适用于合成纤维针织物轧水。但由于辊间压缩空气密封要求高，制造和安装的精度也较高，使得这类轧车的应用受到限制。

除了上述降低轧压带液率的方法外，还包括应用中辊加热的平幅轧水机、气袋均布加压式轧车等。

四、平幅浸轧机的组成

平幅浸轧机（impregnating padder）常被称为均匀轧车，用于浸轧染液、整理剂和其他化学品，使其在一定的轧余率下均匀分布于织物内。均匀轧车的外形和组成与平幅轧水机无太大差异，但按平幅浸轧工艺要求，该机某些组成部分的结构、性能与平幅轧水机并不相同。均匀轧车的浸液和轧液必须满足较好的渗透和稳定、均匀带液的要求。否则在用于染色时会造成左右色差、中边色差，甚至染花等疵点，用于树脂整理时则造成整理不匀等疵点。这里重点讨论浸轧机的液槽和轧液辊组结构，其余部分可参阅平幅轧水机。

1. 液槽 与平幅轧水机加工不同,织物经过平幅浸液辊组前需在液槽中浸渍。液槽的结构、形状应能适应所盛液体、浸轧要求、加工织物情况以及操作等要求。图3－14为几种平幅浸轧机液槽示意图,其中图3－14(a)是以渗透为主要要求的丝光浓烧碱溶液浸轧机的液槽,采用了增加织物在浓烧碱溶液中浸渍时间和配有冷却夹层的措施。图3－14(b)、(c)所示液槽适用于染液的浸轧,两浸两轧既有较好的浸透效果,又能保持必要的浸渍时间,同时小容量液槽利于染液更新和减少残液量。图3－14(d)所示液槽的特点是容量小,虽属一浸一轧工艺,但织物在染液中浸渍时经小轧辊组轧辊自重轧压以挤去织物上的空气而有利于染液渗入织物,加之液槽较深,染液静压有所增加也有助于染液向织物渗透。

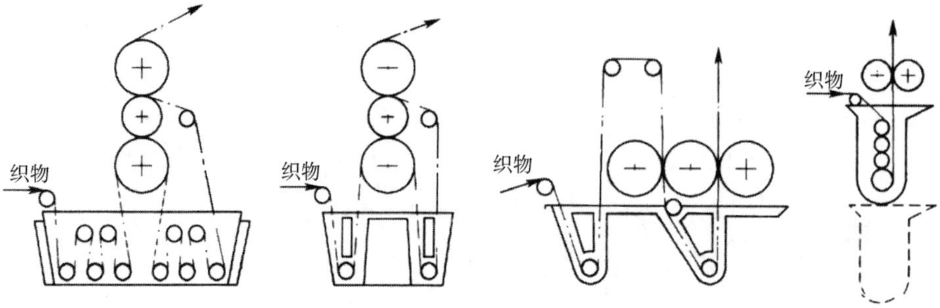

图3－14 平幅浸轧机液槽示意图

液槽用不锈钢薄板焊制,重量较轻,耐腐蚀,并便于清洗、更换染液。为了便于穿布操作、清洗和检修,液槽宜设计成升降式。此外,液槽应装设液温和液位自控装置,通过间接蒸汽加热管对液体加热、保温,并须保证补充液喂入管淋液畅通而均匀,这对浸轧染液更为重要。

2. 轧液辊 由于橡胶具有独特的弹性、适宜的硬度、强度和一定的耐腐蚀性能,所以除部分硬轧液辊采用金属辊面外,其余硬轧液辊和软轧液辊都采用橡胶辊面,并多选用具有适宜机械性能和化学性能的合成橡胶。

平幅浸轧机轧液辊数量视浸轧工艺要求和织物情况而定。为了挤除经纬纱线以及纤维间孔隙内的空气而有利于液体渗入织物内部和轧液均匀,过去多采用图3－14(a)、(b)所示的两浸两轧三辊浸轧机。也有采用图3－14(c)所示两台辊平幅浸轧机浸轧染液,以减少色迹、条花和带液不均,并可分别调整前后两组轧液辊各自的总压力。为了有利于轧液均匀和织物两面含液均一,近年来轧液辊的排列方式已趋于由垂直式(立式)改向水平式(卧式),浸轧染液或整理液多采用图3－14(c)、(d)所示具有新型结构轧液辊和液槽的两辊平幅浸轧机,其特点是使被轧液的织物以切线方向离开轧点辊面而进入预烘单元机,提高了织物表面的轧压均匀性。

五、影响平幅轧液均匀性的因素

轧液均匀性是平幅浸轧机(padding and impregnating machine)的一项非常重要的力学

性能，对平幅织物轧染加工更为重要，能保证织物表面得色均匀。若液槽液位、液体的浓度和温度、总压力、运行布速等保持恒定，轧液辊辊面状态正常，则织物纵向（机织物径向）轧液均匀，但幅向（机织物纬向）往往易出现轧液不匀。以连续轧染为例，在完成染色全过程后的烘干色布上，常会出现中深边浅的色差，这大多与平幅浸轧机幅向轧液不均有关。

（一）轧液辊的挠度

连续轧染加工中，若织物产生幅向中深边浅的色差，多是由于轧液辊组轧点的中部压强小于左右端部压强，织物浸轧染液后的中部带液量多于左右边部所致。产生这种幅向轧液不匀的因素较多，如轧液辊的结构、轧液辊的挠度、橡胶辊面硬度、压力和轧液辊公称宽度等。其中也与因施加于普通结构轧液辊左右轴颈的压力增加到一定程度时，轧液辊产生弯曲变形所致的挠度相关。

图3－15所示为轧液辊挠度分析示意图。为便于轧液辊挠度计算，轧点的线压力 q 可看成是均布的负荷（包括所施加的压力、辊及其轴承座等的自重线压力），轧液辊的挠度包括轴颈在内的整个轧液辊的挠度，由于辊两端的支撑是滑动轴承或滚动轴承，可将轧液辊看作是支撑在两个铰链支点上的梁。从轧液辊挠度值的计算、分析比较资料可知，通轴和非通轴两种结构的轧液辊都可按等截面梁的挠度计算式计算其最大挠度值，结果见式（3－3）。

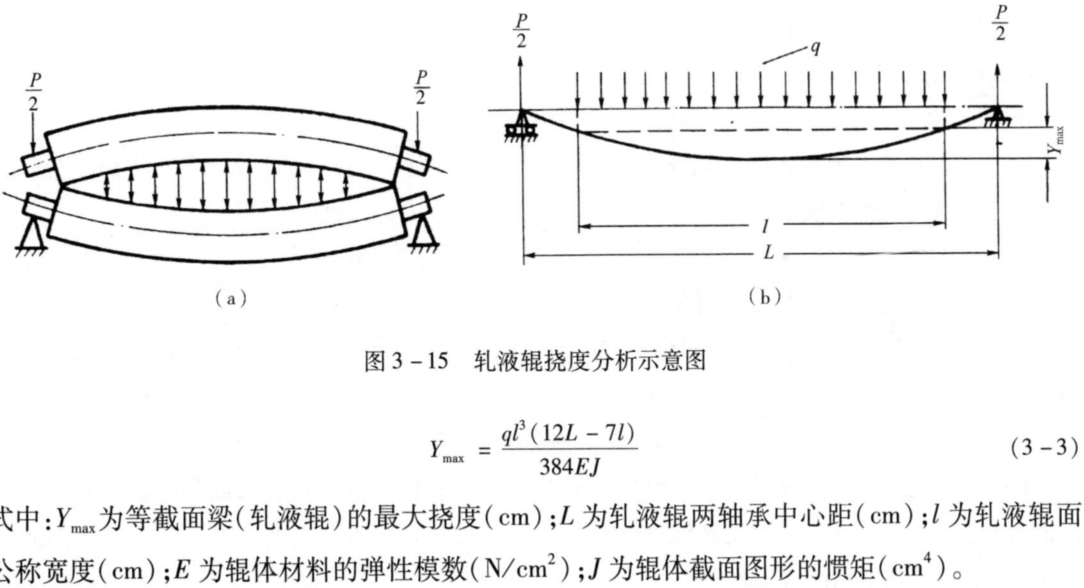

图3－15 轧液辊挠度分析示意图

$$Y_{max} = \frac{ql^3(12L - 7l)}{384EJ} \qquad (3-3)$$

式中：Y_{max} 为等截面梁（轧液辊）的最大挠度（cm）；L 为轧液辊两轴承中心距（cm）；l 为轧液辊面公称宽度（cm）；E 为辊体材料的弹性模数（N/cm^2）；J 为辊体截面图形的惯矩（cm^4）。

由式（3－3）可知，轧液辊挠度值与 q 值成正比，线压力越大，辊体产生挠度形变增加；轴承中心距 L 值和辊面宽度 l 值增大对均匀轧液不利；挠度与辊体抗弯刚度 EJ 成反比，抗弯刚度增加，轧液辊挠度值下降。因此，设计普通结构轧液辊时，除应使辊具有必要的强度外，还必须考虑具有足够的刚度，以减小轧液辊因加压产生的挠度。

至于轧液辊的许用相对挠度值 Y/l 可按设计资料经验数据选择：轧染用轧液辊 1/20000～1/15000，轧水用轧液辊 1/7000～1/6000。

(二)幅向轧液均匀性的测定

平幅浸轧机幅向轧液均匀性的测定方法较多,常用的有织物条轧压法、复印纸压印法和轧液辊挠度测定法等,其中织物条轧压法较为准确。

1. 织物条轧压法 按图3-16所示方法测定,将被测织物撕成五条(辊面特宽者可多撕几条),每条80mm×200mm,编号按规定间距平整缝接于两块导布之间,使之随导布进行浸轧。待出轧点后立即去除两块导布,分别称出各测试布条湿重后,再放入烘箱烘至绝对干燥并称重,然后计算各布条带液率。比较这些测试布条带液率,就能测出织物通过该轧点轧液的幅向轧液均匀度。

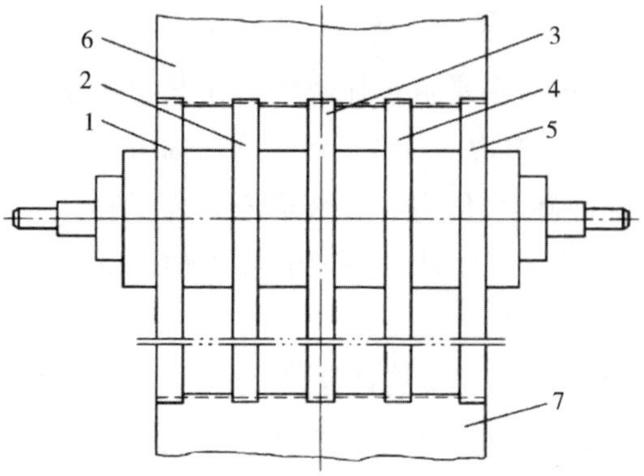

图3-16 织物条轧压法测试轧液率示意图
1,2,3,4,5—测试布条 6,7—导布

在实际生产中,一般浸轧机的轧液均匀度应小于2%,如在2%~5%则可通过工艺进行调整。但若不匀率超过5%,则较难通过工艺调整避免染疵。

2. 复写纸压印法 复写纸压印法是一种定性测定轧点压强均匀性的方法。测定时将中间夹有双面复写纸的两层薄白纸沿轧液辊轴向平整放置于轧点辊面的左、中、右三处,使两辊面缓缓接触、加压至一定压力,保持数秒,然后卸压,分开两辊面,取出白纸测量轧液辊轴向各段压痕迹宽度,并观察印痕浓淡来判别轧液辊静态压强均匀性。

此外,还可采用千分表进行轧液辊挠度的测定,通过辊体两端施加压力前后几只千分表读数的变化,判别轧辊的轧液均匀性。

六、提高平幅轧液均匀性的措施

影响轧液辊轧液均匀性的因素较多,其中轧辊的硬度是主要结构因素。因此,提高轧辊的抗弯刚度是提高轧液均匀性的根本措施。实际上受到多种条件限制,轧辊的硬度并不可能很大,否则整个轧车结构过于笨重,增加安装和维修的难度。因此,在不过分增加辊体直径的前提下,提高幅向轧液均匀性,减小辊体挠度,日趋成为轧液辊研究的重点。目前具有较好轧液均匀性的轧液辊有中高轧液辊、中支轧液辊、中固轧液辊,也包括国外新近研制的加压流体内撑式轧液辊、可轴向移动的曲线轧液辊等。

(一)中高轧液辊

图3-17中高轧液辊示意图。这种轧液辊是对普通结构轧液辊的外径给予了修正,使其中部外径适当地稍大于两端外径而形成中高结构,以补偿其受压产生的挠度,从而提高幅向轧液均匀性。

若轧液辊中间的修正值选择恰当,则能使轧辊受压弯曲变形后轧点轴向各段均匀接触,即线压力均匀分布,取得轧液均匀的效果。通常只修正硬辊,根据生产实践经验,当辊面幅度为

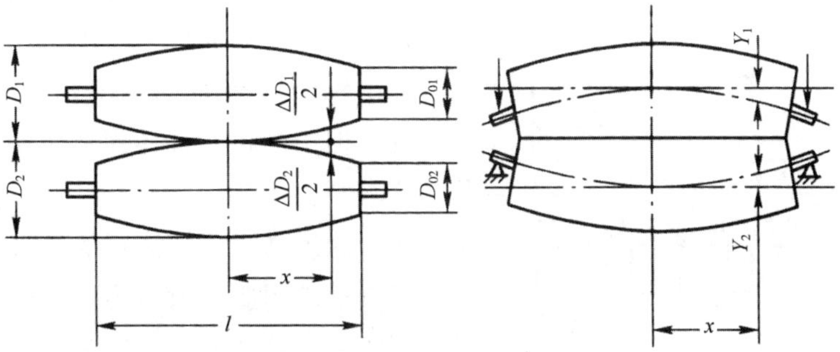

图 3－17　中高轧液辊示意图

1600mm，辊径为300mm时，辊的中高外径以0.25～0.5mm为宜。此外，也有是修正三辊平幅浸轧机第二轧点的软橡胶轧液辊外径的。

中高轧液辊结构简单，制作方便，多年来在印染厂里普遍采用，但其适宜性受到多种因素限制，特别是对压力变化的适应性较差，车磨维修要求也较高。基于中高轧液辊的原理，曾有将铸铁辊体车成中高而维持橡胶辊面幅向外径不变，对提高幅向轧液均匀性有一定效果，且辊面车磨方便；但对压力、橡胶层厚度等变化的适应性仍较差。

（二）中支轧液辊

图 3－18 是中支轧液辊结构示意图。使用时辊体内壁支撑在装于辊轴上的位置已内移的两只滚动轴承上转动。与普通轧液辊相比，中支轧液辊辊体内的支点内移，即相当于减少梁的跨距，在同样载荷条件下挠度有所减小，减小了轧液不均匀度。虽然中支轧液辊只能减少挠度而不能消除挠度，但经设计使中点挠度与两端挠度相等时，可使幅向轧液不均匀程度得到改善，并使辊体的最大挠度值大为减小。但由于支点内移，制造、维修难度增加。

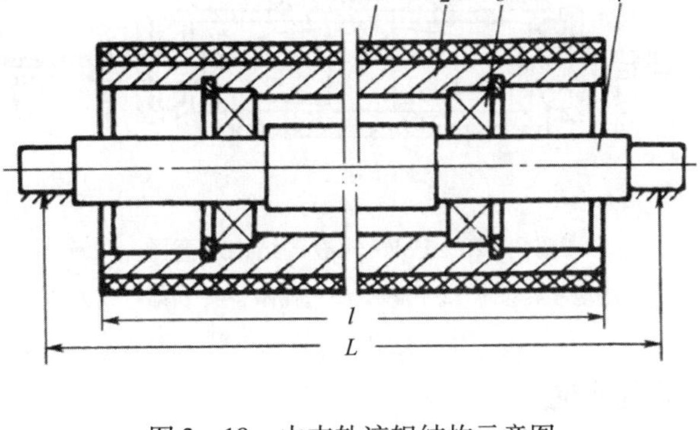

图 3－18　中支轧液辊结构示意图

1—橡胶辊　2—辊体　3—轴承　4—辊轴

（三）中固轧液辊

图 3－19 是中固轧液辊结构示意图。该辊辊体仅中部几百毫米的一段与辊轴紧固相连，其最大挠度只有普通结构轧辊的 1/4～1/3，对提高轧液均匀性有一定的效果。轧液辊常与普通

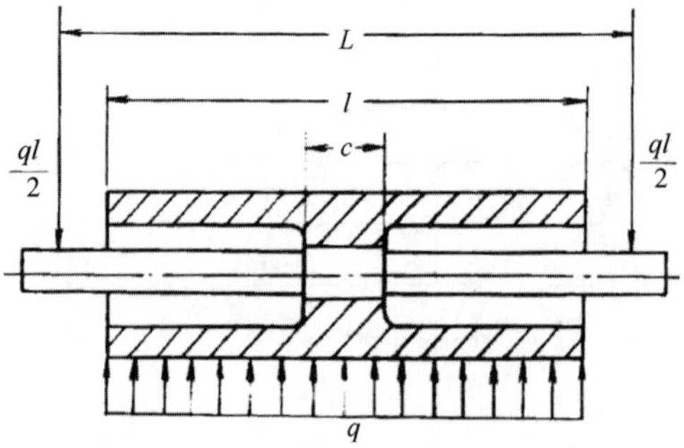

图3-19　中固轧液辊结构示意图

结构中高辊组成上、下轧液辊组使用,若恰当地选择两辊的截面抗弯刚度,则不仅可明显地降低下辊中高值,而且会增强对压力变化的适应性。但中固辊的辊体深加工困难,与辊轴组装要求高。

为提高中固轧液辊的轧液均匀度,国内外印染机械制造厂家对中固轧液辊进行了改进。图3-20是日本制造的P. F. 轧液辊结构示意图,其上、下轧辊均为中固辊,辊体两端各有一套气压加压装置,辊端内孔中安装有锥形孔圈和可在辊轴上沿轴向滑移的活动锥形套筒。

平幅轧液时,辊体两端施加压力的同时,从辊轴轴头中心孔通入压缩空气,轴向推力装置使两端锥形套筒向辊体内部移动,其锥形面挤压锥形孔圈的内侧面,产生一轴向附加压力,其垂直分压力阻止辊体端部的弯曲形变。因此,这类轧液辊的工作原理是通过加在辊体两端的反力矩来平衡轧辊两端工作压力产生的弯矩,以克服轧辊辊体的变形。

通过调节压缩空气的压力,可调整指向辊体内部轴向推力的大小,满足与轴端轧压压力相适应的要求。这种轧液辊结构简单,操作和维修方便,虽然仍未从根本上解决轧液均匀度的问题,只是不同程度的改善而已,但从实际应用效果看,已基本能满足目前工艺要求。

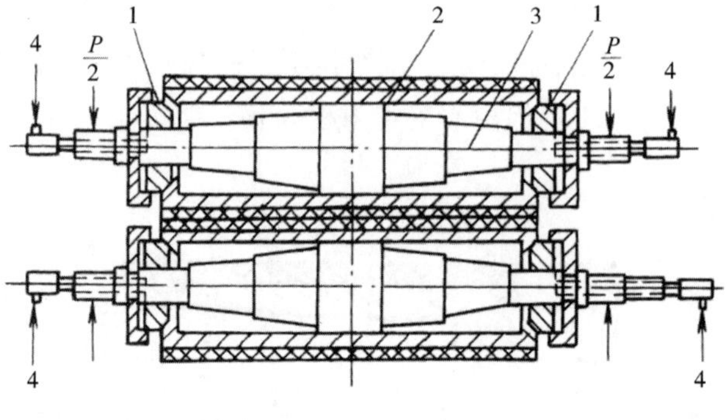

图3-20　P. F. 轧液辊结构示意图

1—活动锥形套筒　2—辊轴　3—辊体　4—压缩空气进口

(四)加压流体内撑式轧液辊

普通轧液辊辊轴两端因各有一个支承反力的梁而会产生一定的挠度,并且其挠度随着靠近梁的支点而减小,当增加支点时曲挠度会减小,当支点增加至无穷多时挠度就趋近于零。加压流体在容器内壁各处产生等值压强,据此,若在辊体内腔输入适当加压的流体,辊体内壁相应部分受到流体的均匀作用力,则当其与辊面受到的均布载荷相平衡时,辊体就不会产生挠度,从而可以很好地提高幅向轧液均匀性。加压流体内支撑式轧液辊就是根据这一基本原理研制的,这类轧液辊包括油压内支撑式轧液辊和气袋加压支撑式轧液辊。

1. 油压内支撑式轧液辊

(1)Küster 均匀轧液辊。德国 Küster 公司根据增加支点可以降低挠度的原理,于 20 世纪 50 年代设计出首台均匀轧车,具有良好的轧液均匀度,并可以根据织物带液量差异进行调整。图 3-21 是 Küster 轧液辊(swimming roller)结构示意图,辊体安装在双排自位滚动轴承 4 上,能绕固定辊轴 1 回转,辊轴与辊体内壁之间的空间由两端的端面密封条 5 和装于固定辊轴 1 上的两条轴向密封 8 分隔成两个半环形空室。轧液时压力油由轴端上的进油孔进入压力室,少量泄油则由泄油室 12 经辊轴上的回油长孔 14 流回储油箱。

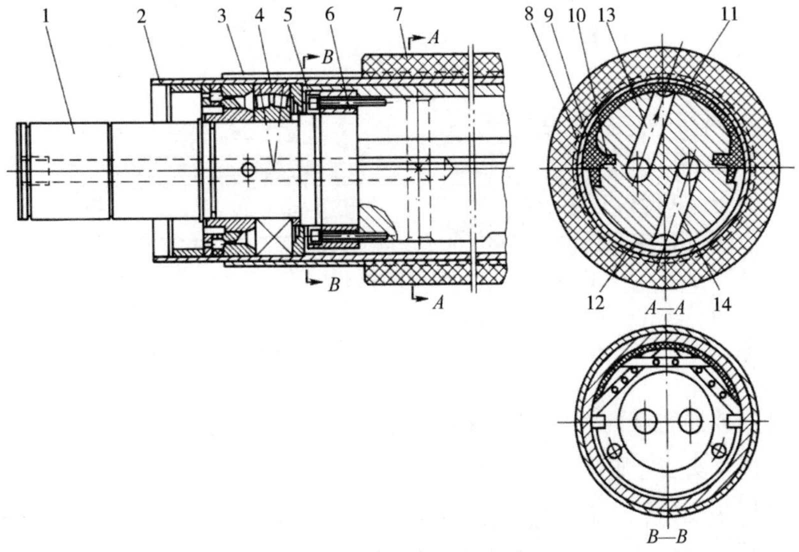

图 3-21 Küster 轧液辊结构示意图

1—固定辊轴 2—辊体 3—保护套筒 4—双排自位滚动轴承 5—端面密封条 6—端封底座 7—橡胶包覆层 8—轴向密封条 9—弹簧片 10—压板 11—压力室 12—泄油室 13—进油长孔 14—回油长孔

Küster 轧液辊又称均匀轧车,其工作原理如图 3-22 所示。

①当水平排列的两只均匀轧辊左右轴颈气压相等,辊内不充入压力油时,两辊弯曲状态如图 3-22(a)所示。用于轧染时,浸轧染液后易产生边浅中深的色差。

②若均匀轧辊左右轴颈不施加气压,只向辊内充入压力油时,两辊弯曲状态如图 3-22(b)所示。浸轧染液后易产生边深中浅的色差。

③当通入均匀轧辊内的油压与轴颈施加的气压保持在一定比例时,油压产生的合力(内部总压力)与轧点合力相抵消,如图 3-22(c)所示,轧点两辊接触状态呈直线形,即辊面挠度为零,浸轧染液后布面幅向没有边中色差。若不计辊重等因素,则有:

$$P = pdl_0 \tag{3-4}$$

式中:P 为作用于辊轴两端的总压力(N);p 为辊体压力室内有的压强(N/cm^2);d 为辊体内径(cm);l_0 为辊体压力室长度(cm)。

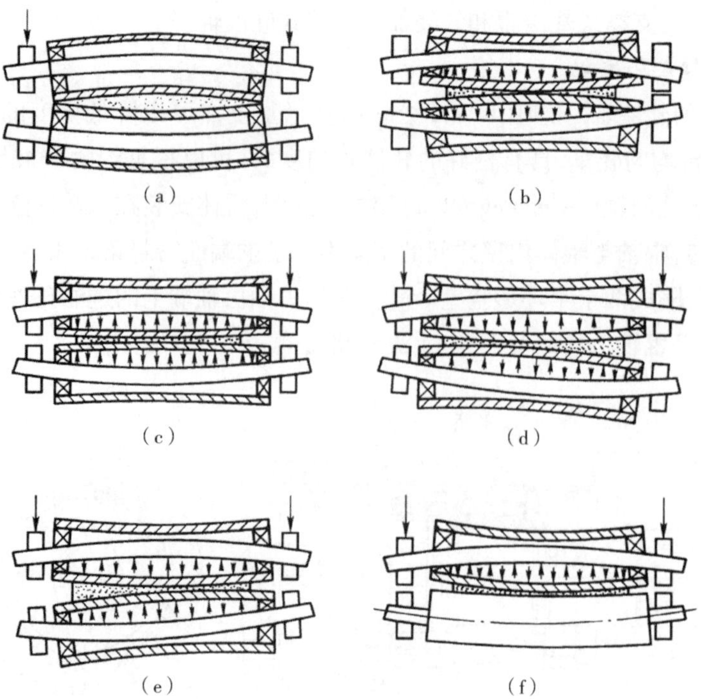

图3－22　均匀轧液辊油压与气压配合效果示意图

对于垂直排列或倾斜排列的均匀轧液辊组,应考虑辊的自重对挠度的影响,因此下轧液辊压力室油压强应适当大于上轧液辊的油压强。

④如果使施加于均匀轧液辊两端的压力不等,则辊面两段轧点压强也不等,织物幅向获得不均匀的轧液效果。图3－22(d)所示浸轧染液后易产生左浅右深的色差,图3－22(e)所示幅向易产生左深右浅的色差。

⑤若水平排列的两只均匀轧液辊之一为普通结构轧液辊,在图3－22(f)所示载荷情况下,会产生弯曲变形。如果均匀轧液辊压力室油压强调节恰当,则该辊的弯曲与普通结构轧液辊所产生的弯曲相吻合,在轧点各段也可获得均匀压强。

(2)U. P. 均匀轧液辊。U. P. 均匀轧液辊是日本研制的另一种油压内支撑式轧液辊,如图3－23所示,其原理与Küster轧辊基本相同,结构上的主要区别在于仅采用一种环形密封件3嵌装在固定辊轴上,将辊与辊体间的空间也分隔成压力室和泄油室。该均匀轧液辊与普通结构轧液辊组成立式或水平排列的均匀轧车。

当施加于辊两端轴颈的气压加压压强与该辊压力室内油压强调节恰当时,也可获得轧点各段均匀压强和均匀轧液效果。因此,简称配有这种结构轧液辊的平幅浸轧机为U. P.(uniform pressure)轧车。U. P. 均匀轧液辊的结构比Küster轧液辊简单,但辊组的普通结构轧液辊受压弯曲变形只靠该游动轧液辊补偿,压力室作用面积又较小,因而所需要油压强较高,一般比Küster轧液辊大3倍左右,压力室密封件材质要求相对较高,皮圈易于老化磨损,维护成本高。

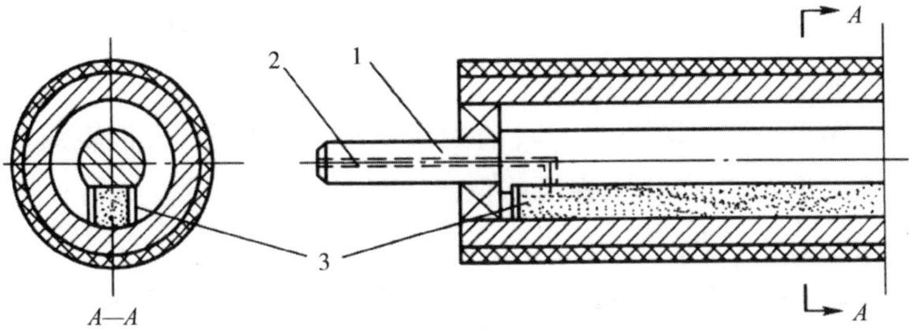

图 3－23　U. P. 均匀轧液辊结构示意图

1—固定辊轴　2—进油孔　3—环形密封件

2. 气压内支撑式轧液辊　图 3－24 为以气压补偿辊体挠度的一种轧液辊。辊轴固定，装有图示位置的多支气垫，各气垫由辊轴中各个通气孔道分别输入压缩空气。位置固定的气垫与辊体内壁之间装配有多只铰接套筒 4 和支撑辊 3，使气垫在不与回转的辊体内壁接触的情况下向辊体传递气压，补偿辊体因轴颈加压所产生的挠度，提高幅向轧液均匀性。按轧液需要调节施加于辊两端轴颈的气压加压的压强和各气垫的压缩空气压强，也可获得轧点幅向不均匀压强。

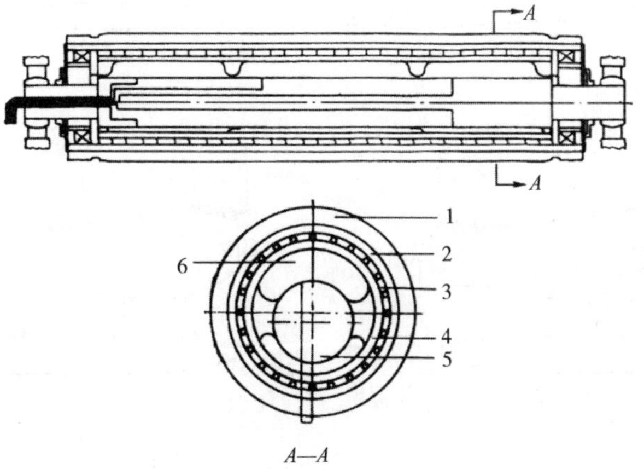

图 3－24　气压内支撑式轧液辊结构图

1—橡胶辊面　2—辊体　3—支撑辊　4—铰接套筒　5—辊轴　6—气垫

该辊可与普通结构轧液辊组合使用，辊组排列方式有两辊、三辊以水平、垂直、倾斜（或倾斜、水平结合）等多种方式排列。在加、卸压时，这种轧液辊的辊体也有一定程度的浮动，补偿辊体挠度的压缩空气系统较为简单而干净，但辊体内壁可受气垫压力是分段的。

（五）可轴向移动的曲线轧液辊

门富士（Monfords）公司近年来研制了一种新型曲线轧液辊，又称为连续可调式曲线辊（continous variable crown roller），简称 CVC 辊。与液压内支撑式轧液辊不同，该辊结构较简单，辊体内部没有设置液压或气压系统，辊面也并非等直径圆柱面，而是连续变化弧度的曲线形，外包覆橡胶辊面。主动辊可沿轴向左右移动而改变两辊对应位置的直径比,以调整成不同的轧点线压力,使织物幅向获得不同的轧液效果。

将两只 CVC 辊在水平方向按图 3-25(a)所示配成轧液辊组,轧液辊组左、右加压力分别为 P_L、P_R,轧点线压力为 q_0,其工作原理简单介绍如下。

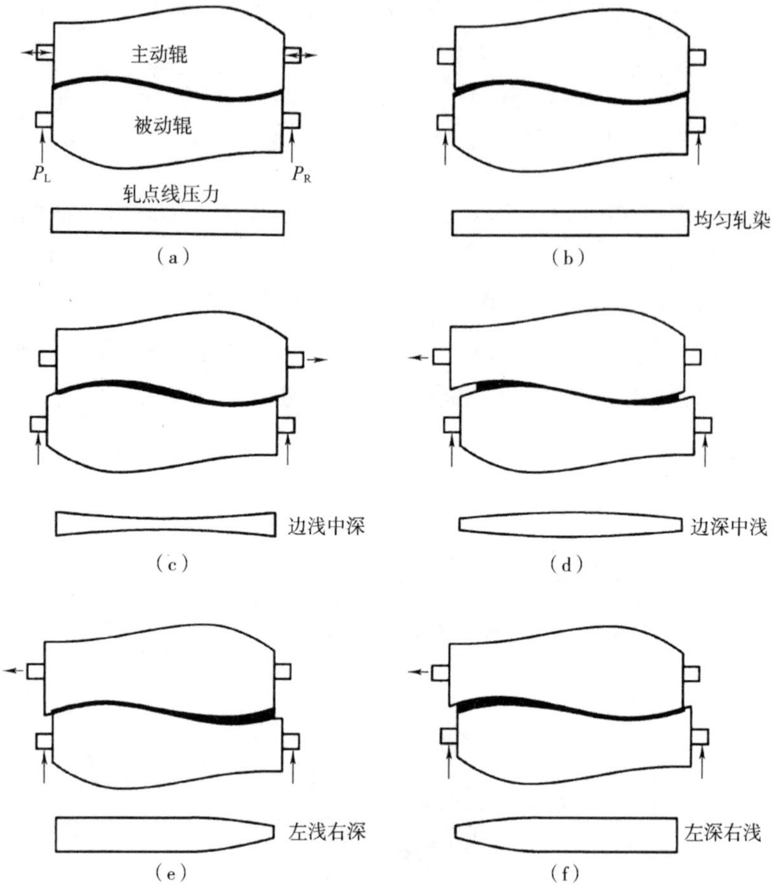

图 3-25 CVC 辊组轧点状态扩大示意图

图 3-25(b)所示状态下,若左右气缸压力适中,主动辊无位移时,轧点线压力是均匀的。浸轧染液后织物布面具有较好的均匀性。

图 3-25(c)中将主动辊右移,左、右加压汽缸的压力为 P_L、P_R,线压力为 q,轧点线压强是左、右两侧大于中部。浸轧染液时织物幅向易出现边浅中深的色差。此时,若降低辊体左、右侧气缸压力,以减小辊体和橡胶层的变形,在 $q < q_0$时也可获得均匀的轧点线压强。

图 3-25(d)所示是将主动辊左移,则轧点压强是中部大于左右两侧,轧染时易出现幅向边深中浅的色差。在此状态下,若加大左、右加压气缸的压力,增大辊体和橡胶层的变形,在满足 $q > q_0$的条件下也可获得均匀的轧点线压强。

图 3-25(e)、(f)分别是当辊体左、右端气缸压力相差较大时,辊体表面和轧点线压力的分

布状态。其中图 3 - 25(e)所示为轧点左侧线压力较高,浸轧织物时幅向易出现左浅右深的色差。其中图 3 - 25(f)则正与前者相反。

七、轧水机与轧液机的选配及保养

平幅轧水机与轧液机都属于平幅轧压设备,其使用和保养注意事项有相似之处,在选择的一般要求上略有不同。

1. 轧水机选配基本要求 轧水机通常称轧车,结构比较简单,工艺对性能的要求也较其他轧车为低,因而对轧车的设计、制造和维护保养等的要求也相对较少。要求轧辊直径均匀,辊面橡胶硬度适当,加压均匀,轧余率低,可提高净洗效率或降低能源消耗。

2. 轧液辊选配基本要求 轧液辊又被称为均匀轧车,要求均匀施液,常采用的均匀轧车是油压式均匀轧车。轧辊的基本要求如下:

(1)轧辊直径适当。平幅轧水机在满足的强度和刚度前提下,硬轧液辊直径不宜太大;普通结构轧液辊的直径也不宜太小,以免产生过大的挠度而致轧液不均匀。

(2)橡胶辊的辊面硬度适中。浸轧机橡胶辊的硬度不宜过低,辊面橡胶包覆层不宜太厚,否则带液率过高,而对一些较稀薄的织物、提花织物,橡胶轧液辊硬度就不宜过高。轧液辊也是如此,若组成轧点的两只橡胶轧液辊的辊面硬度过低,常会使稀薄织物轧液时产生波纹。

组成轧点的两只轧液辊的辊面硬度不宜相差过多,以免造成浸轧染液的织物色泽阴阳面和一面发毛现象。

3. 使用和保养的注意事项 防止轧液辊组左右加压不一致。经常检查加压系统是否漏油或漏气,如有泄漏必须及时修复。检查轧液辊组各辊轴线平行度是否符合要求、传动齿轮轮齿磨损程度。

加压时,总压力不应超过该设备容许最大压力。运转结束时,务必将轧液辊组各辊面脱离接触,以免橡胶辊面产生压痕变形。

进行辊面清洁时,不能使用刮刀等硬质工具,也不能用油类、溶剂揩擦辊面。

第二节 净洗设备

纺织纤维多含有大量污物及共生杂质,在前处理过程中需要净洗。纺织品染整加工中,为去除练漂、染色、印花以及某些整理加工中的分解物、杂质、浮色和其他剩余化学品等,必须以净洗机器进行充分净洗。净洗设备是染整加工过程中使用较多的一类通用单元机,其净洗效果直接影响着染整半制品和成品的某些质量,净洗效率又直接与设备的生产率,占地面积,水、蒸汽和电等消耗量以及环保有关。

净洗过程以水为洗涤介质,所以净洗机又称为水洗机(scouring machine)。按加工对象分,净洗机可分为纤维净洗机、纱线净洗机和织物净洗机;按净洗的物理机制分,净洗机可分为普通水洗机和高效蒸洗箱;按照织物加工中所受张力状态不同,净洗机可分为松式水洗机和紧式净洗机;按织物水洗时的状态不同,织物水洗机又可分为平幅水洗机(简称平洗机)和绳状洗布机(简称绳洗机)。

一、净洗基本原理

织物净洗过程中被洗除的污物杂质大体分为水溶性物质、油脂、蜡质及其他非水溶性物质。水溶性物质一般通过洗液交换、溶质扩散去除,如果水溶性物质与纤维发生吸附,则往往采用某些化学方法以提高净洗效率。对于油脂、蜡质和其他非水溶性物质,则需借助适当的净洗剂和其他措施去除。

净洗过程大体可分为以下三个阶段:

(1)纺织品充分润湿,使纤维、浆料和某些固体污杂质膨化;

(2)污杂质从纺织品上分离下来,并扩散到洗液中去;

(3)防止已扩散到洗液中的污杂质再沉积在织物上。

因此,纺织品的净洗包含污杂质自固相的纺织品向液相的洗液传递的传质过程,这一过程又称为扩散过程。要使净洗过程按上述阶段有序、有效而迅速地进行,就须从净洗条件和净洗设备性能两个方面研究解决。净洗设备性能的优劣影响着净洗作用能否充分发挥以及能否获得最经济有效的净洗效果。因此,高效率、低能耗、低排污、低张力的净洗成为优化织物净洗机器性能的主要内容。

织物净洗过程中,由于织物上的污杂质浓度大于洗液中污杂质浓度,织物纤维内的水溶性物质向其表面扩散,同机械性附着于纤维表面的非水溶性物质向附近低浓度洗液中迅速扩散,从而使织物与洗液间的边界层污杂质浓度渐趋平衡。至此,形成的边界层膜阻碍织物中污杂质继续向洗液中扩散。污杂质在相际边界层内是分子扩散,而在通过边界层转移到洗液主体中则属于对流扩散。对流扩散的阻力较分子扩散的阻力小得多。因而,污杂质自纺织品向洗液扩散的过程中,阻力主要集中于边界层。

式(3-5)为按菲克(Fick)定律对物质分子扩散现象基本规律的描述,即净洗过程进行的快慢可用扩散通量来量度。扩散通量是指单位面积上单位时间扩散传递的污杂质量。

$$N_s = -D\frac{dc_s}{dx} \tag{3-5}$$

式中:N_s为污杂质 s 在 x 方向上的分子扩散通量[kmol/(m^2·s)];D 为污杂质 s 在洗液中的扩散系数(m^2/s);$\frac{dc_s}{dx}$为污杂质 s 的浓度梯度,即污杂质 s 浓度 c_s 在 x 方向上的变化率(kmol/m^4)。

式中负号表示污杂质按其浓度降低的方向扩散。

在一定时间内,从单位面积织物上带走的污杂质量也可写出下列关系式:

$$G = K(c - c_p) \tag{3-6}$$

式中:G 为净洗速度[kmol/(m^2·s)];K 为交换系数(m/s);c 为织物上的污杂质浓度(kmol/m^3);c_p 为洗液的污杂质浓度(kmol/m^3)。

交换系数 K 也可用扩散系数和扩散路程表示,则式(3-6)可写成:

$$G = \frac{D}{h}(c - c_p) \tag{3-7}$$

式中：h 为扩散路程(m)。

二、提高净洗效率的措施

提高织物净洗效率应根据净洗基本原理从工艺和设备两方面分析。由式(3-7)可知，增大扩散系数和浓度梯度，缩短扩散路程，都能加快净洗速度，提高净洗效率。

1. 增大扩散系数　扩散系数 D 是单位时间内，织物上的污物杂质进入洗液中的单位面积扩散量。温度是影响扩散系数的主要因素。在净洗过程中，污杂质分子的活动能量随温度提高而增强，扩散系数随之相应增大。同时，提高洗液温度能降低水的表面张力和黏度，有利于水对织物的渗透，可加速织物上一些污杂质的膨化、解离过程和边界层污杂质交换速度。因而，将平洗机的热洗槽加盖或设计成水封汽蒸热洗槽，对洗除织物上的浆料、碱及活性染料浮色等的净洗效率有明显提高，并能减少热能损失。

2. 增大浓度梯度　水洗过程中增大织物与洗液之间的污杂质浓度差，可提高净洗效率。在工业生产中，如平幅织物在连续水洗时，采取增大这种浓度差措施时必须采用合理而经济的洗液流向、流量以降低洗液、蒸洗耗用量。根据污杂质对织物没有优先吸附作用下的平幅织物逆流水洗进行分析讨论。

由图3-26可知，当 $c_0, c_1, \cdots, c_n$ 依次为平幅织物进、出各相应液槽时的污杂质浓度，则经各液槽洗涤后织物上的污杂质理论残余率分别为 c_1/c_0、c_2/c_1，$\cdots$，c_n/c_{n-1}，经各槽连续洗涤后，织物上污杂质的最终残余率为 c_n/c_0。

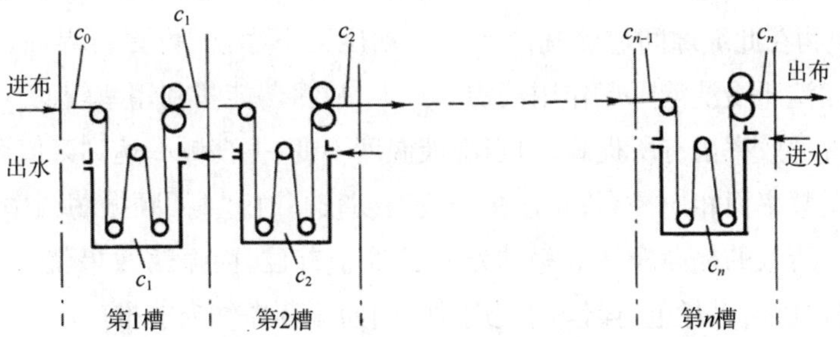

图3-26　平洗机逆流水洗分析

研究表明，织物上的最终污杂量 c_n/c_0 的比值与水洗中进入后槽的织物带液率、水洗槽供水量和水流方向有较大关系。水洗中经济而有效的措施是尽量减少织物带入后槽的污液量，从而增大该槽洗液含污浓度与织物间的污杂质浓度差。例如使被洗织物进入后槽之前先经轧车或真空吸液，以降低其带液率，并使轧下或吸出的含污浓度较高的洗液回流到原槽，从而提高净洗效率、降低能耗。

总供水量相等的情形下，逆流净洗的效率较高，并可明显降低耗水和耗汽量。逆流净洗每槽中的洗液与织物之间的污杂质浓度差并非很大，但实际上也是根据增大浓度差的基本原理和降低能耗的原则,采用逆流水洗和结合有关措施以维持每槽中有利净洗的适宜浓度差。

3. 缩短扩散路程 由式(3-7)可知,缩短扩散路程 h 可增加净洗速度。污杂质自织物向洗液扩散的路程 h 主要由织物结构内的路程 s 和边界层膜厚度 δ 组成,其中边界层膜厚度是扩散路程的主要部分。因此,污杂质自纺织品向洗液扩散的阻力主要集中于边界层膜,破坏、减薄边界层膜也是提高净洗效率的一种重要措施。边界层膜厚度 δ 与洗液的流动状态的关系式见式(3-8):

$$\delta \approx \sqrt{\frac{\nu l}{V}} \tag{3-8}$$

式中:ν 为洗液运动黏度;l 为织物表面接近区长度;V 为洗液流速。

由式(3-8)可知,若使 l、ν 减小,V 加大,则能使边界层膜厚度减小而缩短扩散路程。以织物平幅水洗为例,缩短扩散路程有以下几种方法。

(1)振荡净洗。利用机械振荡所产生的动压力破坏、减薄边界层膜,并加速更新界面洗液和破坏该膜污杂质浓度平衡状态以提高扩散速率。这种振荡分物动和液动两种。

①物动即将平洗槽上列导布辊由振荡机构拉动,作前后往复摆动,使织物在洗液内不断"高"频摆动中运行、净洗。也有将不宜承受大张力的平幅织物包绕于多孔圆筒式筛网圆筒上浸在槽内洗液中,由于筛网圆筒回转时兼作偏心振荡,使织物在受到振荡动压力而产生多方向运动的情况下净洗,更新界面并使边界层膜有所减薄。

②液动也是破坏扩散边界层膜的方法之一。以插板式振荡平洗槽为例,槽内下方固装有多块楔形隔板,上方装有多块楔形振动插板,平幅织物通过上下两板间形成的很小的楔形缝隙进行净洗。由于形成缝隙两板面呈锯齿形,所以当高速回转的偏心轮振荡器带动各楔形振荡插板"高"频振荡时,织物在此缝隙间逆流洗液产生的动压力下净洗,可更新界面,边界层膜有所减薄。液动式振荡净洗所受洗液阻尼作用较物动式大,故振荡能量利用率较低。

振荡平幅水洗的效率虽有所提高,但当洗液温度不变,振荡频率达到某值后,净洗效率并不随继续加大的振荡频率而相应提高;并且在洗液温度较高时,"高"频振荡频率并不明显。这是由于提高净洗温度所致的提高净洗效率的效果已处于首位,而振荡效果就不明显。加之"高"频振荡使设备结构复杂,多耗电,操作、维修不便,因而振荡净洗未能推广。

(2)回形穿布净洗。如在平洗槽内采用回形穿布净洗措施,由于相邻两层织物间距减小,运行方向相反,有利于减薄边界层膜厚度,缩短扩散路程,更新界面洗液和破坏边界层膜污杂质浓度平衡状态。此外,回形穿布还增加了织物在平洗槽内的运行长度,延长了净洗时间,有助于洗液浸透织物,也有助于提高净洗效率。

(3)强化织物内部洗液交换。净洗过程中,织物表面污杂质较易去除,而去除其内部的污杂质则常较缓慢。因此,强化织物内部洗液交换,能有效地缩短扩散路程,加速织物内部污杂质向洗液扩散,也是提高净洗效率的重要途径之一。如采用强力喷水,轧液辊、圆网吸液或真空吸液设备组合的平洗机等,这类平洗机更适用于厚密织物和绒类织物等的净洗。图3-27为带回型穿布与轧辊轧压的水洗箱。

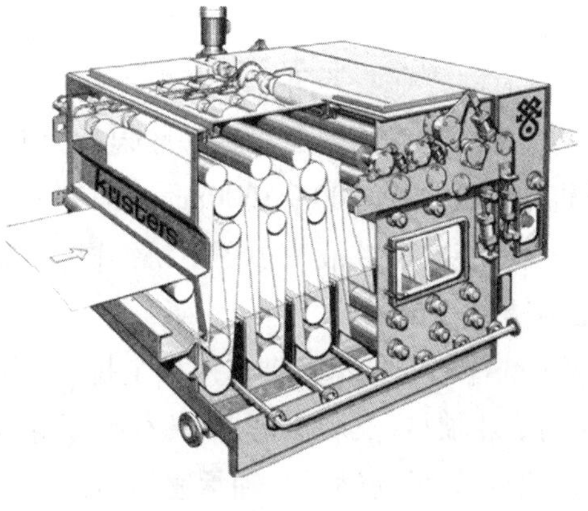

图 3－27　带回型穿布与轧辊轧压的水洗箱

三、平幅水洗机

平幅水洗机为退浆、练漂、丝光、连续轧染、花布皂洗等诸多联合机的主要单元机之一，主要用于单层、单幅平幅织物净洗。按机内运行织物经向张力不同，平幅水洗机分为紧式平幅水洗机和松式平幅水洗机两种。

（一）紧式平幅水洗机

如图 3－28 所示，紧式平幅水洗机由进布装置、平洗槽、扩幅辊、轧水机、平幅出布装置和传动机构等组成。如果该机前后与其他单元机组成联合机，则平幅进布架、出布架两装置可省去。平洗槽的结构和数量视净洗对象和净洗要求而定，一般采用 6～10 格，可与皂煮、蒸洗箱组合使用。

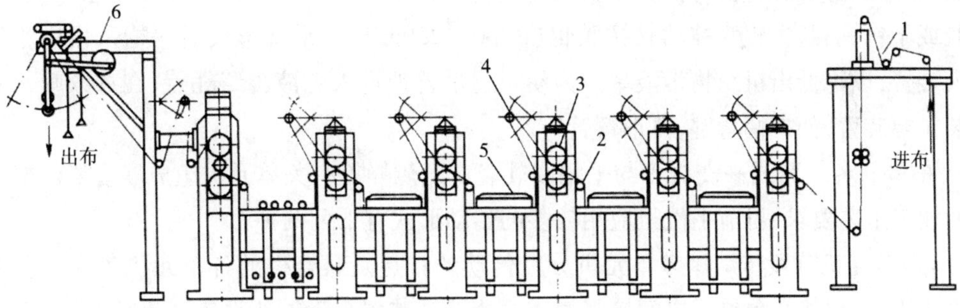

图 3－28　紧式平幅水洗机示意图

1—进布装置　2—扩幅辊　3—轧水机　4—线速度调节器

5—平洗槽　6—平幅出布装置

1. 平洗槽　平洗槽（wash trough）多采用不锈钢薄板焊制，材质要求耐一般溶液腐蚀，较轻且美观，坚固耐用，便于安装、检修和清洗。每槽洗液容量视槽的结构、公称宽度而定。现代设计的平洗槽多趋向低水位，热洗、皂洗的洗槽加盖。对净洗条件相同并相毗邻的几只液槽，则采用逆流方式净洗。

2. 导布辊及其轴承 每只液槽装有上下两排导布辊,多为上4只下5只,供平幅织物在其间迂回穿行,以保证织物有一定的净洗时间。导布辊一般辊径为100mm或126mm,两辊间的距离为190~210mmn,上下导辊间的距离为800~1000mm。旧型平洗槽内的导布辊,冷、热水洗和皂洗槽中多用钢辊和镀铬钢辊,有腐蚀性液槽中用不锈钢辊,液温不高时也有用硬橡胶辊的。目前新制造平洗槽一般都用不锈钢的导布辊。

3. 轴承及轴承座 平幅水洗槽上的轴承及轴承座分上排、下排轴承及轴承座。

上排导布辊的轴承多采用滚珠轴承,安装在槽口,具有摩擦阻力小,不易漏油的优点。但也有采用铸铜、尼龙等制成轴瓦、轴套等滑动轴承。轴承座的形式以导布辊装卸方便为原则,一般都采用上下开口的U形。

下排导布辊轴承座因其在液面下运转,因此不宜采用滚动轴承,一般使用滑动轴承,其形状有正方形、矩形和圆柱形等数种。其材料有多种,按洗液性质选用,水洗时低于60℃采用铸铁、铸铜或胶木;碱性洗液采用铸铁,酸性洗液采用不锈钢、玻璃纤维填料尼龙。高温下可采用石墨,强氧化剂洗液则宜用石墨填料聚四氟乙烯。为了保护轴承体并便于维修,有些滑动轴承内镶有玻璃纤维填料尼龙轴套。目前新制造的不锈钢液槽多用不锈钢轴承座。下排导布辊的轴承座一般采用多联长方形向上开口加压板的形式,便于拆装和检修。

4. 加热装置 需加热的平洗槽在槽内底部与下列导布辊之间装有直接或间接加热的蒸汽管,其中直接蒸汽加热管应装设蒸汽喷射消气器。近年来还出现了组合采用高频超声波装置进行加热、增加净洗效果的平洗车,不但提高了织物上各种残留杂质的水洗效率,而且大大缩短了工艺时间,减少了生产用水。

5. 轧液装置 每台平洗槽的出布处都安装有轧水辊组,用于轧除织物所含的部分污液和降低后工序烘燥热能消耗,并借以牵引织物运行。通常轧水装置为两只轧液辊组,下辊为主动硬橡胶或不锈钢辊,上辊为被动软橡胶辊(ϕ200~250mm)。平洗车最后一槽采用中小辊的三辊轧液装置,以降低出机织物带液率。为使织物平整地进入轧液辊组轧点,在进入喷水管前还常安装扩幅装置,如扩幅弯辊、弧形弯管等。

6. 传动机构 紧式平洗机多与平幅浸轧、汽蒸、烘燥等有关单元机组成联合机。根据不同织物的加工工艺要求,目前平洗机应用较多的传动形式有下列两种。

(1)多单元机分段传动。多单元机分段传动的特点是联合机的各单元机各由一台调速电动机单独传动,相邻两台单元机间接张力式线速调节装置自动同步调速。因此,调速性能较上述集体传动者有所改进,织物径向张力有所减小。但干洗机各洗槽主动轧液辊仍为集体传动。这种分段传动有交流整流子电动机与直流电动机组成多单元分段传动、滑差电动机多单元分段传动和直流电动机多单元分段传动等几种方案。单元机较多者则以直流电动机分段传动为好。

(2)平洗机的各槽主动轧液辊各由一台调速电动机单独传动。联合机的其他单元机各由一台直流电动机单独传动,而平洗机的各槽主动轧液辊则各由一台直流电动机单独传动,相邻两槽主动轧液辊借助于张力式线速调节装置的变化讯号自动同步调速。近年来出现了采用变频电流电动机单独传动,借织物张力变化讯号经变频器自动同步调速的平洗机。因而,平洗机内运行织物的经向张力较小，织物伸长较少，适应性较强。这种传动方案为目前新制的平洗机普遍采用。

(二)松式平幅水洗机

丝织物、针织物以及某些仿毛织物在外观、手感和风格上有一定的要求，染整加工中宜在无张力状态下进行。因此，近年来松式平洗机(loose type open - width rinsing machine)得到较快的发展，有些平洗机兼可用作松式前处理。

1. 六角辊式松式平洗机　图3-29(a)所示为六角辊式松式平洗机示意图，全机由多格蒸洗箱组成。各格蒸洗箱单独传动，相连两格密封连接，进布和出布处设有水封口，以利加热、保温、节约热能。图3-29(b)为单格蒸洗槽示意图，平幅织物经落布辊1落向主动回转的六角辊2后松弛叠堆于液下栅形导布轨道3上，并被六角辊2和洗液推动移行。水自槽底隔板下的进水管7进入，沿图示流向洗涤织物，最后经溢水口11溢出。若需热洗、皂煮，则由直接蒸汽加热管8加热洗液。六角辊下方有由不锈钢管焊制成的栅形导布轨道3，可自控其堆布量。图3-29(c)所示为六角辊外观示意图，辊体用厚度为25mm的不锈钢板焊接而成，辊面上分布多排孔径为25mm的圆孔，可进出洗液，以增加织物表面污物向水洗液中扩散的速率。

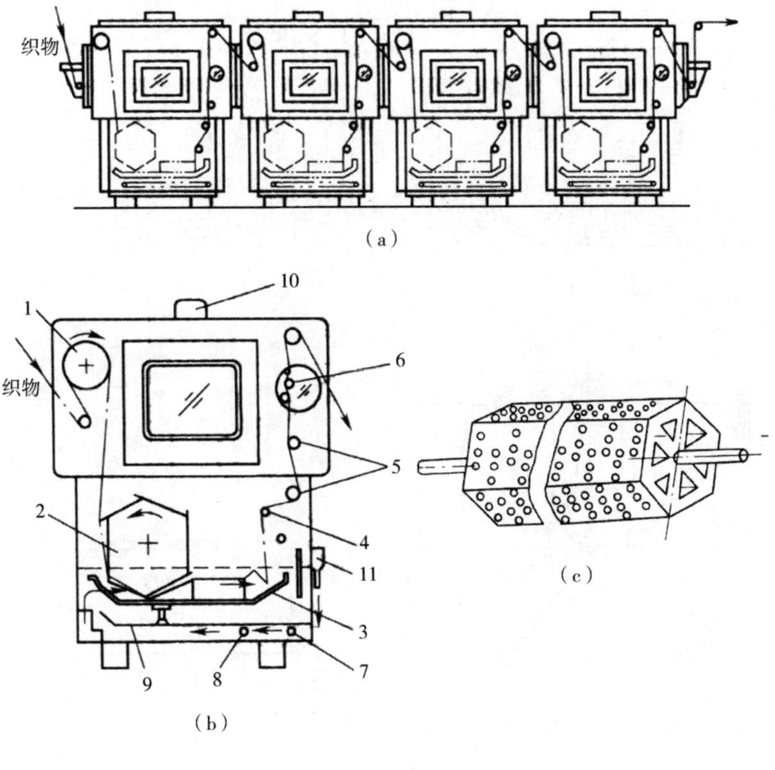

图3-29　六角辊式松式平洗机示意图

1—落布辊　2—六角辊　3—栅形导布轨道　4—吸水管　5—扩幅辊

6—自力平衡式纠偏装置　7—进水管　8—直接蒸汽加热管

9—隔板　10—槽盖照明灯　11—溢水口

为增加织物搓揉净洗效果,六角辊的速度常比落布辊超速7% ~9%。槽内水位约在六角辊高度的1/4处,织物在槽内滑经具有长条吸水狭缝的真空吸水管4而被吸除洗液后,再经螺纹扩幅辊5和自力平衡式纠偏装置6进入邻槽。该平洗机结构紧凑,织物折叠成形较好,净洗效率较高。

2. 转轮式松式平洗机 图3-30(a)是轮转式松式平洗机,由平幅进布装置、平洗车1、5~6只转轮水洗机2、强制喷洗机3、真空吸水机4和传动机构等组成,适用于中长仿毛织物松式平幅水洗、退浆及煮练。

轮转式松式平洗槽结构见图3-30(b),不锈钢液槽内转轮转筒有10块衬有橡胶的隔板6,隔板外围钻有多只孔径为15mm小孔的不锈钢半圆弧形网板。平幅织物经四角辊折叠落入转轮的隔板之间,转轮在缓缓转动输送织物的过程中,受到转筒内星形振荡器7和弧形网板外侧锯齿形振荡器8的低频往复振荡,有助于提高净洗效率。

松式平洗机的末级常装有强制冲洗机,如图3-30(c)所示,其特点是将平幅织物夹在两层循环履带形尼龙网9中间运行,经喷淋管10淋洗后再经真空吸水器11强力吸口,净洗效率较高,缺点是耗水量较多。

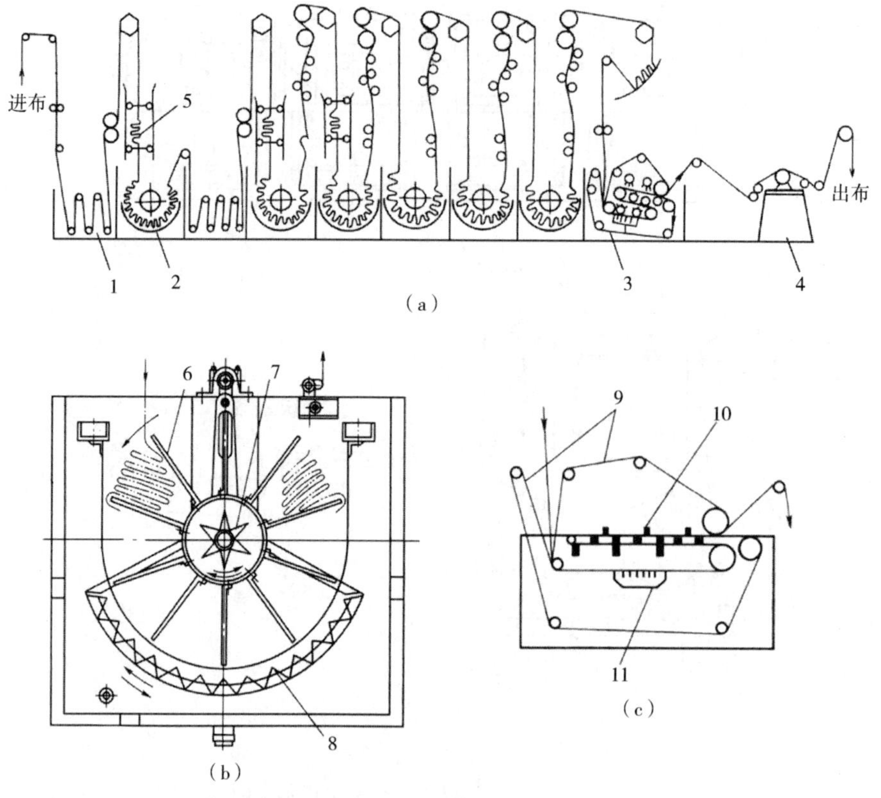

图3-30 转轮式松式平洗机示意图

1—平洗机 2—转轮水洗机 3—强制喷洗机 4—真空吸水机 5—小翻板 6—隔板 7—星形振荡器 8—锯齿形振荡器 9—循环履带形尼龙网 10—喷淋管 11—真空吸水器

(三)低张力平幅水洗机

为适应针织物连续湿加工需要,近年来低张力平幅水洗机得到开发和应用。

图3－31(a)所示为瑞士贝宁格研制的低张力平幅水洗机结构示意图,该机包括大直径沟槽形转鼓、水槽、循环泵和浸轧辊组等。

图3－31(b)所示封闭式转鼓2由沟槽体3和网眼罩结合而成,其作用是支撑织物,使织物保持平整和低张力淋洗加工。转鼓上方配有四组角度可调的喷淋管1进行大流量喷淋,使洗液穿透织物,在其正反面形成液膜,能很快清除两面的杂物和网眼罩。此外,通过循环泵使洗液在水槽内连续不断流动,在织物表面形成了交叉水流和强流液膜,提高了平洗效率。与普通绳状水洗机相比,低张力平洗机可提高水洗质量,且织物表面不易产生绳状加工中易产生的折皱印等疵点,能有效控制织物缩水,具有较好的工艺重现性。

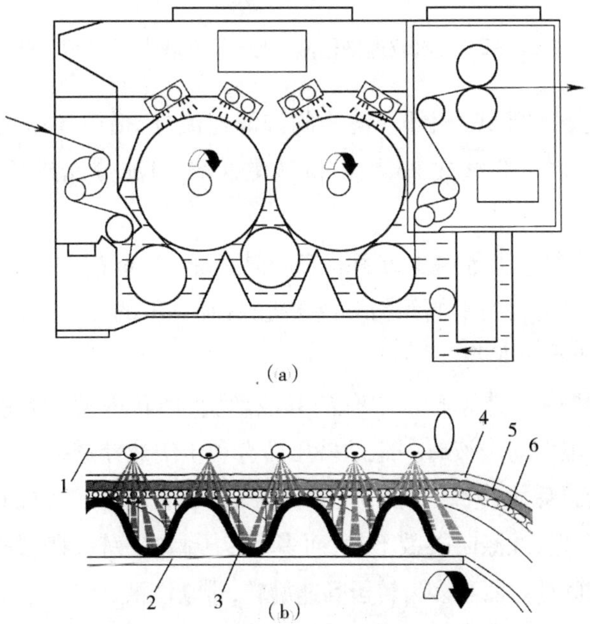

图3－31　低张力平幅水洗机结构示意图

1—喷淋管　2—封闭式转鼓　3—沟槽体　4—外部液膜　5—织物　6—网罩

(四)高效平幅水洗机

为提高织物的净洗加工效率,不少高效平幅水洗机得到开发与应用。如低水位逐格逆流波形辊式平洗机、低水位逐格逆流回形穿布式平洗机、横穿布导辊式平洗机和斜穿布式平洗机等。

1. 低水位逐格逆流波形辊式平洗机　该机洗槽结构如图3－32所示,具有如下特点:

(1)常温液封热洗:洗槽顶盖口沿水封,进、出布处洗液封口,槽内温度可达98℃,织物在气域中运行时间较长,这种热洗—汽蒸—热洗方式对去碱有明显效果。采用汽水混合器槽外加热的热水喷淋于进轧辊组轧点前的织物上流入槽内,再经加热保温,耗汽较少,可稳定槽内液温,织物不易起皱。

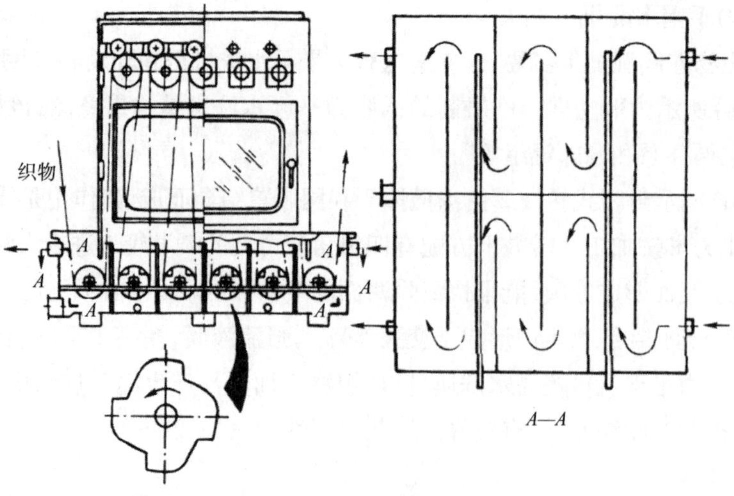

图3-32　低水位逐格逆流波形辊式平洗机洗槽示意图

(2)低水位分格迂回逆流:除相邻平洗槽间洗液逆流外,槽内还采用图示结构分格使低水位洗液逐格迂回逆流。由于低水位、小浴比,洗液更换快,可充分发挥其净洗作用,耗水耗汽量有所下降。

(3)多浸多轧:槽内每只上导辊上方斜装有一只直径80mm的耐热合成橡胶小轧辊,借自重加压;从而使槽内竖穿布运行的平幅织物多浸多轧,并使轧下的污液各自流回原格,有助于加大各格内净洗所需的污杂质浓度差。

(4)波纹辊振荡:槽内下排导布辊中有四只波形辊,回转中使运行织物低频振荡,搅动洗液,并使包绕的织物与辊面间洗液有一定的挤压而有利于洗液穿透织物。

(5)震荡水洗适合低张力洗涤,如图3-33所示,织物包覆于多孔的转鼓, 转子与包覆的转鼓形成多个封闭的气密室,洗涤时转鼓不动,而多齿转子高速旋转,特殊的转轮在多孔转鼓包覆产生可变化的压力和真空脉冲,当多齿转子高速旋转,带动洗液,大转速产生巨大的离心作用,当有空孔隙就快速冲出透过被洗织物,由于液流冲出转子与多孔转鼓的空腔变为小的真空室,当再

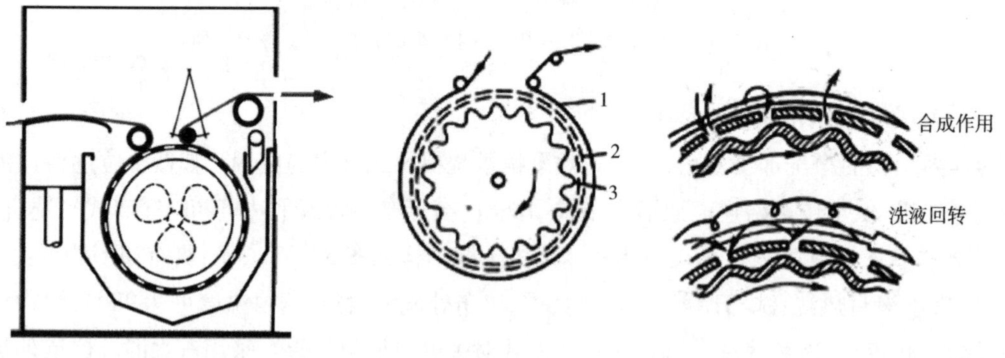

图3-33　同心滚筒式震荡平辐水洗机示意图

1—织物　2—多孔滚筒　3—多齿转轮

次转动到有孔隙的转鼓时，真空负压则会快速吸收液流透过织物进入转子与转鼓形成的空间，液流一瞬间冲出，一瞬间吸入，增加了液流与织物间流体的交换频率与次数，高速液流降低了在织物表面形成的传质扩散边界层，洗涤效率大幅提高。

2. 低水位逐格逆流回形穿布式平洗机 该机洗槽结构如图3-34所示，净洗中除采用低水位分格迂回逆流、多浸多轧及加盖蒸洗外，还具有以下特点：

(1)回形穿布：采用回形竖穿布方式，容布量较多，使单位面积织物在较小的空间内获得较长时间的洗液湍流；织物进行良好的洗液交换，可有效地利用洗液；由于织物竖穿，不会像横穿布因织物上表面存水而增大径向张力。

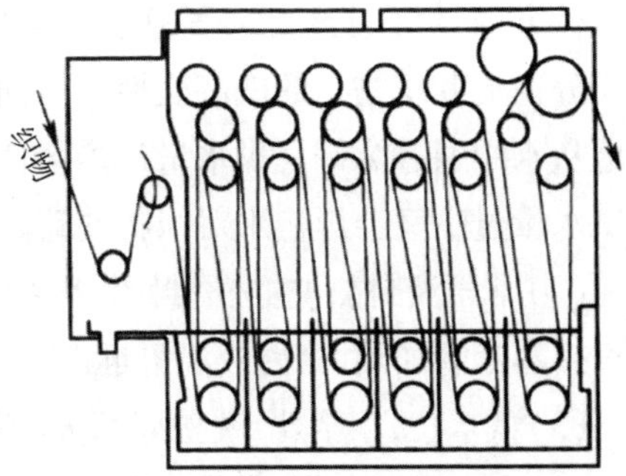

图3-34 低水位逐格逆流回形穿布式平洗机洗槽示意图

(2)加大导布辊直径：按生产实践经验，相应加大了槽内大、小导布辊直径，适当缩小上、下导布辊中心距，能防止回形穿布净洗织物起皱、产生折痕。

(3)采用分立离合器传动导布辊：槽内上列导布辊全由压缩空气加压的分立离合器传动，并经气动张力辊式线速度调节装置和无接触变阻器自动调速，降低织物径向张力，使其保持恒定，也有利于防止织物起皱。

(4)操作与检修方便：每槽大、小轧液辊的加、卸压和排液阀都采用气动操作，并设有洗液温度计、织物经向张力选择器及其指示器等指示、调节仪表；槽的两侧配有可开启的大面积观察、检修玻璃窗，便于看管、操作和检修。

3. 横穿布导辊式平洗机 该机洗槽如图3-35所示，特点如下：

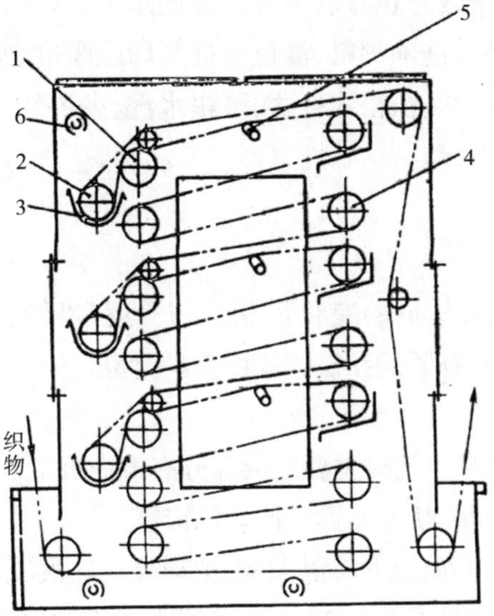

图3-35 横穿布导辊式平洗机洗槽示意图

1—轧水辊 2—浸渍辊 3—浸渍槽 4—导布辊

5—防皱导辊 6—喷液管

(1)织物横穿,洗液逆流:平幅织物在槽内前后两列导布辊间横穿,由下向上运行,容布量较多。用水泵将出口处污杂质浓度较低的洗液输经汽水混合器加热后,送至槽内上部浸渍槽3冲洗织物,并以逆流方式流经每层织物。由于横穿运行的平幅织物在前后两列导布辊间多次改变运行方向,使自上向下冲洗逆流洗液的贯流作用能反复多次从正、反两面透过织物,有利于洗液充分逆流和织物上的洗液交换。横向运行织物上的供水量有上、下限度,以使织物上表面正常地从水中通过为好。供水量过多会使织物呈现“水袋”而产生较大张力,水从织物边部流泄;若供水量过少又会影响水对织物的流透量而不能获得应有的净洗效率。

(2)常压液封热洗:洗槽封闭,织物进出口采用液封,冲洗液除用汽水混合器加热,槽内另有直接蒸汽管加热,槽内液温可近100℃。

(3)低水位,小浴比:洗槽底部大液槽液面高度仅230mm左右,容量小,而小浸渍槽容量更小,因而洗液更新快,有利于织物上的污杂质向洗液扩散,并减少耗水耗汽量。

(4)多浸多轧:槽内除装有小型浸渍槽和轧液辊外,实际上每只导布辊和防皱弯辊(或防皱板)都具有一定的挤液作用。所以织物是在多浸多轧,清污分馏情况下净洗的。

为了适应不宜压轧的织物净洗,这类平洗机可在槽内采用真空吸水器吸液。横穿布导辊式平洗机净洗效率较高,热洗更为明显,但织物张力大,清洁和维修稍有不便。

除了横穿布导辊式平洗机外,在此基础上还研制出一种斜穿布导辊式平洗机。平幅织物在该机槽内以斜穿、竖穿相间的方式自下而上运行。按逆流净洗原则,由水泵将前格或前槽污杂质浓度较低的洗液输送至顶部喷水管喷洗织物。与横穿布式平洗相比,由于导布辊与斜向运行织物形成的楔形部分充当贯流洗涤器,具有较厚水层而有利于增加水对织物的流透量。该机对织物品种、供水量和运行布速的适应性较好。

在实际生产中,平幅高效净洗设备应由几种不同结构和性能的净洗单元组合而成,而其组合、排列顺序是否合理,对净洗效率也有着不可忽视的影响。以供印花后平幅水洗的高效平幅皂洗烘燥联合机为例,根据高效洗除糊料、浮色和提高印花牢度、鲜艳度的要求,该联合机依次由喷淋透风、大流量喷冲、平幅水洗、松式皂蒸、平幅水洗、高效轧水和烘筒烘燥等单元组成,只有这样才能获得较好的净洗效果。

四、绳状水洗机

绳状水洗机(rope rinsing machine)是供绳状织物多道布环连续净洗的设备,简称绳洗机。按绳状织物在机内运行张力分有紧式和松式两种基本类型。

(一)紧式绳状水洗机

如图3-36所示,紧式绳状水洗机主要组成部分有铸铁机架,主、被动轧液辊,加压机构,导布栉,液槽,导布辊,绳状导布圈,喷水装置和传动机构等。

轧液辊多采用橡胶辊面,下辊为主动辊,上辊被动辊。轧液辊组的加压多以活塞汽缸气压加压。液槽曾采用砖砌成钢筋混凝土浇制,内壁采用水磨或贴白瓷砖,现多用不锈钢板。槽内液下装有两只被动导布辊,供绳状织物在洗液中浸渍转向。为避免运行中各绳状布环相互缠结,在各布环进入轧液辊组轧点之前先经导布栉分离。喷水装置常用直径76mm的喷水管,管

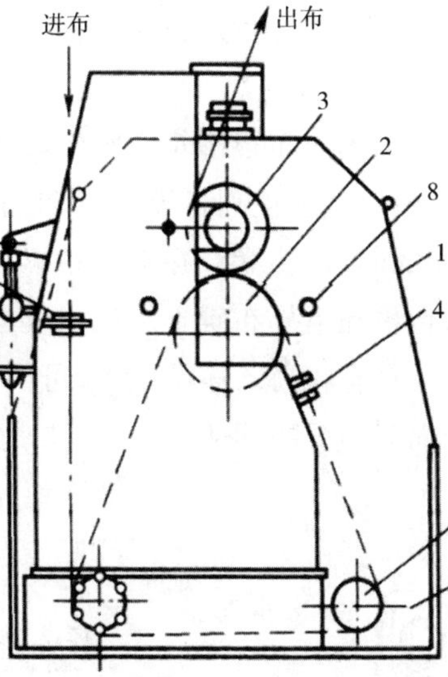

图 3－36　紧式绳状水洗机示意图

1—机架　2—主动轧液辊　3—被动轧液辊　4—导布桥
5—导布辊　6—液槽　7—导布圈　8—喷水装置

口装有扇形狭缝喷水口，将清水强力喷到将要进轧点的最后几道布环上。传动机构多以调速电动机传动，使联合机各单元自动同步调速。

紧式绳状水洗机的运转布速可高达 180～200m/min。按进机绳状织物头数，该机分为双头和单头两种；双头者产量虽高，但织物更易产生纬弯、纬斜，现多为单头绳状水洗机。由于多道绳状布环在轧液辊轧点与两只导布辊之间处于拉紧和高速状态下多浸多轧，张力较大，主要供一些绳状棉织物加工。因此，该机已非绳状水洗机的发展方向。

（二）松式绳状水洗机

松式绳状水洗机的特点是使绳状织物在松弛状态下浸渍洗液净洗，适用于不宜承受过大张力的织物绳状净洗。该机组成基本上与紧式绳状水洗机相似，只是液槽内没有液下导布辊（图 3－37）。绳状布环出轧液辊组轧点后经主动六角绳状导布辊或椭圆绳状导布辊牵引落入斜底液槽，在洗液中松弛浸渍后再经轧液、落入液槽洗液中多浸多轧净洗。

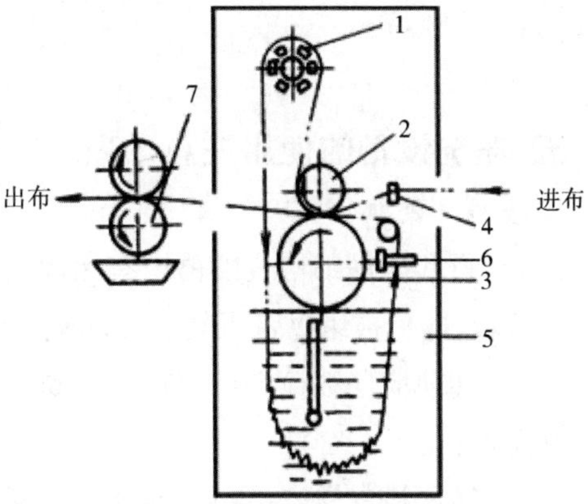

图 3－37　松式绳状水洗机示意图

1—六角导布辊　2—上轧辊　3—下轧辊　4—导布圈
5—水洗槽　6—分布栏　7—出布轧车

（三）超喂松式绳状水洗机

图 3－38 所示为超喂松式绳状水洗机的一种。上列各轴上套有多只导布槽轮，槽轮内孔嵌有含氟和陶瓷等材料制成的滑动轴承，摩擦系数很小，并耐酸、碱、双氧水。水洗箱内下方分割成

几个小格,洗液在小格间迂回逆流。箱内下列导布辊、上列各槽轮轴和水洗箱出口上方的导出辊均由一部电动机带动;下列导布辊和轧液出布的轧辊间速度可超速10%左右,视织物品种进行调节。

绳状织物在箱内下排导布辊和上列导布辊槽轮之间作如图3-38(b)所示的螺旋运行,通过各格洗液多次浸渍,最后轧液出箱。由于上列各导布槽轮轴的转速稍低于下排导布辊和主动轧液辊的转速,运转中织物张力增大时,织物紧包在下导布辊上,随织物超喂而使其松弛、速度变慢;之后又导致织物张力增大,包覆在下导布辊上。如此反复循环,绳状织物出现时松时紧,有助于织物的洗液交换。因而该机具有较高的净洗效率,可供棉织物、涤棉混纺织物乃至松弛状态下运行水洗,可供棉织物、涤棉混纺织物等加工,能明显减少折皱印、纬弯纬斜。

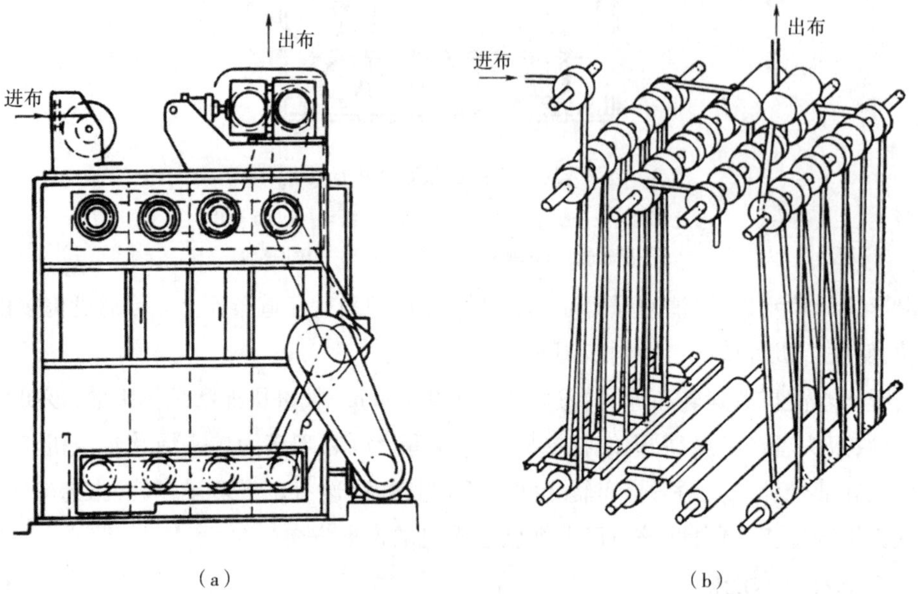

图3-38 超喂松式绳状水洗机

五、净洗设备的使用注意事项

1. 平幅水洗机

(1)运行前应仔细检查液槽内有无螺栓、螺母、垫圈等掉入,如有发现应经清除并补装配好后方可运转,以免被织物带入轧点轧坏辊面和织物。

(2)运转前应仔细检查导布辊情况是否正常,运转中应经常检查平幅织物是否起皱,运行位置有无歪斜。

(3)运转前检查螺纹扩幅辊螺纹有无断损缺口,以免擦伤织物;扩幅弯辊必须回转灵活,辊面状态正常。

(4)运转前应检查轧液辊组加卸压是否正常,橡胶轧液辊面状态有无异常;运转完毕须将轧点的辊面脱离接触。

2. 绳状水洗机

(1)运转前应仔细检查橡胶轧液辊面有无金属、硬质屑粒嵌入,若有发现须经处理后方可运转;辊面如沾有油污,须擦拭干净。

(2)导布栉应为调位式,运转前稍调整其位置(轧液辊轴承),以免橡胶轧液辊面局部磨损。

(3)运转前仔细检查液槽内导布辊及其轴承是否正常,槽内有无螺栓、螺母、垫圈等掉入,以防将其带入轧液辊组轧点轧伤织物和辊面。

(4)应经常检查导布圈内孔表面是否碎裂、有无毛刺,若发现须处理或更换,以免擦伤织物。

(5)应检查轧液辊组加压机构加、卸压是否正常;运转完毕必须卸压,使轧点两辊面脱离接触,并将辊面和液槽冲洗干净。

第三节　烘燥设备

纺织品染整加工中,根据不同加工工艺,需要对织物进行多次烘燥(drying)。烘燥时通过热能汽化的方式除水、脱水,或去除轧液后纺织品中的残余水分,使织物中的水分降低到自然回潮率以下。由于各烘燥工序有着不同的工艺目标和要求,且不同纺织品的烘燥方法、方式也有所差异,因而烘燥机有多种类型。按烘燥方式的不同,烘燥机大体可分为烘筒烘燥机、热风烘燥机、红外烘燥机和微波烘燥机等几种。

烘燥机的性能关系到被烘纺织品的加工质量,其烘燥效率又直接影响染整工序联合机的高效、高速、连续化。同时,烘燥的热能消耗在整个染整生产过程的热能总消耗中占有较大比例。因此,合理选用烘燥方法及其设备,对提高烘燥效率,降低热能消耗,具有重要意义。

一、烘燥基本原理

纺织品烘燥的全过程是织物上水分逐渐降低的过程,要获得较高的烘燥效率必须同时具备下列条件:

(1)具有蒸发织物中水分所需的能量。

(2)织物表面的蒸气压与周围空气中水汽压有较大梯度。烘燥过程中温度、相对湿度、气流方向及气流速度等都会在不同程度上影响纺织品的烘燥效果。

图 3-39 是湿织物在热风烘燥过程中织物温度、含水率与烘燥时间的关系曲线。曲线的 AB 段是起初较短时间(t_1)的湿织物预热阶段,织物从热空气获得热量而被加热升温,其含水率随烘燥时间变化不大。

经过一段时间烘燥后进入曲线 BC 段,热空气传递给织物的热量使织物中的非结合水分汽化。由于此阶段中织物比较润湿,内部水分扩散速度大于其表面水分汽化速率,所以织物表面温度稳定并相当于周围热空气的湿球温度,其含水率与烘燥时间的关系曲线斜率变大,并且两者基本上呈直线关系,烘燥速率保持恒值,称为恒速(等速)烘燥阶段(t_2)。织物表面汽化速率与热交换速率相平衡,热空气的干球温度 t 与湿球温度 t_s 之差 $(t-t_s)$ 代表热空气向织物传热的推动力,织物表面对应于 t_s 的空气水汽分压 p_s 与周围热空气中水汽分压 p 之差 (p_s-p),即为织物表面水分向空气主体扩散的推动力。在恒温烘燥阶段,湿织物表面水分汽化相似于液面上水分汽化,若 t、p 恒定,则 p_s 也恒定,p_s-p 大致不变,则烘燥速率保持恒值。此阶段吸收的热量用于织物中水分的汽化,织物表面的温度随烘燥时间变化较少。

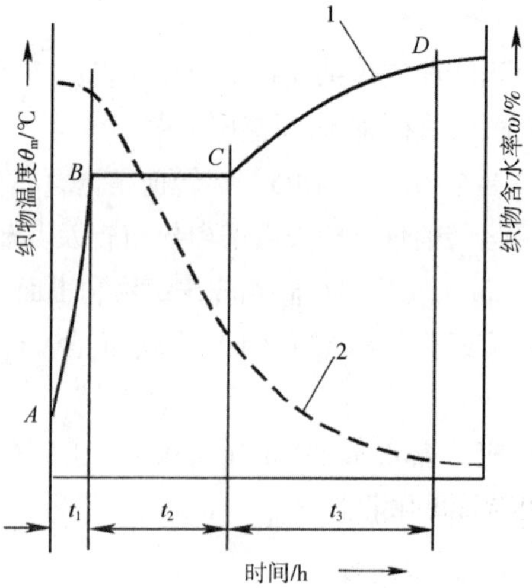

图 3-39 织物温度、含水率与烘燥时间的关系曲线

1—织物温度—时间曲线 2—织物含水率—时间曲线

烘燥过程到达恒速烘燥阶段临界点 C 时的含水率称为临界含水率 ω_k。当织物含水率低于 ω_k 时,织物内部水分扩散速率小于织物表面汽化速率,p_s-p 随织物含水率的继续下降而相应递减,烘燥速率随之逐渐下降。最后当织物含水率降至 ω_D 时,$p_s=p$,烘燥速率等于零,烘燥过程即中止。这就是斜率逐渐变为平坦的 CD 段所示的降速烘燥阶段。在此阶段中,热空气传递到织物的部分热量用于汽化水分,另一部分热量则加热织物而使其升温。ω_k 值随烘燥温度、热风流向速率的变化而有所变化。通常提高烘燥温度,加大风速将导致 ω_k 增大,缩短了恒速烘燥阶段的时间,使得总的烘燥时间也有所缩短。

二、烘燥方式

目前染整生产广泛采用的烘燥方法,从传热方式可分为传导、对流和辐射三种。但实际上三者往往是同时存在,只是以某种传热方式为主而已。以上三种传热方式可依次称为烘筒烘燥、热风烘燥和红外线烘燥;此外,近年来将高频、微波介质加热技术应用于湿纺织品烘燥的设备逐级增多。

1. 烘筒烘燥 将平幅湿织物与加热的烘筒(Drying Drum,Drying Cylinder)筒面接触,由高温筒面向低温湿织物传热,使织物中的水分加热蒸发散向周围空气中。水分蒸发方向与热量传递方向相同。烘筒类烘燥机热源多选用饱和蒸汽,单层圆筒薄壁的热传导方程式可写成:

$$Q = \lambda F \frac{\Delta t}{\delta} \tag{3-9}$$

式中:Q 为单位时间内通过烘筒壁传导的热量(W);λ 为导热系数[W/(m·℃)];F 为垂直导热方向的热传导面积(m^2);Δt 为两壁面的温度差 $\Delta t=t_1-t_2$,$(t_1>t_2)$;δ 为烘筒壁厚(m)。

由于金属烘筒材料的导热系数较高,加上筒壁较薄,因此烘燥中表面热阻较小。加上烘筒筒体和织物以较大包角直接接触,传热时间长,传热效率高,向织物传递热量的速度较对流传热快得多，提高了烘燥效率。但若控制不当，筒面传热剧烈会影响被烘织物的色光和手感。

2. 热风烘燥　采用热空气在湿纺织品表面强制流动的纺织烘燥，称为热风烘燥。室温下湿纺织品在不饱和空气中也能进行干燥，影响其干燥效率的关键在于空气的不饱和程度。由于加热过的热空气可降低其相对湿度，提高不饱和程度，干燥能力也随之相应提高。同时，热空气向湿纺织品传递热能而使其中的水分加热汽化，纺织品内部与表面间产生水分差，使其内部水分以气态或液态的形式向表面扩散。水分汽化方向与热量传递方向相反。

热风烘燥较烘筒烘燥加热更为缓和，若热风烘燥设备结构设计合理，操作正确，被烘纺织品受热较均匀。但烘房内的热空气既是载热体又是载湿体，空气湿饱和后不再带走水分，进一步提高其烘燥效率受到一定限制。

织物热风烘燥传递的热量可以下式表示：

$$Q = \alpha F \Delta t \tag{3-10}$$

式中：Q 为单位时间内对流传递的热量（W）；α 为对流传热系数［W/（m·℃）］；F 为热风接触面的传热面积（m^2）；Δt 为热空气与织物间的温差（℃）。

3. 红外线烘燥　红外线烘燥是以特定频段电磁波照射织物，不需介质向湿纺织品进行能量转移而达加热烘燥效果的一种烘燥方法。由于采用的是红外线，可以称为红外线烘燥。红外线与无线电波、可见光线、X 射线等均属电磁波，只是波长范围不同。红外线的波长范围在 0.76～1000μm。他们都是由于物质的分子、原子以及电子等复杂激烈的振动所引起而以电磁波形式辐射出的各种不同性质的射线。其中与加热烘燥有直接关系的是能量被物体所吸收，并在吸收时其辐射能量又转变为热能的可见光和红外线，而以 0.76～40μm 范围内的红外线为最显著，称为热射线，其传播过程称为辐射。

当湿织物通过由红外线辐射器辐射的红外线区时，织物和水分吸收红外线迅速升温，从而使其中的水分加热汽化扩散至周围空气中。红外线对纺织材料、薄水膜具有良好的透入性，而水对一定波长范围的红外线又能强烈吸收，所以红外线辐射特别适宜轧染织物预烘，加热迅速均匀，对防止染料泳移有良好效果。

4. 高频和微波介质烘燥　高频和微波都是电磁波，一般频率在 300MHz 以下的称为高频，300MHz 以上的称为微波，其加热的主要对象都是导电介质，加热的热量是依靠每秒变化几万次、几百万次甚至更高的电磁场对被加热烘燥物体作用而产生的。

在没有外电场的作用下，热电介质的分子排列杂乱，但将热电介质放在交流电场中，亦即相当于放进电容器中，由于电场力的作用而使极性分子排列改变方向。电场越强，极性分子转动的角度越大。交流电场方向变化的越频繁，即频率越高，则电介质分子在原位置转动或振动也越频繁。由于电介质分子在运动时不可能受到周围分子的摩擦阻力，所以极性分子在高频电场作用下迅速转动或振动时，从电场中获取的能量部分消耗在与周围分子的摩擦发热上。电磁场就是通过这种方式把电能转化成热能。

水是一种极性物质，如果将高频发射器所产生的交变电场施加于湿的纺织材料上，就会激发其中的水分子快速而连续不断地变换其极性而运动。图 3－40 所示为高频场电介质加热烘燥原理图，通过高频发生器产生的外电场变化频率越高，水分子的这种反复极化运动也越激烈，由水分子的这种反复极化的激烈运动而产生的分子之间的摩擦热也越多。因此,水分在频率很高的交变电场中,能将获得的能量转化为热能升温而蒸发,起到烘燥的效果。实际生产中,根据国际协定允许工业生产使用的高频加热频率为13.56MHz、27.12MHz、40.68MHz,微波加热频率则为915MHz和2450MHz。

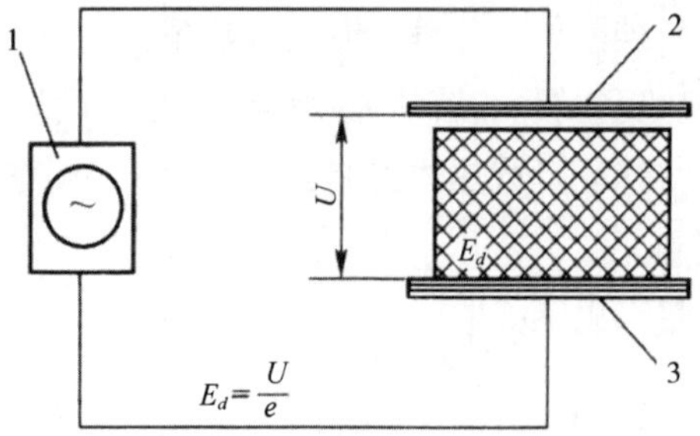

图3-40 高频场电介质加热烘燥原理

1—高频发射器 2,3—电极 U—电极间有效电压 E_d—有效高频场强度

图3-41是连续微波烘燥原理图。微波产生与微波发生器的表面,通过被加热物体上方的波导管道输送,最后由金属箱内部的导向装置辐射至并穿过被加热物体,使其加热,水分升温而汽化。

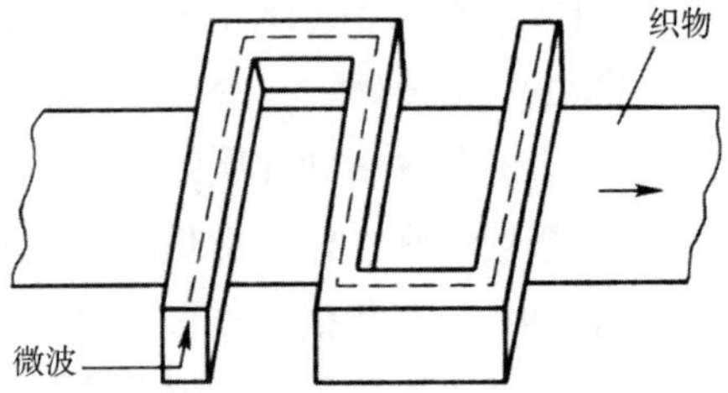

图3-41 连续微波烘燥原理

三、烘筒烘燥机

烘筒烘燥机普遍用于棉型机织物练漂、丝光、轧染及印花等平幅连续湿加工中的烘燥。这类烘燥机的主要优点是烘燥效率较高,其载热体是金属,载湿体是空气,排湿时热量损失较少,且设备结构紧凑,占地面积较小,因此在染整加工中被广泛使用。烘筒烘燥机按烘筒直径不同,分为小烘筒(φ570mm),中烘筒和大烘筒(>φ1100mm系列);按烘筒排列方式不同,可分为立式、卧式和桥式三种,其中普遍使用的是立式烘筒烘燥机。

(一)烘筒烘燥机的组成

立式烘筒烘燥机的组成见图3-42,主要组成部分有立柱、烘筒、轴承及密封件、进汽和排水管路、扩幅装置、传动机构和平幅进出布装置等。通常将左右对称的两列烘筒立柱称为一柱,全机分单柱、双柱、三柱和四柱几种,具体视工艺要求、织物品种和运行布速选用。烘筒烘燥机一般用于织物双面接触烘燥,对于绒类宜反面接触烘燥的织物可采用单面烘筒烘燥。

烘筒烘燥机采用接触式烘燥,蒸汽由蒸汽总管通入各烘筒,先将热量传递给烘筒,筒体再将热量传递给包绕在其表面的潮湿织物,使织物内部的水分蒸发。烘筒内部由于蒸汽热量损失产生的冷凝水可由排水斗、疏水器等组成的排水管路排出烘筒。烘筒烘燥机的各部分作用分述如下。

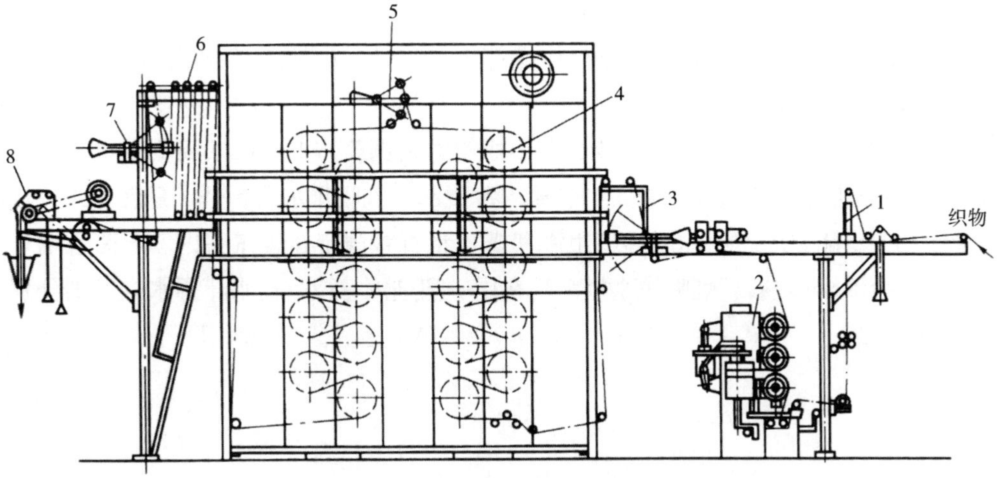

图 3-42 立式烘筒烘燥机示意图

1—平幅进布装置 2—轧车 3,5,7—摆动型张力式织物线速度调节装置

4—立式烘筒烘燥机 6—透风装置 8—平幅出布装置

1. 烘筒 烘筒(cylinder)是该机的主要部件,国内多采用烘筒直径为 570mm,公称宽度为 1100mm、1600mm、1800mm、2800mm 等系列。对烘筒要求是筒体应有较大的导热系数,能承受一定的内压力并有可靠的排除筒内冷凝水装置。筒体材料一般采用紫铜薄板,而对于带有腐蚀性液体的织物烘燥和染色、化学整理等易去污染筒面的烘筒,现多采用不锈钢板坐板。根据筒体与闷头连接方法和排除筒内冷凝水原理不同,烘筒有以下几种结构。

(1)水斗排水红套结构。如图 3-43 所示,烘筒的筒体 1 由紫铜薄板制成,增加撑圈以增加筒体刚度。紫铜薄板的排水斗 5 焊接于筒体内壁,其锥形出水管插入空心轴头通孔中。两只空心轴头用螺栓分别固定在左右铸铁闷头上支撑烘筒,并分别用以进汽排水。闷头 2 与筒体 1 端部用红套法紧密配合,红套法是一种装配方法,将金属套圈烧红,套圈受热膨胀尺寸变大,比较容易装配在一起,冷却后套圈收缩,装配紧密牢固,以承受筒内蒸汽压力和烘筒运转产生的扭

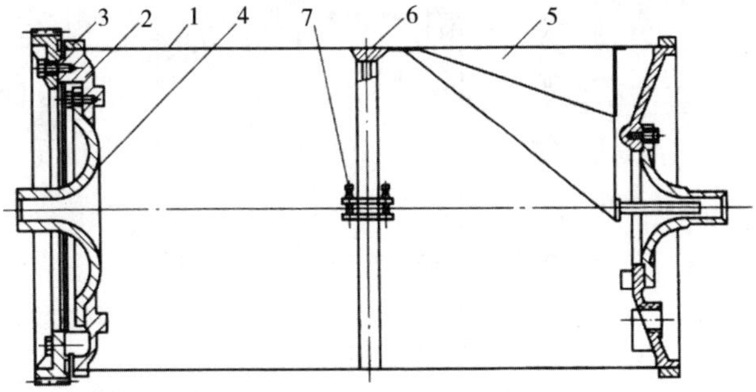

图 3-43 水斗排水红套烘筒示意图

1—筒体 2—闷头 3—红套圈 4—轴头 5—排水斗 6—撑圈 7—调节螺栓

转。该法将外圆接触面上车制有两沟槽(深1mm)的闷头装进筒体端部,再将按设计尺寸车削内径的钢红套圈3均匀加热膨胀后套于筒体端部上,校正好位置即用冷水冷却,借其收缩所产生的压力将闷头与筒体端部箍紧。

(2)虹吸排水红套结构。如图3-44所示,烘筒的紫铜筒体1与铸铁闷头2也采用红套法连接结构,不同的是采用虹吸排水管5排除筒内冷凝水。虹吸排水管5是一只悬臂式一端弯曲的黄铜管,从进汽端闷头上的手孔放入,用键和螺栓将直管固定在进汽头内。弯曲管端与筒体内壁间隙掌握在5mm左右。虹吸排水烘筒是在同一端进汽、排水,而水斗排水烘筒则分别在两端进汽、排水。

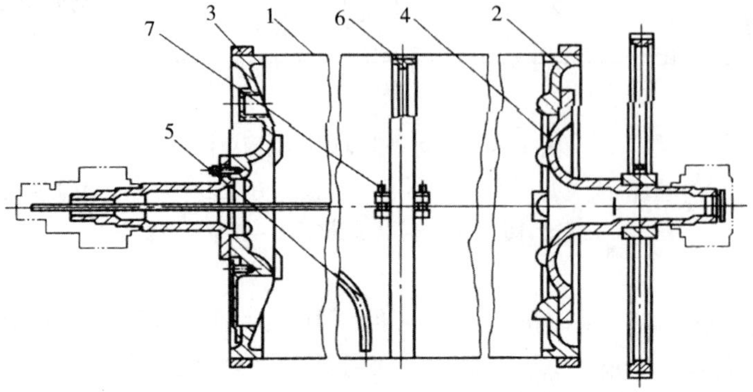

图3-44 虹吸排水红套烘筒示意图

1—筒体 2—闷头 3—红套圈 4—轴头 5—虹吸排水管 6—撑圈 7—调节螺栓

(3)虹吸排水焊接结构。如图3-45所示,焊接结构的烘筒适用于不锈钢的筒体和闷头,可承受较高的筒内蒸汽压力。由于取消了筒体两端红套圈凸缘,有利于在烘筒两端沿筒面轴向吹风、吸风,以提高烘燥效率。这种烘筒重量较轻,功率消耗少,但不锈钢用料少,焊接要求高。

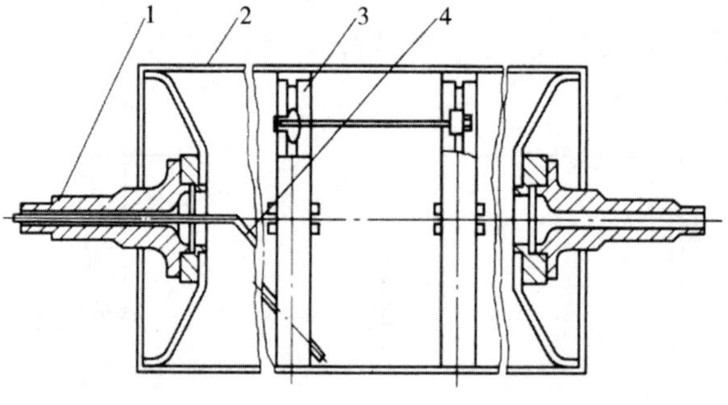

图3-45 虹吸排水焊接烘筒示意图

1—轴头 2—筒体结合体 3—撑圈 4—虹吸排水管

2. 排水与进汽装置

(1)排水斗。图3-46所示为烘筒排水斗结构与工作原理图。由于刮水板1焊接在筒体内壁上，当其随烘筒回转至下部时，能将集聚于烘筒内下部的冷凝水刮入排水斗中，随后在回转至水平位置以上时，由水的重力将水自排水斗经锥形管排出烘筒。但与此同时，回转着的排水斗中的冷凝水还受到离心力作用。只有当排水斗中水的重力大于其离心力的条件下，水才能自排水斗排出，因此该烘筒对转速有一定的上限要求。以直径为 570mm 的烘筒为例，其临界转速为 100m/min。

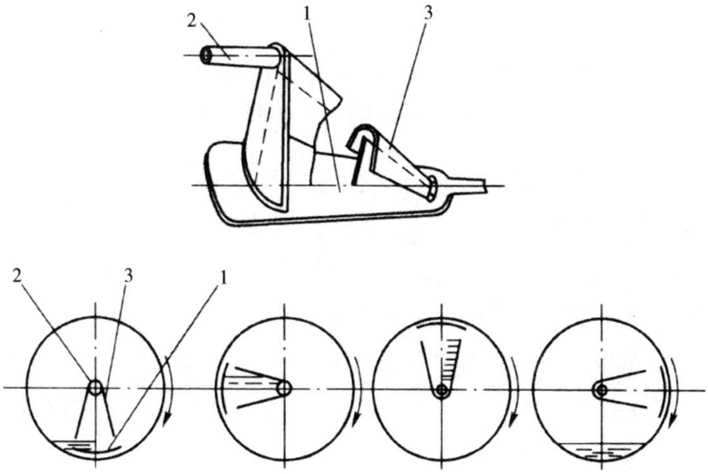

图 3－46　烘筒排水斗结构与工作原理图

1—刮水板　2—锥形管　3—排水斗

(2)虹吸排水管。虹吸排水管最初由蒸汽压力将筒内集聚的冷凝水压入管内，随后即利用虹吸原理和蒸汽压力连续地将冷凝水排出烘筒。虹吸排水管排水并不受烘筒转速限制。因此，直径 570mm 烘燥机的运行布速需超过 100m/min 时，必须使用虹吸排水的烘筒。

(3)疏水器。排水管路上疏水器的功能是排除冷凝水的同时，阻止蒸汽泄出，减少热量损失，提高传热效率。疏水器的种类较多，常用的有浮筒式、钟形浮子式和偏心热动力式等几种。

①浮筒式疏水器：浮筒式疏水器结构如图 3－47 所示。图 3－47(a)中冷凝水和部分蒸汽从进口流入疏水器内，水的浮力使浮筒 1 逐渐浮升，最后使下端与浮筒底部相连的铜杆上端不锈钢顶针顶塞阀座，使主阀 3 关闭，阻止蒸汽泻出。当水面升至超过浮筒 1 上口沿，水即溢入浮筒 1 内，见图 3－47(b)。当浮筒 1 和筒内积水的总重超过所受浮力时，浮筒 1 开始下沉，主阀 3 开启，筒内冷凝水因进口处蒸汽压力作用，由套筒内压升经调节阀 4 压力出口水管，见图 3－47(c)。当筒内冷凝水被压排至一定量时，浮筒又再次浮升而关闭主阀 3，进行第二次工作循环。

浮筒式疏水器属于间歇排水，结构可靠，很少发生故障，供水斗排水烘筒立柱排水，其缺点是体积大而较重。

②钟形浮子式疏水器：钟形浮子式疏水器如图 3－48 所示。钟形浮子 1 通过与其底部相连的杠杆倒吊于上盖内而呈钟罩装。钟形浮子 1 底部装有双金属弹簧片 3，受热伸长并能在 95℃时将排孔 4 堵住。图 3－48(a)为开始工作时状态。冷凝水大量进入并充满器内时，排孔 4 开

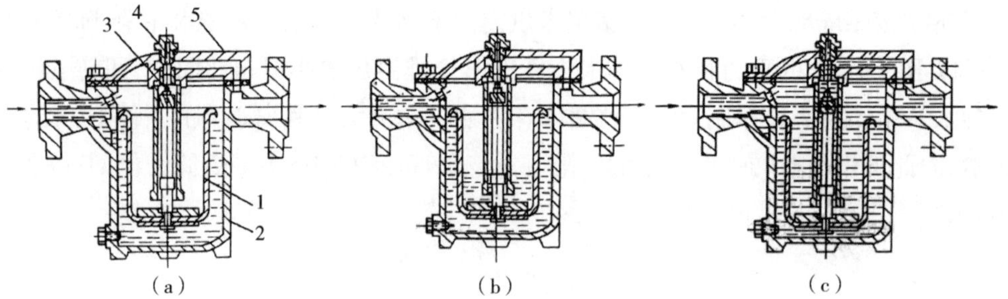

图3-47 浮筒式疏水器结构示意图

1—浮筒 2—壳体 3—主阀 4—调节阀 5—疏水器盖

放,在进出口压差作用下冷凝水经处于开启状态的排水阀5排向出口。图3-48(b)为蒸汽开始从器底进入钟形浮子的工作情况。由于双金属弹簧片3接触蒸汽迅速升温至95℃时,其活动端伸长而堵住排孔4,致浮子内气压逐渐增大而使其内外出现水位差。随后浮子逐渐上升至使排水阀5关闭,阻止蒸汽泄出。图3-48(c)为冷凝水再次进入器内的工作情况。由于部分蒸汽逐渐冷凝,浮子内蒸汽不断有排气孔8泄出而使气压下降,水位上升。当双金属弹簧片3受到周围介质影响而降温至95℃以下时,排孔4开启。待浮子内气压降到一定程度,浮子下降,排水阀5开启排水进行第二次工作循环。

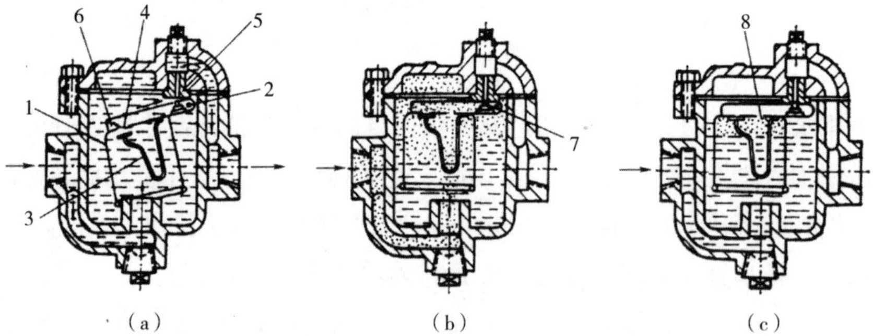

图3-48 钟形浮子式疏水器结构示意图

1—钟形浮子 2—浮子销钉 3—双金属弹簧片 4—排孔 5—排水阀 6—杠杆 7—阀瓣 8—排气孔

钟形浮子式疏水器工作可靠,一般无泄气现象,排水稳定噪声小,起动性能较好,能排除冷空气和随汽、水同流的小渣滓,体积较浮筒式的小,重量较轻,安装也较方便,也供水斗排水烘筒烘燥机每对立柱排水。

③偏心热动力式疏水器:偏心热动力式疏水器如图3-49所示。图3-49(a)中阀片1上部的变压室2和出口管道都是大气压力,当管路系统中积存的冷空气和冷凝水经滤网6进入阀片1下方时,使阀片开启而排向出口。由于出口孔3的孔径小于入口孔4的孔径,致蒸汽自孔4流向孔3时受到一定阻力而沿倾斜的阀片1边缘进入变压室2,增高了室内压力。同时,蒸汽经环形槽5高速流动使阀片与阀座间形成负压[图3-49(b)],阀片上、下方形成压力差,再加上

阀片自重，致阀片落下关闭，阻止蒸汽泻出，见图 3－49(c)。当冷凝水再次进入疏水器时，由于原存蒸汽因疏水器散热而凝缩，变压室内逐渐降压以及进口一侧的蒸汽压力通过入口孔 4 冷凝水作用于阀片下方，在此新形成的阀片上、下方压力差下，冷凝水顶开阀片，经环形槽 5、出口孔 3 排向出口而进入第二次工作循环。

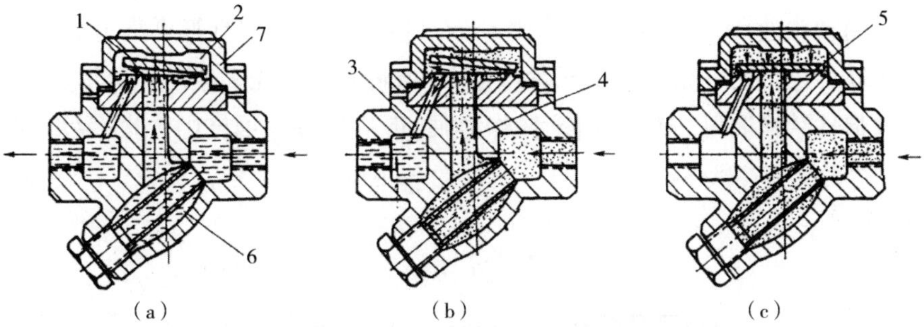

图 3－49　偏心热动力式疏水器结构示意图

1—阀片　2—变压室　3—出口孔　4—入口孔　5—环形槽　6—滤网　7—阀帽

偏心热动力式疏水器利用力矩原理采用入口孔偏心的结构，较好地提高了排水能力，较正心式的为好，使用较多。该疏水器体积小、体积轻、安装方便，主要用于虹吸管排水结构烘筒，即每只烘筒配用一只小规格的这种疏水器，可改善烘筒排水效果，有助于提高烘燥效率。

3. 空气安全阀　空气安全阀通常装在烘筒非传动端闷头上，对于虹吸排水式烘筒有装在该端烘筒轴头上或进汽头上，其目的是为了防止当烘筒内形成负压时筒体被大气压力压瘪(习惯称为吸瘪)。

图 3－50 所示为常用的空气安全阀结构示意图。阀体 1 安装在烘筒闷头上，阀体镶座 2 与阀体静配合，阀芯 3 由压力弹簧 4 的弹力和筒内蒸汽压力紧压在阀体镶座 2 上。当筒内负压与筒外大气压的差值达到某值时，大气压力即自动顶开阀芯，空气及时进入筒内，使筒内外压力平衡而避免筒体被压瘪。此外，在开机预热时将手柄凸轮 6 旋转 90°，顶开阀芯，可排出体内大量空气和积水。

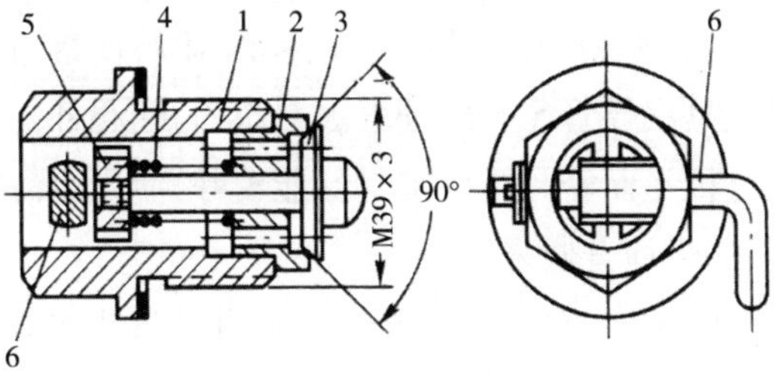

图 3－50　空气安全阀结构示意图

1—阀体　2—阀体镶座　3—阀芯　4—压力弹簧　5—调节螺母　6—手柄凸轮

4. 烘筒轴承及密封部件 烘筒轴承密封部件除支承烘筒外,还需对引入的蒸汽和排出的冷凝水起密封作用。对于这类具有密封结构的烘筒轴承密封部件,要求在长期运转中密封可靠,轴颈摩擦阻力小,轴承润滑好,磨损少和维修方便等。

(1)填料密封烘筒轴承。如图3-51所示,是专供水斗排水烘筒分别作进汽或出水并支撑烘筒的一种部件。蒸汽从排列于立柱一边的进汽管道输进,经壳座1进汽孔a、填料压盖7的通汽隙口进入烘筒轴头通孔b。若用以出水则冷凝水经排水斗的锥行管反其道而流入壳座孔a,排至烘筒出水立柱内。它的密封是借压紧螺栓10通过填料压盖7紧压螺旋形石棉橡胶填料6来实现的。该部件结构简单,安装、维修、操作方便,但烘筒轴头回转阻力大,易磨损,增加了传动功率。

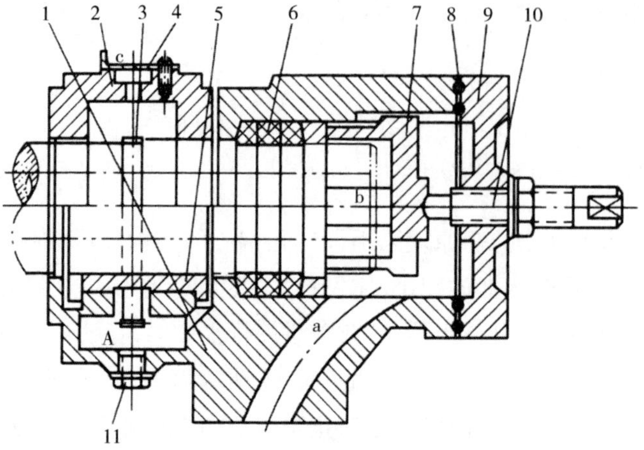

图3-51 填料密封烘筒轴承结构示意图

1—壳座 2—轴承盖 3—油环 4—加油盖 5—轴瓦 6—螺旋形石棉橡胶填料 7—填料压盖 8—垫片 9—轴头闷头 10—压紧螺栓 11—油塞

(2)平面密封烘筒轴承。如图3-52所示,属于弹力平面密封结构,也仅适用于水斗排水烘筒。蒸汽从烘筒输进汽管,经轴承座进汽孔A经蒸汽导管5、平面闷汽盖2进入烘筒轴头通孔。用以出水则排水斗内冷凝水反其道流入孔A排至出水立柱内。它的密封是借压力弹簧9的弹力通过弹簧压圈3、耐热合成橡胶密封圈4压向闷汽盖2,使其与烘筒轴头端面紧密接触来实现。橡胶密封圈4除防止蒸汽导管5与外圆表面漏汽外,还起补偿作用可使闷汽盖2始终与烘筒轴头端面紧密接触。这种平面密封结构密封性能较好,使用寿命较长,功率消耗较少,烘筒轴颈不易磨损,为目前水斗式烘筒普遍采用。

(3)球面密封进汽头。如图3-53所示,为球面密封进汽头结构示意图,专供虹吸管排水烘筒进汽和出水,不包括安装在烘筒立柱上的烘筒滚动轴承。密封接管7与烘筒轴头通孔用螺纹连接,螺纹旋向须由烘筒回转方向决定,以保证运转中两者不松脱。蒸汽由进汽盖2经密封接管7进入烘筒轴头通孔。其动密封由球面轴承3、6分别与密封环4和密封接管7之间的球面实现。球面轴承由塑23-2或石墨固体润滑材料制成。密封环4和密封接管7用青铜制成。

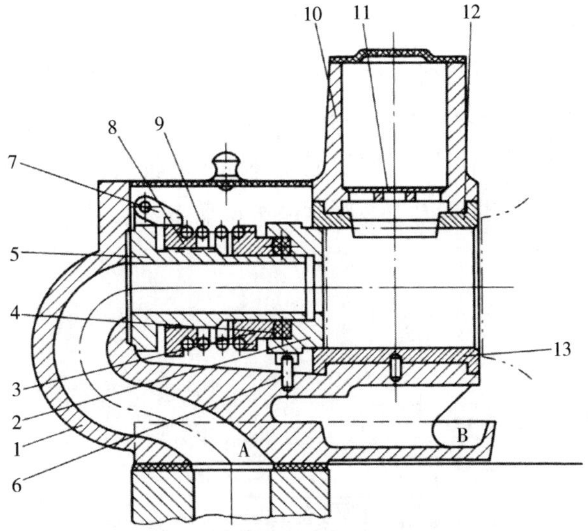

图 3 - 52　平面密封烘筒轴承结构示意图

1—轴承座　2—闷汽盖　3—弹簧压圈　4—耐热合成橡胶密封圈　5—蒸汽导管　6—销钉　7—止转嵌子
8—校压螺母　9—压力弹簧　10—轴承座盖　11—铜丝滤网　12,13—上、下轴瓦

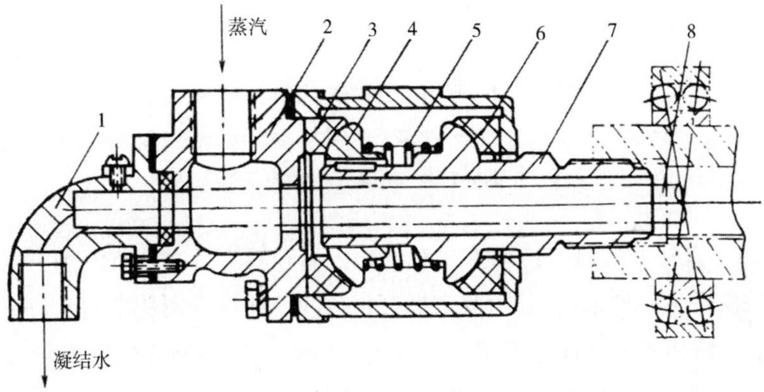

图 3 - 53　球面密封进汽头结构示意图

1—出水盖　2—进汽盖　3,6—球面轴承　4—密封环　5—压力弹簧　7—密封接管　8—虹吸管

压力弹簧 5 使球面间紧密接触不漏汽。烘筒内的冷凝水由虹吸管 8 引至出水盖 1 流入排水管。球面密封的优点是当烘筒轴头在转动中有振动或摆动时,仍能保持良好的密封效果。但对球面密封材料要求高,必须耐磨耐热;球面加工精度要求也高,必须配合精确不漏汽。进汽管和排水管须经金属软管与进汽头相连接,使套装于密封接管 7 上的进汽头呈自由状态,才能收到可靠的球面密封效果。

(4)平面密封进汽头。如图 3 - 54 所示,平面密封进汽头结构示意图,它也是专供虹吸排水烘筒进汽和出水,不包括安装在烘筒立柱上的烘筒滚动轴承。密封接管 7 和烘筒轴头通孔用螺纹连接,螺纹旋向也须按烘筒回转方向决定。蒸汽由进汽头2经密封接管7进入烘筒轴头通孔,其动密封是由闷汽盖3、软环4和硬环5来完成。软环与硬环之间为平面密封,由压力弹簧9的弹力使两接触面紧密接触而达到密封效果。软环与硬环分别由MD-52H和H62制成。软环4与闷汽盖3之间、硬环5与硬环固定座6之间均各有一只耐热磨的合成橡胶密封环,以防漏汽,并使软环紧压在进汽盖壳体内不转动,而硬环随烘筒轴头一起回转,也即运转中只有软环与硬环间接触平面存在摩擦。烘筒内的冷凝水由虹吸管8经出水盖1流入排水管。这种平面密封结构简单,零件制造方便。

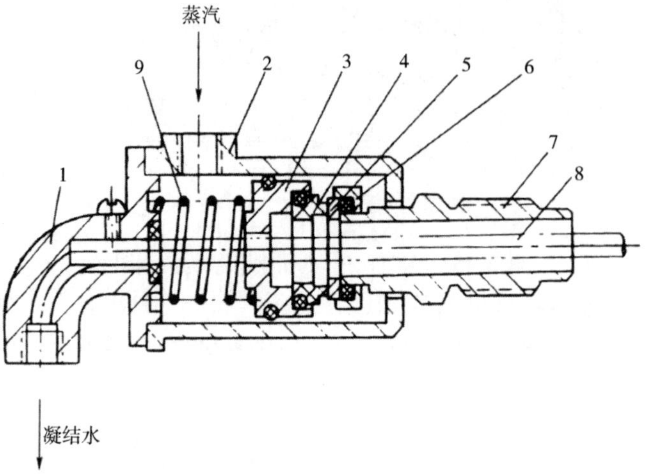

图3-54 平面密封进汽头结构示意图

1—出水盖 2—进汽头 3—闷汽盖 4—软环 5—硬环 6—硬环固定座
7—密封接管 8—虹吸管 9—压力弹簧

5. 传动机构 立柱上烘筒的传动方式有齿轮传动和胶带传动两种。前者是在每只烘筒传动端装有铸铁平齿轮。一种为齿圈,由双头螺钉直接固定在烘筒闷头上(图3-43),虽较轻,但齿轮上由润滑油易沾污到筒面而造成焙烘织物上有污渍。另一种为轮辐齿轮,由轮毂与键(或对开轮毂用螺栓紧固)固定在烘筒转动端轴头上,齿轮上润滑油不易沾污到筒面。后者是在每只烘筒传动端轴头上装有皮带轮,以耐热耐磨的胶带传动,平稳而无噪声,特别适用于高速运转的烘筒烘燥机。采用齿轮传动者,每对立柱由最下面的一只烘筒的齿轮逐一交叉向上传动各烘筒回转。多柱烘筒烘燥机采用由一台变速电动机拖动,后多采用每对立柱烘筒由一台直流电动机单独拖动,相邻两对立柱经张力式线速调节装置自动同步调速,有助于降低织物经向张力。

(二)提高烘筒烘燥效率的措施

烘筒烘燥机的烘燥效率通常以单位时间、单位面积的有效烘燥面所能汽化织物内水分的重量来表示,一般立式烘筒烘燥机该指标在11kg/(m^2·h)左右。影响烘筒烘燥效率的因素较多,包括烘筒表面温度、有效烘燥面积(即平幅织物在烘筒上的包绕圆弧长度乘以织物幅宽的面积)、车速和被烘燥织物的状态等。提高烘筒烘干机烘燥效率有如下几种方法。

1. 适当增加烘筒进汽压强 织物表面的烘燥速率取决于织物表面的热交换速率，即与织物传热的推动力 Δt 有关，也同内部热能传递速度有关。因而烘筒的筒面温度高有利于提高其烘燥速率。措施是采用过热蒸汽加热烘筒和增加烘筒进汽压强。但增大进汽压强与提高温度之间并非线性关系，还须从减少热能耗用、烘筒耐压限制、节省紫铜筒体材料以及被烘织物质量影响等多方面权衡。因此，紫铜烘筒的筒面温度一般控制在 100 ~ 120℃，进汽压强（表压）为 0.1 ~ 0.15MPa。为提高烘燥效率而升高筒面温度，只能适当增加烘筒进汽压强，并必须在该烘筒允许承受进汽压强范围之内。

2. 及时排除烘筒内的冷凝水 水蒸气通过烘筒筒体向湿织物传递热能受到汽膜、水膜和筒体的热阻，其中主要是水膜热阻。因此运转中及时排除烘筒内的冷凝水，减少烘筒内壁水层厚度是提高其烘燥效率的有效措施之一。具体措施包括：按运行布速、耗汽量等具体情况选用合适规格、性能良好的疏水器；每只烘筒设一只转动力式疏水器，为高速运转下提高烘筒的传热效率提供有利条件。此外，若烘筒内含有空气则会大大减少蒸气凝结时的给热系数。因此，开机时务必排尽筒内空气，输入的蒸汽中尽可能不含空气，还应经常保持筒面洁净，以利于筒面织物的传热。

3. 向被烘织物表面吹风 被烘织物表面水分汽化时，形成的呆滞水汽层不利于织物内水分向织物表面扩散，影响了烘燥效率。采取向烘筒表面包绕织物吹风，可减薄和破坏织物表面的水汽层，增加带走织物表面蒸发水分压力梯度，加快汽化速度。为获得较好的烘燥效果，将加热的空气吹向布面。

四、热风烘燥机

烘筒烘燥机虽具有结构较简单、热效率和生产效率都较高、蒸汽耗用量较少、占地面积较小、操作方便等优点，但属于接触烘燥，织物张力较大而造成手感发硬，表面极光，并易产生染料或树脂等泳移。热风烘燥较均匀而和缓、烘后织物手感较好，表面无极光，并适宜织物轧染、印花、涂层后预烘，可供机织物、针织物、纱线和散纤维等的烘燥。

（一）热风烘燥中热空气状态变化

热风烘燥以热气为传热介质，烘燥过程中热空气既是载热体又是载湿体，因而烘房内空气状态—温度（t）、相对湿度（φ）、焓值（I）和含湿量（H）的变化是设计、选择、使用热风烘燥机必须研究与掌握的主要参数。烘燥过程中空气状态的变化可在 H—I 图中表示。

图 3 – 55（a）是绝热情况下理论上热风烘燥过程的空气状态。空气起始状态为 A（H_A、I_A、φ_A）。经热交换器加热，空气湿度 t 升高，沿 H_A 线上升而达到 B 点状态（$H_B = H_A$、I_B、φ_B）。在此加热过程中，焓值 I 增加，相对湿度 φ 减小，但含湿量 H 不变，称为等湿过程。当加热到 B 点状态的热空气与湿纺织品相遇，由于热量传递而使湿纺织品中的水分开始汽化并扩散到热空气中，致使热空气的含湿量增加，但其焓值在理论上并无变化，这一过程称为等焓过程。于是，在此汽化过程中的热空气状态沿 I_B 线下降到与所要求的自烘房排车的湿热空气含湿量 H_C 线相交而到达 C 点状态（H_C、$I_C = I_B$、φ_C）。

在实际烘燥过程中，必须考虑进入烘房的湿纺织品原有的温度和烘房补充加热等所需补充的热量,以及高开烘房的纺织品、输送装置所带出的热量和烘房散热等所损失的热量。因此,如图3-55(b)所示,自烘房排出的湿热空气状态较理论烘燥过程所达到的C点低,而是达到C'状态。

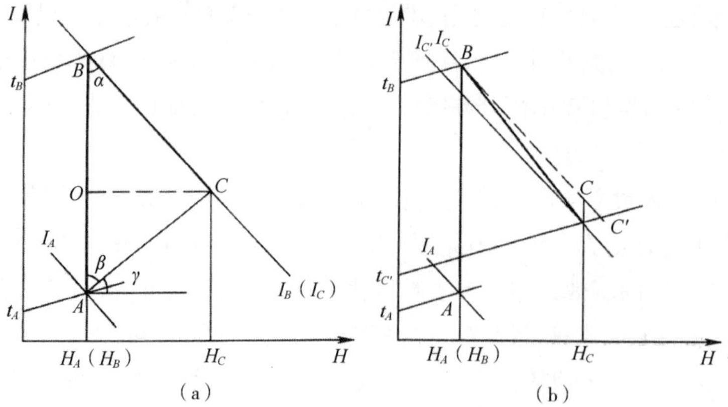

图3-55 烘燥过程空气状态

(二)热空气加热循环使用方法

热空气循环使用方式是否合理,将直接影响热风烘燥机热能消耗量。根据热风烘燥机结构特点,常采用以下两种热空气加热循环使用的方法。

1. 一次加热循环回用(全机大循环热风烘燥) 其特点是整个烘房的热空气一次加热逆流循环回用湿热空气进行烘燥。如图3-56所示,以A点状态补入的冷空气与D点烘房内部分回用空气混合达到B点,再经加热器加热到C点,经循环风机送至烘房,对织物进行热风烘燥,湿热空气到达D点后部分回用,另一部分由排风机直接排出。

由图3-57大循环回用湿热空气状态图可知,由于B点是混合空气状态点,所以它必须在AD两点的连线上。至于B点的具体位置,可按单位时间内补入空气的重量与湿热空气的重量之比确定。

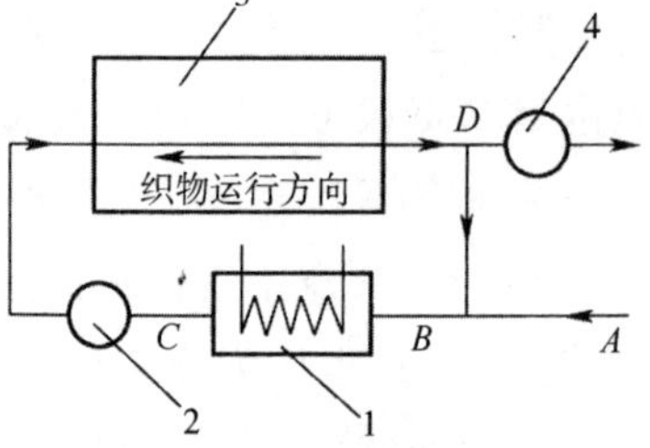

图3-56 大循环回用热空气流程图

1—加热器 2—循环风机 3—烘房 4—排气风机

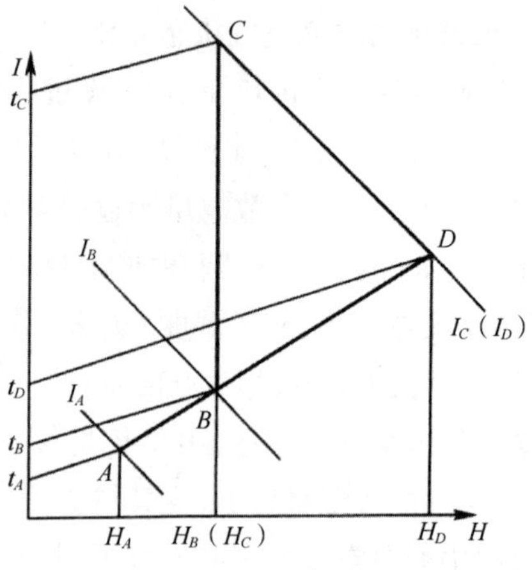

图3-57 大循环回用湿热空气状态图

由此可见，对热空气采用大循环使用时，烘房温度不会过高，有助于减少加热和热损失的热能消耗量，并且热空气进入和离开烘房温差不太大。

2. 多次加热循环使用（全机分段循环烘燥） 为了使烘房内空气加热温度过高，一些热风烘燥机采用分多段次加热循环回用湿热空气的烘燥方式。如图3－58和图3－59所示，烘房第Ⅰ室补入状态*A*的空气与该室内状态*D*的回用湿热空气混合成状态*B*后经加热器加热至状态*C*，与湿织物接触后变为状态*D*。状态*D*湿热空气的大部分作为第Ⅰ室回用，而其余部分则作为第Ⅱ室的补入空气，并与该室内状态*G*的回用湿热空气混合成状态*E*经加热器加热至状态*F*，在第Ⅱ室与湿织物接触后变为状态*G*。后续各室以此类推，实现加热循环。

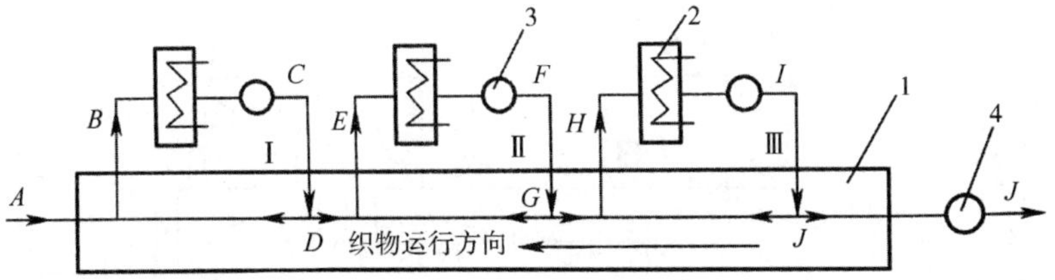

图3－58　多次加热循环回用湿热空气流程图

1—烘房　2—加热器　3—循环风机　4—排气风机

采用这种分段循环烘燥方式，避免了烘房内热空气温度过高，又使烘房内具有较适宜的相对湿度，有效地利用了热能。同时烘房各室温差小，有利于提高纺织品的烘燥均匀性。此外，还可根据工艺要求，分别控制各段烘房内的温度、相对湿度和烘燥速度，获得较好的烘燥效果，因此使用也较广泛。

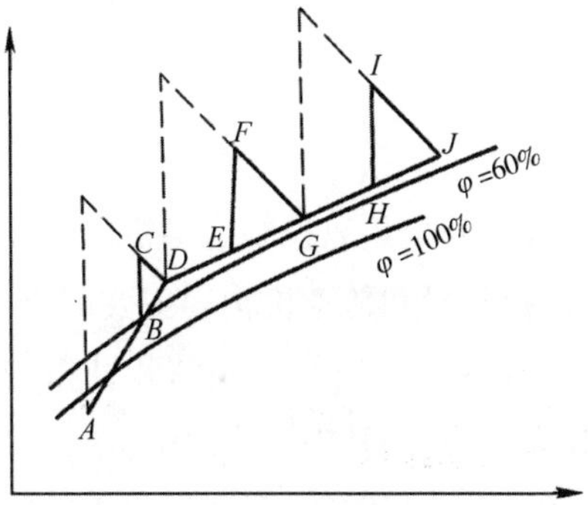

图3－59　多次加热循环回用湿热空气状态图

（三）热风烘燥机主要类型

根据将织物喂入夹持方式不同将热风烘燥机分为布铗（针板）链式以及导辊式、悬挂式、圆网式等多类热风烘燥机。其织物喂入方式、加热方式、烘干效率、容布量应作为工艺关注的重点。

1. 布铗（针板）链式热风烘燥机 如图3－60所示为布铗（clip chain）、针板链式热风烘燥机的示意图，由平幅进布装置1、拉幅部分2、热风循环系统（加热室3、风道4、排气风机5、轴流风机6）、烘房7、平幅落布装置8和传动机构等组成。这类烘燥设备以左右两条循环运行的布铗链或针板链输送织物，由轴流风机6输出的加热过的热风经风道4平均分配到多条狭缝喷嘴，垂直吹向织物表面。一部分湿热空气由近织物进口处的排气风机5排出烘房，大部分湿热空气在轴流风机6的抽吸作用下，与补进的空气经加热器再次加热后在烘房内循环使用。

布铗（针板）链式热风烘燥机又称热风拉幅定型机。这类热风烘燥机除供拉幅烘燥外，还常供上浆、涂层和其他化学整理烘燥。生产中既可单机使用，也可与平幅浸轧机、单柱烘筒燥机等有关单元机组成联合机使用。

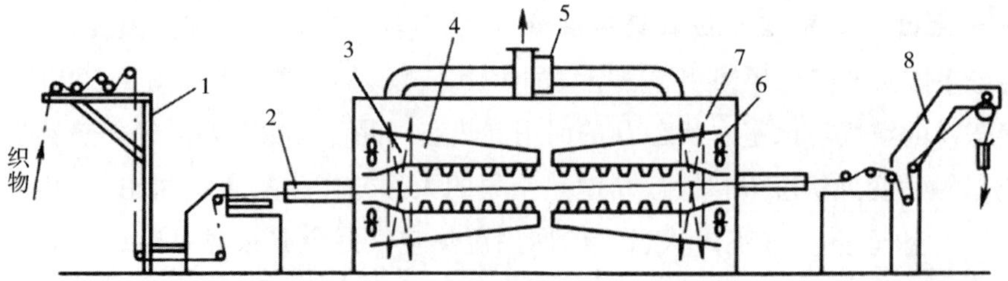

(a) 布铗链式

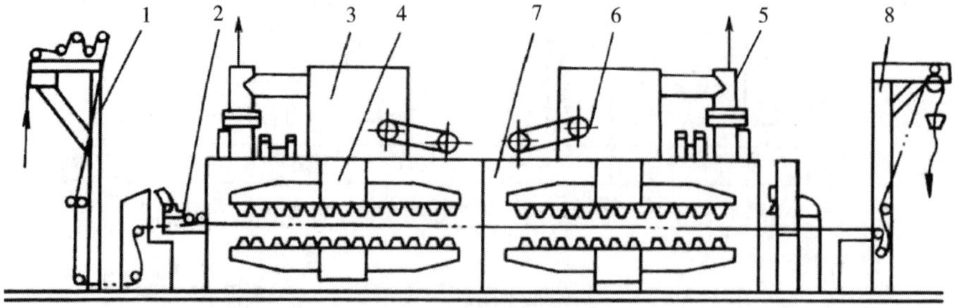

(b) 针板链式

图3-60　布铗(针板)链式热风烘燥机示意图

1—平幅进布装置　2—拉幅部分　3—加热室　4—风道　5—排气风机

6—轴流风机　7—烘房　8—平幅落布装置

拉幅部分是热风拉幅定型机的重要组成部分,主要包括布铗(或针板)链、探边装置、超喂装置、调幅装置和传动机构等主要部分。

(1)布铗(或针板)。布铗和针板的结构分别见图3-61、图3-62。图3-61所示布铗分有柄和无柄两种,其中图3-61(a)、(c)为有柄布铗,图3-61(b)、(d)为无柄布铗。铗座2材料为可锻铸铁,与织物、铗舌刀口4接触的底板3为不锈钢薄板。黄铜铗舌1镶有不锈钢刀口4,铗舌背面装有黄铜滑轮5。铗舌可绕圆柱销6作一定角度的摆动。布铗链销7使多只布铗连接成环形链。全机的两条环机布铗链分别装于左右两条水平铸铁轨板的轨道上,分别由出布端的左、右两只主动布铗链轮绕动运行。如图3-61(c)所示,进布端的左、右开铗转盘9将绕经转盘的有柄布铗的铗舌打开而使织物边部进入铗舌刀口4与底板3之间。当布铗离开转盘时,由于滑轮5被织物托住不能落入底板的轮槽中,刀口并未夹住织物边部。待织物沿该轨道运行并随左右轨道开档逐渐加大而向织物边缘外移至一定位置,使滑轮5落入底板的轮槽时,刀口4方触及织物边部并将其夹住,因而能使夹持宽度一致。出口端织物边部脱铗时,也是采用同样方法由出布端左、右开铗转盘打开铗舌。无柄布铗则是采用固定安装的酚醛层压板制的开铗板11打开铗舌,如图3-61(d)所示,其余作用同有柄布铗。

如图3-62(a)所示针板是针铗的主要元件,在针板1上植有两排间隔相等的长针与圆柱形短针,外倾约8°,以防织物边部脱针,针板和铗座用螺栓安装于链上。烘燥时通过左、右两对

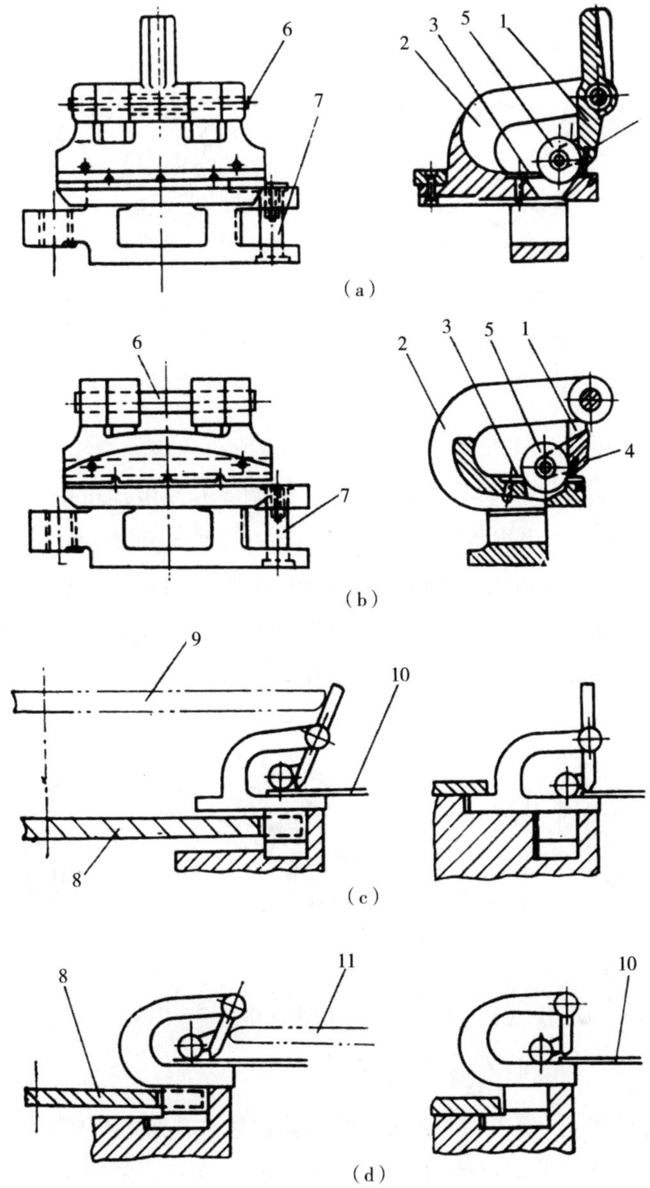

图 3－61　布铗结构示意图

1—铗舌　2—铗座　3—底板　4—刀口　5—滑轮　6—圆柱销　7—布铗链销

8—轨板　9—开铗转盘　10—织物　11—开铗板

大小毛刷轮将织物边部压入针板，送入烘房烘燥。图 3－62(b)所示为将针板安装于铝合金布铗上而成为的布铗针板两用式的一种，以适应不同品种织物和加工工艺的需要。

(2)探边装置。随着运行布速加快，为了减轻看管设备防止进布脱铗的劳动强度，在该机进布处加装进布探边自动调节装置，其原理和结构如下。

①探边器：探边器分簧片式、水银接触器式和光电式三种类型，常用的为簧片式，使用时两只探边器分别装在布铗链进布处左右轨板内侧。如图 3－63(a)所示当织物边缘运行位置正常

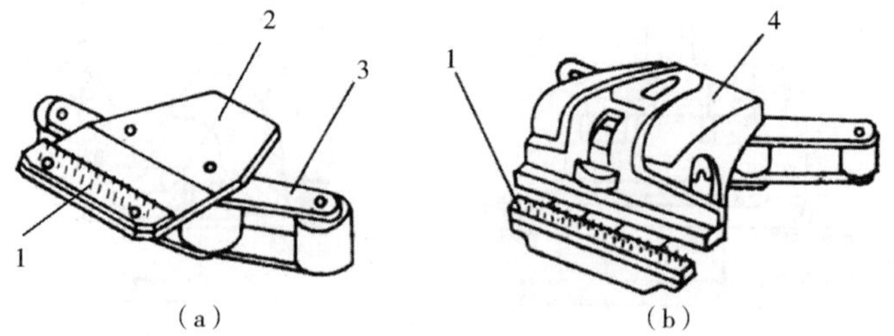

图3-62　针板结构示意图

1—针板　2—铗座　3—链　4—铝合金布铗

时,进布自动调幅专用电动机不转动。如图3-63(b)所示当织物边缘向外移动到一定位置时,触杆1随之向外摆动而使其与上触点相触,致使该边调幅专用电动机按所需方向转动而带动该边轨板外移。图3-63(c)中当织物边缘向内移动超过正常位置时,触杆1又随方向内摆动而使其与下触点相触,致使该边调幅电动机反向转动而带动该边轨板内移。另一侧的轨板在该侧探边器,按上述原理作用下自动移位。从而使进布处左右一对轨板及其布铗链能自动跟踪运行织物边缘位置的变化,达到织物边部正常进入布铗的目的。

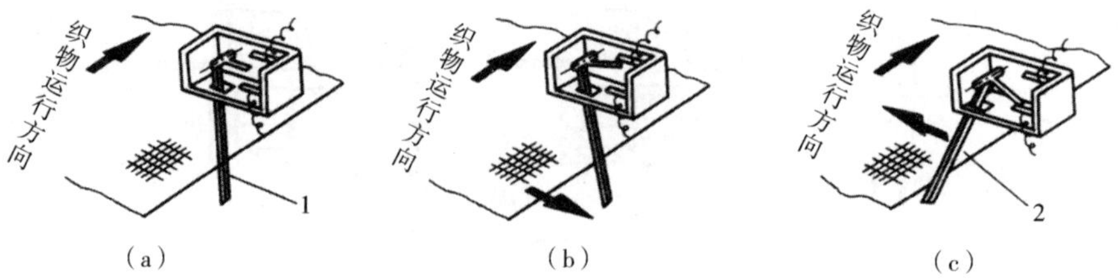

图3-63　簧片式探边器作用示意图

1—探边触杆　2—织物

②进布自动调幅装置:如图3-64所示,进布端首段左右轨板的调幅丝杆分为左、右两支4、5,各由可变换转向的专用电动机传动;而它们的运转分别由同侧的探边器按上述运行织物边缘位置变化来控制。

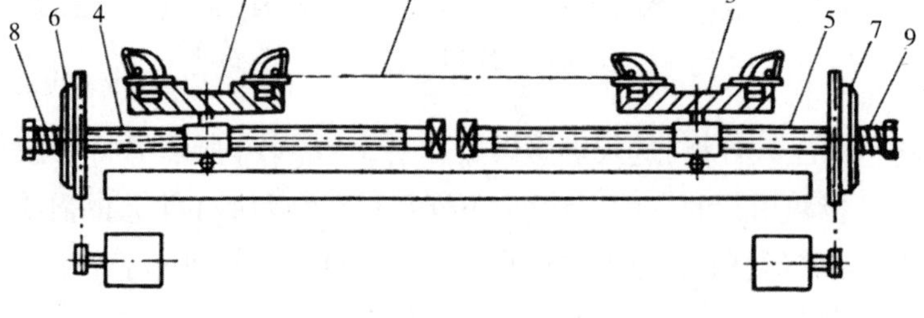

图3-64　布铗链进布端自动调幅装置

1—织物　2,3—轨板　4,5—调幅丝杆　6,7—带制动片的三角皮带轮　8,9—压力弹簧

(3)超喂装置。烘燥中为降低经向(纵向)张力,便于织物伸幅,进针板链前可经超喂。图3-65可示为一般常用的针板链式热风烘燥机超喂装置(over feed device)示意图,织物经超喂辊1后边部穿经三辊指形剥边器2防止卷边,然后通过主动橡胶轮3和被动橡胶轮4的轧点送入毛刷轮5下压针板,再经毛刷轮6刷压。由于超喂辊1和主动橡胶轮3的表面速度在一定范围内可无级变速,从而使进入针板链的织物线速度按工艺要求调节稍大于针板链的线速度。常用的超喂范围为1%~5%。

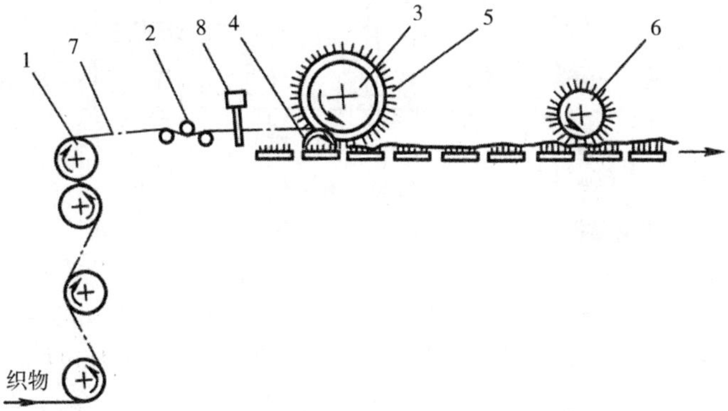

图3-65 针板链式热风烘燥机超喂装置示意图

1—超喂辊 2—剥边器 3—主动橡胶轮 4—被动橡胶轮 5,6—毛刷轮 7—织物 8—探边器

(4)调幅装置。为了进布、拉幅和出布需要,左右两条布铗(针板)轨板由多段相连而成,各段左右两条轨板之间的开档距离可通过电动转动调幅丝杆进行调节。为了织物进入和离开铗链的需要,进布和出布两端的首末两段左右轨板开档距离较中部轨板开档距离小,呈梯形。

(5)传动机构。布铗(针板)链式热风烘燥机左右环形布铗(针板)链由可变速的直流电动机通过主动轴、出布端左右布铗链轮传动运行。

2. 导辊式热风烘燥机 导辊式热风烘燥机(roller drying machine)现主要用于棉布类型(含混纺、交织)机织物连续轧染、树脂整理以及其他一些化学整理等加工的预烘。湿织物在烘房内的多只导布辊间运行,以满足其与热空气接触、汽化水分所需的时间,织物受有一定的经向张力。多年来用于预烘的这类设备常与红外线烘燥机结合使用,从而其烘房容布量可减少很多,预烘效果有所改善。目前这类热风烘燥机主要有以下三种。

①上下穿布型导辊式热风烘燥机:其特点是织物在烘房内穿行于上、下两列导辊布之间,同列相邻两辊中心距较小,织物容布量较多。但由于从风道喷嘴喷出的热空气自上而下沿织物表面平行流动,流速随流程加大而迅速减低,烘燥效率不高,并且占地面积较大,维修不便,目前使用较少。

②W穿布型导辊式热风烘燥机:如图3-66所示,上下两列导布辊间距较上下穿布型者小,而同列相邻两辊中心距较大,使织物的运行路线呈W形,所以称为W穿布型。热空气经V形风道喷风口垂直喷向织物两面,烘燥效率有所提高,喷风均匀,穿布操作、清洁工作和检修较方

便，但容布量较少，通常与红外线预烘机组合用于连续轧染织物预烘。

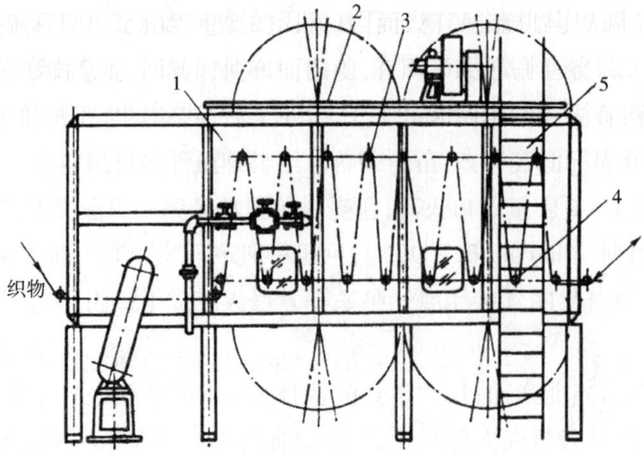

图3－66　W穿布型导辊式热风烘燥机示意图

1—烘房　2—烘房盖　3—主动上导布辊　4—被动下导布辊　5—横风道

③横穿布型导辊式热风烘燥机：如图3－67所示，织物在烘房内前后两列导布辊间运行，烘房可适当加高以增加容布量，设备占地面积较小。两层织物之间装有横风道，其左右端部与竖风道的出风口相连接。横风道由两只变截面风管组成，有两条喷风口，热空气自风口垂直吹向织物表面，烘燥效率较高。目前使用此型导辊式热风烘燥机较多，可按工艺要求将其组合使用。

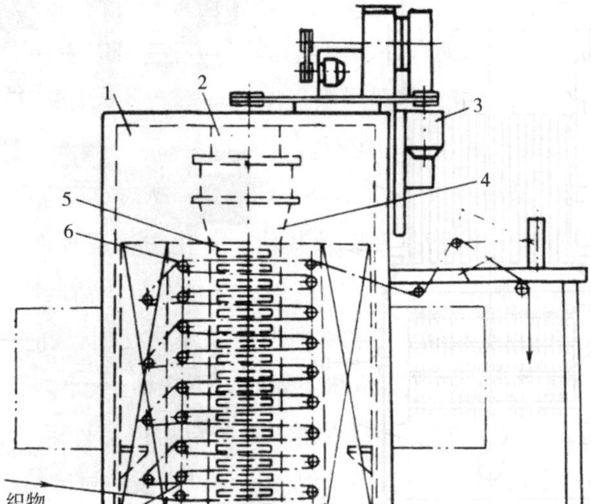

图3－67　横穿布型导辊式热风烘燥机示意图

1—烘房　2—轴式循环风机　3—电动机　4—蒸汽加热器　5—风道　6—被动导辊　7—主动导辊

3. 悬挂式热风烘燥机　悬挂式热风烘燥机（fabric loop air conveying dryer）的特点是织物在

烘房内呈悬挂状态松式烘燥,没有外加的机械张力,织物组织结构不易变形,因而适宜针织物、丝织物及中长仿毛织物等的烘燥。该机运行布速较低,一般为 20 ~ 60m/min,烘房温度 100 ~ 120℃。按织物成环长度不同,这类烘燥机可分长环和短环两种;若按织物悬挂层数以可分为单层和多层。具体根据织物的厚度、重量和成环难易等选用。

①悬挂式长环热风烘燥机:如图 3 - 68 所示,悬挂织物的小导辊两端固定在环形循环链上,热空气自上而下喷向织物,按成环长度要求可调整进布与导辊循环链的线速度差。此外,挂有织物的小导辊在随循环链缓缓运行中能低速自转,不使辊面上的那部分织物始终接触辊面,有利于防止烘燥不均匀和树脂等整理剂泳移。布环长度一般为 1. 5 ~ 2m。进布成环装置除图示采用喂布辊外,对不宜压轧的织物也有采用风成环方法。

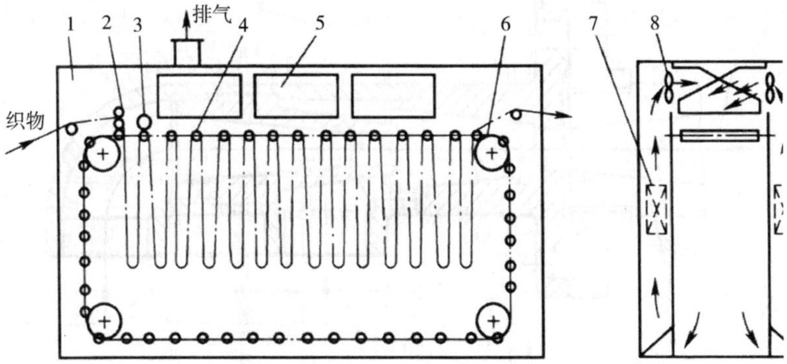

图 3 - 68 悬挂式长环热风烘燥机示意图

1—烘房 2—超喂装置 3—成环装置 4—自转导辊 5—风道 6—传动链轮及链条
7—蒸汽加热器 8—轴流式循环风机

该机结构简单,便于制造,不易损坏,维修方便;但烘燥效率不高,热能损耗较多,风速不宜过大,目前使用不多。

②悬挂式短环热风烘燥机:如图 3 - 69 所示,该机烘燥时布环较短,织物是由导辊循环链上缓缓自转的小导辊托住随该链运行,在相邻两辊间稍呈悬挂状态。热空气自织物上下方的风道喷向织物两面,风速各约 13m/s 和 7m/s,使织物短环不致被吹乱。由于主要供厚重的湿织物及针织物烘燥,因此该机多设计成两层或五层短环,以增加织物在烘房内的烘燥时间。图 3 - 70 所示为五层短环热风烘燥机结构示意图。

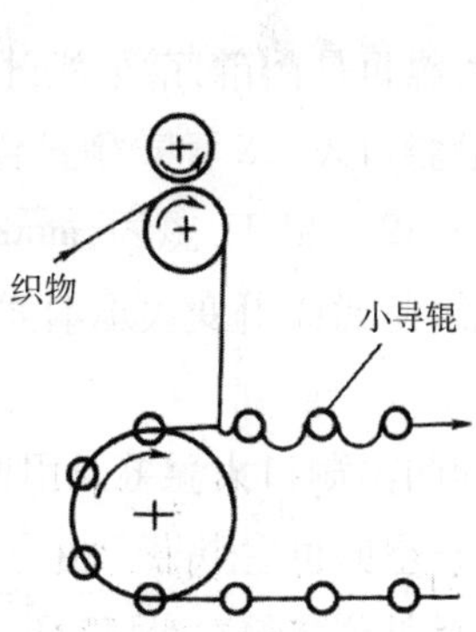

图 3 - 69 织物在导辊上成环状态

多层短环热风烘燥机常与平幅浸轧机组合使用,也有按工艺要求将平幅浸轧机、多层短环燥机和单层针板链式热定形机组成联合机。

4. 松式热风烘燥机 如图 3 - 71 所示,若将短环热风烘燥机中的小导辊以输送网带代替,即为松式热风烘燥机。松式热风烘燥机的工作原理与短环热风烘燥机相似,织物在烘房内受到

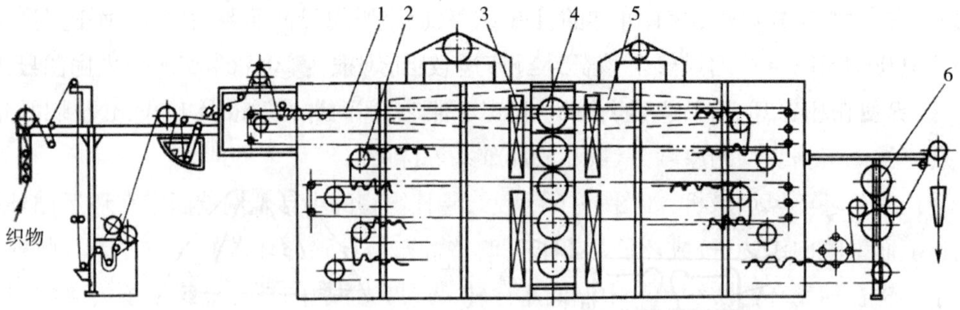

图3-70　五层短环热风烘燥机示意图

1—循环链　2—链轮　3—加热器　4—循环风机　5—风道　6—冷水辊

上下喷风管喷射热风的强烈作用,使织物在输送网带上发生强烈振荡和获得热风的揉搓,从而能使织物在湿加工中产生的伸长和线圈形变回复,烘燥后获得较好的手感。

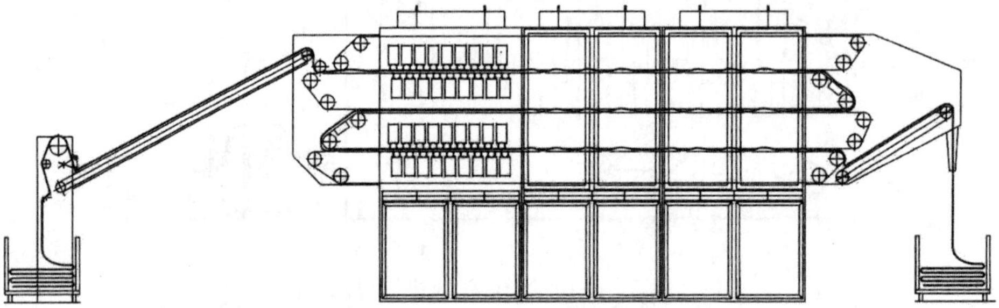

图3-71　五层短环热风烘燥机示意图

松式烘燥机适用于圆筒和开幅后针织物的连续生产,可同时进行两匹或多匹织物的烘燥。该机与湿扩幅机组合,可进行筒状针织物的连续开幅和烘燥,同时具有一定的预缩效果。

5. 圆网式热风烘燥机　如图3-72所示为圆网式热风烘燥机示意图。该机以两只或四

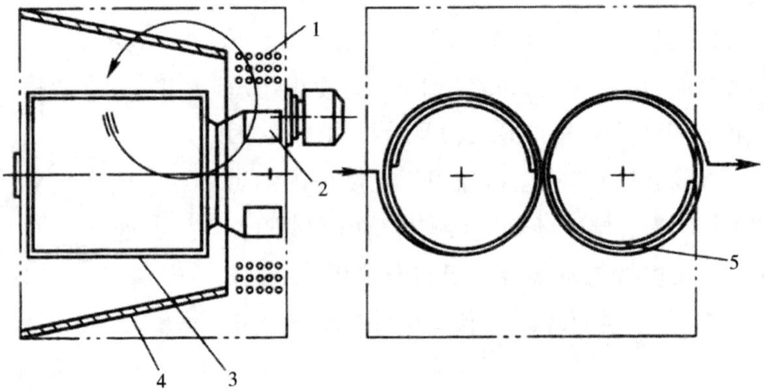

图3-72　圆网式热风烘燥面烘燥示意图

1—加热器　2—离心风机　3—圆网　4—导流板　5—密封板

只主动回转的圆网输送被烘纺织品，在烘房内以热空气强制穿过网面上纺织品的方法烘燥，主要用于烘燥针织物，化纤长丝束和毛条等。烘房内装有两只直径为1400mm的圆网，圆网由2mm厚不锈钢薄板或表面镀锌钝化处理的薄钢板制成，表面布满直径3mm的冲孔。每只圆网一侧配有一套以水蒸气为热源的加热器和离心式风机。被烘针织物经可超喂（超喂率0～19%）的喂入装置送到第一只圆网工作表面上，随该圆网回转转移到下一只圆网工作表面。在每只圆网内侧的抽吸作用下，圆网区的大部分热空气按图示路线穿过织物循环，小部分湿热空气则逆流送向前一只圆网区加热、烘燥，最后经排气风机排出。

6. 圆筒立式烘燥机 图3－73所示为立式烘燥机示意图，它是专供圆筒针织物，单层热风烘燥的设备。由进（出）布装置、立柱形喷射热风圆筒、加热送风系统和传动机构组成。烘燥时脱水待烘的绳状圆筒针织物经送布辊套进喷风圆筒上端，沿筒外壁缓缓下降过程中受到自筒壁多只喷孔喷出的热风而被均匀展开吹成筒状进行单层烘燥，并陆续降堆于圆筒下端储布区。待用绳连接的织物末端套进喷风圆筒上区干燥后，再反向牵引织物缓缓上升烘燥，完成全部烘燥过程，出布。按该机型号不同可配喷射热风圆筒有4根、6根、8根。为适应圆筒针织物多种筒径需要，立柱形喷射热风圆筒的外径有200mm、150mm、130mm等几种。

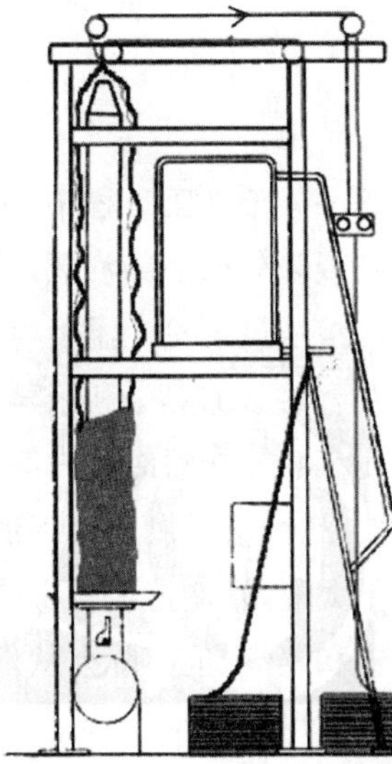

图3－73 立式烘燥机示意图

该机特点是圆筒针织物套在喷风圆筒外被喷出的热风展开烘燥的同时，能使在烘前各道工序中所受的纵向拉伸得到较好的回缩、复原，明显降低缩水率和提高柔软手感的效果。该机结构简单，占地面积小，维修方便。

7. 绞纱热风烘燥机 图3－74为绞纱热风烘燥机示意图。绞状纱线、绒线以悬挂方式在热风烘房内烘燥，烘燥时绞纱烘燥机是双棒搁置在每层左右两条循环输送链上缓缓送入烘房加热烘燥，从烘房另一端送出。挂纱棒在随链运行中可缓缓自转以改变绞纱在棒上的接触状态，有助于均匀烘燥。烘房内以离心风机、翅片式加热器加热的热空气自上向下喷向绞纱，湿度较高的热空气由近进口处排出烘房。

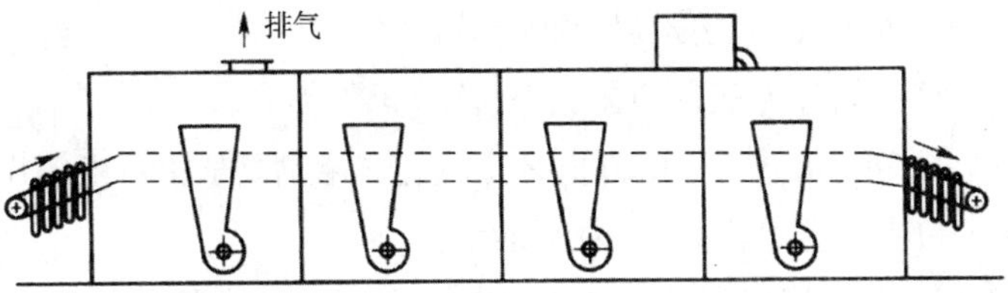

图3－74 绞纱热风烘燥机示意图

这种烘燥机结构较简单，输送链速度较低，零部件不易磨损；但产量较低，有时烘燥均匀性较差。挂纱棒表面不能有毛刺，必须保持洁净。

8. 散纤维热风烘燥机 散纤维热风烘燥机是供羊毛、棉、麻、化纤等散纤维热风烘燥的设备,结构较简单。如B061型烘燥机就是其中一种,湿散纤维上布满小孔的薄钢板制环形输送帘缓缓送入热风烘房加热烘燥,从另一端送出。该机有三只加热器,两只装在烘房下部,配有离心风机循环热空气。烘房近进口处排气。用于羊毛炭化时,第一至第三室烘房温度依次为65~75℃、102~104℃、104~108℃,用于羊毛或其他散纤维烘燥时,应按需要选定烘燥温度。

第四节 汽蒸设备

纺织品染整加工过程中,很多工序在汽蒸(steaming)下进行。例如,棉织物的退浆、煮练和氧漂以及浸轧染液后的汽蒸还原,印花后的汽蒸固色(习惯称蒸化)等。因为常压下加热的水和一般水溶液虽理论上温度可到100℃,但是实际生产中很难达到,然而常压汽蒸则容易达到100℃,并且热水加热是利用其显热,而水蒸气加热主要是利用蒸汽的潜热,热容要大得多。

常压汽蒸能在短时间内使织物迅速升温并保持一定的水分,这一特点不仅满足了染整加工中工艺要求,而且有利于实现加工的高效、高速、连续化,节省机台人力和加工成本,这类设备的结构并不太复杂,制造也较方便,因而被广泛使用。值得指出的是,对这类设备所用蒸汽习惯上常称为饱和蒸汽,但实际上从供汽管道输入汽蒸箱(steamer, ager)的饱和蒸汽在减压至大气压时却稍有过热。

蒸箱作为通用设备,有明显的相似处并遵从通用的技术规范,具体有以下几点:

(1)汽蒸箱内要均匀通入饱和蒸汽,箱体要做相应封闭;

(2)箱体内壁尽量减少水凝结,绝不可有水滴滴溅,只可沿导流槽趋流,以免滴落在布上或者滴在箱底飞溅到布上形成疵点;

(3)箱内容布量大,导布辊多,运行阻力大,织物张力大。为此,上层导布辊采用主传动;

(4)蒸箱蒸汽消耗量大,是生产中的耗气大户,箱体保温和节约用汽是设计研发的重点。

汽蒸箱类型比较多,按蒸汽压力不同,可分为常压蒸箱和高压蒸箱;按使用蒸汽不同,可分为饱和蒸汽和过热蒸汽蒸箱;按箱体尺寸不同,可分为普通蒸箱和长蒸箱,普通蒸箱高度大于长度,长蒸箱长度大于高度;按织物运行状态不同,可分为松式和紧式蒸箱;按织物运转方式不同,可分为导辊式、履带式、辊床式、网袋式以及条栅式。

现代通用的汽蒸箱一般分为三大功能区,具体分工如下:

(1)进布出布区:顺利进布出布,并防止冷空气进入箱体,保证箱体温度均匀稳定,一般通过设置汽封口或液封口完成蒸箱内外区域的隔绝。

(2)预蒸区:织物进入蒸箱时温度比较低,直接汽蒸会导致织物受热不均,严重影响处理质量。

(3)织物运转汽蒸区:是蒸箱的主体,保证织物在较高温停留时间内织物能够平顺流转,受热位置不断调整。箱体底部装置加热蒸汽管,加热底部液体温度并产生饱和蒸汽。另外容布量大是一个考核重点，容布量大，汽蒸时间长，设备车速快，效率高。

汽蒸设备包括用于前处理的连续汽蒸练漂机、染色用常压汽蒸设备、印花用蒸化机和净洗用常压汽蒸箱。本节仅介绍净洗用常压汽蒸箱和蒸化机，其他如汽蒸练漂机、还原汽蒸箱等分别在前处理设备和染色章节中介绍。

一、辊筒导布蒸箱

辊筒导布蒸箱主要供平幅织物前处理、印花后处理皂煮、蒸洗。

1. 皂煮蒸箱　MH702 型皂煮蒸箱就是其中的一种（图 3 – 75）。蒸箱内上列 13 只 ϕ125mm 导布辊中第 1、3、5、7、9、11、13 共 7 只导布辊分别由一台 50N · cm 力矩电动机拖动，下列共 14 只 ϕ125mm 被动导布辊，中间有 26 只 ϕ60mm 被动腰辊。上列汽域导布辊采用滚动轴承，下列液域导布辊则采用填充聚四氟乙烯的滑动轴承。轴承座装于墙板外，与箱体隔离，避免热量传递给轴承，降低轴承运行温度。蒸箱前后箱壁均为不锈钢蒸汽夹板以间接加热保持箱体温度。墙上装有观察窗，便于观察织物运行状态，停车后可进入箱体内进行清洁与维修。箱内底部装有 8 只外套消声管的直接蒸汽加热管加热洗液。汽域部分装有 4 只直接蒸汽管喷气汽蒸。织物进出口采用液封装置，以防蒸汽泄漏。该皂蒸箱容布量为 74m，运行布速 35 ~ 70m/min，汽蒸时间 63 ~ 126s，最大汽蒸压力为 0.2MPa，汽蒸温度为 95 ~ 100℃。辊筒导布蒸箱织物传输速度快，并避免产生皱印。

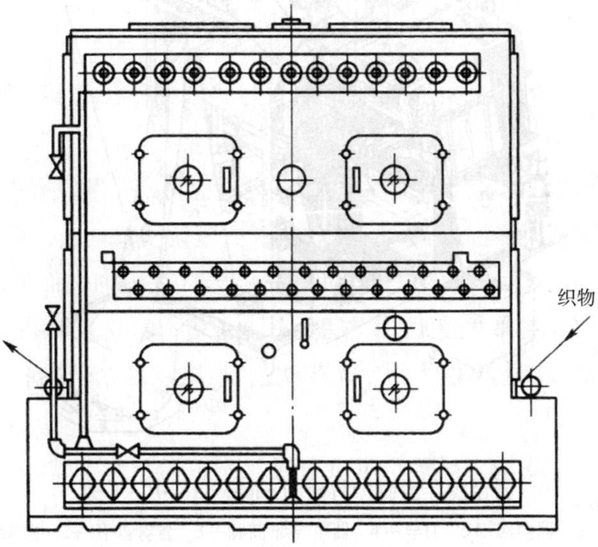

图 3 – 75　MH702 型皂蒸箱示意图

2. 长蒸箱　图 3 – 76 所示的 MH701 型长蒸箱也是这类蒸箱的一种，并可作为织物丝光的去碱蒸箱。蒸箱内上列 9 只 ϕ125mm 导布辊第 1、3、5、7、9 共 5 只导布辊分别各有一台 50N · cm 力矩电动机拖动，下列共 10 只 ϕ125mm 被动导布辊。导布辊轴承类型同 MH702 型皂煮蒸箱。该类长蒸箱容布量 28m，运行布速 35 ~ 70m/min，汽蒸时间 24 ~ 48s，汽蒸温度接近 100℃。

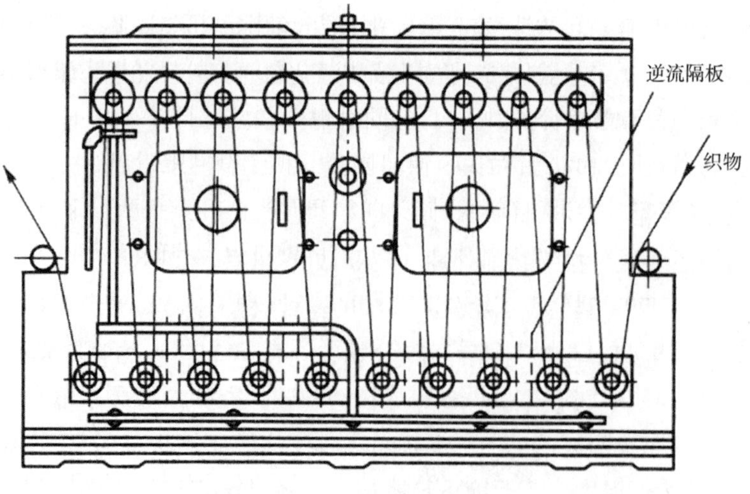

图3-76 MH701型长蒸箱示意图

使用这类多辊式蒸箱,为了有效防止和及时处理箱内运行织物产生皱条,可以从以下几个主要方面进行检查、处理。

(1)检查蒸箱与前一单元机间织物线速度是否协调,必要时应予调整。

(2)箱内导布辊是否变形,若已变形应予调换。

(3)检查导布辊的轴颈和轴承有无磨损,轴的水平度、平行度是否符合平车要求,视需要进行修理、平校。

(4)检查导布辊面是否光洁,应按需要定期做好辊面清洁工作,特别对清除去碱蒸箱导布辊面的碱垢更应重视。

(5)蒸箱内直接蒸汽管的阀门不宜开得太大,更不应将该管喷汽孔对织物表面喷汽。

辊筒导布蒸箱还常用作蒸洗去碱,是供织物染色、印花后整理进行皂煮、蒸洗以及丝光加工蒸洗去碱,使用目的是为了净洗,蒸箱上蒸下洗,高温蒸汽在织物表面遇冷凝结为纯净水,与织物上的碱或污水之间的浓度梯度最大,因此去碱效率或者是蒸洗效率高。蒸洗箱基本结构与水洗机有相似之处。去碱蒸箱主要供织物丝光蒸洗去碱,常将两台蒸箱相连使用,可分单层和双层织物蒸洗两种。

如图3-77所示,M222型去碱蒸箱可供双层丝光织物蒸洗去碱,单层容布量23m,汽蒸温度102℃。处于汽域的第一、第二列导布辊采用滚动轴承,安装于铸铁箱体左右侧箱板之外,并与侧板隔开;处于液域的第三、第四列导布辊则采用尼龙轴套的滑动轴承。为了防止织物在蒸箱内产生皱条,除应定期清除导布辊面碱垢外,还需对连用的两台蒸箱的主动导布辊辊径微差按织物运行方向递增排列。根据生产实践经验,其递增参考数据:第一台蒸箱ϕ125mm者为0.2mm,ϕ100mm者为0.16mm。如果是供单层织物蒸洗的去碱蒸箱,则箱内上、下部各设一列导布辊。蒸箱进布口外应设两只主动的钢管或不锈钢管制螺纹阔幅辊,以扩展织物卷边和防皱。

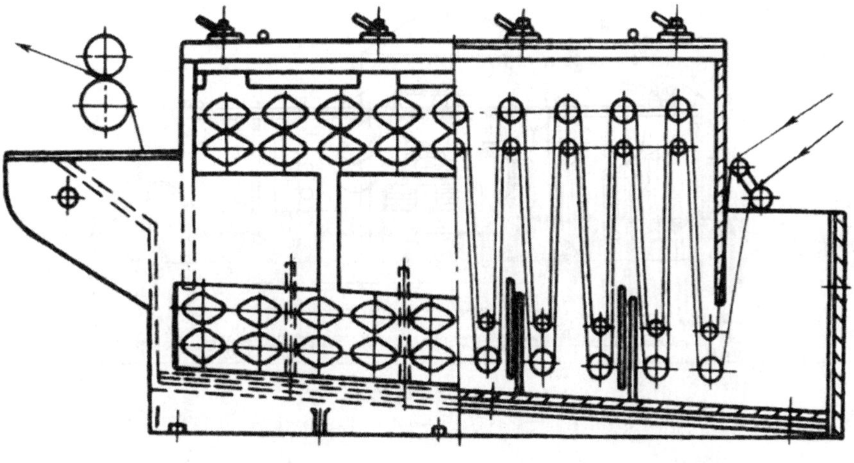

图 3－77　M222 型去碱蒸箱示意图

蒸箱进出口均为液封，箱内汽域布层之间装有直接蒸汽喷射和喷水管，前者用以喷射蒸汽汽蒸，后者则是为了运转中发生故障进行处理时喷冷水迅速冷却。为提高洗涤效率，箱底向进布口方向倾斜，并用隔板分成小格，使自出布口进入的热水（蒸洗过程中已成为热淡液碱）能按逆流路线通过双层隔板之间（自下而上）流向下一格，以提高逆流热洗去碱的效率。两台蒸箱的洗液按逆流方向相通，最后逆流到布铗伸缩淋洗装置出布处下面的淡碱液池中。

带碱织物在去碱蒸箱内蒸洗去碱的特点是先进入热水（实际上已属热淡碱液）中洗涤，而后进入水蒸气域部分，蒸汽即在织物表面凝结加热织物，并向织物内部渗入，使织物内部的碱液向织物表面扩散；随后，织物再进入热淡碱域部分，则其表面的碱液又向淡碱域中扩散。带碱织物交替地在上述汽域和逆流的热淡碱域中蒸洗去碱，经过两台去碱蒸箱蒸洗后，出蒸箱时织物带碱量一般可降为在 5g/kg 干织物以下。

二、履带式导布蒸箱

履带式导布蒸箱（conveyor type steamer）是较常见的一类汽蒸设备。根据传输织物履带结构不同，履带式汽蒸箱分为单层履带式和多层履带式，区别主要在容布量。

图 3－78 所示为履带式汽蒸箱的结构示意图，由汽蒸加热区、摆布器、平板履带、出布装置和传动装置等几部分组成。浸轧煮练液或氧漂液的平幅织物进入履带式汽蒸箱先在导布辊间穿行汽蒸预热，再经摆布器有规律地折叠堆置在输送履带上继续汽蒸，并随履带缓缓运行。蒸汽由底部通过履带上的小孔或缝隙进入织物层中进行汽蒸，汽蒸时间通过调节履带的运行速度来控制。织物缓行至出布端后，通过光电式线速度调节器控制出布，最后由出布辊牵引，经水封口出箱体，进入平幅洗布机水洗。环形输送履带是由多条具有多孔或多槽缝的不锈钢条形薄板组成，也有采用不锈钢网板结构的履带，被称为网带式蒸箱，以增加均匀汽蒸效果。履带围绕在箱底的一排辊筒上，织物与履带一起随辊筒转动而缓缓前行。

履带式汽蒸箱还可采用三层履带结构的，以增加容布量，减少生产能耗。这类汽蒸练漂机

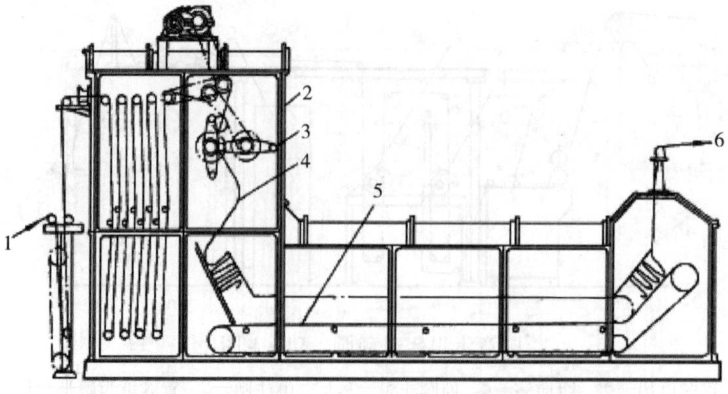

(a) 单层履带式汽蒸箱

1—进布 2—箱体 3—摆布打手 4—织物堆摆 5—履带 6—出布

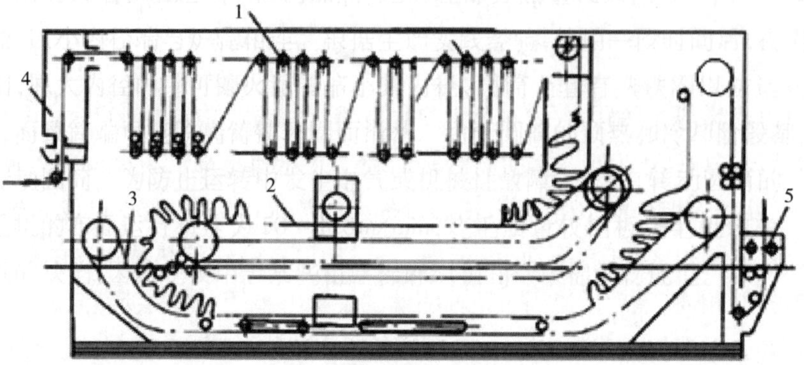

(b) 双层履带式汽蒸箱

1—导辊预汽蒸区 2—上层履带 3—下层履带 4—进布汽封 5—出布液封口

图3－78 履带式汽蒸箱结构示意图

一般是通过使上一层履带上织物正常有序地落到下一层履带上来实现的。

履带式汽蒸箱结构简单,操作方便,是棉机棉型机织物退煮漂加工中常用的单元机。履带式汽蒸箱可避免织物擦伤,堆置时织物所受自身压力很小,减少折痕。但由于汽蒸过程中,织物一直堆置在履带上,两者没有相对位移,加工厚重织物时仍有可能出现压皱印或风干练疵。

三、辊床式导布蒸箱

辊床式导布蒸箱(roller bedconvey steamer)结构与履带式相似,其主要区别在于由多只主动回转的不锈钢导辊排列成辊床承托并输送织物。

如图3－79所示是双层辊床式汽蒸箱示意图。作为辊床的多只导辊安装在汽蒸箱的左右侧板上,各辊缓缓回转而使堆置于辊面上的平幅织物移动。织物自上层转到下层时,靠织物自身的重力作用,能自动翻转180°进入下层导辊床,使织物与导辊的接触点位置改变,有效地避免了压痕产生的可能和汽蒸不透的现象。直接蒸汽经蒸箱底部水浴槽加热织物,由于辊床各导辊间存在空隙(图3－80),当织物移行至两导辊中间空隙时,增大了织物与水蒸气的接触概率,避免了平板履带上堆置汽蒸时织物与板面接触处容易产生的风干印和折皱痕，提高了织物的汽蒸退煮漂效果。与水洗机组合即成为退煮联合机或煮漂联合机。

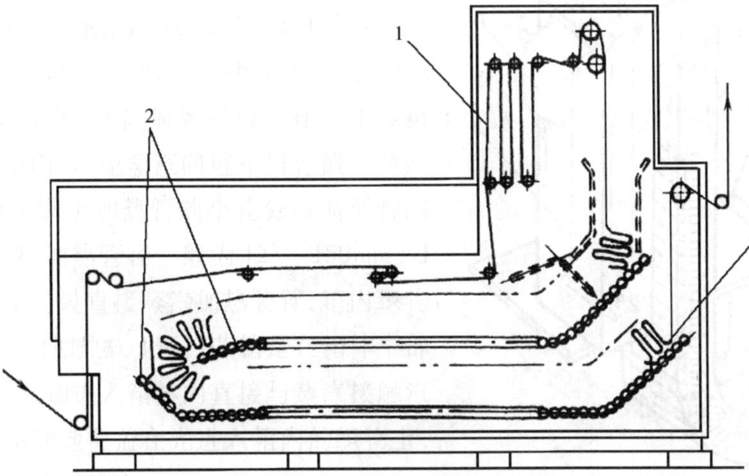

图 3－79　双层辊床式汽蒸箱示意图

1—导布辊加热　2—辊床　3—出布感应器

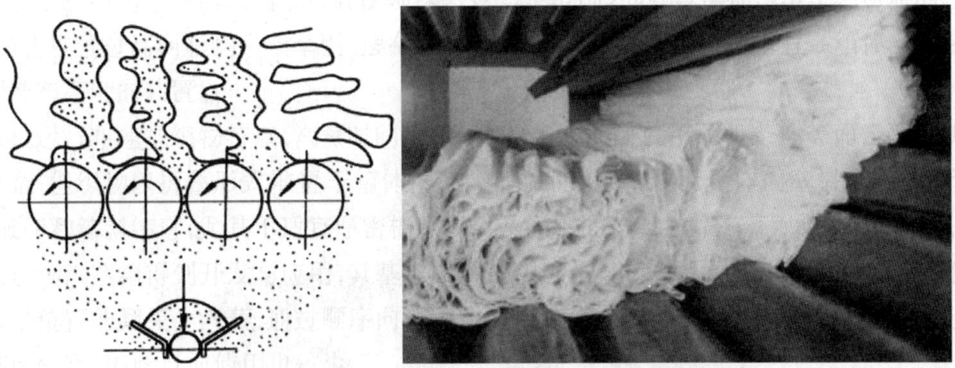

图 3－80　辊床上织物加热示意图

辊床式蒸箱适宜多层平幅织物堆置汽蒸，这类设备操作方便，处理均匀，除部分高档织物外一般织物不易被擦伤。与履带式汽蒸箱相比，辊床式蒸箱的导辊较多，成本较高，且各导辊的轴承和传动均在箱外，因此制造要求和导辊轴头密封要求较高。

四、条栅式汽蒸练漂机

20 世纪 80 年代，曾有将棉针织物连续汽蒸练漂机的平板履带设计成可起伏的梳齿状，形成运动与静止相间的送布方式，通过多次改变织物与履带接触状态来减少练疵的发生。条栅式汽蒸箱正是在此基础上设计而成的，克服了堆置中厚重织物较易产生汽蒸不匀、横档和折叠印，具有工艺适应性强、加工效果好和生产能耗低的特点。

堆置、输送织物的条栅由固定条栅与移动条栅相间组成(图3-81),活动条栅采用交流变频电机传动,经减速器、偏心轮使活动条栅升降往返摆动,堆置于条栅上的织物随之变位缓缓前移,并使布层间有所松动。活动条栅利用偏心做往复摆动,将织物抬起、推进、放下。织物不断改变与条栅接触位置,使织物不断得以透松,使蒸汽由固定条栅与移动条栅间较大缝隙(2.5mm)中向堆置的织物内部扩散,改变了与织物的接触位置,可避免压绉印、风干印、烫伤印和绉条的产生。

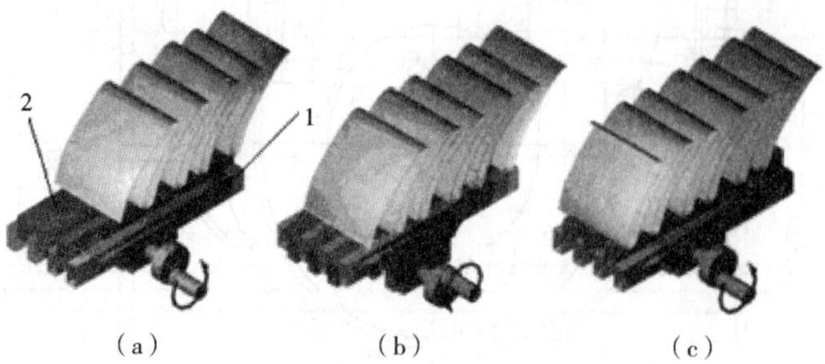

图3-81 堆布条栅示意图

1—移动条栅 2—固定条栅

图3-82所示为上海太平洋印染机械有限公司的SMA036型条栅式汽蒸箱结构示意图,结构由导辊预热区、上层条栅、下层条栅、进出布装置和传动装置等组成。织物经汽封口进入汽蒸箱,在预热区通过蒸汽管和蒸箱底部水浴产生的饱和蒸汽对织物进行加热。

图3-82 条栅式汽蒸箱结构示意图

织物经多导布辊预热区预蒸后由八角辊落布折叠于上层条栅上。待堆置的织物被推送至上层条栅末端时,织物翻转180°落到下层条栅上,使原与上层条栅接触的织物表面翻动向上,从而有利于织物汽蒸均匀和防止产生织物压皱印、风干印、烫伤印和皱条。该机通过活动条栅的周期往复摆动，使织物在堆置中不断得到透松，有利于蒸汽通过固定条栅和活动条栅间的较大缝隙向织物内部扩散，增加透蒸效果。此外，汽蒸箱顶部采用间接蒸汽加热油的防滴水夹层，箱体外侧六面都装有玻璃棉毡保温以减少热能损耗。

20 世纪 70 年代后期，蒸箱设计开始采用了增加预热区导布辊数量的结构，使刚浸轧煮练液或氧漂液的平幅织物在上、下两列多只导布辊间平整、低张力下移动，受到充分和均匀的汽蒸预热，然后再平整而松弛地堆置在履带或辊床上继续汽蒸，获得较好的练漂效果。

履带式蒸箱虽较辊床式造价低，但堆置中厚重织物较易产生汽蒸不匀、横档和折叠印，其主要原因是汽蒸中平板履带与织物没有接触点的位置变化。

实际使用时往往采用几种传输方式相组合的连续加工蒸箱，弥补各自的不足，提高加工效率，汽蒸箱可与轧车、平洗单元机和烘燥单元机等组成高效退煮漂练漂联合机。

五、汽蒸箱密封和箱体

产生高温高压饱和蒸汽的首要条件是能承受一定压力的封闭系统的存在。因此，系统的密封（seal）性是高温高压汽蒸设备的关键。它既要保证织物能连续地进出高压汽蒸箱，又要耐磨，具有一定的寿命。如果是间歇生产，则可用静密封来解决，一般用螺栓把箱盖和箱体及填在它们之间的橡胶垫片压紧即可，如高压煮练锅。对于连续生产的高温高压汽蒸的密封，一般有唇式和辊式两种。最简单的唇式密封口是用两片聚四氟乙烯制成的唇式夹片，用它压触运行织物，形成密封。由于夹片与织物间的摩擦严重，对有色织物易产生条花。在唇封上若积有污物，则会沾污织物。因此，一般不适用于高压染色和印花后织物的汽蒸。图 3－83 是一种常用的唇式汽封口。上唇由不锈钢制成，下唇为外包聚四氟乙烯薄膜的橡胶充气袋，袋内气压为 68.6kPa，使下唇紧贴上唇，织物在其间通过，蒸汽不易外泄。

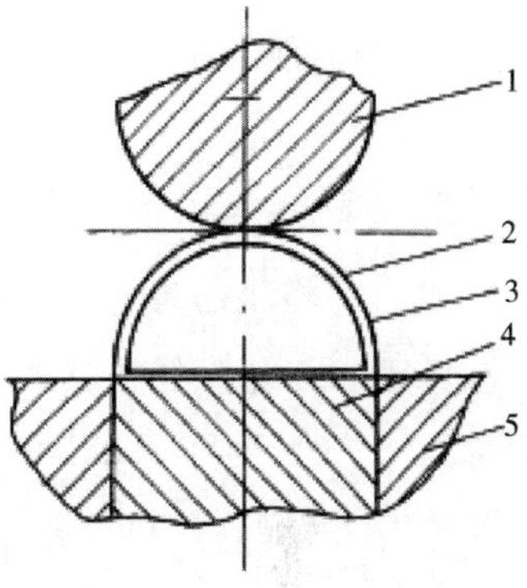

图 3－83 唇式汽封口

1—上唇 2—下唇 3—气袋 4—下唇板 5—压板

织物经唇封口进入卧式圆筒形汽蒸箱后，堆置在主动回转的不锈钢辊组成的辊床（伞柄）上，在高压（196kPa）蒸汽中汽蒸 1～4min，导出洗净。唇封口结构见图 3－84，进机织物和出机织物分别从固定安装的中心支架的两个光滑表面滑过，管形气袋内充入压缩空气后，通过外包聚四氟乙烯唇板，将织物压向中心支架表面形成密封。

图 3－85 所示为一种辊式封口。其密封由面封和端封组成。面封是利用高压汽蒸箱内的蒸汽压力使聚四氟乙烯密封条压向辊面形成的，其辊间轧点压强则另有加压装置产生，以与蒸箱内压力平衡。端封则用支架螺钉把聚四氟乙烯端封片分别压在各辊的左右端面上，以达到密封。

辊式密封对织物的摩擦较小，主要用于染色和印花后汽蒸等连续高温高压汽蒸设备上。但这种密封目前仍存在一些问题，如与织物接触的辊面部分受压磨损的变形问题，更换染料后的

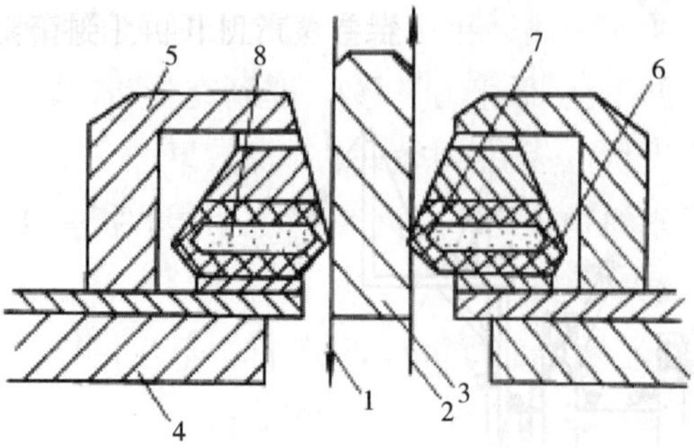

图3-84　唇封口

1,2—织物　3—中心支架　4—机架　5—压板

6—管形气管　7—聚四氟乙烯唇板　8—压缩空气

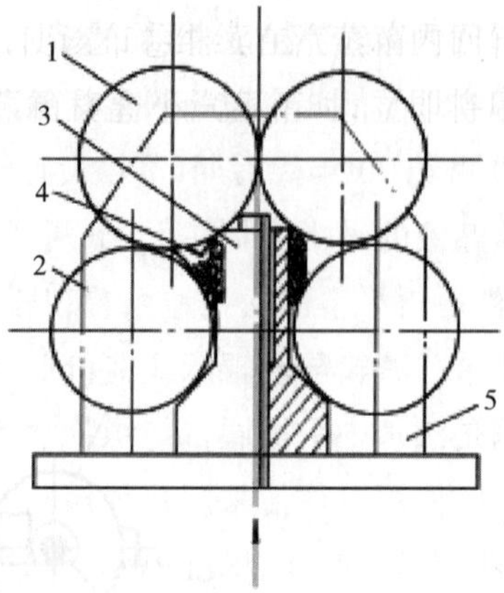

图3-85　辊式封口

1—橡胶辊　2—硬辊　3—封体

4—氟橡胶刮刀　5—端封

清洗问题等还有待改进。汽蒸箱箱体首先要有良好的保温性,避免能源浪费,其次内壁尽量减少水凝结,不可水滴滴溅,只可沿导流槽趟流,以免滴落在布上或者滴在箱底飞溅到布上形成疵点;早期将箱体顶部做成尖顶,但后来将箱体顶部加热,避免液滴凝结。

思考题

1. 简述导布辊的结构作用和结构组成,并分析织物经过不同导布辊后布面张力有何变化?

2. 采用主动螺纹扩幅辊进行扩幅时,辊体旋转方向与表面螺纹指向与对织物扩幅效果有何影响?

3. 扩幅弯辊的结构由哪几部分组成?分析其对平幅织物的扩幅原理及影响扩幅效果的因素。

4. 简述压辊式吸边器的结构组成和工作原理,并说明吸边器安装和使用中有哪些注意事项?

5. 整纬器的作用和分类有哪些?当织物出现左后直线型纬斜时,如何合理选择整纬器来消除纬斜?

6. 试说明线速度调节器的作用,列举在纺织品染整加工中哪些环节需要应用线速度调节器?

7. 纺织品染整加工中常用的加压方式有哪些?分别简述不同加压方式的特点。

8. 影响平幅织物轧水带液率的因素有哪些?并说明提高平幅织物轧水效率的具体措施。

9. 为什么织物经过普通轧车易产生布面轧液不匀?试述Küster均匀轧液辊的工作原理。

10. 试说明织物净洗的基本原理,并列举可提高织物净洗效率的措施。

11. 列举机织物和针织物的平幅水洗机有哪些?分别简述其应用特点。

12. 纺织品的烘燥方式有哪些？分别列举这些烘燥方式的特点。

13. 说明烘筒烘燥机烘筒的结构组成，提高烘筒烘燥效率的措施有哪些？

14. 热风拉幅定型机的结构由哪几部分组成？该机热空气加热循环有哪些不同的使用方法？

15. 红外烘燥与微波烘燥的异同点有哪些？安装和使用中有哪些注意事项？

16. 蒸箱作为染整通用设备，有哪些明显的相似处和遵从通用的技术规范？

第四章 前处理设备

纺织品在染色、印花和整理之前，需进行退浆、煮练和漂白等前处理加工。其目的是去除纤维上所含的天然杂质以及在纺织加工中所施加的浆料和沾上的油污等，使纤维充分发挥其优良品质，并使织物具有洁白、柔软的性能和良好的渗透性，以满足服用要求，并为染色、印花和整理提供合格的半成品。

前处理设备(pre - treatment machine)是指进行上述纺织品加工的一类设备。棉及棉型织物前处理所涉及的设备主要有烧毛机、退浆机、煮练机、漂白机、丝光机及热定形机等。其中，退浆机、煮练机和漂白机可组成退煮漂联合机，以达到高效节能与短流程加工的目的。棉针织物的前处理机械有筒状针织物烧毛机、练漂机、丝光机等，其中练漂机可与针织物染色机通用，包括普通绳状染色机、液流染色机等。

第一节 烧毛机

纤维在纺纱与织造中，由于受到摩擦而使部分短而松散的纤维露在纱线和织物的表面。为了使织物表面光洁，织纹清晰，不易沾污尘埃，以及防止丝光、染色、印花等过程中织物的纤维绒毛落下所造成的疵病，除某些特殊品种外，一般棉、麻织物以及涤纶、维纶、腈纶与棉的混纺织物等在退浆、练漂前都需经过烧毛。有些精纺毛织物、绢纺织物和针织物按加工要求也经烧毛。

烧毛(singe)即使织物以平幅状态迅速通过烧毛机的火焰或擦过赤热的金属表面，去除织物表面的绒毛，获得光洁表面的加工过程。此时布面上的绒毛因靠近火焰且疏松，很快升温燃烧。而织物本身因比较紧密、厚实，且离火焰较远，故升温较慢，当温度尚未达到着火点时已经离开了火焰或赤热的金属表面，因此利用布身与绒毛升温速率不同的原理，达到了只烧去表面的绒毛，但不损伤织物的目的。当然，烧毛的温度和烧毛机的车速控制不当，也会损伤织物。

烧毛方式包括接触式和无接触式两种。接触式烧毛包括铜板烧毛机、圆筒烧毛机和电热板烧毛机。无接触式烧毛机为气体烧毛机。目前棉型机织物、筒状和平幅针织物、毛织物等加工中应用较多的气体烧毛机，铜板和圆筒烧毛机多用于部分低级棉织物，而电热板烧毛机则应用较少。烧毛机虽种类很多，但目前使用较多的还是气体烧毛机，即利用多种气体或燃油汽化后燃烧火焰去除绒毛。

一、气体烧毛机

气体烧毛机(gas singe machine)是使平幅织物迅速通过可燃气体的火焰或其燃烧的辐射热

以灼除其表面绒毛，提高织物表面光洁度的设备。这类烧毛机可供棉织物、化纤及其混纺织物、精纺毛织物以及一些高档棉针织物等烧毛。

绒毛燃烧是氧化反应，织物烧毛要求尽量烧去布面上的绒毛，同时又不致使织物本身强力受损，这就要求绒毛燃烧必须在尽可能短的时间内完成。气体烧毛机的效率在于燃料是否充分发挥作用，其中关键在于火口结构，一是要获得尽量高的温度，二是保持氧化能力强的火焰。根据空气燃烧动力学的理论，从狭缝流出预混燃料气是自由射流，此种射流火焰一般有三个区域：预热区、还原火焰区和氧化火焰区（图 4－1）。

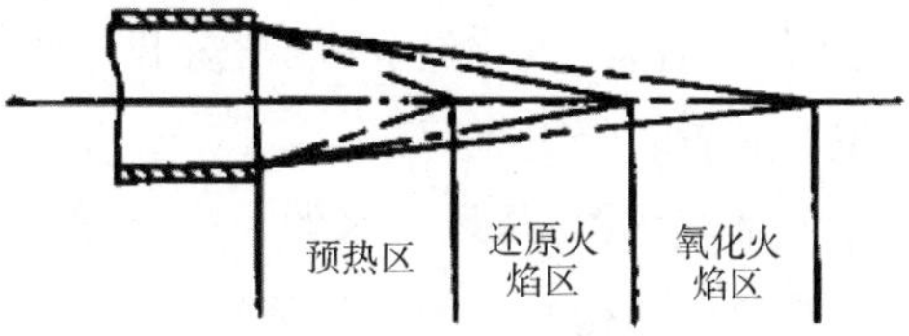

图 4－1 狭缝火焰区域

在预热区内燃料气体逐渐被加热，但尚未达到着火温度，没有燃烧火焰产生，所以呈暗色；在还原区火焰温度不高，加上混合不充分，燃烧不完全，这种为还原火焰，该火焰有明亮的轮廓；在氧化火焰区，火焰顶部温度最高，是整个火焰的核心，混合充分，燃烧气体全部消耗，火焰有富余氧气存在，故称为氧化火焰。因此，织物烧毛应利用的火焰部位是二区和三区的交接部分。

（一）机织物气体烧毛机

机织物气体烧毛机结构如图 4－2 所示，包括平幅进布装置、刷毛箱、气体烧毛机、冷却灭火、平幅出布装置和传动机构等组成。有些烧毛机在平幅进布装置和刷毛箱之间还安装了几只烘筒，以提高织物的起毛效果。

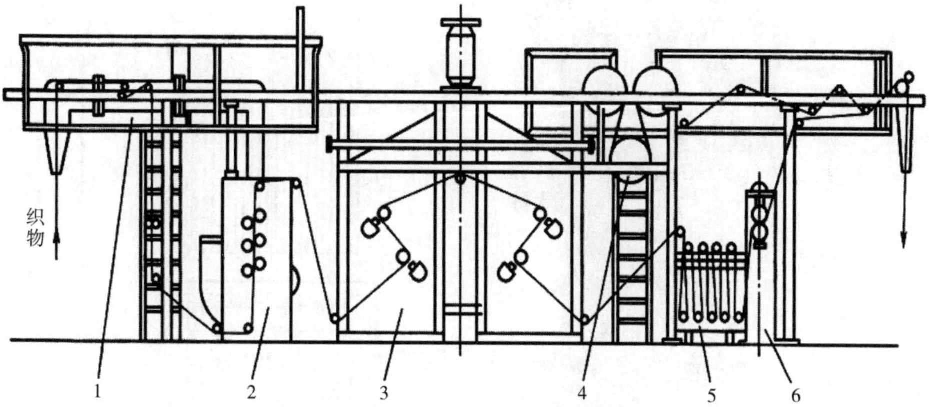

图 4－2 机织物气体烧毛机结构示意图

1—吸尘风道 2—刷毛箱 3—气体烧毛机 4—冷水冷却辊 5—浸渍槽 6—轧液装置

1. 刷毛部分 刷毛部分的作用一方面是为了刷立织物表面的绒毛而利于灼除，同时还可以刷除附着于织物表面的短纱头、尘埃杂质。一般多采用立式刷毛箱，箱内装有 4～8 只刷毛辊，平幅织物在两列垂直排列的刷毛辊之间自下向上运行。同织物接触的各只刷毛辊由专用电动机经平面胶传动，作与织物运行方向相逆的高速加转刷毛。现多采用尼龙刷毛辊，较耐用。

供低级织物除杂时,可在辊面包绕砂带。

刷毛效率除与刷毛辊植毛形状、密度、鬃毛特性、辊的数量以及辊面与织物间相对速度有关外,辊面与织物的接触程度也是相当重要的因素,因而设有调节机构以调节刷毛辊压向布面的位置。也有采用多角形刷毛辊,回转时使布面振动,有助于改善刷毛效果。

为防止上辊刷下的绒毛、尘埃杂质掉至下辊,上下相邻两辊间应隔有挡尘埃板、并使绒毛等落入尘箱,由其下方连有通风机的管道吸排至水幕除尘箱,改善劳动环境和安全生产条件。

2. 烧毛装置 气体烧毛机一般为单层单幅烧毛,其火口数量为2~4只,视织物品种、烧毛要求和火口烧毛效率而定。该机运行布速一般可达120~130m/min。使用的可燃气体有城市煤气、水煤气、汽油汽化气、丙烷丁烷和天然气等多种。烧毛装置的结构组成包括汽油汽化室、气体混合装置和烧毛火口。

①汽油汽化器:从燃气来源及操作方便性等角度考虑,目前汽油汽化器应用较多。图4-3为汽油汽化器结构示意图。汽油经滤油器油泵输送,由浮子式流量计泵统控制流量,进入汽化器内雾化喷头2以雾状喷到列管式加热器3的上管板表面被汽化。空气经鼓风机由汽化器下

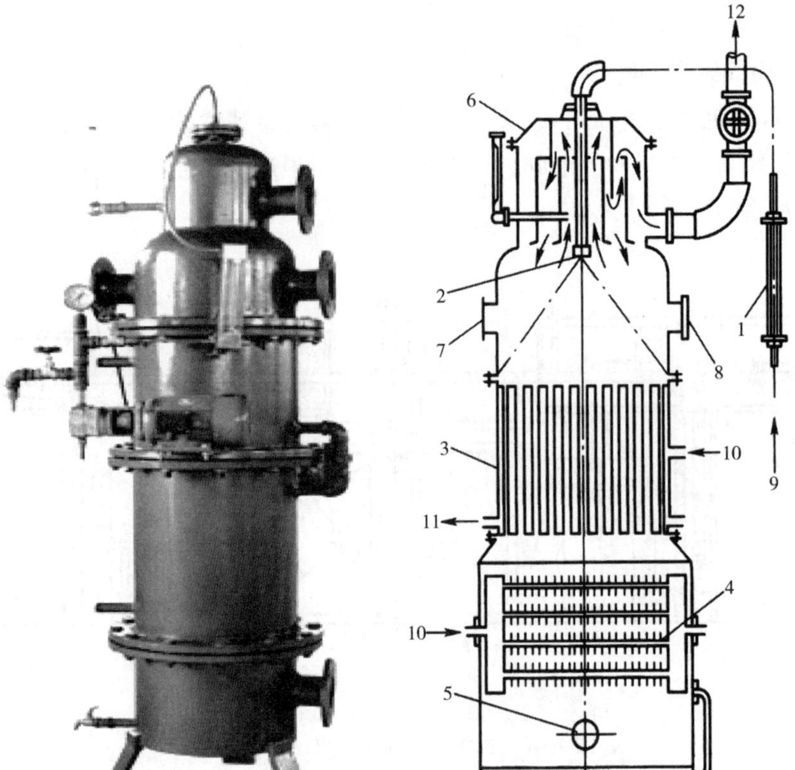

图4-3 汽油汽化器结构示意图

1—浮子式流量计 2—雾化喷头 3—列管式加热器 4—翅片式加热器 5—进风口 6—气液分离器 7—视孔 8—防爆膜 9—汽油 10—蒸汽 11—冷凝水 12—混合气

部,通过翅片式加热器 4 加热(80℃以上)后,与已被加热气化的汽油汽化气以(30 ~ 80):1 的比例混合,再经气液分离器 6 分离后的混合气即可送至烧毛机。少量未汽化的油滴经分离后,从小回流孔滴回至加热器管板再加热汽化。为了改善汽油汽化效果,近年来也有采用小体积、自动化程度高的电加热汽油汽化器。

②气体混合装置:由于鼓风机输送的空气压强较大,常将其用作工作流体自喷嘴喷射,使其静压能变为动能,产生负压而利于可燃气输入、混合,见图 4 -4(a)。也可在喷嘴前端加装多孔(ϕ5 ~ 6mm)套管,见图 4 -4(b),有助于均匀混合。

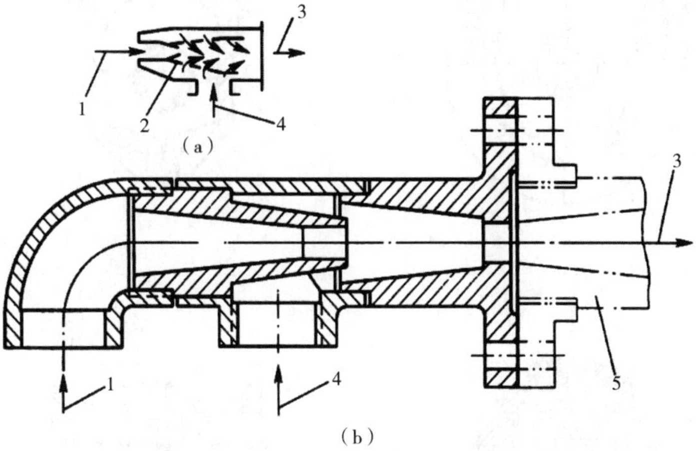

图 4 -4　可燃气、空气混合装置示意图

1—空气　2—多孔套管　3—混合气体　4—可燃气体　5—火口

③火口:作为气体烧毛机的关键部件,火口影响烧毛的效果和效率。优良的火口不但要求燃烧温度高且均匀,火焰对织物表面的喷射速度较高,还要求骤冷骤热不易变形,且结构简单,便于修理。目前,烧毛火口可分为以下几类。

图 4 -5(a)所示为狭缝式火口。这类火口是由铸铁做成的狭长形小箱,箱内是可燃性气体和空气的混合体结构简单,铸铁火口 1 内装有表面布有小孔的混合气喷气管 2。火口缝隙按可燃气体类不同稍有差异:煤气 0.7 ~ 1.0mm,汽油汽化气 0.6 ~ 0.8mm,丙烷、丁烷 1.2mm,可由多只螺栓调节。但口缝容易阻塞、变形、火焰不易均匀,温度易受气体压力变化而波动,热能损失较多。火焰温度一般为 800 ~ 900℃。这种火口目前已被淘汰。

图 4 -5(b)所示为具有燃烧室的辐射式火口。这类火口是利用从狭缝火口喷出的混合气在两条耐火材料组成的燃烧室内燃烧而喷出的火焰和辐射热烧毛。由于燃烧室可使空气预热。混合气均匀混合,对于使用汽油汽化者还有助于汽化防止油滴,也可使可燃气较充分地燃烧,热能损失较少,烧毛温度有所提高,凡采用耐火材料燃烧室结构的火口,为防止金属火口体上部温度过高而变形,一般都采用流动冷水降温。

图 4 -5(c)所示为多次混合两个燃烧室式火口。这类火口采用先后两个燃烧室使混合气充分燃烧,混合气在火口内进行多次混合,喷向燃烧室的压力更均匀。在第二混合室的上方,还

安装了多层不锈钢叠片,彼此间形成细小的方孔,最上面是由两块能承受骤冷骤热的耐火砖,燃烧中炽热的耐火砖加速了混合气的燃烧速度,并使之燃烧完全,燃烧温度可达1260℃。这类火口热量利用充分,火口不易变形,火焰稳定性好,烧毛效率较前两者高,但结构稍复杂。

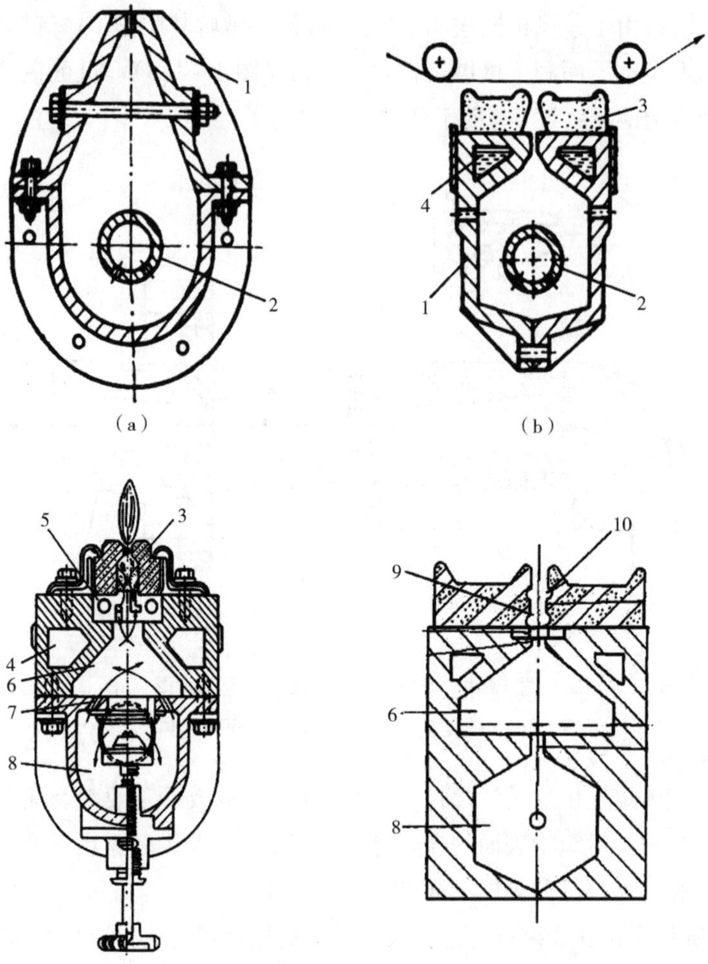

图4-5 烧毛火口结构示意图

1—铸铁火口 2—喷气管 3—耐火材料 4—流动冷却水 5—不锈钢喷嘴片 6—第二混合室 7—气体喷出口 8—第一混合室 9—第一燃烧室 10—第二燃烧室

图4-5(d)所示为双喷射无焰式火口。这类火口采用了连续膨胀和压缩的措施,即混合气分别进入第一、第二混合室后膨胀,在第一、第二狭缝处受阻后把能量转化为气体混合能,使混合气充分混合后均匀喷射。双喷射无焰式火口输入的混合气压力较高,火焰质量较高,并集中在织物的经向较短长度内,可避免织物较长时间接触火焰而产生的热应力,能供化纤混纺织物烧毛,可燃气耗用量也有所下降。双喷射使两股气流在火口形成交汇,增加扰动可使火焰维持高喷速下稳定燃烧。20世纪80年代,双喷射获得广泛应用,气体流速受燃烧火焰的传播速度

限制，可燃气体到达一定喷速后，容易造成火焰不稳定甚至熄灭，为了稳定火焰，强化燃烧过程，国外有人研究了双股同心射流燃烧情况。

如图 4-6 所示为同心双喷射式火口中两股互相独立的气流经过汇合形成射流，喷射气体形成回流涡，回流涡的存在对于点火和火焰稳定有重要意义，其形成取决于两股射流间的速度比以及分隔界面的尺寸。根据燃烧空气动力学原理，维持点火与火焰的稳定与靠近火口边缘区域中流动速度梯度密切相关。

烧毛过程中，可根据织物特点选择合适的火口烧毛位置（图 4-7），进而产生如图 4-8 所示切烧、对烧和透烧三种不同效果。如图 4-8（a）所示切烧是将火焰切向接触织物，适用不耐高温的 $60g/m^2$ 以下的轻薄织物烧毛；如图 4-8（b）所示对烧是火焰对准织物表面，火焰不穿透织物，适用于大于 $60g/m^2$ 的混纺织物及其他织物烧毛；如图 4-8（c）所示透烧是火焰垂直于布面，火焰气流可透过布面，多用于厚重织物（包括棉织物、黏胶纤维织物）烧毛。

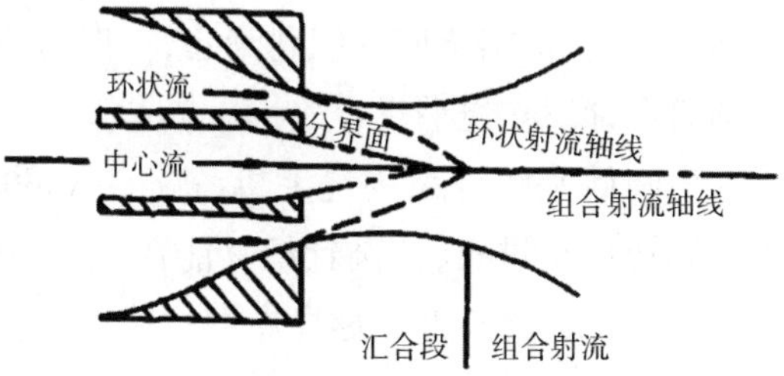

图 4-6 双喷射气体形成示意图

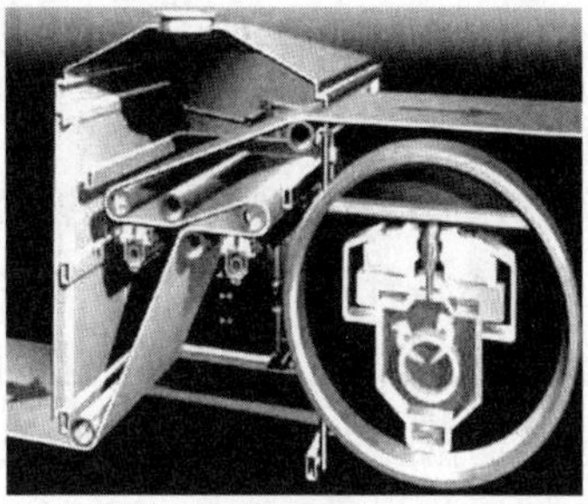

图 4-7 火口与布面位置

（a）切烧 （b）透烧 （c）对烧

图 4-8 火口的三种烧毛位置示意图

随着计算机控制技术的发展，可以将烧毛机的火焰强度、火口与织物间距、布面温度、车速等工艺参数编制不同的生产控制程序，并根据不同的织物品种特点与加工要求选择使用或自动控制。

3. 灭火装置 织物烧毛后，布身温度较高，无梭织机的毛布边常带有火星，若不及时降低织物表面温度，则会造成布面损伤，甚至引起火灾。因此，烧毛后必须通过灭火装置灭除刚经烧毛织物表面的残留火星，降低布面温度。

不同的灭火装置包括灭火槽、灭火箱和冷水冷却辊等。灭火槽灭火是将烧毛后的织物浸轧热水或退浆液(淡碱或淀粉酶液),然后再打卷堆置,以达到灭火和预退浆的目的,因此大部分染厂采用此类装置。对于需要干落布的织物,多采用蒸汽灭火箱灭火,织物在箱内上下导布辊间穿行时喷射水蒸气灭火,还可以配合使用冷水冷却辊和喷风冷却装置进行布面降温。此外,也有采用刷毛和除尘灭火方法的,即织物经箱内尼龙毛刷辊刷除残留火星,该方法更适宜刷除化纤混纺织物烧毛后的残留焦粒。

为了减轻看管该机的劳动强度,避免运转中因电气或机械发生故障,突然停机而烧毁织物,应采取下列各项自动化措施自动点火、停机自动灭火、停机自动翻转,或平移火口、回火防爆、自动控制气体混合比例。

(二)针织物气体烧毛机

棉针织物进行高档染整加工时也采用气体烧毛。由于针织物由线圈相互套结组成,容易变形和伸长,不能经受较大的张力,因而坯布的烧毛工艺与一般平幅机织物的烧毛工艺有所区别。筒状平幅(剖幅)针织物可采用机织物气体烧毛机烧毛,但须增加剥边器克服其卷边,同时火焰强度、运行布速以及张力等应按具体情况和要求调节。根据不同针织物形态,一般可将针织物烧毛机分为圆筒平幅(剖幅)针织物烧毛机和圆筒形针织物烧毛机。

1. 圆筒平幅针织物烧毛机 图4-9所示为圆筒平幅针织物烧毛机(open-width knitted fabric burner)示意图。该机采用手动或自动退捻转盘车进布,使圆针织物能在50~100m/min运行布速下退捻。进布装置有环形导布器、扩幅撑板,织物经过环形导布器进入环形扩幅撑架使圆筒形针织物进行扩幅和消除折皱。环形扩幅撑架的撑架幅度和传动轮的超喂速度可按圆筒针织物展开宽度和工艺进行调节。

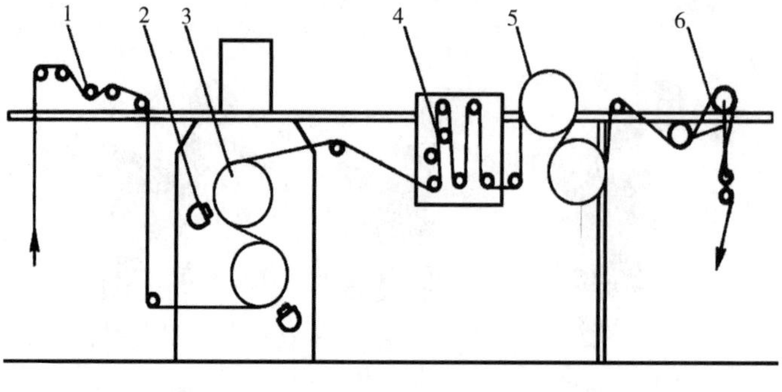

图4-9 圆筒平幅针织物烧毛机示意图

1—进布装置 2—火口 3—冷水辊 4—灭火箱 5—冷水冷却辊 6—出布装置

气体烧毛部分由不锈钢冷却辊和两只高效火口组成。扩幅后的织物通过弧形导板进入两组直径570mm冷却辊筒,每只冷却辊筒的下方均装有双喷射式火口进行织物烧毛。筒状针织物两只火口对一面烧毛,而剖幅布可一正一反烧毛。经两辊刷毛箱刷去表面的炭粒、烟尘和杂质,并由吸尘风机排出,使布面清洁。

灭火箱内装有五只直径100mm不锈钢导布辊各两支蒸汽喷管喷汽灭火。经灭火后的圆筒针织物再经两只直径 570mm 冷水冷却辊冷却后出布。

该型烧毛机使圆筒针织物退捻、超喂扩幅进布，平整地包绕于两只冷却辊面两面烧毛，张力较小，伸长较少。圆筒针织物气体烧毛时，往往在左右两折边处容易产生过烧，致染色出现深条花，为此，烧毛时可在此两折边处采取吹冷风降温的措施防止过烧。

2. 圆筒形针织物烧毛机　为了使针织物具有较好的烧毛效果，近年来开发了新型圆筒形针织物烧毛机。其烧毛原理是筒状针织物经环形扩布器扩张成圆筒形，扩布器外侧配置多只可伸缩和旋转适当角度的燃烧器，对包绕在扩布器运行的针织物进行单层透烧。圆筒形针织物烧毛机的生产厂家包括德国的多尼尔（Dornier）、奥斯多夫（Osthoff）和英国 Parex – Mather 公司。

（1）德国多尼尔 EcoSinge 圆筒针织物烧毛机。图 4 – 10 所示为德国多尼尔 EcoSinge 圆筒针织物烧毛机，其结构由开幅进布装置、圆筒形扩布器、火口和灭火装置等组成。该机具有 8 个高效烧毛火口，呈八边形排列，可调节扩幅器直径。每个烧毛火口都能接触布面，同时可获得高度一致的烧毛效果。采用 PLC 可编程控制，当圆筒针织物直径变化时，火口到布面的距离可很方便地通过计算机自动调节或者手动调节单个烧毛口位置，保证火焰均匀喷射到织物圆周面上，从而获得最佳烧毛效果。

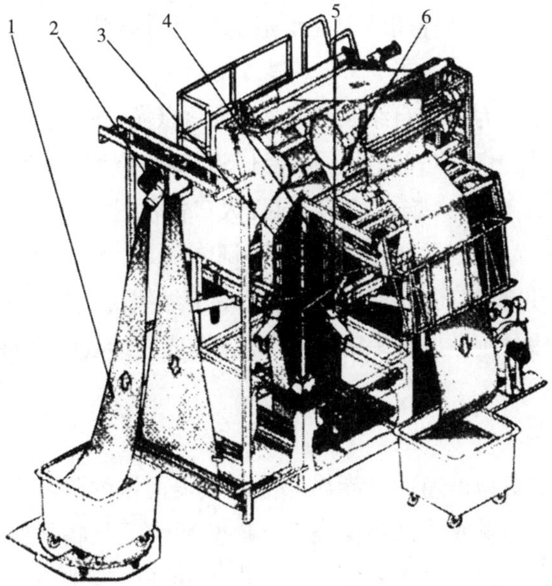

图 4 – 10　EcoSinge 圆筒针织物烧毛机结构

1—圆筒针织物　2—开幅装置　3—圆筒形扩布器　4—导柱　5—燃烧器　6—灭火装置

该机的烧毛工作速度可达到 120m/min，扩展圆筒针织物直径为 250 ~ 1200mm。烧毛热源为天然气、液体石油气等。该烧毛机结构先进，但存在着一些缺点，如在火口的连接处火焰重合易使织物产生经向条痕印，从而影响烧毛质量。

（2）英国的 Parex – Mather 圆筒针织物烧毛机。该烧毛机借助于两组环形导布器和环形撑架将筒状针织物扩张成圆筒形。在扩张器中心位置有 6 只或 8 只直线式火口组成的燃烧器，燃烧器燃烧的火焰围成一个圆形火焰区对准筒状针织物进行烧毛。烧毛后针织物通过橡毯扑打的方式灭火,经过刷毛辊刷去烧毛后的尘埃,再平幅落布。其结构特点是筒状针织物在烧毛位置被展开,使织物处于火焰的最佳位置,以获得最佳烧毛效果,能适应直径不同尺寸的筒状针织物。其缺点与 EcoSinge R 圆筒针织物烧毛机相同,火口连接处针织物易发生过烧。

(3)德国奥斯多夫圆筒针织物烧毛机。德国奥斯多夫的针织物烧毛机处于世界领先地位。该针织物圆筒烧毛机采用两直线和两半圆形成的长圆形撑筒扩张织物,燃烧装置由两条直线形火口和与之不在同一平面的两条半圆形火口组成。根据针织物的筒径不同,两组火口可随之进行灵活调节,始终与椭圆形筒状针织物的外径相吻合,以获得均匀一致的烧毛效果。烧毛火焰宽度可根据织物幅宽自动调节,以降低能耗,火焰宽度缩短后,火口压力也随之相应自动调节。气体烧毛部分前后均配有刷毛箱和过滤吸尘装置,保持进布的清洁和出布的光洁。由于该机仅有4个火口相交,大大减少了织物烧毛后火口交界处的条痕数量,提高了布面烧毛质量。

该圆筒针织物烧毛机还配置毛羽测试仪,可对已烧毛的布面绒毛高度与设定值进行比较,自动调节火焰强度或布速等工艺参数,使最终实际值与设定值相符,实现烧毛效果的精确控制。

(三)纱线气体烧毛机

棉、麻及其合纤混纺织物经烧毛和退浆后织物表面仍有少量毛羽,为满足高档面料光洁平整、织纹清晰的加工要求,这类品种用纱须在织造前进行纱线烧毛,以减少纱身绒毛,增强纱身光洁度。

常用的纱线气体烧毛机为筒纱自结头烧毛机,通常以城市煤气、天然气或液化石油气作为可燃气体,以单根纱穿过烧毛口方式烧毛。以瑞士 SMC36 筒纱自结头烧毛机为例,采用预混式空气燃气混气箱及新型燃烧器,火焰燃烧温度高,火口温度达 900 ~ 1000℃。采用变频调速装置,具有卷绕线速度高的特点,单纱烧毛车速约为600m/min。该机还配置了断头自结头装置和吹吸尘装置,保证了生产过程的高效率和高质量。由于纱线烧毛后单位长度的重量减轻,线密度降低,因此,在工艺设计时应考虑烧毛的损耗,以保证成品纱线细度符合设计要求。

二、热板烧毛机

热板烧毛机是使平幅织物迅速擦过赤热的金属板表面以灼除其布面绒毛。根据加热方法不同,可分为电热板烧毛、燃煤或燃油铜板烧毛。电热板烧毛是将平幅织物迅速擦过由低压电流加热的赤热导体镍铬合金钢电热板表面烧毛。由于其耗电较多,对织物品种适应性较差,电热烧毛已被淘汰。现主要介绍铜板烧毛机。

图4-11是铜板烧毛机示意图,全机组成与气体烧毛机相仿,仅烧毛部分不同。铜板烧毛部分由弧形铜板、炉灶和摇摆导布装置等组成。

1. 弧形铜板 铜板烧毛机的弧形铜板的数量有2~4块,固定于各自的耐火砖炉膛上方。铜板呈弧形,弧形半径为200mm,厚度为30~40mm,其材料多为合金铜板或紫铜板。为克服弧形热板中部容易变形下陷,有时在热板内侧中部加铸筋条。由于高温长时间作用下,铜易氧化使铜板表面产生氧化层,不但影响导热性能,而且会造成铜板表面不平整,因此使用中须定期清除热板表面的氧化层。

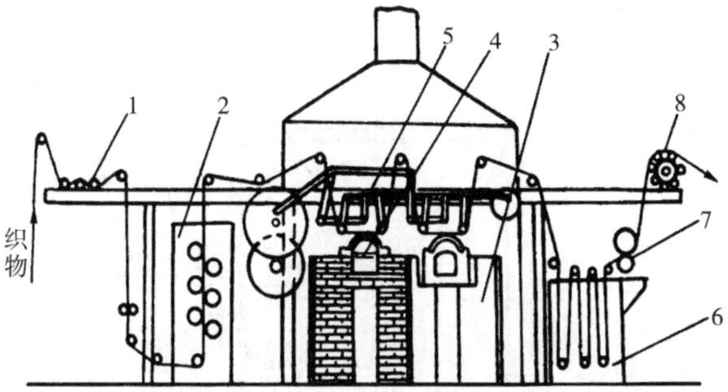

图 4-11　铜板烧毛机示意图

1—平幅进布装置　2—刷毛箱　3—炉灶　4—弧形铜板　5—摇摆导布装置　6—浸渍槽　7—轧液装置　8—出布装置

2. 炉灶　炉灶是加热铜板的部分，可用的燃料有煤、柴油或气体。燃煤者因人工间歇加煤，铜板温度波动较大（一般在 500℃左右），喷燃柴油者铜板温度可达 600℃以上，且较稳度。由于从烟道排出的烟道气温度较高，应利用加热第一块热板和加热冷水。

3. 摇摆导布装置　摇摆导布装置是装有导布辊的可升降的导布连杆机构，用以将平幅织物压贴于赤热的弧形金属面，并作前后往复摆动以更换织物在板面的接触面，避免局部板面降温、磨损。摇摆导布装置除往复运动外，还能升降以调整织物与铜板的接触面，一般薄织物为 4～5cm，厚织物为 5～7cm。若运转中发生故障，可摇升摆动导布装置，使织物迅速升高赤热板面以免烧毁。

铜板烧毛机运行布速为 70～120m/min，视织物厚薄、布面绒毛情况、烧毛要求以及热板数量、温度而定。铜板烧毛机缺点是占地面积大，机构复杂，劳动强度高，准备工作时间长，弧形金属热板的热面积利用不充分。该机适用的织物品种也有较大限制，多用于粗厚棉、麻织物和低级棉织物，其去除杂质效果比气体烧毛机好，不宜用于稀薄和提花织物、化学纤维及其混纺织物等烧毛。

三、圆筒烧毛机

圆筒烧毛机是以平幅织物迅速擦过回转的赤热金属圆筒表面的方法烧毛。全机组成除烧毛部分外，其余也与气体烧毛机相仿。由于烧毛圆筒与所接触的织物的运行方向相逆，且每只回转圆筒的筒面与运行织物触擦两次，能较充分地利用其赤热筒面，从而避免了铜板烧毛因局部板面温度下降而产生的烧斑缺陷。

图 4-12 为圆筒烧毛机的示意图，由平幅进布装置、刷毛箱、烧毛圆筒、浸渍槽和出布装置组成。

烧毛圆筒材料有铜、铸铁和铁镍铬合金等几种。铸铁者易于氧化变形，使用寿命期较短，铁镍铬合金者较耐用。加热烧毛圆筒的燃料有煤、煤气和重油等，其中燃油圆筒温度可达 760～800℃。烧毛圆筒数量有 1～3 只不等，视织物情况和烧毛要求选用；具有两只圆筒以上者可供织物双面烧毛，现多采用两只烧毛圆筒。

烧毛圆筒两端各搁置于铸铁环圈上，其中一环圈主动借其摩擦传动圆筒回转。由于圆筒是

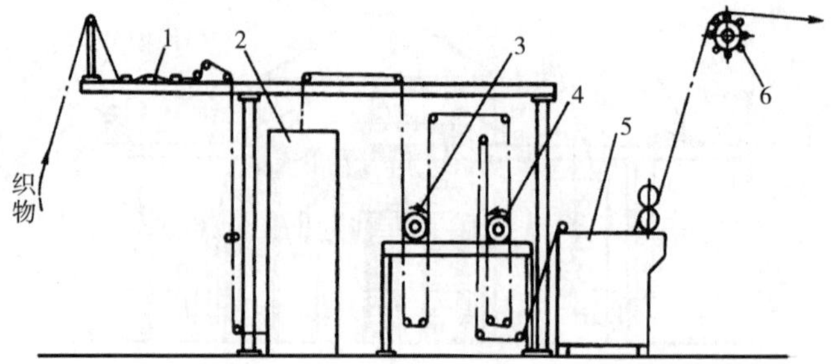

图4-12　圆筒烧毛机示意图

1—平幅进布装置　2—刷毛箱　3,4—烧毛圆筒　5—浸渍槽　6—出布装置

由炉膛喷穿而出的火焰和烟道气从筒内加热,近炉膛部分热量较大,所以外径一致的圆筒两端采用不同内径,以小内径端与炉膛相连。根据生产实践经验,使用一段时间后,视需要可将圆筒掉头安装使用,原大内径内壁可镶火泥圈缩小其内径,圆筒上套有熟铁圈以防运转中因圆筒热胀冷缩、振动,而致筒端可能脱离铸铁环圈而滑落。由于圆筒的预热和冷却阶段都需回转,应以专用电动机传动圆筒。为防止运转中发生电气或机械性故障,另设有转动圆筒的手摇装置。

圆筒烧毛机的布面运行布速为50~120m/min,烧毛质量较铜板烧毛机匀净。由于存在类似铜板烧气机的缺陷,因此现仅用于某些粗厚棉麻织物和低级棉织物烧毛。

第二节　高效汽蒸练漂机

前处理是纺织品染整加工中的第一道工序,其目的是去除纤维上的天然杂质和纺织加工中所施加的浆料及油污等。棉织物退、煮、漂加工常用的设备是连续退煮漂联合机,这类联合机由浸轧处理液单元、汽蒸单元、水洗单元和烘燥单元组成。常压汽蒸练漂机作为汽蒸练漂联合机的重要组成部分,是棉及棉型机织物连续前处理加工中的主要单元机。该机不仅满足了不同品种练漂加工的一些工艺要求,而且实现了前处理加工的高效、高速和连续化,且这类设备的结构并不太复杂,制造也较方便,因而被广泛使用。

常压平幅汽蒸练漂机(open - width scouring and bleaching range)的类型有J形箱式、R - Box式、翻板式、履带式、辊床式、轧卷式等,近年来出现了新型高效退煮漂联合机。不同类型的常压汽蒸练漂机均可用于棉织物的退浆、煮练和漂白加工。本节将介绍常见的常压连续汽蒸练漂机和部分新型高效连续汽蒸练漂机。

一、常压连续汽蒸练漂机

1. J形箱式汽蒸练漂机　J形箱式汽蒸练漂机的汽蒸反应箱体呈J形,通常用不锈钢钢板制成。按织物的加工状态可分为绳状和平幅;按照加热方式分,该机又分为外加热式和内加热式两种。

图 4 - 13 为外加热的平幅 J 形汽蒸箱结构示意图。箱体上部设有多角牵引辊和摆布板，牵引并均匀摆堆已浸轧煮练液的平幅棉织物到 U 形箱内；织物堆置密度随织物品种而异，一般棉织物平均堆置密度约 $320kg/m^3$。蒸汽喷射口设置在近 J 形箱进口处的加热室内，以免蒸汽向进布口外泄。蒸汽通过喷射器内布满于加热管的小孔分散喷至管内加热平幅棉织物，加热管径一般为 125 ~ 150mm。J 形箱除保温外不另设直接蒸汽加热装置，箱内织物温度约 100℃。内加热式 J 形汽蒸箱是在箱体中部设有加热装置，织物进入箱体内直接与蒸汽接触汽蒸。由于织物不断地覆盖在先进入箱内的织物上，箱内温度较外加热者稍高。

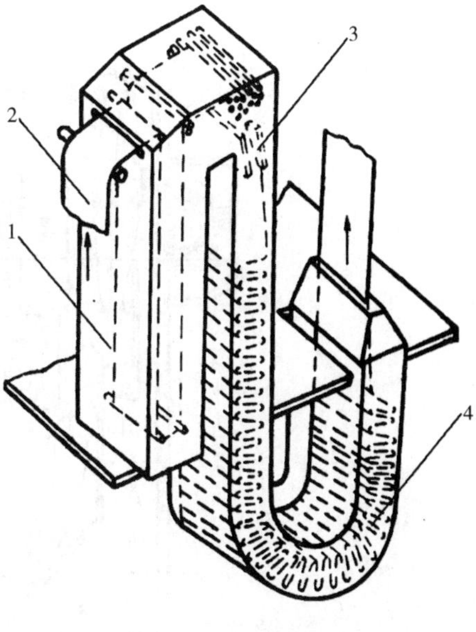

图 4 - 13 J 形汽蒸箱结构示意图

1—加热室 2—织物 3—摆布板 4—U 形箱体

为提高棉织物在 J 形箱的练漂效果，U 形箱体内壁必须光滑，以免擦伤织物。箱体内壁下部的渐工线和尺寸必须设计恰当，以防织物倒翻缠结不能顺利地被牵引出箱。箱内织物堆置高度须保持在一定范围之内，以保证汽蒸工艺所需的作用时间，并防止堆置过高而影响平幅牵引、摆布装置的正常导布和摆布。因此，宜在箱体上部装设自动控制堆布高度的装置。

该机运行布速视织物特点、汽蒸时间、箱体容布量以及前后单元机条件等而定。该机结构虽不复杂，但织物以折叠形式堆置于箱体内，并被上部布层紧压沿箱体内壁滑动，容易产生擦伤、压皱印和纬斜纬弯，尤其不适宜厚密棉织物以及涤棉混纺织物等汽蒸练漂。为弥补此缺点，翻板式连续汽蒸箱得到开发与应用，其基本原理是织物浸轧练液后经蒸汽加热，再分别堆置在多层水平位置的翻板上汽蒸，通过顺序向下翻转完成汽蒸，这类设备练漂效果较高，但由于设备安装高度较高，因此目前使用也较少。

2. R 形连续汽蒸练漂机 R 形连续汽蒸练漂机（R - Box）通常与平幅浸轧、水洗及烘筒烘燥等单元组成练漂联合机使用。

图 4 - 14 为该机的结构示意图，由汽封进布装置，汽蒸箱、折叠堆布装置、输送机构、水封出布装置、轧液辊、加热保温和传动机构等部分组成。输送织物机构由主动回转的中心辊和主动运转的半圆弧形履带组成；左右两侧有幅宽调节板可按平幅织物幅度手动调节。平幅织物浸轧煮练液或漂白液后经汽封口进机，先在导布辊间（预热汽蒸区）汽蒸加热，再经多角辊、落布斗折叠落堆于缓缓运行的半圆弧形履带上。由于送布履带下部浸在处理液中，并有直接和间接蒸汽加热管使处理液加热和保温，较仅经汽蒸的效果有所改善。加之织物在液中由中心辊和弧形履带输送，张力很小，可供对张力敏感的织物、针织物退浆、煮练、漂白，不易产生折痕，也可仅作汽蒸而不经液煮，具体视工艺要求而定。该机汽蒸区温度为 97 ~ 100℃，液煮为 95 ~ 98℃，布速

为35～100m/min。

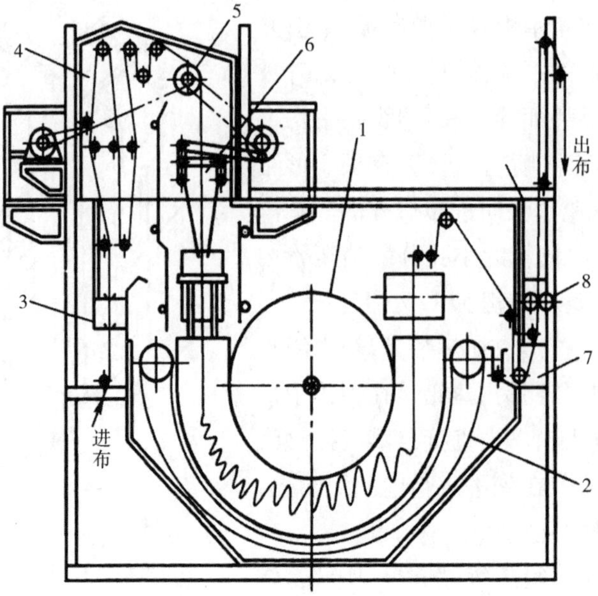

图4－14　R形连续汽蒸练漂机示意图

1—中心辊　2—半圆弧形履带　3—汽封口　4—预热汽蒸区　5—多角辊
6—落布斗　7—水封出布　8—轧液辊

R形连续汽蒸练漂机采用汽蒸与液下松弛处理相结合的方式，煮练效果较好。该机用于退浆和煮练的缺点是连续式加工中，织物上的杂质不断溶入蒸箱内的处理液中，使体系黏度增加，处理效果有所下降。

3. 履带式汽蒸练漂机　履带式汽蒸练漂机(conveyor scouring and bleaching machine)是使用较多的一种汽蒸练漂机。根据汽蒸箱履带结构不同，履带式汽蒸练漂机分为单层履带和多层履带两种，供平幅棉织物、涤棉混纺织物等连续汽蒸练漂。

图4－15所示为单层履带式汽蒸练漂机的结构示意图，由汽蒸加热区、摆布器、平板履带、出布装置和传动装置等几部分组成。浸轧煮练液或氧漂液的平幅织物进入履带式汽蒸箱先在几只导布辊间穿行汽蒸预热，再经摆布器有规律地折叠堆置在输送履带上继续汽蒸，并随履带缓缓运行。蒸汽由底部通过履带上的小孔或缝隙进入织物层中进行汽蒸，汽蒸时间通过调节履带的运行速度来控制。织物缓行至出布端后，通过光电式线速度调节器控制出布，最后由出布辊牵引，经水封口出箱体，进入平幅洗布机水洗。环形输送履带是由多条具有多孔或多槽缝的不锈钢条形薄板组成，也有采用不锈钢网板结构的履带的，以增加均匀汽蒸效果。履带围绕在箱底的一排辊筒上，织物与履带一起随辊筒转动而缓缓前行。

履带式汽蒸练漂机也有采用双层或三层履带结构的，以增加容布量，减少生产能耗。这类汽蒸练漂机一般是通过使上一层履带上织物正常有序地落到下一层履带上来实现的。

履带式汽蒸练漂机箱结构简单，操作方便，是棉机棉型机织物退煮漂加工中常用的单元机。

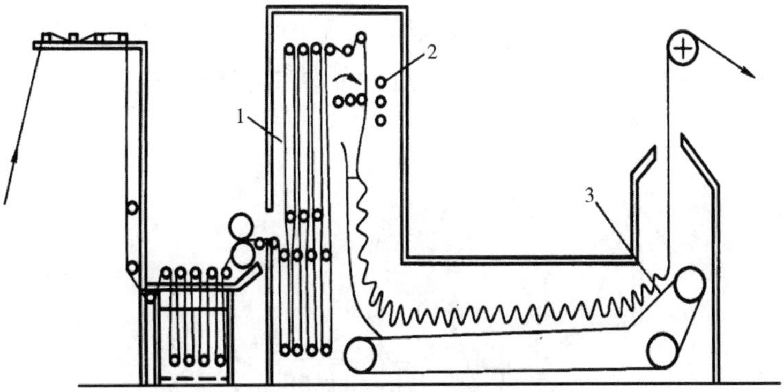

图 4-15　单层履带式汽蒸练漂机示意图

1—加热区　2—摆布器　3—平板履带

与 J 形平幅汽蒸箱相比，履带式汽蒸箱可避免织物擦伤，堆置时织物所受自身压力很小，形成折痕的情况较 J 形箱轻，因而可供涤棉混纺织物汽蒸。但由于汽蒸过程中，织物堆置在履带上，两者没有相对位移，加工厚重织物时仍有可能出现压皱印或风干练疵。

4. 辊床式汽蒸练漂机　辊床式汽蒸练漂机的结构与履带式汽蒸箱相似，其主要区别在于由多只主动回转的不锈钢导辊排列成辊床承托并输送织物。

图 4-16 是双层辊床式汽蒸练漂机示意图。作为辊床的多只导辊安装在汽蒸箱的左右侧板上，各辊缓缓回转而使堆置于辊面上的平幅织物移动。织物自上层转到下层时，靠织物自身的重力作用，能自动翻转 180°进入下层导辊床，使织物与导辊的接触点位置改变，有效地避免了压痕产生的可能和汽蒸不透的现象。直接蒸汽经蒸箱底部水浴槽加热织物，由于辊床各导辊间存在空隙，当织物移行至两导辊中间空隙时，增大了织物与水蒸气的接触概率，避免了平板履带上堆置汽蒸时织物与板面接触处容易产生的风干印和折皱痕，提高了织物的汽蒸退煮漂效果。

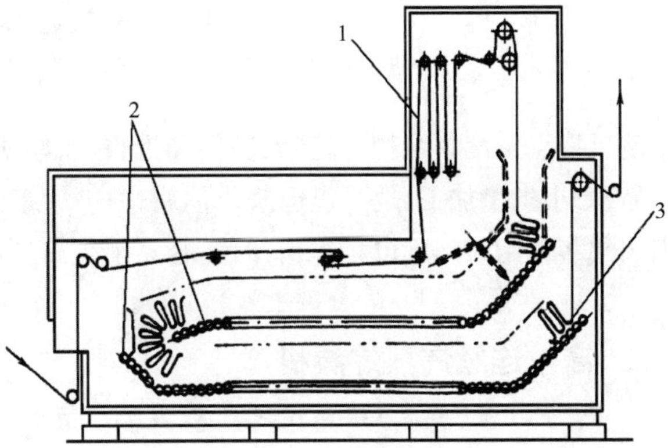

图 4-16　双层辊床式汽蒸练漂机示意图

1—加热区　2—辊床　3—出布感应器

辊床式蒸汽练漂机适宜多层平幅织物堆置汽蒸，这类设备操作方便，处理均匀，除部分高档织物外一般织物不易被擦伤。与履带式汽蒸练漂机相比，辊床式练漂机的导辊较多，且各导辊的轴承和传动均在箱外，因此制造要求和导辊轴头密封要求较高。

5. 轧卷式汽蒸练漂机　轧卷式汽蒸练漂机是一种半连续式的平幅汽蒸练漂机。

如图 4-17 所示，浸轧煮练液或漂白液的平幅织物进入小汽蒸箱汽蒸加热，并立即进入与小汽蒸箱相连的可移动的布卷汽蒸箱内,在汽蒸下卷绕成布卷。待此布卷绕至一定直径时,暂停运转,扯断织物缝头,将此布卷汽蒸箱移开至停放汽蒸区,使该布卷继续在汽蒸箱内回转汽蒸至规定时间后,再移到平洗机前退卷水洗。当前一布卷汽蒸箱移离小汽蒸箱时,立即将后一布卷汽蒸箱接上再开机汽蒸卷绕。

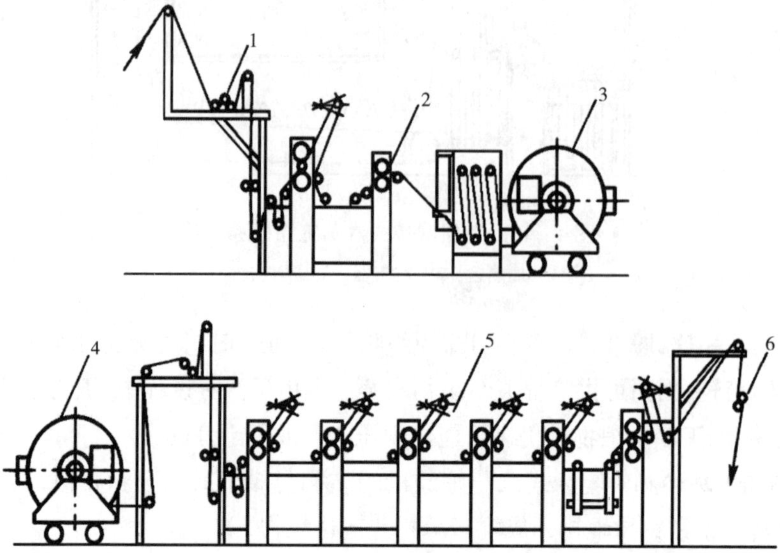

图 4 - 17　轧卷式汽蒸练漂机示意图

1—进布装置　2—轧车　3,4—布卷汽蒸箱　5—平洗机　6—落布装置

该机特点是汽蒸织物平整,无擦伤和折叠印,厚薄织物都可加工,结构简单,制造方便,能适应多品种、小批量加工,也可以退浆。但属半连续加工,停放汽蒸区需占一定面积,汽蒸箱内布卷织物汽蒸作用时间难以相等,有时还容易出现布卷内外及两端练漂效果不一致的缺陷。

二、高效连续汽蒸练漂机

1. 导辊/履带(辊床)结合式汽蒸练漂机　导辊/履带(辊床)结合式连续汽蒸练漂机采用增加预热区导布辊数量的结构,使刚浸轧煮练液或氧漂液的平幅织物在上、下两列多只导布辊间平整、低张力下移动,受到充分和均匀的汽蒸预热,然后再平整而松弛地堆置在履带或辊床上继续汽蒸,获得较好的练漂效果。有些 R 形连续汽蒸练漂机也采用了在预热区增加导布辊数量的结构,使刚浸轧煮练液或氧漂液的织物得到充分汽蒸预热,以增加织物前处理效果。

图 4 - 18 所示为一种导布辊/双层辊床汽蒸练漂机。该机采用进布汽封口和出布液封口,预热区导布辊装于箱外轴承并密封,分组传动,各组导布辊间有气动张力辊,使各组张力辊与联合机协调运行。该预热区容布量可达 40m,预热时间一般为 25 ~ 40s,厚重织物、低级棉及含杂量较多织物宜超过 40s。为避免织物在辊床上堆置产生压痕和出布不畅而造成折痕,一般采用双打手摆布器将经预热的平整织物折叠于辊床上。但在高速运行时,若织物稍有黏滞则会卷在预热区最后的导布辊上,为此有采用图 4 - 19 所示防卷辊 Babcock 蒸汽 - Trace 装置。该装置的特点是自管道

中有类似喷射器喷出 30～60kPa 的蒸汽,在挡板导向作用下从两侧倾斜喷向织物两面,使织物高速均匀地堆置于辊床上。织物随辊床缓缓移动至下层辊床末端时,出布感应器(线速度调节器)自动控制后道单元机牵引出布,以保证织物在蒸箱内堆置反应的停留时间相对固定。织物在辊床上汽蒸温度 100℃,汽蒸时间一般为 40～60min,具体根据不同品种工艺要求确定。

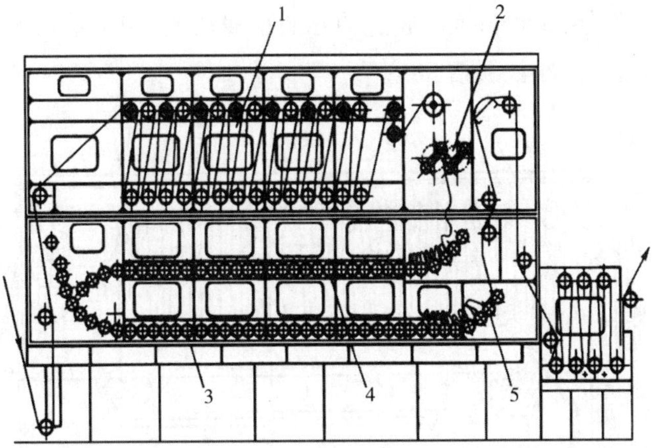

图 4－18　导布辊/双层辊床汽蒸练漂机

1—预热汽蒸区　2—摆布器　3—下层辊床　4—上层辊床　5—出布感应器

导辊/双层辊床汽蒸练漂机可与高给液装置、平洗单元机和烘燥单元机等组成高效练漂联合机。以 LCF100－360 型高效连续练漂联合机为例,工艺设备流程为:

退卷→平幅进布装置→平洗箱→重辊→高给液装置→导辊辊床式汽蒸箱→平洗箱、普通轧车(3 组)→平洗箱→重辊→烘筒烘燥机→落布装置

其中,高给液装置与汽蒸箱是联合机的核心单元机,高给液装置可使工艺液在负压下强迫渗透进入轧压后的织物,提高织物带液率至 100%～150%,有效防止蒸箱内织物反应过程中练疵的产生。

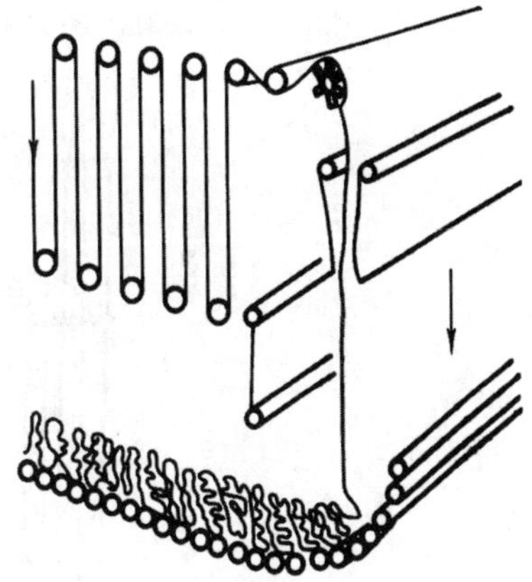

图 4－19　Babcock 蒸汽－Trace 装置示意图

实践表明,涤棉混纺织物烧毛后可在该练漂联合机上一步法完成退浆、煮练和漂白处理,不仅织物有较好的前处理效果,而且工艺流程短,生产能耗低。

2. 条栅式汽蒸练漂机　履带式平幅练漂机虽较辊床式造价较低,但堆置中厚重织物较易产生汽蒸不匀横档和折叠印,其主要原因是汽蒸中平板履带与织物没有接触点的位置变化。20 世纪 80 年代前期曾有将棉针织物连续汽蒸练漂机的平板履带设计成可起伏的梳齿状,形成运动与静止相间的送布方式,通过多次改变织物与履带接触状态来减少练疵的发生。条栅式汽蒸箱正是在此基础上设计而成的，适用于棉及其混纺织物退、煮、漂一步或退、煮合一加漂白的工艺，具有工艺适应性强、加工效果好和生产能耗低的特点。

图4-20为SMA036型条栅式汽蒸箱示意图，结构由导辊预热区、上层条栅、下层条栅、进出布装置和传动装置等组成。织物经汽封口进入汽蒸箱，在预热区通过蒸汽管和蒸箱底部水浴产生的饱和蒸汽对织物进行加热。考虑到织物汽蒸中须有一定的湿度和带液率，因此在每组导辊的第一根下导辊下部设置一个液面不超过轴心的小浸渍槽，如图4-21所示，蒸汽与练漂工艺液混合后通过进液管进入小浸渍槽。

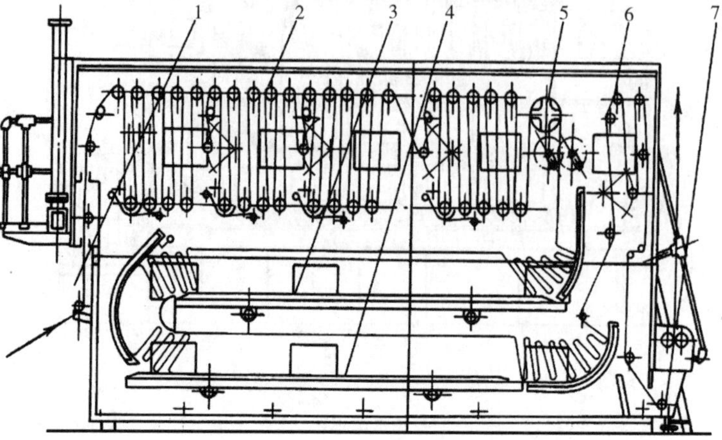

图4-20　SMA036条栅式汽蒸箱结构示意图

1—进布汽封口　2—预热区　3—上层条栅　4—下层条栅　5—八角辊　6—出布辊　7—出布水封口

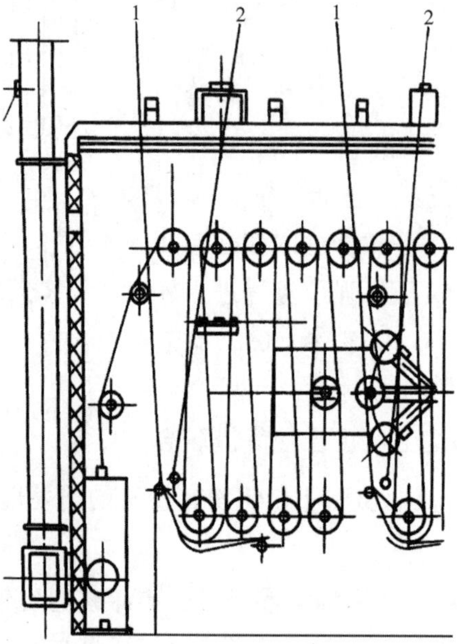

图4-21　浸渍小槽示意图

1—小浸渍槽　2—练漂液进液管

织物经多导布辊预热区预蒸后由八角辊落布折叠于上层条栅上。堆置、输送织物的条栅由固定条栅与活动条栅相间组成(图4-22),活动条栅采用交流变频传动,经减速器、偏心轮使活动条栅升降往返摆动,堆置于条栅上的织物随之变位缓缓前移,并使布层间有所松动。待堆置的织物被推送至上层条栅末端时,织物翻转180°落到下层条栅上,使原与上层条栅接触的织物表面翻动向上,从而有利于织物汽蒸均匀和防止产生织物压皱印、风干印、烫伤印和皱条。该机通过活动条栅的周期往返复摆动,使织物在堆置中不断得到透松,有利于蒸汽通过固定条栅和活动条栅间的较大缝隙向织物内部扩散,增加透蒸效果。此外,汽蒸箱顶部采用间接蒸汽加热油的防滴水夹层,箱体外侧六面都装有玻璃棉毡保温以减少热能损耗。

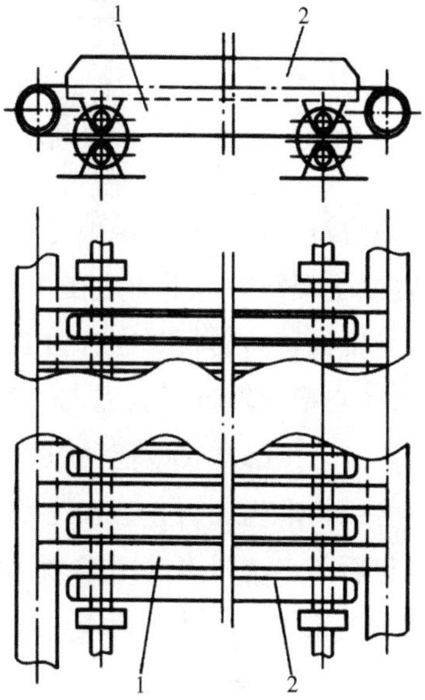

图4-22 堆布条栅示意图

1—活动条栅 2—固定条栅

条栅式汽蒸练漂机可与轧车、平洗单元机和烘燥单元机等组成高效退煮漂练漂联合机。以LSR036型高效退煮漂联合机为例,工艺设备流程为:

退卷→平幅进布架→浸渍槽→普通轧车、平洗槽(2组)→中小辊轧车→平洗槽→普通轧车→条栅式汽蒸箱(退、煮合一)→普通轧车、高效平洗槽(4组)→中小辊轧车→平洗槽→普通轧车→条栅式汽蒸箱(漂白)→普通轧车、高效平洗槽(4组)→中小辊轧车→烘筒烘燥机→落布架

其中,浸渍槽提供织物浸渍工艺液;中小辊轧车为三辊立式,较两辊普通轧车具有较高的线压力;高效平洗槽是汽密式加盖平洗槽,织物在槽内逆流分格水洗。

3. 机织物/针织物低张力汽蒸练漂联合机 针织物练漂加工以间歇式加工为主,多采用绳状或液流染色机等。近年来,为适应染整生产高效率、高质量和低能耗加工的要求,平幅连续化针织物练漂机得到开发与应用。与机织物常压汽蒸练漂机相比,针织物平幅连续练漂线要求坯布始终保持直向低张力运行,以避免织物产生较大形变。

图4-23为机织物/针织物低张力练漂联合机,由松弛平洗槽、组合汽蒸箱、转鼓式平洗机、进出布装置和传动机构等几部分组成。棉机织物或筒状平幅针织物先进入松弛平洗槽,槽中大小辊均为主动筛网辊,平幅织物在松弛状态下运行,两上辊设有喷淋装置,利用帘状溢流或热流冲洗织物,水洗液透过织物进入筛网辊内,提高了织物的水洗或皂洗效果。平洗槽之间的真空抽吸装置加强了织物上的液体交换,柔顺而强力地抽吸织物上的液体,增强了织物上杂质去除与净洗效果。轧液辊前后设置有螺纹扩幅器和扩幅弯辊,使织物充分展幅而无折皱运行。在转鼓式平洗机内,织物经水洗转鼓后包覆到传动转鼓上,该转鼓转速可单独控制,使湿处理条件下的织物达到缩水效果。液槽内采用直接蒸汽加热槽内液体,两只网孔牵引转鼓内均设有可正反转的转子,可形成强力的交叉水流,穿透包覆在网孔转鼓上的织物,使附着在织物上的污杂质能有效溶解和去除。

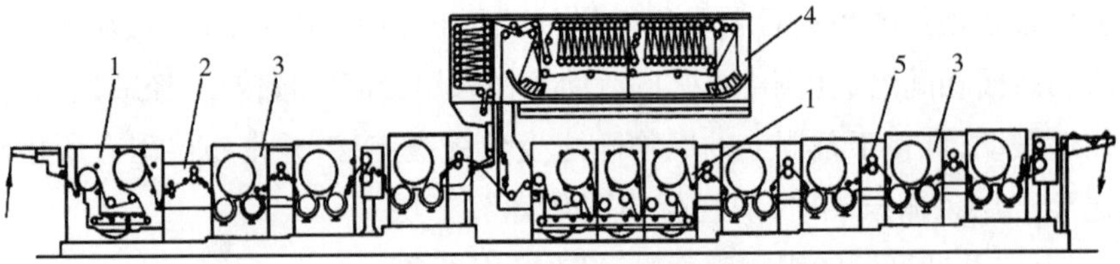

图4-23 机织物/针织物低张力练漂联合机示意图

1—松弛平洗槽 2—真空抽吸扩幅装置 3—转鼓式平洗机 4—组合汽蒸箱 5—轧水车

组合汽蒸箱由横导辊预蒸区、直导辊预蒸区、辊床汽蒸区和蒸箱出布区组成。在横导辊预蒸区内,平幅织物自下而上在两排横导辊间穿行预蒸加热,有利于均匀吸收漂液,同时织物在多只横导辊面转向运行时也有利于漂液向织物内部渗透。直导辊预蒸区内上排导辊由交流变频传动,使自横导辊预蒸区进入的织物在本区的张力降到最低,防止织物在折叠时产生皱纹和横向折痕。采用筛状转鼓拖动织物,可防止打滑;蒸箱顶盖有加热装置,可防顶板滴水。由短环折叠器将织物准确地折叠落入辊床汽蒸区,汽蒸至规定时间后通过出布感应器控制出布。蒸箱出布区与后道水洗机直接相连,采用摆动开幅装置和滚动对中装置使织物对中,在不产生折痕的状态下进入后续水洗机处理、水洗,完成织物练漂加工。

三、短流程退煮漂前处理工艺设备

短流程前处理工艺必须通过使用高效化学助剂,优化工艺参数和使用合适的前处理装置才能实现。短流程退煮漂(short process desizing scouring and bleaching range)前处理工艺包括冷轧堆、高效练漂与高效水洗相组合的连续式退煮漂工艺等,相关设备的具体要求如下:

(一)冷轧堆工艺要求高匀渗透给液装置

冷轧出布至收卷、堆置、退卷进入水洗前,是冷轧堆一浴工艺的重要环节,即静态渗透高质量反应阶段。在此时期,织物上所带工艺液,最大限度地在纤维内均匀扩散,化学药品将织物上的不溶性和难溶性的杂质转变成可溶或可分散乳化的物质;足够的水分使织物上的浆料充分膨化溶胀,令棉籽壳松动。这就要求织物高匀带液,渗透充分。

(二)高效练漂工艺对蒸箱的要求

短流程工艺要求在汽蒸箱中营造剧烈的反应条件。织物经高给液带足练漂工艺液进入蒸箱,在一定的温度时间内充分反应,将杂质和色素等膨化、分解、乳化、剥落,而后通过水洗单元高效洗涤,清洗去除。改善织物的吸水性、增加白度,是练漂工艺的目的,汽蒸箱是完成这一目的的设备条件。在进行练漂工艺反应过程中,要求蒸箱能有效地避免压皱印、风干印及皱条等练疵;要求在连续加工处理织物过程中,充分体现出灵活性及经济性;通过蒸箱密封结构无氧处理,合理供给温度稳定的饱和蒸汽,良好的预热堆置成形,恒定可控的反应时间,均匀低张力的顺畅无皱条导布,使加工效果的重演性达到预期目标。

(三)短流程工艺需要高效水洗

短流程工艺的水洗,从设备组合形式上看,就是单元少、联合水洗机长度短。因此,要完成正常的水洗工艺就需要一些高效的水洗设备。

四、冷轧堆碱氧一浴工艺设备

为降低生产能耗，实现小批量多品种加工，棉织物冷轧堆碱氧一浴工艺得到应用。冷轧堆碱氧一浴工艺设备的流程为：

烧毛湿落布（带液量30%～40%）→堆置（2～4h）→平幅进布→振荡浸渍槽→重轧吸液装置（给液量100%～150%）→软轧定量给液（两辊，1t）→A字架中心收卷→堆置（空洞集体转动，<24h）→退卷→洁面装置→振荡蒸洗→两辊轧水→磨洗→两辊轧车→振荡水洗→两辊轧水→振荡水洗→两辊轧水→振荡水洗→贝纶辊轧车→落布

相关的单元机及通用装置介绍如下（图4－24）。

1. 振荡浸渍槽 由三只低频声波形浸渍振荡槽组成，织物经过6m长弹性振动的工艺液，实施强迫渗透浸渍。

2. 重轧吸液装置 重轧吸液装置是一种高给液装置，轧辊系中固防扰辊，总压力9kN，织物经两辊重轧，气液交换率很高，再一次实施了强迫渗透给液。

3. 软轧定量给液 轧车采用两根橡胶软辊轧液，总压力1kN，设有加压间隙调整装置，控制织物带液量100%～150%。

图4－24 冷轧堆均匀给液装置

4. A字架中心收卷 有效防止织物上的工艺液因被打卷挤压流失。恒线速度渐减张力收卷，确保布卷里外层带液均匀，里层不易起皱，边无“木耳边”，避免缝头造成的横挡痕。

5. 堆置 传统冷轧堆卷装后采用塑料薄膜包扎密裹，对布卷保温保湿尽管有效，但当环境温度过低（冬季或寒带地区），对去杂反应是有影响的。在恒定温湿度的窑洞后墙外，设有多机台长轴集体传动机构，布卷由A字架推进窑洞，布卷轴头经十字联轴节头与长轴传动连接，以2～3r/min的慢速回转，在较低转速下，能防止织物上工艺液离心力的迁移。

6. 洁面装置 退卷下来的织物经一根涂喷聚四氟乙烯的导布辊进入一对螺旋开幅刷毛辊，刷毛辊主动按织物逆进布方向运转，清除织物经堆置后浮集在布面的浆料杂质后，沿着1m长锯齿波形狭缝布道，由无底布道下端向上进给，在布道顶端联合高效水洗机逆流出水经泵传输，由一对喷淋管完成对布面的喷射，洁面后进入振荡蒸洗单元。

7. 振荡蒸洗单元 蒸洗单元由五台低频声波楔形浸渍振荡槽组成，槽间连接有V形穿布蒸化室，容布20m，98℃，洗液不参加逆流，槽外过滤循环。在第四、第五槽内投入适量的碱和洗涤剂，以便提高净洗效率。

8. 两辊轧水单元 由于PVA浆料对冷热极敏感，洗涤效果随水温升高而提高，但80℃以下达到一定浓度时，会发生凝聚现象，因此，织物进轧车前的喷淋亦应采用高温水。这样也避免已被洗液加温的织物，因冷水喷淋而降温，影响洗涤效果。

9. 磨洗单元 磨洗单元由两根直径200nm特殊材料制成的磨洗辊,对布面正反机械摩擦,促使棉蜡经高温蒸洗形成的蜡膜分散,在烧碱及表面活性剂的皂化、乳化作用下,将它们从纤维上去除,在降低纤维与水的界面能的同时,疏通纤维的毛细管,解决常规工艺中的低、假毛效弊病。磨洗辊与织物进给逆向运转,织物在磨洗辊上的包角可调,由于辊体采用特殊材质结构,因此磨洗对布面纤维物损伤。磨洗单元安置在联合机全程逆流出水口处,洗液95℃,出水泵至洁面单元,容布约1.5m。

10. 振荡水洗单元 水洗单元由三台低频声波浸渍振荡槽组成,槽间连接有V形穿布浸洗,逆流供水,水温95℃,逆流供水的进水处单元水温92℃,容布12m。

11. 贝纶辊轧车 末道高效轧水轧车,有效地降低了织物半成品的带液量,有利于干落布的烘燥节能或湿落布的湿—湿工艺。

12. 落布 采用A字架大卷装中心传动收卷。后道工序为定形、轧染或印花采用干落布,即落布前加上烘燥单元;后道工序为湿布丝光或卷绕则采用湿落布。

第三节 丝光机

棉及棉混纺织物在染色或印花前一般都要经过丝光处理(mercerizing)。丝光加工提高了棉纤维润湿性,增强了对染料吸附性和化学反应活性,改善了织物的光泽,并增强了织物尺寸稳定性。

影响丝光效果的主要因素是碱液浓度、温度、织物带碱时间以及织物经纬向张力。对于丝光设备的工艺要求主要有以下几个方面:

(1)织物或纱线带浓碱时间要足够长,以保证反应彻底,一般应保持50s以上;

(2)在经纬双向施加适度张力,限制织物碱缩(alkali - shrink),以保证织物幅宽和缩水率达标,或保证纱线长度;

(3)轧碱应当充分渗透织物,并带碱液均匀;

(4)进入水洗箱前应去碱彻底,防止织物带碱浓度较高,收缩起皱。

按加工对象不同,丝光机可分为纱线丝光机和织物丝光机,织物丝光机又可分为针织物和机织物丝光机,机织物丝光机则可分成布铗丝光机、直辊丝光机、弯辊丝光机三种,也有将两种方式结合在一起,如直辊布铗丝光机,近年来又出现了热碱丝光机、松堆丝光机、卷布丝光机。根据工艺不同,丝光还有干布丝光和湿布丝光两种方式,配套设备也有区别。此外,按照不同织物品种,工艺中还有漂白后丝光、丝光后漂白、染后丝光、原布丝光等多种工艺,与之配套设备往往应加以调整。织物丝光机比较常见,以下先予以介绍。

一、布铗丝光机

布铗丝光联合机(clip mercerizing range)简称布铗丝光机,扩幅效果好,对降低纬向缩水、提高丝光光泽有较好的效果,使用最为广泛。布铗丝光机由多个单元机组成,主要部分有平幅进布装置、透风降温装置、烧碱浸轧机、绷布辊、布铗扩幅装置、淋吸去碱装置、去碱蒸箱、平洗机、烘筒烘燥机、平幅出布装置和传动机构控制系统等，可单层进布，也可双进布，双进布丝光联合机结构如图 4－25 所示。双层进布在相同占地面积、劳动生产率、消耗等方面有优势，但设备维护保养、操作、加工质量方面有明显不足。

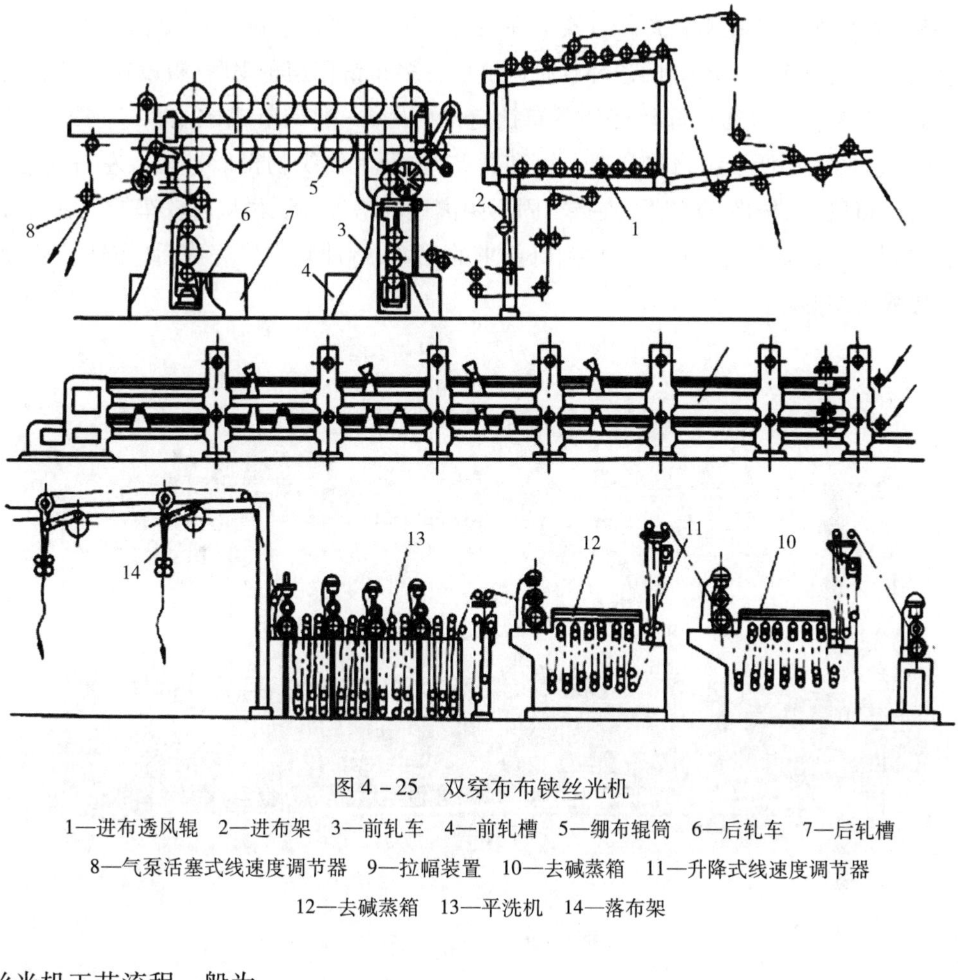

图 4－25　双穿布布铗丝光机

1—进布透风辊　2—进布架　3—前轧车　4—前轧槽　5—绷布辊筒　6—后轧车　7—后轧槽
8—气泵活塞式线速度调节器　9—拉幅装置　10—去碱蒸箱　11—升降式线速度调节器
12—去碱蒸箱　13—平洗机　14—落布架

丝光机工艺流程一般为：

进布→透风→前轧车→绷布辊筒→后轧车→ 布铗链→冲吸去碱装置（五冲五吸）→拖布轧车→去碱蒸箱→水洗机（带轧车）→水洗机→轧车→三柱烘筒烘燥机→落布

1. 平幅进布与透风装置　除了平幅进布装置外，也可选择加装增加进布透风装置，一般用约 20 只导布辊，为的是降低布面温度，避免热量带入碱液而影响丝光效果。

2. 浸轧槽及绷布辊　一般采用立式三辊平幅浸轧机，二浸二轧，前后共两台。在浸轧槽内装有多根导辊，以增加织物在碱液中的浸渍时间，一般为 20s 左右。浸轧槽具有可通冷水的夹层，连续带走丝光所产生的热量，保持质量稳定。两个浸轧槽间有连通管，以便碱液的流动。第一台浸轧槽压力要小些，以使织物带较多的碱液，有利于碱液与纤维素的作用。第二台浸轧槽压力要大，可用油压加压，使织物带液量小，轧余率小于 65%，便于冲洗去碱，降低耗碱量。

为了延长织物的带碱时间,促使碱对织物充分渗透和反应,同时防止织物溶胀后“减缩”,在两台轧车之间的机架上方装有数十根上下交替排列的铁制空心绷布辊,直径为460~500mm,织物包绕其辊面,带动辊筒回转。为防止织物收缩,织物沿绷布辊的包角面应大些,且后台轧槽的线速度大于前槽,织物的经向有一定的张力,可防收缩。纬向利用辊面与织物的摩擦阻力防缩。

3. 布铗扩幅和冲吸去碱装置 布铗扩幅装置(clip stretching device)是由左右两条环状的布铗链组成,长度为15~20m。两条环状布铗链由许多布铗用销子串联,敷设在两条轨道上,单个链节约10厘米。可以通过螺丝杆调节布铗链的间距,一般调节成橄榄状,即两头小中间大(图4-26)。两头小便于织物顺利地上铗和脱铗,中间大使织物得以扩幅。左右轨道距离可分段调节,进布口一端的距离较近,夹持牢固后距离逐渐增加。织物从后轧车轧压后,两边即被布铗夹持随着布铗前进,可将织物扩幅到所要求的幅宽,待冲吸去碱完成后,布铗开启,两边脱离,随即导入去碱蒸箱。

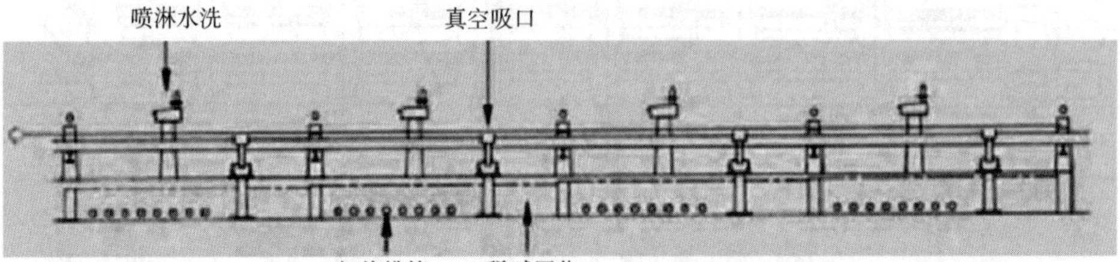

(a)

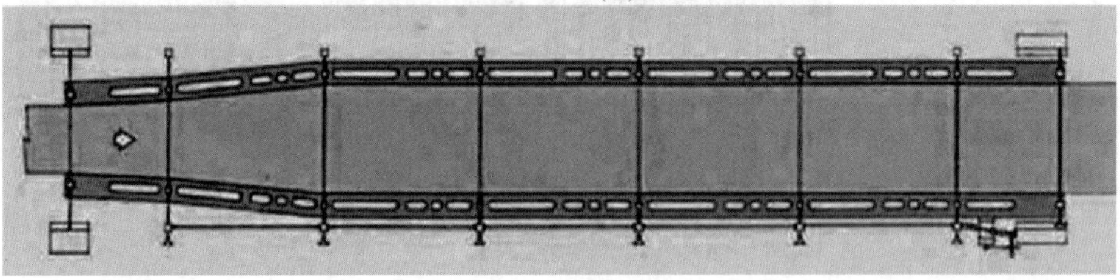
(b)

图4-26 布铗扩幅装置

布铗夹住织物布边,在纬向施以张力,防止织物吸碱发生收缩后影响产品的光泽、缩水率及尺寸稳定性。

布铗是由铗身和铗舌组成的,铗身底座装于轨道上,铗身的上部为弓形背,弓形背端用销子装上铗舌,铗舌的不锈钢刀口与铗身嵌有不锈钢薄片的平面接触。铗舌由铗舌柄、不锈钢刀片和触片等组成,如图4-27所示。

当织物进入布铗链时,借开铗盘的推力使铗舌刀口和铗身的不锈钢薄片之间形成空隙,织物布边即喂入布铗,如图4-28(a)所示。此时铗舌靠自身重量落在布上,触片即被织物托住,铗舌刀片尚未咬住织物。由于布铗链间的距离逐渐增大,织物渐渐离开触片,当织物离开到槽沟外时,铗舌又靠自身重量下落,触片落于铗身平面的槽沟内,由于织物的纬向张力和摩擦力的

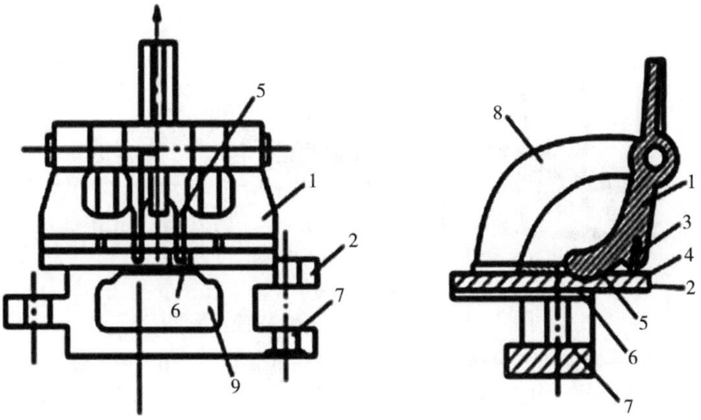

图 4-27 丝光机布铗的构造

1—铗舌 2—铗身 3—不锈钢刀口 4—不锈钢薄片 5—触片 6—槽沟 7—连接销孔 8—弓形背 9—链齿孔

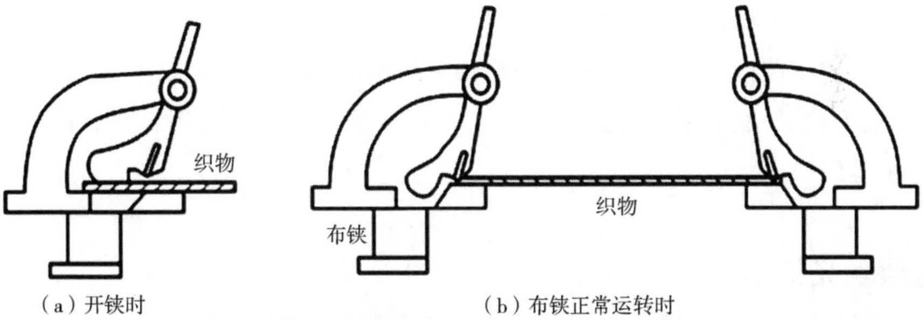

图 4-28 布铗工作情况

自锁作用，刀口即将织物布边咬住，从而使织物得以在纬向获得扩幅，如图 4-28(b)所示。

当织物进入布铗链出口时，又借开铗盘的推力使铗舌刀口和铗身的不锈钢薄片间形成空隙，刀口不再咬住织物，而使织物脱离布铗。

织物经历足够带碱时间后，应尽快洗去碱液。在织物带碱量浓度达到 50g/kg 织物干重时才可脱去布铗，否则仍会收缩起皱。一般是布铗链上运行约 1/3 后，装置一组淋洗吸液装置去碱。每只淋洗器自织物上方将热水或热洗碱液淋于织物全幅，然后，再由紧贴织物下方的与真空泵相连的表面布满小孔的吸液头吸去，见图 4-29。织物处于伸张状态下，采用布面上冲淋，布面下真空吸液，以强化织物中液体交换的洗涤去碱。由吸液板吸下的淡碱液，依次排入机下的淡碱池内，然后按逆流淋洗的原则，分别由各泵把淡碱池内的淡碱液和来自去碱蒸箱的淡碱液，输送到相应的淋洗槽。为了提高淋洗效果，使用的淡碱液温度应尽可能高。

由安装在布面下的多个真空吸液头吸下的淡碱按逐一逆流淋吸的方式送入各个指定的淡碱回收槽，再由各个泵分别输送到相应前一淋吸器中。通过管道将一定浓度的淡碱液，泵送到

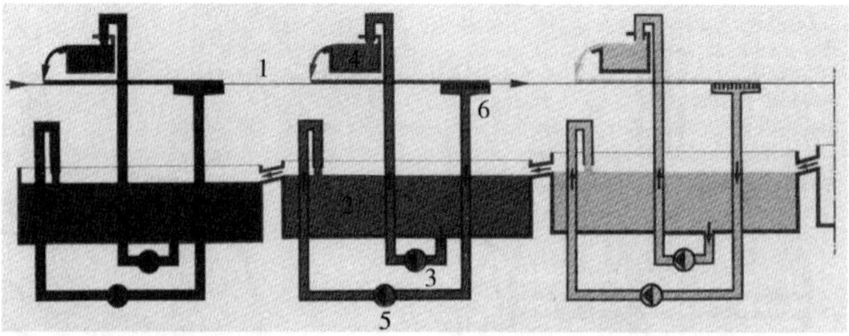

图4－29　织物冲吸去碱装置示意图

1—织物　2—淡碱池　3,5—泵　4—淋洗斗　6—真空吸水板

碱液蒸浓装置过滤蒸浓,再次回用。

4. 去碱蒸箱和水洗机　离开扩幅布铗链后织物带碱浓度已经降至50g/kg织物干重,进入无扩幅作用的去碱蒸箱,蒸箱内上半段汽蒸102℃,下半段下逆流水洗,由于蒸汽在布面上冷凝,增加了织物洗涤的浓度梯度,碱液扩散推动力加大,洗涤效率提高。

织物出蒸箱后再经5~6格水洗单元机进一步洗去残留液碱,也可加酸中和。待碱液被洗涤干净后,烘干出布,供染色、印花进一步加工。

布铗丝光机因布铗得名,其优点是对织物幅宽控制能力强,织物纬向门幅可控,缩水率也容易达标,丝光效果较好,钡值可以达到130以上。布铗丝光机水电汽消耗大,冲洗碱时要冲吸,车间容易产生雾气。

二、直辊丝光机

直辊丝光机(chainless padless machine)没有扩幅装置,织物包绕在许多只直辊上,上下穿行,多次浸渍、喷淋浓碱液,如图4－30(a)所示,浸碱及去碱均在长槽内完成,槽内数十根直辊上下两排互相轧压,上排包有耐碱橡胶,下排是主动铸铁辊,并在表面刻有向外旋的分丝纹,如图4－30(b)所示,分丝摩擦辊阻止织物横向收缩,起到扩幅作用。铸铁辊浸在丝光碱液内,工作时织物在上下两排直辊间成波浪形穿行,每浸碱一次,即在软硬辊的轧点间轧液两次。织物经过碱液浸轧槽后便通过一重型轧液辊轧去多余碱液,再经过去碱槽、去碱箱和平洗槽完成丝光过程。直辊丝光机是利用织物经向张力及浸碱后织物收缩力,使织物紧贴在直辊表面,依靠它们之间的摩擦力来阻止织物纬向的收缩,因此扩幅效果较差。

工艺流程如下:

进布架→扩幅弯辊→轧车→直辊烧碱浸渍槽→去碱轧车→直辊冲洗去碱槽→去碱蒸箱→平洗机→烘筒烘燥机→平幅出布装置

直辊丝光机组成示意图如图4－31所示。

1. 直辊烧碱浸渍槽　槽内装有多只无缝钢管辊或不锈钢辊,上排多为空心橡胶辊,辊面橡胶硬度约邵氏A85,辊外径为300~320mm,下排直辊辊面长期浸没在烧碱溶液中,下排部分硬直辊主动回转。数量可以是7~36对等多种,也可以根据工艺要求选配。织物经过进布装置及

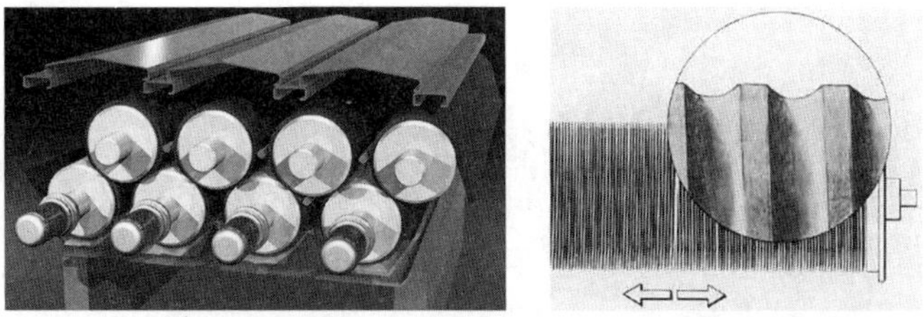

（a）织物在直辊上包绕　　（b）下导辊分丝纹细节

图 4－30　直辊丝光机重织物包绕示意图

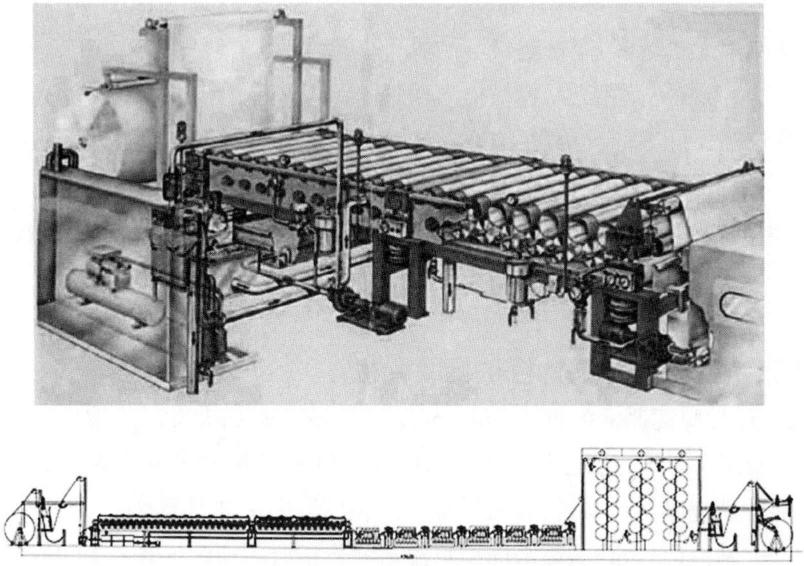

图 4－31　直辊丝光机组成示意图

弯辊扩幅后，织物首先在一个浸碱槽内浸碱；然后在直辊区膨化反应，此过程中通过对主动送布辊的交流发动机进行速比差动控制，来给予织物足够但最小的张力；利用槽内轧液装置及上下直辊间的轧压作用，使烧碱溶液在多浸多轧的状态下渗透进织物，然后轧去多余碱液后，进入有上下排列的软、硬直辊的冲洗去碱槽内。

2. 去碱轧车　烧碱溶液直辊浸渍槽和冲洗去碱直辊槽的出布处皆设有轧车，以减少织物带碱量，稳定尺寸。

3. 直辊冲洗去碱槽　直辊冲洗去碱槽与烧碱浸渍槽类似，也装备上下两层多只辊筒，数量 6～18 对可选，通过槽内喷淋的热水及热淡碱液去碱，临近出槽处有喷淋水管，槽内洗液逆流，最后进入去碱蒸箱及平洗机去碱。直辊去碱单元碱浓度变化如图 4－32 所示。

逐级冲洗后，织物带碱液浓度逐渐降低，最后经轧车轧压去液，经去碱蒸箱和平洗机继续去碱。

直辊丝光机运行速度视组合中水洗汽蒸单元的数量而定，在保证织物足够的带碱时间和充

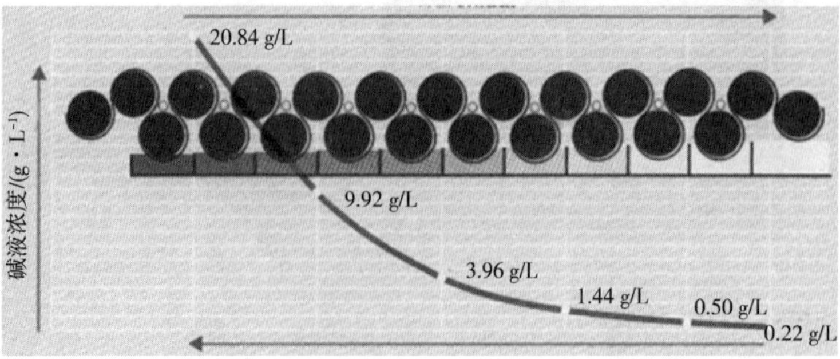

图4-32　直辊去碱单元碱浓度变化示意图

分洗净下,所配的单元机越多,车速越快。

直辊丝光机操作方便,用工少,容易提高车速,保养费低,浸碱时间长,丝光匀透,不会产生破边,由于没有拉幅,可以适应特宽幅织物丝光,也可以双幅同时生产,总体而言,直辊丝光机除了对幅宽控制不如布铗,纬向缩水率不易控制外,其他都比布铗丝光机有优势。直辊丝光机与布铗丝光机相比,最大不足是没有扩幅能力,这不仅使纬向缩水难以保证,也不能去除一些折痕皱条。

三、直辊布铗丝光和直辊针板扩幅联合机

传统丝光机运行布速通常为60~70m/min,为适应高速、高效发展要求。20世纪80年代开始,国内外开始研制高速丝光联合机。为了适应高速丝光要求,丝光机应具备以下条件。

(1)必须能够使烧碱溶液渗透到纤维内部,浸轧"透芯"并里外均匀;

(2)在冲洗去碱液前,浓烧碱溶液向织物渗透和作用时间应足够长;

(3)在脱出扩幅张力前,能有效降低织物带碱浓度;

(4)必须改进布铗的材质、结构,增强布铗链的强度,减少布铗与轨道板、开铗盘的磨损;

(5)采用合适的传动方式以适应高速运转,并配备可靠的线速度调节装置和相关的电气装置,能灵敏地自动调节单元机的线速度。

生产实例:传统布铗丝光机车速70m/min,为提高生产效率,丝光车速提高到100m/min,为保证原来工艺条件不变,织物带烧碱的作用时间仍为50s,至少再需增加绷布辊筒多少个?

实例分析:提高车速前,碱作用时间为50s,车速如果为70m/min(1.17m/s),可知带碱反应区穿布长度应当为58.5m,从后轧车出来到第一冲水斗相隔26m。原来绷布辊筒存布量为58.5-26=32.5m。当调整车速为100m/min时,车速变为1.6m/s,带碱长度则需要80m,需要绷布长度为80-26=54m,是原来的1.66倍,如果原来用17个绷布辊筒,那么现在则需要增加到28个。仅绷布辊筒就增加这么多,同时淋吸单元、水洗单元、烘干单元都应做相应增加。

由此可见,不改变工艺和技术,提高车速会使设备变得更为庞大。

直辊布铗丝光机和直辊针板丝光机是近年来开始使用的高速丝光机,它兼具有直辊丝光机和布铗丝光机的优点,织物丝光匀透,对织物幅宽控制好,车速可以有很大提高。

新型联合机主要特点是直辊与布铗特有的优点有机结合，克服了直辊丝光对门幅控制的不足，增加碱对织物的渗透，除了增加一组布铗扩幅链外，其他部分与直辊丝光机相似，见图4－33。

图4－33 直辊布铗丝光联合机示意图

工艺流程为：

平幅进布→直辊槽→三辊轧车→布铗拉幅→中小辊轧车→直辊槽→小轧车→长蒸箱→小轧车→平洗共三格→中小辊轧车→二柱烘燥→平幅落布

棉织物丝光是一个放热反应，热量不排出碱液会逐渐升温，导致丝光不一致。故直辊反应槽设置冷水冷却夹层；反应区织物有传感器测试，显示并且温度可调；保证织物获得良好的丝光光泽，尺寸稳定和提高染色性能。

传统的冷丝光工艺，碱作用时间为45～50s，设备长，碱用量大，碱回收蒸浓耗费大量能源。采用热碱丝光工艺可以使碱快速渗透和反应，碱作用时间短，仅25～30s，由于碱液能够在热浸渍中更快渗透到织物内部，使纤维溶胀更彻底，尺寸稳定性更好，手感更丰满，丝光效果更好，并且节约能源。但表面接触热碱会迅速溶胀，限制了碱液继续渗透纱线中心，处理不好，则会发生表面丝光，不能透芯，影响性能。Benninger公司的Ben－Dimensa丝光机将传统的直辊丝光和中置的针板拉幅架结合在一起。并将直辊丝光的直辊进行如下改进，如图4－34所示，热碱循环喷淋，促进碱液强渗透；通过加大液下辊筒挤压吸液的能力，在液下浸轧后达到真空状态后再吸收碱液，容易透芯。中间加一组重型轧车进一步提升浸透作用，从而避免了表面丝光的可能，从而提升了整机运行速度。

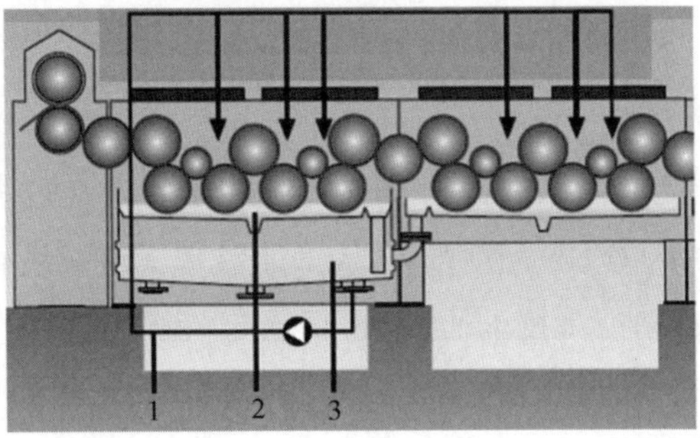

图4－34 Ben－Dimensa直辊针板丝光机的喷轧热碱部分示意图

1—热碱循环喷淋路线 2—透过织物的碱液 3—有温度和浓度控制的储碱槽

这套装备还使湿布丝光成为工艺的备选。前道工序脱水后的湿布，仍含大量水分，当接触碱液时，表面会接触正常浓度的碱液，但中心碱浓度会大幅下降。特别是湿织物含水率不均匀，浓碱不能彻底渗透到织物内部。制约湿布丝光广泛应用的瓶颈问题是:能否在湿布浸轧碱液前带液率达最低限度且均匀一致,同时要解决浓碱液黏稠,向纤维内部扩散困难的问题。显然高效重轧、多浸多轧就是不错的选择。

丝光机扩幅装置是在轨道上回转的针板拉幅架,由许多长约10cm的多针板被固定在链条上,在加压毛刷的帮助下链条上的针穿透织物布边(图4-35、图4-36),并像布铗链一样牢固夹持着织物向前运行,并逐渐将织物门幅拉开到设定尺寸。

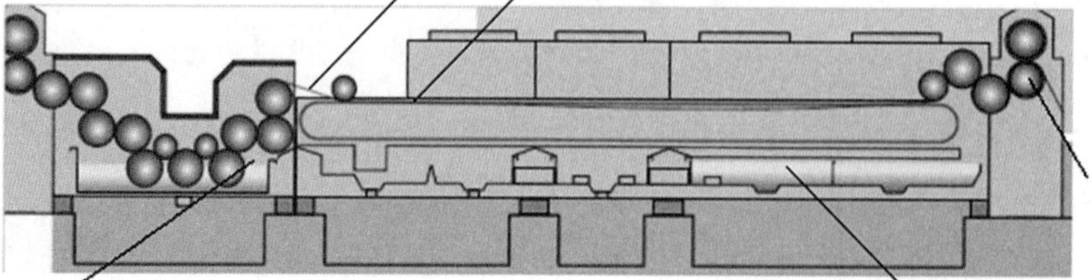

图4-35　丝光机针板扩幅部分示意图

图4-36　针板扩幅装置布边上针示意图

针板扩幅装置,可以提高纬向张力,防止织物收缩,之后再经过去碱槽的作用,使织物带碱量降低到50~60g/kg织物干重以下,最后进入高效水洗单元继续洗碱、中和、平洗和干燥。

随着在线检测技术与自动控制技术的进步,直辊布铗丝光机和直辊针板丝光机,可以实现对工艺的精确控制。对丝光性能影响的主要因素,主要有碱液的浓度,碱液的温度以及织物带碱的时间,另外对丝光有主要影响的因素是经纬双向的张力。实现对以上因素的精确控制,也就实现了对丝光质量的准确把握和可追溯。

四、短流程卷装丝光机

布铗丝光机、直辊丝光机、直辊布铗丝光机的加工能力大(一般在6×10^4m/天以上),对于多品种、小批量的丝光织物而言，应用短流程打卷直辊丝光机，具有占地面积小、投资少、节能减排的效果。短流程卷装丝光机是用于丝光、碱处理、稳定和水洗的结构紧凑型设备。织物从退卷到卷取之间一直处于张紧状态，而且退卷装置、丝光处理单元和卷取装置之间的织物张力可以调节，并保持恒定。这种小型丝光机对资金投入和生产场地的要求与传统的丝光机相比有很大的下降，特别对于小批量的生产工艺更为经济。

短流程卷装丝光机的结构如图4－37所示，本机由五支直辊上下交错排列组成轧碱的核心组件——直辊槽3，两台轧车1，两对被动打卷和退卷装置4、5，积液槽体7组成，直辊槽上两对喷淋装置2和碱液收集循环控温装置6，本机对称设计，往复式运行，全机长仅6m。本机设有供碱喷淋系统、热水交换冲淋系统、碱回收系统、循环过滤系统。

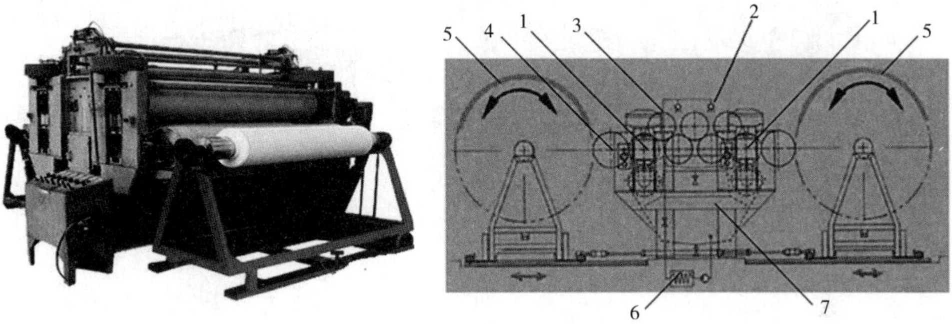

图4－37　短流程卷装丝光机示意图（德国 Menzel 公司的 Minimerc）

1—轧车　2—喷淋装置　3—直辊槽　4—打卷装置　5—退卷装置　6—控温装置　7—积液槽体

操作工艺：进布轧车牵引织物，由卷布车退卷进布后，经过机台上的五根直辊形成的浸碱槽完成浸碱，然后经过出布轧车导出，通过打卷辊使布一侧的卷布车进行被动打卷，浸碱结束后根据织物品种进行短时堆置或二次浸碱，使碱液完全进入纤维内部，实现透芯丝光，然后在本机台上进行去碱水洗2道，使布表面碱浓度降低，随后可进入卷染机或到高效平幅水洗机上去水洗。由于轧车间机械速度的比例调节，导致两个传动轧点间形成一定量的经向张力，促使经纱制约纬纱的滑移；织物紧紧包覆在浸碱槽的5根直辊上，不存在空气道布幅收缩阻力大，从而限制织物在机纬缩。由于5根直辊的上下交错排列而形成两个“U”形浸碱槽对织物进行挤压渗透，并由两支自流喷淋管定量补给，使得织物带碱充分、均匀。本机自身设有浓碱、淡碱回收装置，在做浸碱工艺时，浓碱通过气路控制阀，切换为碱回收管路，使得浓碱汇集到积碱槽，通过液位控制及泵过滤回收到高位槽上，可再做丝光配碱用。在做去碱水洗时，通过气路控制阀切换为淡碱回收管路使得水洗淡碱。

五、针织物丝光机与纱线丝光机

某些棉针织物和棉纱线染整加工也要进行丝光。棉针织物的丝光有圆筒丝光机和平幅丝光机，纱线丝光则有双臂式绞纱丝光机和回转式绞纱丝光机等。

1. 针织物丝光机　棉针织物的组织结构不同于机织物，具有一定的弹性且易变形，故丝光时应从针织坯布、丝光机结构、丝光工艺条件及丝光助剂方面加以考虑,以获得最佳效果。在丝光设备方面,要具有适合于针织物丝光的独特控制方式,必须在纵横两个方向能调节加工织物的张力,应使调节系统能提供最小可能的伸长,以使针织物的长度和幅度或圆筒直径能适应各种加工状态下棉纤维的收缩特性,而获得所要求的尺寸稳定性和规定的单位面积重量;应使烧碱、助剂、水、能源等消耗尽可能减小,以降低加工成本。

针织物加工时有筒状加工和平幅(剖幅)加工两种方式,故丝光机也有两种类型,下面重点介绍圆筒针织物丝光机,如图4-38所示。

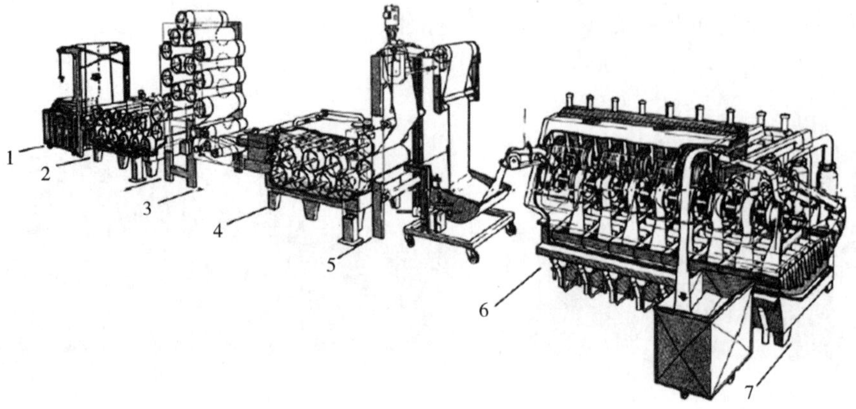

图4-38　圆筒针织物连续丝光和漂白设备

1—进布架　2—直辊浸碱槽　3—绷布延时　4—扩幅辊　5—稳定区　6—储布箱　7—中和及漂洗

圆筒针织物丝光机由以下七个部分组成:

(1)圆筒针织物进布装置:进布处装有两组环状导布器,可以调节平幅针织物宽度,一般可调节宽度到比圆筒针织物展平宽度宽5cm左右,收到展平并扩幅、消除折皱的效果。

(2)烧碱溶液浸轧单元:由三只烧碱溶液浸轧槽组成,槽内装有主动导布辊送布。每槽在浸渍了碱液的针织物进入轧液辊组前,均于近液面处吹入压缩空气使圆筒针织物形成"气鼓"状,由吹入空气量来控制针织物所受张力,消除浸轧过程中针织物的边痕折皱以及前加工的绳状褶皱变形。

(3)延时装置:满足烧碱溶液对针织物有一定的渗透和作用时间。

(4)横向阻缩伸幅去碱单元:带碱针织物通过此单元进行伸幅去碱,也称这一部分为稳定区。此单元分为两个部分,前部分装有五只300mm不锈钢多孔辊面的空心辊,可利用辊面对针织物的摩擦力阻止针织物横向收缩而去碱。为使圆筒针织物进一步在积极伸幅作用下加强喷洗去碱,后部分采用可按圆筒针织物筒径需要而调节直径的盘式圆筒扩幅器(扩幅直径320~950mm可调,幅向可扩幅15%~20%),圆筒针织物自下而上包在该扩幅器外运行。该扩幅器与针织物接触的部分装有多只穿有聚乙烯算盘珠状特殊的圆环,以免擦伤织物。圆筒针织物由该扩幅器上方的一对轧液辊牵引运行。扩幅器外有两只环形喷淋管向针织物喷淋70~80℃淡碱液。针织物经扩幅器上方轧液后,再经充气形成"气鼓"喷淋热淡碱液、去碱轧液后进入水洗单元继续去碱。

(5)水洗单元：共有六格水洗槽，其中四格热洗，两格冷洗。针织物进每组轧液辊前均充气形成“气鼓”。

(6)平幅出布装置：圆筒状针织物经水洗后平幅落布出机。圆筒针织物丝光机运行布速为 7～25m/min。

(7)去碱蒸箱和平洗机的结构在前面的章节中已做介绍。

这种机型生产效率高，但占地面积大。而立式圆筒扩幅丝光机则把向上的空间加以利用。

对于需要丝光后针织物仍要求保持一定幅度，或对织物单位重量要求比较严格的针织物需要扩幅，丝光完成后通过在直径可调的立式圆筒膨胀扩幅装置拉开幅度并稳定尺寸，见图4－39。

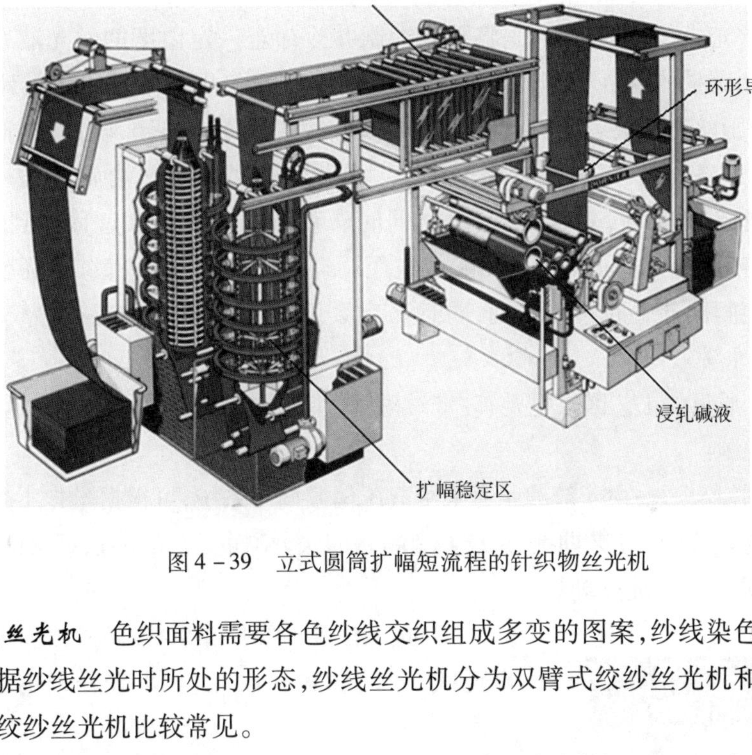

图4－39　立式圆筒扩幅短流程的针织物丝光机

2. 纱线丝光机　色织面料需要各色纱线交织组成多变的图案，纱线染色前必须要进行丝光处理。根据纱线丝光时所处的形态，纱线丝光机分为双臂式绞纱丝光机和回转式绞纱丝光机。双臂式绞纱丝光机比较常见。

双臂式绞纱丝光机结构如图4－40所示，设备的核心部件是两对悬空安置的套辊，分别安装在机身的左右两边，对称安装受力更为均衡，使悬空的辊筒不致变形。

套纱辊筒的距离和转向可交替更换，能自由调节。套纱辊筒的中间有一只辊筒，在其上面设有一根硬橡胶轧辊，用于轧除绞纱上的碱液和帮助碱液向棉纤维内渗透。轧辊能自由升降，由油泵加压。每对套纱辊筒的下面各设有盛碱盘和盛水盘。盛碱盘用于盛丝光碱液，能自由升降；盛水盘用于承受洗下的残碱液，能自由移动，并与残碱液储槽相通。套纱辊筒上面或中间设有喷水管两根，用于冲洗绞纱上的碱液。喷水管的启闭能自动控制。半自动双臂绞纱丝光机，仅套纱辊筒间的距离以及碱盘的升降能自动控制。

(a)工作中的丝光机

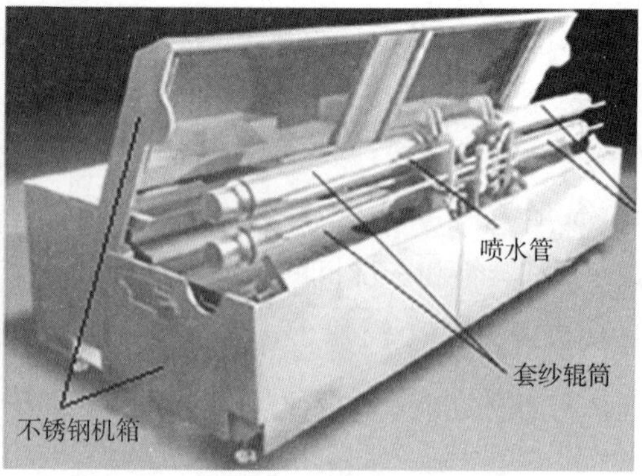

(b)双臂纱线丝光机示意图

图4－40　双臂式绞纱丝光机结构示意图

双臂式绞纱丝光机丝光操作时,先将预先配制并冷却至一定温度的丝光液盛于碱盘中。将预先准备好的一定量的绞纱套于辊筒上,开动丝光机,辊筒即撑开至设定的距离,当碱盘升起时,纱线即浸于丝光碱液中,此时辊筒不断转动,纱线也随之转动,转向交替更换。在此过程中,辊筒张力先略放松,以后恢复原来张力。轧辊则以要求的压力施压于一只辊筒上。经过顺转1min,倒转1min后,轧辊停止施压,同时碱盘即下降。当水盘移动到辊筒正下方时,喷水管即开始喷洒温水,同时轧辊又恢复施压。经过一定时间的喷水冲洗后,喷水管停止喷水,轧辊停止施压,辊筒也停止转动,同时水盘移开,辊筒即相互靠近。将绞纱自辊筒上取下,进行酸洗和水洗。

影响纱线丝光质量的工艺因素主要有:带碱时间、带碱均匀性和纱线张力。这些因素由以下系统分别加以控制:

(1)纱线张力控制系统:由于绞纱张力采用液压伺服同步系统,可根据丝光工艺要求,通过主控电脑编程设定纱线张力工艺曲线,系统配有精密的张力测量、反馈装置,可保证每次绞纱张力一致,使纱线获得稳定丝光处理。

(2)烧碱浓度在线检测系统:碱液浓度可控,可将新鲜烧碱、回流烧碱和水混合,可在任何时候改变烧碱浓度。

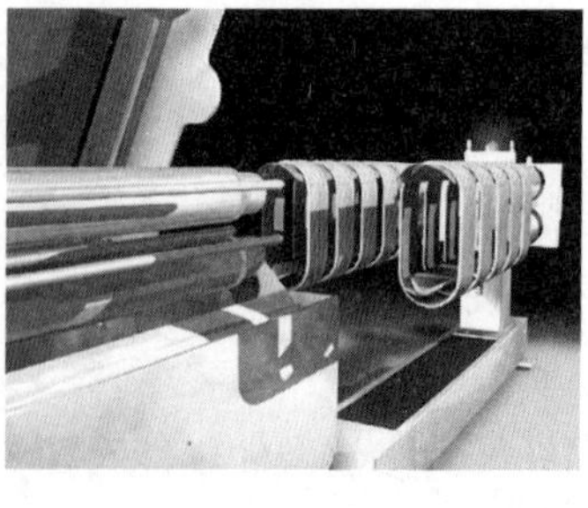

图4－41　自动上纱、卸纱装置示意图

(3)全机自动控制(图4－41),自动上纱、卸纱、节省用工,能耗低;结合烧碱冷却系统、绞纱张力液压伺服同步系统,可设计出适合各种纱线需要的丝光工艺参数,可满足1～160s各类纱线的丝光加工。

(4)绞纱套辊的悬臂越长,其产量越高,(据称1600mm长悬臂,产量可达110kg/h),每次工作循环为:5分30秒,配有先进的自动上纱、卸纱装置,停机时间短,换纱方便快捷,操作省时省力,使丝光获得更高生产效率。

(5)回转式绞纱丝光机:回转式绞纱丝光机设有套纱辊筒八对,放射形地安装在机身中心的回转装置上。套纱辊筒间的距离和转向能自由调节。八对套纱辊筒分占八个位置,不同位置完成丝光的不同阶段,纱线即浸于丝光液中,在辊筒上转动,转向交替更换。一定时间后旋转,加压力施压于一只辊筒上进行轧液。经过一定时间的轧液后,轧辊停止施压,辊筒位置回转至水洗阶段,喷水管开启,进行水洗。经过一段时间的洗涤后,水管停止喷水。辊筒继续回转以同样方式进行温水轧洗,以同样方式进行冷水轧洗。最终将绞纱自辊筒上取下,进行酸洗和水洗。如此设计扩大了设备产能,稳定了每一阶段工艺条件,质量和生产效能获得同步提升。

第四节　平幅松弛碱减量联合机

合成纤维的前处理工艺较简单,多以去除油剂和沾污物为主要目的。对于涤纶超细纤维或涤锦复合丝织物而言,碱减量是常见的前处理加工工序。传统间歇式碱减量处理,存在浴比大、能源消耗多、环境污染严重、减量程度难以控制等缺陷,不符合清洁生产要求。同时存在易产生匹差、缸差,工艺重演性差,工人操作劳动强度大等缺点。平幅松弛碱减量联合机主要包括间歇式碱减量机和连续式碱减量机两种。

一、间歇式碱减量机

间歇式碱减量设备有精练槽、常压喷射溢流染色机、高压喷射溢流染色机和专用碱减量机等几种。精练槽适用于小批量、多品种的生产,其设备投资少,但劳动强度大,能源和化学品消耗大,且重现性差,工艺管理要求高。喷射溢流染色机能获得较明显的碱减量松弛效果,重现性也好(如装有计算机自动控制程序),织物运行时张力低,碱浓度和温度容易控制。间歇式碱减量机有多种机型,国产的 YH－400 型是其中一种,其结构如图 4－42 所示。

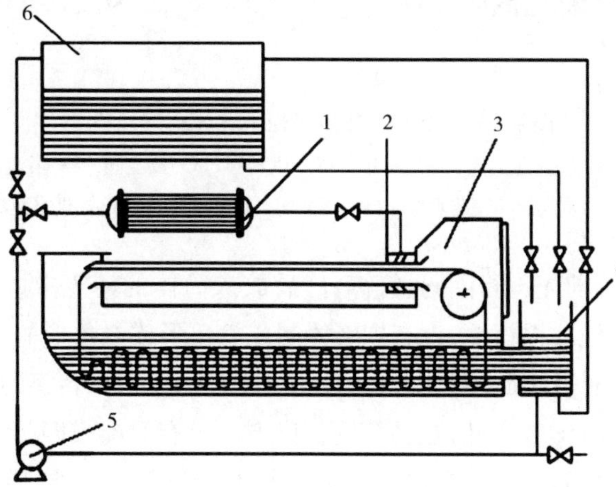

图 4－42　YH－400 型碱减量机

1—热交换器　2—喷嘴　3—处理器　4—碱液回收槽　5—主循环泵　6—过滤槽

该碱减量机主要由槽体、热交换器、循环泵、过滤槽、高位碱槽等组成。

(1)槽体:槽体为一卧式长方形箱体,材料采用不锈钢,表面经酸洗钝化处理,具有良好的抗腐蚀性。容液量为4000~7000L,容布量为500~550kg。

(2)喷嘴:采用液流喷射式喷嘴,喷嘴压力0.08~0.12MPa。为了使织物通过喷嘴时顺畅,采用方形喷嘴(同时有喷射和液流喷嘴,可调换使用),不至于门幅过于缩拢。

(3)循环泵:为减少织物运行时的堵塞,主泵用大功率的循环泵,功率为15kW,流量180m^3/h,扬程15m,转速为1450r/min。此外还用多道吸入管和调节阀来调节喷嘴液量和回流阀水量,使织物运行顺畅。

(4)过滤槽:在机器的一侧装有过滤槽,能去除从织物上脱落下来的纤维绒毛及丝线等杂质,以免影响碱减量,此过滤槽也用作加料槽。在机器的尾部上方,装有大容量的方形储液槽,在开机时做储碱槽,加工完毕后能抽回残液,以备下一次续用。

该机碱减量加工时,减量率由计算机程序控制,处理液的浓度和温度均匀且易控制,能获得均匀的减量率。由于升降温时间较快,能缩短减量加工时间,因此在常压下进行,方便取样,操作安全。

高温高压解捻松弛转笼式起绉机主要由筒体转笼、传动部分以及加液、加温系统和自动程序控制器等组成,如图4-43所示。

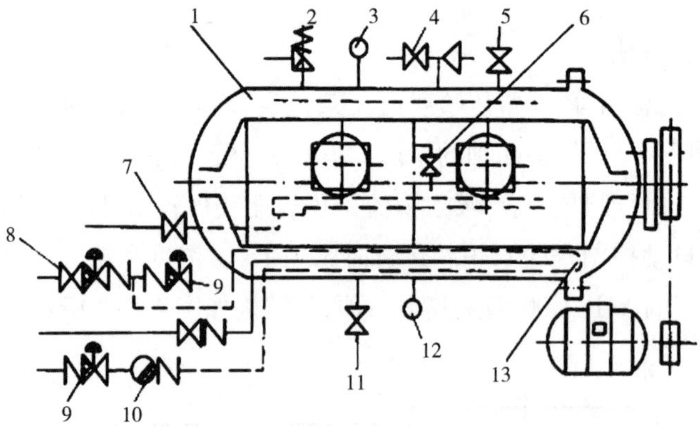

图4-43 高温高压解捻松弛转笼式起绉机

1—机身 2—安全阀 3—压力表 4—排气阀 5—供水阀 6—放空阀 7—溢流阀 8—供气阀 9—冷却水阀 10—疏水器 11—排液阀 12—温度计 13—热交换器

坯绸在精练松弛起绉前先进行圈码、钉襻,然后放入筒体的转笼中。转笼一般用不锈钢薄板焊接成长的圆筒形,内设几根楞档,也有把转笼制成六角形或八角形的,其作用是转筒在正反回转的过程中,能把织物有效带起,起到捶打作用,增加起绉效果。转笼的正反向旋转速度一般为5~20r/min,转笼上开有无数小孔,在转笼的长度方向上有双门或四门结构,以便于进料和出料。移动门的弧度与转笼相配,能左右移动。该设备适合于合成纤维机针织物的精练起绉,是一种间歇式的加工设备,批量小、操作繁复、劳动强度大,但最终产品的品质上佳,其柔软、蓬松的手感优于其他设备加工的织物。

二、连续式碱减量机

平幅松弛连续碱减量机（continuous alkali deweighting machine）适用于各种涤纶织物的碱减量处理，能改善涤纶长丝的表面形态和内在性能，提高纤维的柔软性、悬垂性、抗静电性，并减轻织物起毛、起球倾向，改善吸水性、亲水性，改善光泽，使织物性能更接近毛织物和真丝织物产品。经处理的涤纶仿真丝绸具有手感柔软、刚度适中、光泽柔和、悬垂性好、防缩抗皱、免烫易干、洗涤方便等优点。

平幅松弛连续碱减量联合机由碱液浸轧、松弛反应蒸箱、水洗三大部分组成。其工艺设备流程为：

平幅进布架→红外扩幅对中装置→浸渍槽→轧液轧车→导辊/网帘式蒸箱→真空吸水→高效水洗（3 格）→真空吸水→轧水轧车→落布装置

主要单元装备的结构特点如下。

1. 平幅进布架　平幅进布架由钢板折边结构组成，配有紧布架调节进布张力，设置新型的红外扩幅对中导布装置，三根螺旋辊开幅器确保织物平整无折皱进给，自动对中装置导致不同门幅的织物居中导布。

2. 浸渍槽　浸渍槽采用上、下导辊式（上二、下三），导辊直径 ϕ150mm，液下容布量约 2.8m；槽内设有间接蒸汽加热装置，碱液温度可根据工艺要求设定并自动控制；槽内设有液位自控，确保织物工艺过程具有相同的浸渍时间。延长导带使用寿命有两种方法，LMV131 型浸轧机采用浸渍槽下部装置快速排液阀，在织物全部出浸渍槽后，将槽内碱液快速排放于储液槽内。ZLMD821B 型浸渍槽采用气缸四连杆升降的结构，使导带不会浸碱。

3. 轧液轧车　LMV131 型采用气袋加压的立式轧车，轧辊为中固辊，有利轧液的均匀性，轧辊外层包裹耐强碱合成橡胶。ZLMD821B 型轧液轧车采用低硬度，大直径的双橡胶辊斜轧车，织物的轧面较宽，易使织物带液量均匀。

4. 导辊/网帘式蒸箱　导辊/网帘式蒸箱属组合式蒸汽箱。如图 4－44 所示，反应箱由预热段箱体、堆置段箱体、导布辊、落布辊、打手、输送网带、出布检测装置、出布装置、温度自控装置等完成。

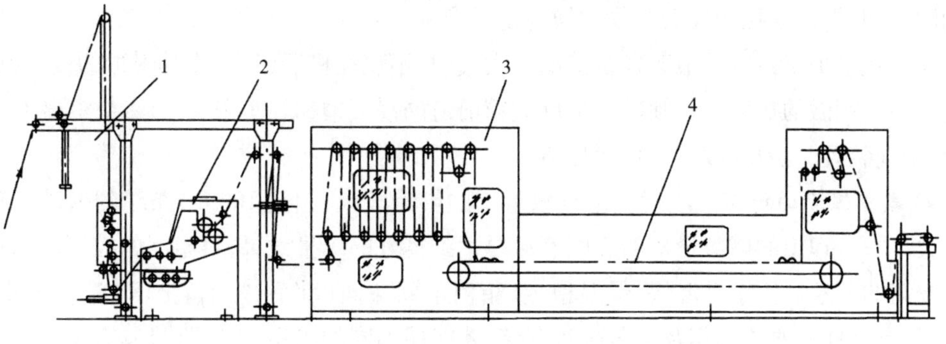

图 4－44　松弛碱减量反应箱示意图

1—进布架　2—浸渍轧液　3—预热段　4—堆置段

反应箱入口气封。汽蒸反应箱前段预热区容布量约为25m,导辊采用ϕ200mm,上导辊主动导布,交流变频调速传动。织物经接触式导辊预热区后,进入堆置区时采用落布八角辊和一对打手,落布辊、打手的线速度与预热段导布辊线速度呈微量超速,使织物不会缠绕在落布辊上,整齐地落在输送网带上。

反应汽蒸箱采用左、中、右三组直接蒸汽加热和间接蒸汽加热保温,确保工艺设定温度左、中、右一致,以利织物整幅反应均匀。堆置区的多孔结构网带传输台能保证织物良好、均匀地吸收蒸汽,织物传输过程与网带间无滑移功能。织物反应时间独立设定,与联合机工艺车速无关,在碱减量的减量率控制时,可方便地控制反应时间。反应蒸箱水封出布口及三格水洗机后面各装一台真空吸水装置,该装置采用高压离心风机做动力源,对涤纶具有较强的吸水能力,织物经过人字形狭缝吸口时,可把大量水分及碱减量反应残余物吸去。前台可以提高水洗的浓度梯度,增强水洗的传质效果,后台降低织物上非结合水量,减轻烘燥负担,节省能源。

出布前反应箱的检测装置可确保网帘通道上织物反应时间恒定,也就是在多孔结构网带传输台的工艺设定进给速度下,传输台上堆置的反应物总量不变。检测装置根据堆布量的增减,发出蒸箱后序水洗轧车的线速度相应升降指令。

三、碱减量工艺技术条件及效果

影响涤纶织物碱减量率的因素颇多,主要有涤纶丝的规格、生产加工条件以及织物的组织规格、织物前处理条件、碱减量加工工艺及条件(温度、碱浓度、轧液率和反应时间)等。

1. 碱液浓度及织物带液量控制 影响织物带液量均匀性的因素有三个,即碱液浓度的均匀性和稳定性、织物浸透性、轧车轧液均匀性。

为保证轧液时碱液浓度的均匀性和稳定性,可采用碱液自动控制及自动配液装置。其工作原理为比重法,通过安装在调配桶内检测头的测量反馈信号,控制供水的控制阀和供浓碱液的连续控制阀动作,连续往调配桶内加注浓碱液和水,按设定的浓度自动调配碱液,其控制精度为±3g/L。该类装置还具有液位控制作用,能对织物浸渍时消耗碱液所造成的液面下降,通过自动配液进行补充。为避免织物浸渍时引起浸渍槽内碱液浓度变化,在调配桶与浸渍槽间装有流量较大的循环泵,每小时碱液循环8次,通过循环,不断对碱液进行检测及调配,使浸渍槽内碱液浓度变化控制在最小范围内。轧辊采用中固辊有效克服加压后的挠度,加上较软的橡胶辊,轧辊间隙可调,有效地控制轧后织物的均匀定量带液。

常规的碱量加工机因碱液蒸发是扩散在大气中,不仅在机器四周,连其附近的设备操作工,也感到眼睛受刺激的痛感。松弛碱减量反应箱前道的浸渍槽和轧车采用一体结构,敞开部分极少,设有排气装置,有效地改善了作业环境。

2. 碱减量温度的控制 温度变化对减量率的影响较大,超过100℃,涤纶的碱减量率幅度增加很大。一台理想的碱减量机的反应蒸箱要达到良好的减量效果,对温度的控制范围和控制精度有较高的要求。要求升温快、保温稳定、箱内不同空间(前后、左右、上下)温差极小、箱顶无滴水,只有这样才便于操作及工艺参数存储,才能使不同的织物、不同批号具有良好的工艺再现性。

碱减量机采用饱和蒸汽为热源，预热段下面有大面积热交换器，直接加热蒸汽通过喷气管上的小孔沿幅宽方向均匀喷出，自然上升，经过加热器时产生过热，快速加热预热段的织物至减量反应温度。采用自然对流加热，箱体内温度均匀性好，温差极小，应用比例式气动薄膜阀，通过铂热电阻反馈控制箱内温度，控制精度在±1℃的范围内。

堆置区时碱减量的主要反应区，织物除需要一个稳定的反应温度外，还要求箱内蒸汽的含湿程度，堆置区应提供饱和蒸汽。若为过热蒸汽将造成织物许多瑕疵。如堆置织物外层织物水分易蒸发，产生风干印；只要蒸汽稍许过热，将导致烧碱在堆置储存的织物上发生迁移，形成减量率不匀，造成永久的斑渍和染色时上色不匀。堆置区箱体下部的蒸汽管喷出的蒸汽加热水，热水产生饱和蒸汽透过多孔结构网带传输台对织物进行加热、给湿。温控采用切断式气动薄膜阀和铂热电阻控制，控制精度在±1℃范围内。

3. 碱减量时间的控制　碱减量时间即织物浸轧工艺碱液后的反应时间，也就是在反应蒸箱内的停留时间。预热段反应升温时间取决于联合机工艺车速；堆置段反应停留时间取决于多孔结构网带传输台的进给速度。研究表明轧蒸连续碱减量加工时，不能单采用测定碱浓度的方法来判定碱减量率。在轧液率、轧液浓度、反应温度不变的条件下，控制反应时间可方便地改变减量率。松弛式网带传输台堆置反应，与导辊式紧式反应不同处是紧式控制工艺车速将影响工艺效率，而松弛式控制网带传输台进给速度与工艺车速无关，在不超过网带传输台最大堆置量（300m）的前提下，可根据实际工艺减量率改变进给速度，致使织物的减量符合工艺预定值。

思考题

1. 气体烧毛机的结构组成与落布方式有哪些？分别叙述各结构组成的作用。
2. 说明针织物烧毛机与机织物烧毛机在结构组成与工作原理上的差异。
3. 简述圆筒烧毛机的工作原理，其适用对象与气体烧毛机有何主要区别？
4. 棉织物常压汽蒸练漂机有哪些？试分述各有何加工特点。
5. 简述导辊/辊床结合式高效汽蒸练漂机的结构组成，与常压辊床式汽蒸练漂机相比有何优点？
6. 列举有哪些不同的棉织物短流程退煮漂前处理工艺？并说明其相关设备的要求有哪些？
7. 列举冷轧堆碱氧一浴法工艺设备组成有哪些？并分别叙述其特点。
8. 说明涤纶织物平幅连续碱减量机的结构组成，简述提高减量效果的措施有哪些？
9. 退煮漂联合机的构成有哪些？
10. 叙述常压汽蒸练漂机类型，履带式、导辊式相结合汽蒸箱的特点。
11. 连续生产的高温高压练漂机的密封形式有哪些？
12. 简述唇式汽封的工作原理和辊式封口的密封原理。
13. 为什么丝光机前后两个轧车的轧压压力有大有小？
14. 湿布丝光有何优缺点，实现湿布丝光的技术难度在哪里？

15. 机织物丝光机的种类,一般根据什么过程进行区分?

16. 布铗丝光机通风装置及绷布辊各起什么作用,一般运行时间约为多少?

17. 简述布铗丝光机中淋吸去碱装置工作原理。

18. 液氨整理是棉丝光新技术,试描述其作用原理和整理过程。

第五章　染色设备

染色设备是为满足染色工艺、保证产品质量，并符合环保、能耗等一系列经济、技术指标要求而设计、生产或者选用的机器与机构的总称。

染色机一般是依靠电能驱动，通过泵使染液循环流动或者绞盘带动织物在染液中运行，染液与被染物长时间、多循环相对运动，以使染料在被染物上均匀上染，均匀分布。染色机械有多种分类方式，按照被染物形态可分成，散纤维染色机、纱线染色机、织物染色机、成衣染色机；按照加工方式又可分成卷染机、浸染机、轧染机等；按染色温度分成常温常压染色机和高温高压染色机；还可依据生产的连续性，分成间歇式染色机、连续性染色机等。目前常用的染色机分类如下。

- 染色机
  - 散纤染色机
    - 常温常压型
    - 高温高压型
  - 纱线染色机
    - 绞纱染色机
      - 常温常压型
      - 高温高压型
    - 筒纱染色机
      - 常温常压型
      - 高温高压型
  - 织物染色机
    - 平幅染色机
      - 卷染机
        - 常温常压型
        - 高温高压型
      - 连续轧染机
        - 常温常压型
        - 高温常压焙烘固色型
        - 高温高压汽蒸固色型
      - 轧卷染色机
      - 经轴染色机（高温高压）
    - 绳状染色机
      - 常温常压绳状浸染机
      - 常温常压溢流染色机
      - 高温高压溢流、喷射染色机
      - 高温高压气流染色机

染色设备应保证被染物均匀浸渍染液，并使被染物主动运行或者被染物静止而靠染液流动，维持足够时间，完成染料与织物的交换。染色机一般是由以下几大功能部件组成：

(1)染色罐体：用以容纳被染物与染液。

(2)泵：使染液循环。

(3)管路阀门：控制染液流动开闭，控制染液流动速度。

(4)热交换器：提升染液温度。

(5)织物连续运转或循环运转所需装置，如导辊、导杆、反向驱动等。

在一些染缸中，被染物不动，液流运动；而在另外一些染缸里，液流静止，但被染物运动：一些新型染缸液流与被染物同时多向运动,从而染液与被染物交换效率大幅提高。

第一节 纱线染色机

色织(机织、针织)面料是以纱线先染色、再织造的方法加工而成,这类纺织品的种类较多,包括纯棉及棉型织物中的条格布、牛津纺,丝织物中的锦类和缎类等。不同色相的经纬纱线排列织造,可得到独特的风格和外观效果。染整加工中,纱线或丝线染色主要以浸染方式为主,也有采用轧染方式的(如牛仔布经纱浆染联合加工)。根据纱线的纤维种类、卷装形式和织造需要,纱线染色常用绞纱染色机和筒子纱染色机,也有用经轴染色机以经轴形态将纱线卷绕于多孔的空心卷轴上进行染色。本节分别介绍这几类纱线染色机。

一、绞纱染色机

绞纱染色(hank yarn dyeing)是指将短纤纱线或长丝在摇纱机上变换成绞纱,进而在不同形式的染色机内进行浸染加工的染色方式。常用的绞纱染色机分为往复式绞纱染色机、喷射式绞纱染色机、液流式绞纱染色机和高温高压式绞纱染色机。

1. 往复式绞纱染色机 又称摇摆式绞纱染色机。它配有多根三角形截面不锈钢挂纱辊(其数量视设备型号而定),可定时自动顺转、倒转,左右摆动、升降,改变绞纱与挂纱辊的接触位置,并使绞纱在染槽染液中升降、摆动。该染色机结构简单,对常温染色的染料适应性较强,但浴比较大,蒸汽耗用量较多。

2. 喷射式绞纱染色机 绞纱套挂在多空心管上,借助于循环泵将染槽内的染液送入空心管内,经喷孔喷淋绞纱,再顺流回染槽。绕空心管轴向回转的回转棒使绞纱在空心管上间歇移动,改变其与管面的接触位置而有利于均匀染色。喷射式绞纱染色机如图5-1所示。该机浴比较大,蒸汽耗用量较多,挂纱用多孔空心管数量视设备型号而定。

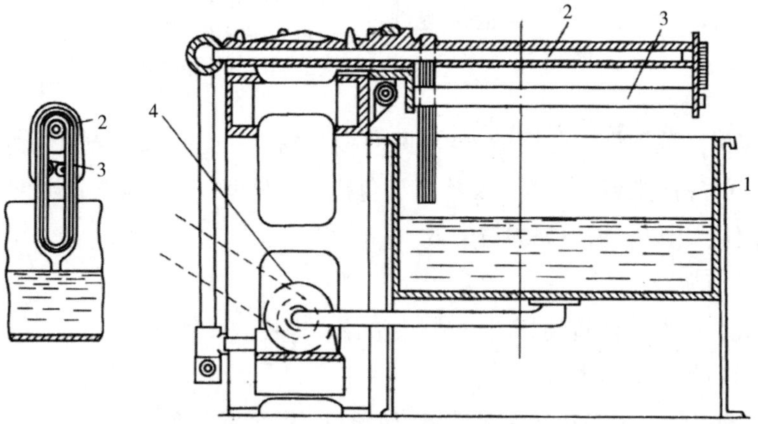

图5-1 喷射式绞纱染色机示意图

1—染槽 2—挂纱多孔空心管 3—回转棒 4—泵

3. 液流式绞纱染色机 又称旋桨式绞纱染色机(propeller hank yarn dyeing machine)。其结构示意图如图5－2所示。液流式绞纱染色机的特点是绞纱不动而用旋桨式轴流泵染液进行染色,染液动纱线不动,绞纱染色机可分单箱和双箱两种。纱线绞比较宽松地挂在纱架上,吊入染箱内,由蒸汽直接或间接加热染液,工作温度≤100℃。染液循环方向可按需要定时改变。单箱用于批量较大的棉绞纱染色,双箱用于腈纶膨体纱、纯毛或毛腈绒线染色。

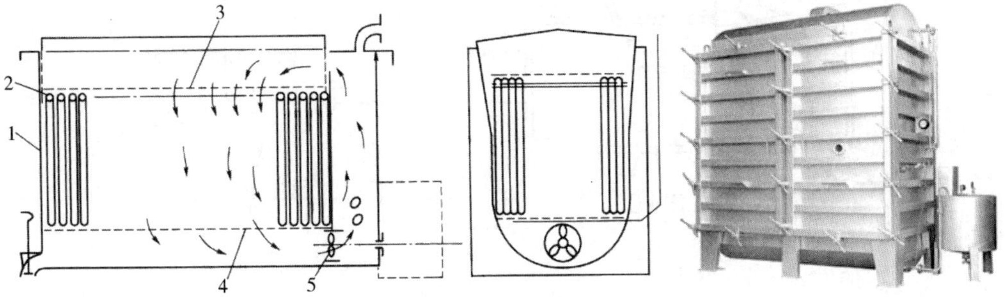

图5－2 旋桨式绞纱染色机示意图

1—染槽 2—载纱架 3—假盖 4—假底 5—旋桨

4. 高温高压式绞纱染色机 装有绞纱的纱笼架吊入染槽内,密封,有泵循环染液自中心喷管喷向绞纱,再经四周回流,也可换向循环。工作温度可达130℃。升温、染色时间可自动控制,浴比较小,多用于涤纶及其混纺纱线染色。

二、筒子纱染色机

绞纱染色时纱线具有良好的蓬松感,但由于染色时纱线较为松散,绞纱间易发生纠缠,影响匀染性,废纱率较高。筒子纱染色(package yarn dyeing)是将松筒后的短纤纱或长丝卷绕在布满孔眼的筒管上,然后再将其套装在染色机的纱托架上,放入染缸内,借助于主泵的作用,使染液在筒子纱或纤维间穿透循环,实现染色的方式。与绞纱染色相比,采用筒子纱形式染色解决了绞纱染色时存在的容易纠缠和容易染花的问题,具有重现性好、匀染性优良和适用范围广的优点。筒子纱套装纱筒如图5－3所示。

图5－3 筒子纱套装纱筒示意图

筒子纱染色机从外部形态看可分为卧式圆筒型、立式圆筒型和卧式管型。三种形式的筒子纱染色机的染色原理基本相同,都能满足匀染性和染色重现性的要求,其中应用较为广泛的是立式圆筒型筒子纱染色机,其结构如图5－4所示。这种型式的筒子纱染色机具有有效容积大、占地面积小、染色浴比小和染液循环合理的特点。

图5－4所示为立式圆筒型筒子纱染色机示意图,结构包括缸体、纱托架、主循环系统、化料系统和自动控制系统等几部分。

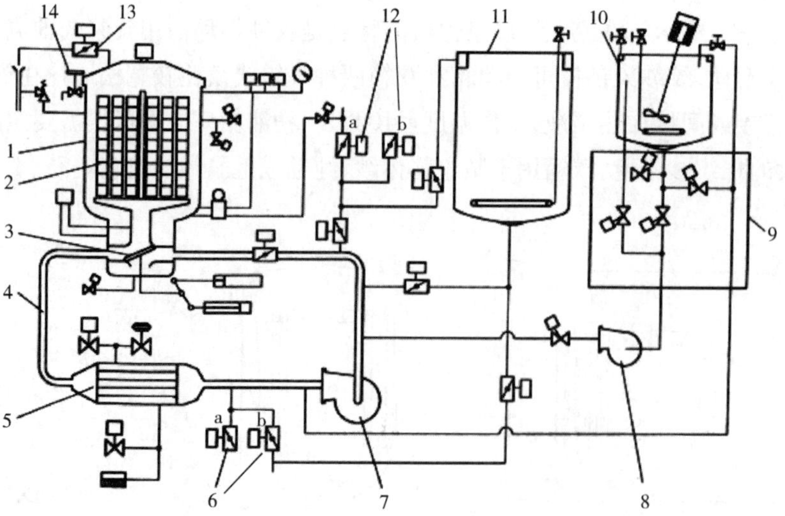

图5-4　立式圆筒型筒子纱染色机示意图

1—缸体　2—纱托架　3—换向装置　4—主循环管路　5—热交换器　6—排液阀　7—主循环泵　8—加料泵　9—溢流式化盐系统　10—加料桶　11—副缸　12—总进水阀　13—溢流阀　14—安全联锁装置

(一)缸体

缸体是筒子纱染色机的主体部分,由主缸、缸盖、主缸体溢流口、气垫加压装置和安全联锁装置等几部分组成。

缸体的作用是容纳装载筒子纱的染笼和染液,使筒子纱顺利完成练漂或染色加工,其形状结构影响筒子纱染色机的容纱量、染液的循环和浴比大小。主缸体与缸盖间多采用转齿式连接,缸盖的启闭方式有平衡重锤式、气缸加重锤式等,以保证染色加工安全可靠。溢流口设置在接近缸盖顶部的位置,通过程序控制间歇式开启,其作用是在水洗中保持一定的液位,及时将染后的浮色及产生的泡沫有效去除,增加净洗效果。气垫加压装置的作用是为了防止主循环泵在染液温度接近沸点时产生气蚀,有些设备也通过该装置控制浴比。安全联锁装置是根据筒子纱染色机为压力容器的这一特点设置的,其作用是控制在升温及主缸体有压力状态下缸盖的开启与关闭联锁。如当缸内仍有余压时,必须先开启泄压阀才能打开缸盖,同样当缸盖没有关闭完全时,泄压阀也保持开启状态。

(二)纱托架

纱托架也称染笼、载纱器,是用来装载待染纱线的装置。通过更换不同形式的染笼可进行不同形态的纱线染色,如筒子纱、经轴纱、毛条等。常用的纱托架包括筒子纱托架和经轴纱架。

1. 筒子纱托架　筒子纱托架按容量大小可分为单层纱托架和双层纱托架。

如图5-5所示为单层筒子纱托架的示意图,结构由中心轴、插钎和底盘组成。插钎是筒纱套装的装置,其外形有多孔圆柱型和Y型两种。多孔圆柱型插钎牢固不易变形,主要用于松软筒子的染色,其缺点是表面网眼较易被毛纱堵塞;Y型插钎避免了上述问题,有利于纱线的匀染,其缺点是不太牢固,易产生弯曲。插钎的外径应与筒管内径基本相同,以减少练染过程中筒纱滑动,其长度与数量取决于主缸体的容积大小,实际生产中可采用变量插钎进行每缸装纱量和浴比的调整。插钎与底盘连接的方式有固定式和可拆式两种,后者可通过在底盘上装卸密封蒙盖来灵活调整插钎数及装纱量。纱托架底盘是插钎与主缸体的连接部件,底盘上层的孔与插钎相对应,下层的中心管对准与循环管连接的底盘座,漂染液从底盘中心进入,经插钎孔和筒纱喷出,或逆向循环完成纱线练染加工。

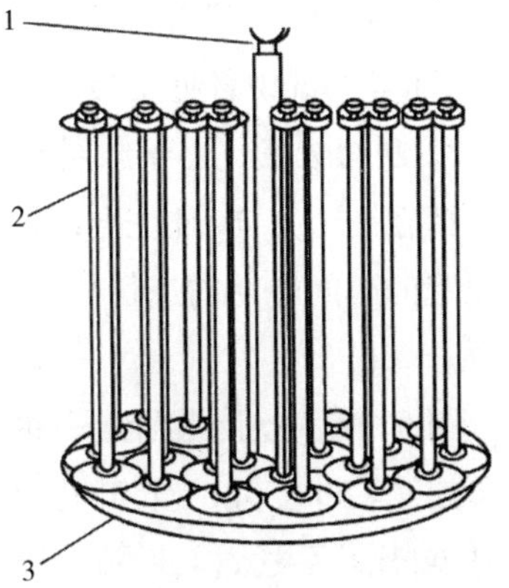

图 5-5 单层筒子纱托架示意图
1—中心轴 2—插钎 3—底盘

装纱完成后,需用锁头将筒纱固定在插钎上,不至于产生滑动,以防练染液循环中形成短路。为提高筒纱练染加工效率,有的主缸内则采用两个纱托架上下固定,然后再与主缸的纱托架的底盘座相连。

双层纱托架是采用两个筒纱托架重叠,固定在一起,然后再与主缸的纱托架底座相连。主要适用于大容量的筒子纱染色机,可提高生产效率。

2. 经轴纱架 经轴纱架由主轴、底盘、活动锁臂和顶盖组成。底盘为空心结构,其上表面有孔眼与空心经轴底部相通,生产中可根据浴比或重量需要用蒙盖封堵部分孔眼,或以密封空轴代替染色经轴;下层中心与染缸相连并可固定在缸底。通过主循环泵的作用可使染液循环穿透纱层,达到均匀上染经轴上纱层的目的。

(三)主循环系统

主循环系统包括主循环泵、热交换器、换向装置和管路四部分组成。各组成部分相互配合,协调完成染色中染液的强制循环、换向和升温等任务,保证染料充分上染纱线并在短时间获得较好的匀染效果。

1. 主循环泵 主循环泵是染色机的重要组成部分,根据其特点不同分为离心式、轴流式和混流泵式三种。离心泵的比转数较低,扬程高,流量小;轴流泵的比转数高,扬程低,流量大;混流泵则介于离心泵与轴流泵之间,扬程较高,流量较大。目前,绝大部分筒子纱染色机的主循环泵都是采用离心泵或混流泵。

主循环泵流量是筒子纱染色机的一项重要参数,其确定的主要依据是纱线纤维的品种和卷绕密度,并以比流量划分其取值范围。比流量是指单位质量的筒子纱在单位时间内所需要的流量,单位一般为 L/(kg·min)。无论哪种离心泵,都要求能使筒纱密度在 $0.43g/cm^3$ 左右时,保证漂染液穿过筒纱的流速大于 30L/(kg·min),否则容易造成筒肩染不透和纱层径向产生色差。筒子纱染色中,若能对穿透纱层的染液流量进行控制,保证每次染液接触纱线的次数相同,将有利于减少缸差。

2. 热交换器 筒子纱染色机中常用的热交换器包括盘管式和外置列管式,两者的加热方式都是间歇式,生产中以外置列管式居多。外置列管式热交换器是蒸汽走壳层,被加热的染液走管程,传热系数较盘管式加热器大,在筒子纱染色机和溢流染色机中应用较多。由于外置列管式热交换器是安装在主循环管路中,被加热的染液通过主循环泵进行强制循环传热,不仅升温快,而且系统中各处染液的温度分布也较均匀,有利于筒纱染色质量的提高。

3. 换向装置 由于纱层具有一定厚度,染液必须穿过纱层才能完成染色。若染液循环始终保持在一个方向,往往会出现内深外浅或外深内浅的现象。为防止这类情况发生,染液必须在规定的时间周期内进行从内到外和从外到内的交替循环,保证筒子纱内、中、外层的颜色均匀一致。

图5-6为换向装置的一种,采用换向阀调节染液的循环方向。其工作原理是活动气缸或气压控制转叶位置,当转叶孔位置与循环管道出口相对应时,如图5-6(a)所示,染液自缸内进入泵体,循环后通过转叶流向筒子纱架,染液自纱层由内向外循环;当转叶孔位置与循环管道进口相对应时,如图5-6(b)所示,染液自纱架底部进入泵体,循环后通过转叶流向染缸内部,染液自纱层由外向内循环。不同纱线种类、形态及卷绕密度有差异,染液内外循环的时间比例分配也有所不同,生产中必须合理设置流向时间。

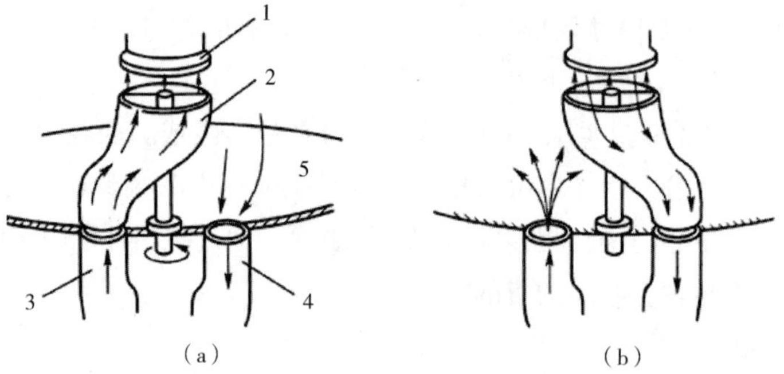

图5-6 换向阀示意图

1—纱架密封环 2—转叶 3—循环泵出口 4—循环泵进口 5—染缸内染液

4. 管路 管路是各功能部件(主循环泵、热交换器、换向装置)的连接体,其布局是否合理对染缸内染液的循环效率有较大影响。为提高染液循环效率,主循环泵的进口段和出口至换向装置均应尽可能短些,以减少染液进口处的沿程阻力。

(四)化料系统

化料系统由两个或多个小缸组成,每个缸内配有搅拌器和加热装置。所有染料和助剂均可在这些缸内先化料,然后再流向副缸内,再从副缸抽到主缸内。副缸主要用于染料、助剂的溶解、混合搅拌、暂存及添加。

(五)自动控制系统

筒子纱染色机的控制系统包括加料系统、温度控制系统、流量控制系统和自动模拟量液位控制系统。加料系统是将染料、助剂进行溶解并注入的控制系统,一般由加料泵、加料桶、比例调节阀和电脑PLC控制部分组成,包括计量加料和溢流式化盐装置等两种加料形式。温度控制系统主要由蒸汽进口比例调节阀、PLC及检测单元组成,是控制升温速率和染色温度的单元,以满足不同纤维和染料对染色工艺条件要求。流量控制系统是控制练染中染液与纱线之间交换次数的单元，由变频器、计算机和 PLC 组成。染色中通过合理设计与分配流量，不但能满足被染物的染色均匀性，而且可最大限度地实现生产节能。自动模拟量液位控制系统是浴比控制装置，能根据染缸装纱量的变化自动保持设定的浴比不变，对减少缸差具有很好的作用。

不同筒子纱染色机的结构组成与工作原理相近，但在性能、功能、生产能力和能耗等方面彼此会有较大差异。选用筒子纱染色机时，不能单一从某项参数指标来衡量，而是应考察其综合性能指标，尤其在满足相同染色工艺的前提下，重点了解其效率、能耗及环保等性能指标。对于同一机型而言，应考虑到能否快速适应市场加工要求，做到合理搭配容量不同的筒子纱染色机，满足生产灵活性的加工要求。

第二节 织物染色机

一、卷染机

卷染机（jigger）又称卷染缸，是较早使用的平幅染色机械。比较当时作坊式手工作业方式，它大大提高了染布的效率，降低了劳动强度和染色时间。适用于直接染料、活性染料、还原性染料及硫化染料的织物染色；也可供退浆、煮练、漂白、洗涤和后处理等使用。由于它结构简单，操作灵活，检修方便，投资费用少和用途广泛等优点，特别适合于多品种，小批量的加工和生产。虽然他装备较早，但至今仍大量使用，满足了小批量多品种的发展趋势，但经过了许多改进，装备水平有了很大变化。

卷染机的分类方法有很多，可按染槽材质、操作方法、织物幅度、卷轴位置、织物线速度或张力、工作温度和压力等来分类。常压卷染机按传动方式可分为普通型、周转轮系传动型、电差动型、水动重力传动型、直流电动机传动型和摩擦轮传动型等。常压卷染机用于棉织物、丝绸织物的染色，高温高压卷染机则适合涤纶及其混纺织物染色。

卷染机的工作过程是将一定长度和宽度的织物反复通过一定浓度和温度的染液，并根据工艺要求完成一定往复，当织物即将绕完时，再重新卷绕到原来的卷布辊，每卷绕一次称为一道，如此往复直到上染完毕。浴比一般为 1:(3～5)。

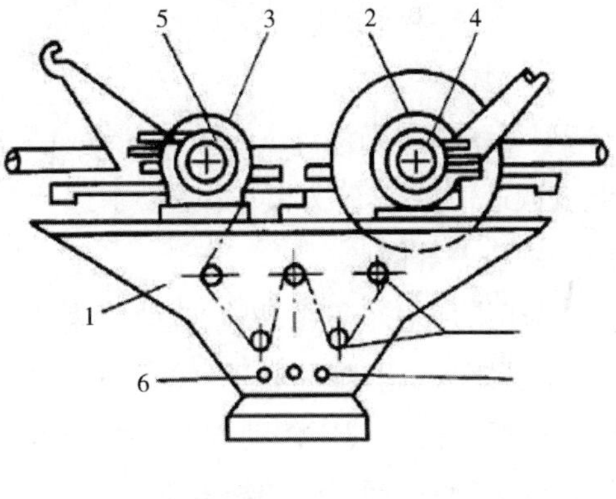

图 5－7 普通卷染机示意图

1—染槽 2，3—卷布辊 4，5—制动装置 6—蒸汽管

普通卷染机如图 5－7 所示。主要由一对卷布辊、染槽、导布辊组成，槽内装有数根导布辊，槽上部装有进水管，槽内底部装有直接和间接蒸汽加热管。排液口在槽底部的一端。

在两根卷布辊的非传动端各装有制动装置,卷染过程中可适当调整退卷辊的制动力矩,以免织物在运行过程中发生松弛、起皱现象。

普通卷染机早期为集体传动,后期发展为单独传动。在运转过程中,通过离合器的作用,两根卷布辊中只有上卷辊主动恒速转动,退卷辊则是通过织物由上卷辊拖动而被动回转。

普通卷染机随着染色的进行,收布辊上布卷直径逐渐增大,放布辊上布卷直径逐渐减小,角速度不变,线速度增大,织物运行张力过大,造成前后色差,中边色差等。

为了克服普通卷染机的以上缺陷,需要对织物进行恒张力控制(图5-8),调整方式经历了纯机械的差动机构式、液压电动机调速、绕线电动机和直流电动机几种调速形式。周转轮系传动式就是利用周转轮系的机械差动来调整线速度。后来更多的是依赖电动机调速差动实现恒张力、恒速度控制。

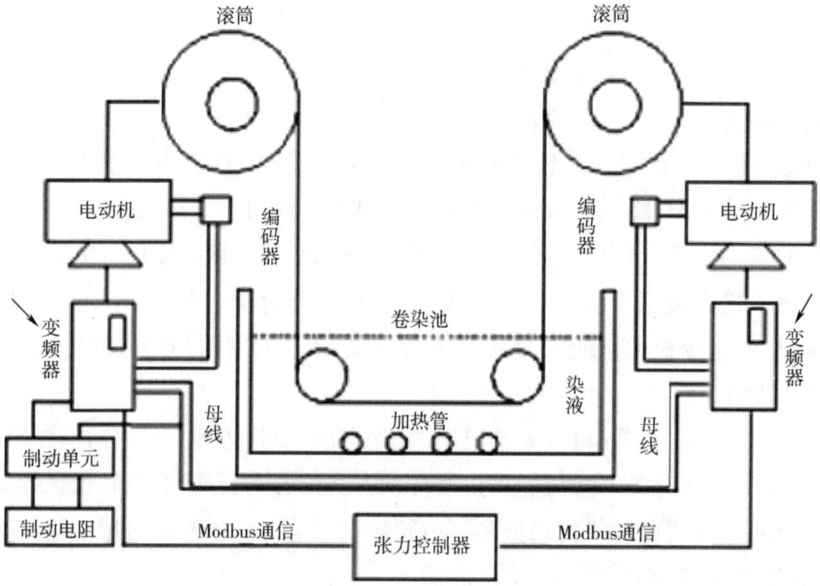

图5-8 卷染机恒张力控制示意图

新型无张力卷染机(tensionless jigger)采用计算机控制系统,借助液压比例控制、变量液位控制、变频通信控制等技术。根据要求进行工艺选择,能准确地控制织物速度和张力,解决前后色差、边中色差等问题。

根据印染厂生产实践,机械差动调速染缸存在织物线速度、张力恒定稳定性差;直流电机虽然有起动转矩大,调速范围广等优点,但是在高温、高湿环境下卷染时容易烧坏绕组,且直流电动机维修很不方便;液压传动方式织物线速度、张力恒定性较好,但液压站维护麻烦,容易产生发热、漏油等问题。此外,传统卷染机仅用于织物浸渍染液,渗透效率低,一些厚密织物容易产生"白芯"现象。因而,国内外厂家大量采用新技术改善传统卷染机,如通过按照三相交流伺服电机经减速器传动卷布辊,测速系统实现织物的恒线速卷染,并实现卷染过程的自动控制,减少了劳动力的使用。改进包括对一对轧辊均匀性的改进,提高染色质量,提高染色效率,也扩展了到棉麻织物前处理及水洗。

卷染机是短流程加工的核心装备，测算可知这种染色方式的染化料、水、电、汽等能耗都比较小。近年来为适应涤纶织物的染整，将轧辊染槽加装可密封的不锈钢罐体，开发成功可以加工涤纶织物的高温高压卷染机。除了对恒张力、恒速度改进外，具体改进手段包括以下几个方面：

(1)恒速恒张力调控系统。精确计算和控制织物速度和张力，张力大小可选，从10～100kg，张力越小织物尺寸稳定性越好。

(2)降低浴比的措施。比较其他染色机，卷染机用水量比较低。但经过改进后，浴比还可以降低更多。如图5－9所示，将两个小型单槽代替一个大浴槽，又可以将染液量降低，而织物与染液的接触时间并没有减少。双染槽的设计确保了超小的浴比，据称当实际工作容量为标准容量时，浴比降低到1:2；双染槽还可以彼此隔离，并能分别施加染化助剂，降低了染化助剂的用量，具有高效和对环境污染少的优点。

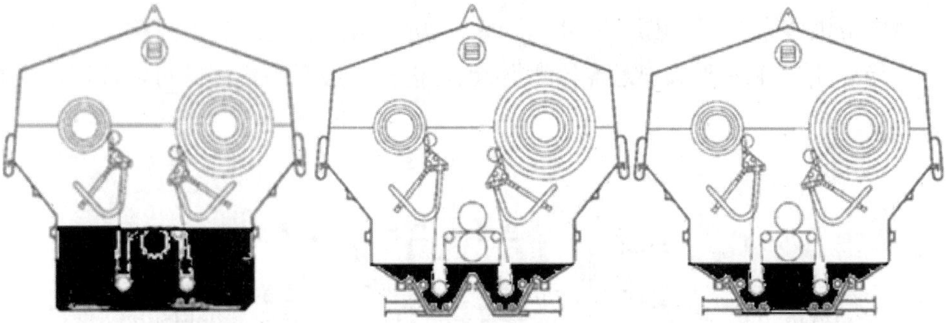
(a) 普通浴比　　(b) 小浴比　　(c) 最小浴比

图5－9　大容量卷染机染槽改进示意图

染槽底部增设小槽，使槽内浴比更小，残留液排放迅速，对热能损失也降低，并在水洗时可降低液位，加强清水与残留染液的交换效率，获得良好的水洗效果。

(3)增加轧液渗透性的措施。传统卷染机织物只是浸渍在染液中渗透效果不好，当在织物运行路径上增加轧液辊，可以明显提升染料的渗透效率。

另外也可在双浴染槽内加设真空狭缝，织物从第一浴进入到第二浴时需经过该狭缝。真空吸液，使织物在真空状态下浸轧染液，渗透效果也获得提升。织物运行中增设两个内吸棒和两个附加的喷管，也能达到较好的水洗效果，并能改善染料的渗透。

(4)增加自动装置。如自动加料、料液循环装置，用水表控制水洗，染料助剂的加料由通过染液的织物长度而定；附加的压力泵用于色光校正和加料，HT－Jigger的加料能在压力下进行；外置的液泵热交换器保证了一致的染液加热和循环；主批次罗拉的侧向位移；染缸模拟液位控制系统等先进技术的采用确保了小浴比条件下均匀染色，能处理所有市场上出现的现代纤维及混纺织物。

(5)增加高温高压封盖装置。加装封盖装置可以成为密闭的罐体，封盖上的连接件上端或下端设有滑轮、滑轨系统,通过滑轮和滑轨能够方便地将封盖进行平移,从而实现缸体的开启或关闭,解决缸体开关操作起来费时费力的问题。还可以设置驱动机构,能够自动开启或关闭染缸,省时省力,操作方便。

二、连续轧染机

连续轧染机(continuous pad dyeing machine)为平幅大批量染色设备,一般是指用于纯棉以及棉混纺、黏胶、麻织物连续轧染的联合机,根据染料的不同,设备配置会有差异。它可进行活性染料、可溶性还原染料、还原染料、硫化染料以及不溶性偶氮染料染色。这类染机生产效率高,产量大,产品质量好,操作、维修较方便,在大型棉印染企业非常多见。联合机组成虽有差异,但其主要组成单元机不外乎以下几种:平幅进布装置、均匀轧车、红外线烘燥机、热风烘燥机、汽蒸箱、焙烘机、平幅水洗机和烘筒烘燥机等。以上单元机在前文中均已详细述及,可根据不同的工艺要求,设计出不同组合的轧染联合机。

(一)棉织物轧染联合机

棉织物轧染机俗称长车,如图5-10、图5-11所示为高速连续轧染机构成。可供棉及棉型织物等进行活性染料、还原染料悬浮体轧染,也可进行一般无须汽蒸的可溶性还原染料的连续轧染。

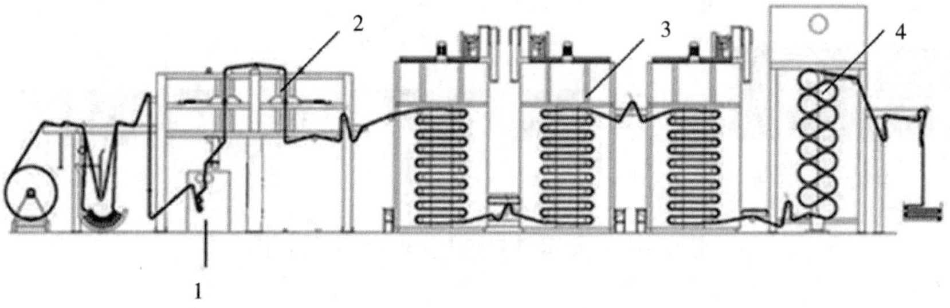

图5-10　高速连续轧染机前段示意图

1—均匀轧车　2—红外线预烘机　3—三箱热风烘干机　4—单柱烘筒烘干机

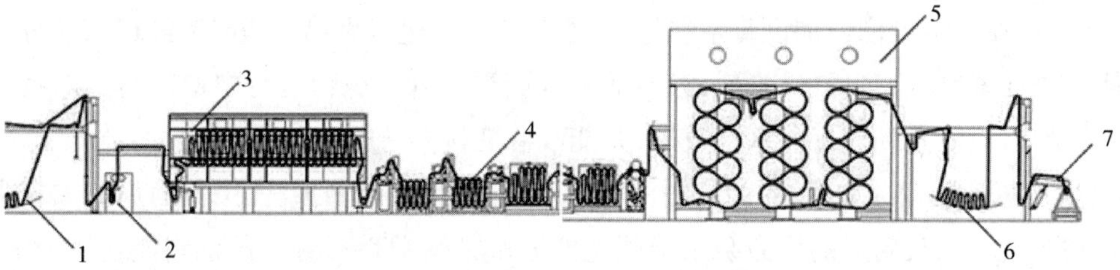

图5-11　高速连续轧染机后段示意图

1—J型堆布箱　2—均匀轧车(轧还原液)　3—还原汽蒸箱　4—平洗槽

5—三柱烘筒烘燥机　6—J型堆布箱　7—卷布车出布装置

一般连续染色机是由轧染预烘机(前段)俗称热风打底机和还原蒸洗机(后段)两大部分组成。以还原染料轧染为例,其工作过程如下:

进布后均匀轧车浸轧还原染料悬浮体液→红外线烘燥→横导辊热风烘干→烘筒烘干→冷却落布→二辊轧车浸轧还原液→还原汽蒸→五格平洗→导辊透风→皂碱汽蒸洗涤→平洗槽→双柱烘筒烘燥→冷却落布

1. 轧染预烘机(前段) 轧染预烘机也被称为热风打底机,俗称是来源于当进行不溶性偶氮染料染色时被用来浸轧色酚打底的,由浸轧和烘干两部分组成。浸轧部分一般由两辊均匀轧车组成。轧车是织物浸轧染料的关键单元机,由轧辊、轧槽及加压装置组成。轧辊加压方式有油动和气动加压两种。均匀轧车也有三辊的,浸轧方式有一浸一轧、二浸二轧或多浸二轧等,视织物品种和染料种类而定。

在轧车加压时,轧辊两端一定要注意加压均衡,避免由于轧车两端压力不均而造成打底织物两边深浅色差,先进的均匀轧车已采用在线测试色差并自动调整轧车压力,如图 5 - 12 所示。轧车轧染机的核心,从某种意义上说代表了轧染机的技术水平。被动软辊直径为 300mm,辊面材料为合成橡胶。轧槽用 A3 钢板或不锈钢板焊接而成,容量以不超过 100L 为宜,槽内装有间接蒸汽加热管,起保温作用。打底液从水平方向的加料管上数十只小孔均匀流入槽内,流量用液面控制器控制。下轧辊安装离轧槽槽底较近,这样既可减少染液与布面轧液温差,又可防止轧液回流到织物上造成舌状染疵。

烘干部分由红外线烘燥机、热风烘干机和单柱烘筒烘燥机组成。浸轧打底液的湿织物,需采用无接触烘燥及缓和烘燥,故在生产中采用两排红外线烘燥机预烘。预烘后经短时间的热风烘干,再进入单柱烘筒烘燥机继续烘燥。这样既不会烘焦织物,又不会产生染料泳移和正反面色差。

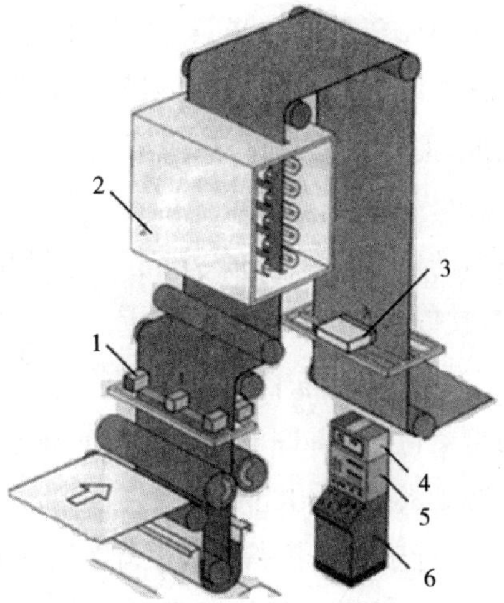

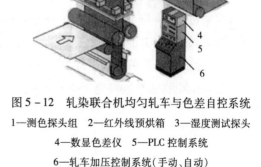

图 5 - 12 轧染联合机均匀轧车与色差自控系统

1—测色探头组 2—红外线预烘箱 3—湿度测试探头 4—数显色差仪 5—PLC 控制系统 6—轧车加压控制系统(手动、自动)

(1)红外线烘燥机:红外线烘燥是利用红外线辐射穿透织物内部,使水分蒸发,受热均匀,避免产生染料的泳移。烘燥效率高,设备占地面积小。

(2)热风烘干机:热风烘干是利用热空气烘干织物。被加热的空气由喷口喷向织物,使织物上的水分蒸发逸散到空气中。这种烘燥机效率低,占地面积大。

(3)烘筒烘燥机:烘筒烘燥是利用织物通过用蒸汽加热的金属圆筒表面而被烘干,效率较高,但易造成染料泳移。

以上三种烘燥方式相互结合使用是为了提高生产效率,保证染色质量。

2. 还原蒸洗机(后段) 还原蒸洗机由均匀轧车、还原蒸箱、水洗单元、烘筒烘干机组成,均匀轧车用于轧压还原液,可使用两辊或三辊轧车,结构及使用与三辊打底轧车相同,有时也使用一硬一软两辊轧车。浸轧槽用不锈钢薄板制成,容量一般为50~80L,槽前装有冷却隔层,可通过加冷却水或加冰块的方式,降低还原液温度。为了保持还原液的浸轧温度,打底织物烘干后,需先透风、堆置,快速降低布面温度,然后浸轧还原液。然后再进入还原蒸箱汽蒸。在蒸箱内通入饱和蒸汽,织物经过蒸箱,使纤维膨化,染料及其他化学药品扩散进入纤维内部。有的蒸箱为了防止空气进入,在蒸箱的进出口设置水封口或汽封口,这种蒸箱称为还原蒸箱(图5-13)。

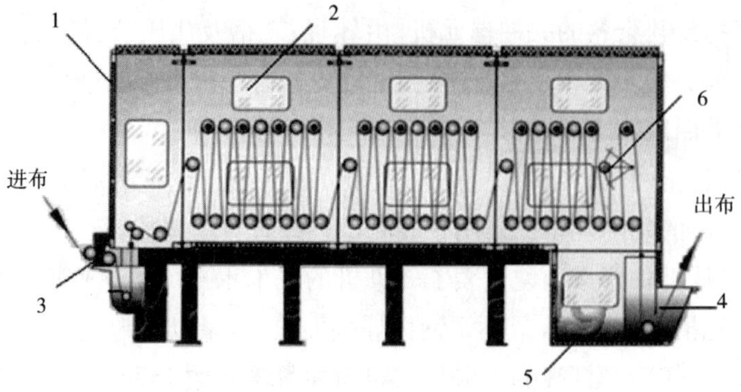

图5-13 还原蒸箱示意图

1—保温箱体 2—观察窗 3—气封口 4—液封口 5—加热盘管 6—张力调节辊

水洗单元多配置足够多平洗机,包括多格平洗槽,或选配皂煮蒸洗箱,用热水、蒸洗或皂碱液等快速净洗织物,根据不同工艺要求进行配置。皂碱蒸箱是利用二格平洗槽合并,上面再加一节制成,上蒸下煮,洗涤效果好,箱内上排主动辊由平洗轧车主动辊经链拖动或用三角皮带传动。

染后的烘干都采用烘筒烘干。连续轧染机都由上述单元机台组合而成,还可根据要增减一些单元机,以适应不同染料的染色。

(二)热熔染色联合机

热熔染色机(pad-thermofix dyeing machine)也是连续轧染机的一种,用于涤纶及其混纺织物的分散染料染色,由于采用干态高温固色,在220℃以上完成染色,温度远高于涤纶玻璃化转变温度,接近于熔化状态下被浸轧的分散染料染色,故称为热熔染色。该联合机的组成根据染色要求和被染织物的纤维种类而略有不同。如图5-14所示为HML325连续热熔轧染联合机示意图。

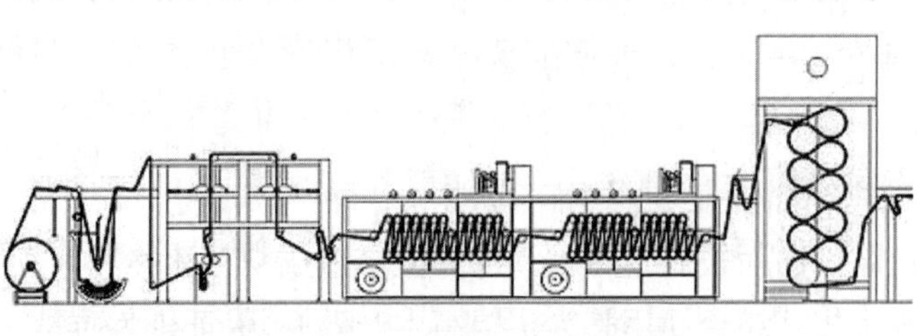

图5-14 HML 325 连续热熔轧染联合机

热熔染色机主要由平幅进布架、均匀轧车、红外线烘燥机、组合式横导辊热风烘燥机、双柱烘筒烘燥机、导辊式焙烘机、平幅水洗机、烘筒烘燥机、平幅落布架及传动装置等组成。其工作过程如下：

进布后均匀轧车浸轧分散染料染液→红外线烘燥→卧式导辊烘干→烘筒烘干→导辊焙烘→皂碱汽蒸洗涤→平洗槽→五格平洗→双柱烘筒烘燥→冷却落布

(1)均匀轧车预烘机：其结构在本书通用单元机械部分已做介绍，均匀轧车包括主动轧辊、被动轧辊、加压装置、浸轧槽、液面和温度自控装置、机架及传动等部件。用于浸轧分散染料染液。红外线烘燥机在均匀轧车后安装有两排红外线烘燥机，用于浸轧染液后织物的预烘，避免染色织物因烘燥不匀而产生染料泳移，影响产品质量。横导辊热风烘燥机安装在红外线烘燥机后面，用于对织物的进一步烘干。横导辊热风烘燥温度均匀、占地面积小、结构简单，比一般卧式热风烘燥机使用方便。

(2)导辊式焙烘机：导辊式焙烘机如图5-15所示，烘房温度为220℃，过热蒸汽加热保温或采用煤气燃烧升温装置。上排安装不锈钢主、被动导辊组，主动辊由电动机拖动；下排安装不锈钢被动导辊组。机台顶部和底部为加热室，内装煤气燃烧器、电火花煤气自动点火装置。循环离心风机排出高湿热风从主风道通往各只风嘴。温度自控系统装有二位三通先导电磁阀和自动调节煤气进量的薄膜阀。降低出布布温的三根不锈钢的冷水辊，均力矩电动机拖动，安装在出烘房区域。烘房顶上装有排气风机。在焙烘机的后面安装有冷却辊，以迅速降低布面温度，防止织物产生永久性折皱。

涤纶及涤棉混纺织物对涤纶组分染色，织物从进布架导入二辊均匀轧车，自浸轧槽底部由下向上浸轧分散染料染液，经两排红外线烘燥，至接近烘干时，导入两台组合式横导辊热风烘燥机烘干，再经烘筒烘干，即进入焙烘机进行焙烘，经冷却后落入堆布箱。

涤/棉织物染中、深色时，两种纤维均需染色。通常先用分散染料染涤纶，然后再用还原染料等染棉。这样可省去沾在棉纤维上的分散染料用还原液清洗的过程。染色时的织物运行路线如下：

进布后均匀轧车浸轧分散染料染液→红外线烘燥→卧式导辊烘干→烘筒烘干→导辊焙烘→冷却落布→二辊均匀轧车浸轧还原染料染液→红外线烘燥→横导辊烘燥→烘筒烘干→落布→卧式二辊轧车浸轧还原液→还原汽蒸→五格平洗→导辊透风→皂碱汽蒸洗涤→平洗槽→双柱烘筒烘燥→冷却落布

由于常规连续轧染机及热熔染色设备工艺流程长、穿布多，不适应现代小批量、多品种的生产发展方向。近年来，很多印染设备生产企业开发了小批量连续热熔染色联合机，核心单元机参照图5-15，可供涤棉混纺、纯棉等织物小批量连续轧染。

连续轧染的优点是染色重现性好，大批量生产成本低。现代轧染机的发展趋势：首先符合环保要求；要求小液量浸轧槽，如图5-16所示，降低染化料、水和能源消耗；轧槽可以做90°翻转，有变换染液时的自动清洗装置；染色重现性好，减少边、中、头稍及批次色差，有在线检测系统，而且可一机多用。

近年来，平幅连续轧染机主要技术进步在于：冷轧堆染色，染色均匀轧车使用微处理器监控

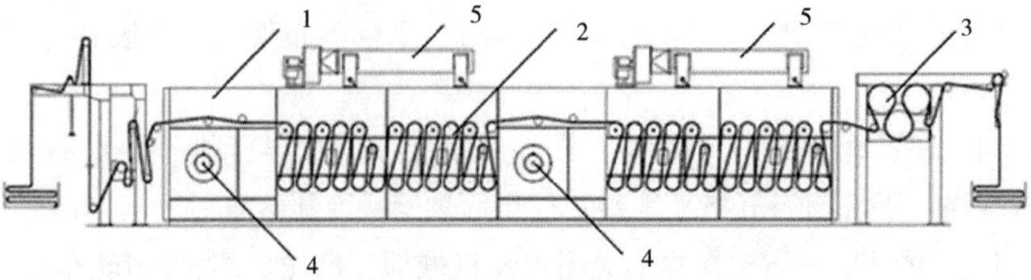

图5-15 小批量热熔染色焙烘箱示意图

1—箱体 2—导布辊筒 3—冷却辊 4—风机 5—排气风机与管道

装置,提高自动化程度;红外线预烘、热风焙烘机、还原汽蒸箱、水洗箱等单元机有所改进和提高;增加了自动给液、热能回收、废水回用等装置,提高了工艺上车率、节约了能源、降低了消耗、保证了质量。

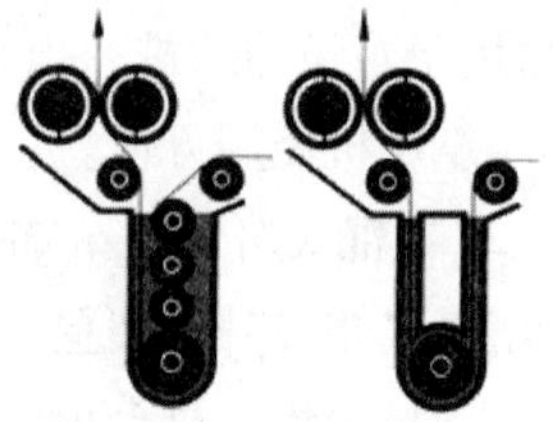

图5-16 低液量轧槽示意图

三、绳状染色机

绳状染色机(rope dyeing machine)主要用于不宜承受张力、压轧的毛织物、丝织物、化纤仿毛织物、仿丝织物以及棉、棉混纺针织物的绳状染色。也可用于某些丝织物、棉及其混纺针织物的练漂、皂洗、水洗等加工。由于这类织物容易伸长、擦伤和散脱,故不可轧染或卷染。而染色设备应满足织物承受张力小、与织物摩擦力小等基本要求,为区别起见,常称为浸染(exhaust dyeing)。发展至今,这类设备形式多样,种类繁多,有常温常压绳状染色机、常温常压溢流染色机、高温高压溢流染色机、喷射染色机以及新型气流染色机等。

按工作压力分,绳状染色设备可分为常压绳状染色机和高温高压绳状染色机。

(一)常压绳状染色机

常压绳状染色机(atmospheric pressure rope dyeing machine)使用方便,为棉针织物最常用的染色设备之一。如图5-17(a)所示普通绳状染色机,主要由进出布装置、染槽、花轮提布辊、分布架、加料装置、传动装置等组成。染色时,绳状针织物首尾缝合,经主动回转的花轮带动落入染槽内,再经导布辊提拉,完成松弛环状循环,导布路线如图5-17(b)所示。染槽为不锈钢板焊接制成,染槽内在有直接或间接蒸汽加热管,染液自底部抽出再经轴流泵喷入染槽,完成染液循环以保证染槽内各个部分染液浓度均匀,温度均匀。该机最高使用温度为98℃,机上加罩并设观察窗,以防蒸汽或其他气体逸散,使车间温度升高或污染车间环境。

20世纪60年代,绳状加工又出现了喷射染色机和溢流染色机,织物传送引入喷嘴,染液通过喷嘴与织物进行交换并推动织物运行,作用时间短,染色效率高。与传统绳状染色机相比更加节省电、水、蒸汽及化学助剂,织物染色时所受张力较小,适用于多品种小批量的合成纤维织物染色。

绳状溢流染色机(overflow dyeing machine)如图5-18所示,缸体可多台并联,靠高液位溢流带动织物完成循环,最高使用温度为98℃,织物运行过程为:织物自进布辊筒导入缸体后,首

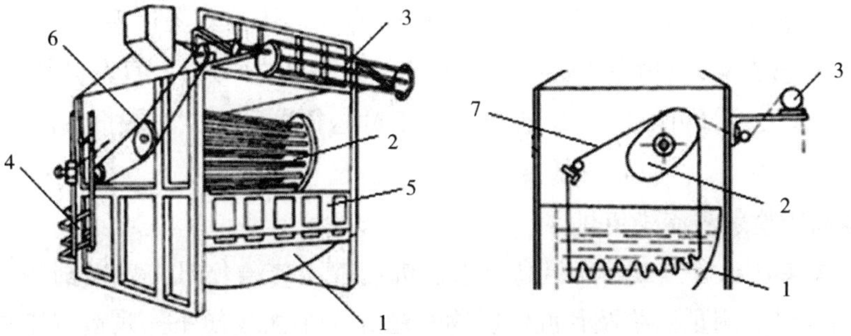

（a）浸染机　　　（b）织物运行路径

图5－17　绳状浸染机示意图

1—染槽　2—花轮提布辊　3—进出布辊　4—加热蒸汽管　5—观察窗　6—传动轮　7—织物

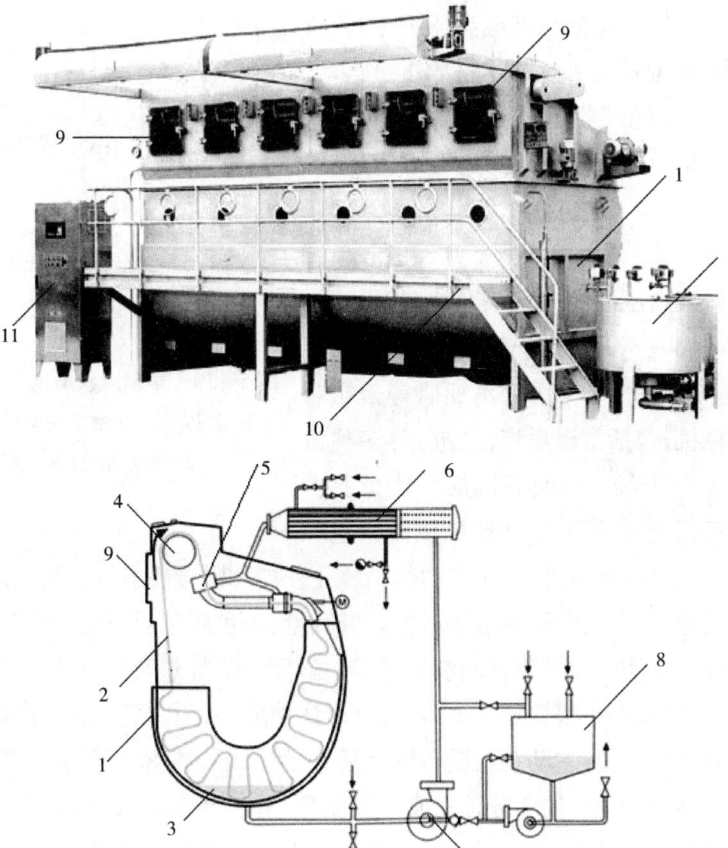

图5－18　常温常压溢流染色机示意图

1—外缸体　2—织物　3— 染缸内壁　4—花轮提布辊　5—溢流口　6—热交换器　7—染液循环泵　8—加料桶　9—观察窗　10—工作台　11—控制台

尾连接成环,织物呈绳状在缸体3内与染液相对运动并浸染,当到达缸口时被主动花轮提布辊4提起,再经溢流随高位染液推送通过导布管,再度落入缸体内与染液浸染。2~3分钟完成一次循环,并不断升温染液,织物在比较低的张力下不断重复这一过程,直至染色完成。这类溢流染色机比较具有代表性,浴比较小,染液与织物相对运行平缓,织物受张力小,织物手感蓬松、柔软。

(二)高温高压喷射溢流染色机

1. 高温高压染色机的类型 高温高压染色机与常压式染色机主要差别是缸体的密封,要求设备能耐高温高压,满足涤纶及其混纺织物在超过一个大气压下实现高温染色。20世纪60年代开始,随着化学纤维,尤其是涤纶的日益发展,采用载体法染色或依靠进口已不能满足我国市场需求。70年代后期,对涤纶及其混纺交织物即采用高温高压溢流喷射染色机进行染色。最早是引进了美国Gaston County公司在1967年国际纺织机械博览会(ITMA)上展出的加斯顿·康蒂Ⅰ型,它是一种罐状染色机,我国统称为O型缸,结构如图5-19所示。

缸体的密封盖保证了染色在高温高压下进行,染色时坯布在O型箱中靠液流和坯布本身的重量移动,坯布所受张力小,对涤纶织物染色获得满意的结果,织物手感好。该机染色操作简便,是第一款高温高压绳状染色设备。

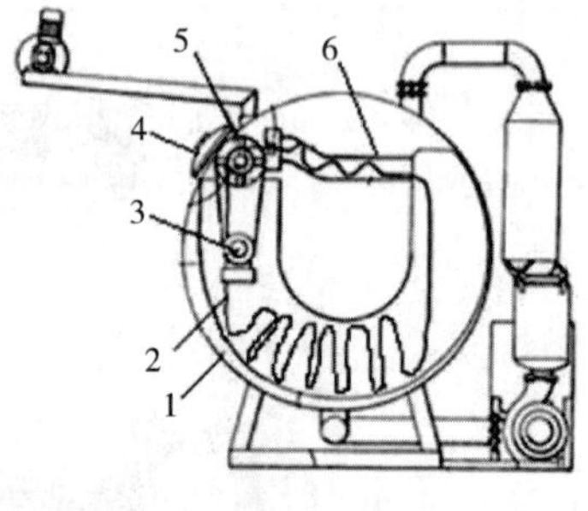

图5-19 早期罐状染色机(O型缸)示意图
1—缸体 2—织物 3—电动机 4—密封盖
5—提布花轮 6—织物喷流管

此后不久德国Thies公司就推出了U型缸和单管的J型缸等多种高温高压溢流喷射染色机(high temperature high pressure overflow and jet dyeing machine)。随后中国香港立信、中国台湾亚矶等公司制造的溢流喷射染色机,包括常温溢流(拉缸)等多种机型就占领国内大部分市场。当时我国的乡镇企业正处于蓬勃发展阶级,无锡前洲的一些印染机械厂生产出适合自己的溢流喷射染色机,推动了我国的染整业发展。溢流喷射染色机是间歇式染整用途极为广泛的一种机型,可在机内完成退浆、精练、碱减量、染色到染后清洗的全部过程。

如图5-20所示,J型缸主要由加料装置、染液循环装置、加热装置、染缸、传动装置等组成。织物运行过程为:织物自进布辊筒导入缸体后,首尾连接成环,织物呈绳状在缸体内与染液相对运动并浸染,当到达缸口时被主动花轮提布辊提起,再经加压的染液喷射挟持推送通过导布管,再度落入缸体内与染液浸染。约2分钟完成一次循环,并不断升温染液,织物在比较低的张力下不断重复这一过程,直至染色完成。染缸通过染液循环保证染缸内各个部分染液浓度均匀,温度均匀。

罐式结构有利于承压,结构紧凑,占地面积小,罐内染液呈半充满状态,浴比较小,大约为1:10。经喷嘴喷射染液,推动绳状织物在J型罐内紧密堆置,同时由于抖布空间大,织物不易缠结。采用喷射式染色,织物运行快,不易产生持久性折痕。但染色过程中会产生大量泡沫,容易造成堵缸、色花等染疵,往往依靠加入消泡剂去除泡沫。

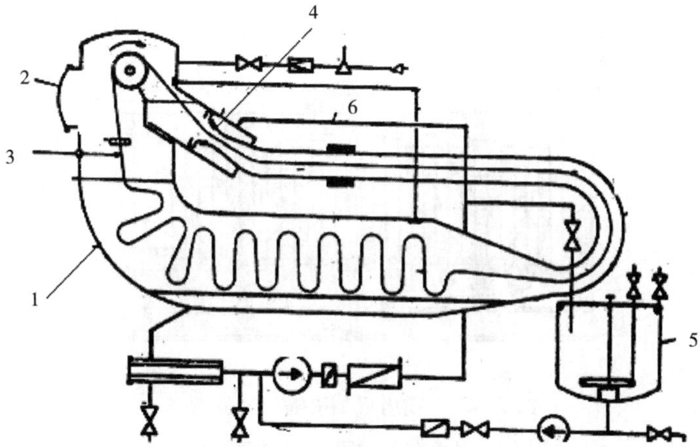

图 5－20　高温高压喷射溢流染色机(J 型缸)示意图

1—缸体　2—缸盖　3—织物　4—喷射口　5—化料筒　6—加压染液

为提高产量,该机多采用双管式并联,或多管式并联,染液在整个染机内循环,保证了染缸整体浓度一致,管数越多,批次缸差越小。该机型最高工作温度为 140℃。由于溢流喷射染机几乎能对绝大多数机织物、针织物进行染色加工,所以该设备在目前的染整企业中非常普及。

2. 设备结构对染色的影响　溢流(overflow)、喷射(jet)是指带动织物运行的动力,溢流染色带动织物运行的是染液的高位溢流,而喷射则是依靠喷射器喷出的液流带动织物在导布管中前进,最终都将落入染槽呈松弛卷曲状浸渍在染浴中并缓慢向前移动,织物运行还需要主动导辊或花栏辊筒辅助,导布辊再次提起循环运行。染液自中部抽出,经热交换器后,自喷口喷出,带动织物循环运动,常附有程控装置,可按预定工艺控制时间、升降温等。喷射溢流推动织物运行状态的比较如图 5－21 所示。

在染色过程中,织物呈松弛状态,张力很小,染色均匀,得色鲜艳,产品手感柔软,各部分所受的力更为均匀,染物手感比较柔软。

(1)喷射系统:喷射系统是染色机的心脏,泵加压后,高压染液经喷嘴的缝隙中涌出,喷射到织物上,织物受到冲击,推动前行。

(2)喷口内径选择:喷射口又被称文丘里管,被做成可调换的组件,不同规格织物选择不同的内径的喷嘴(图 5－22),一般有 75～150mm 内径三套可选,喷头的口径需要与绳状织物克重相配套,供厚型、中厚型和薄型织物染色时使用。织物厚度决定其单位重量,织物厚度越大,形成绳状以后其直径越大。过大或过小都会产生染色疵

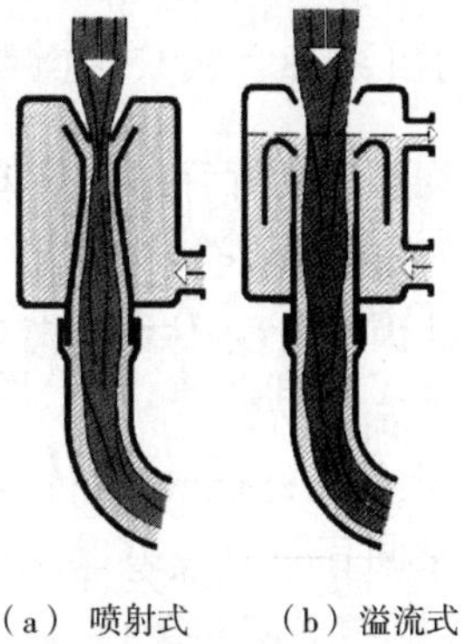

(a)喷射式　　(b)溢流式

图 5－21　喷射溢流推动织物运行状态的比较

点。喷嘴太小,织物通过困难,织物运行慢且容易擦伤。喷嘴太大,织物容易扭转缠绕,太小织物容易打结,擦伤。

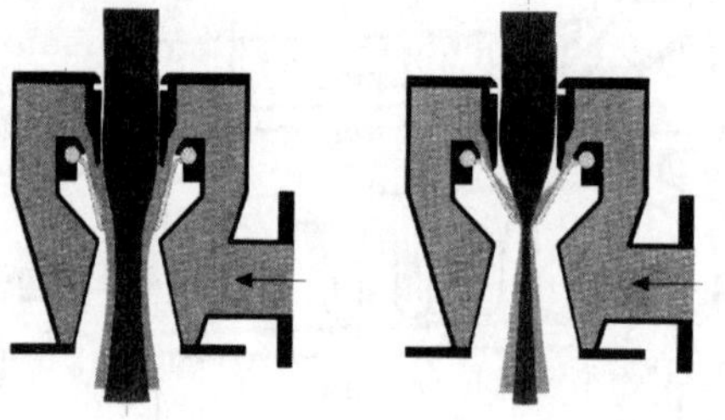

图5－22　喷射口的喷嘴口径的选择

(3)织物上走与下走:按绳状织物在缸口处观察的走式不同可以分为:上走式和下走式。提布辊提拉织物高度越高,织物带液量越大,张力越大,下走式比较适合要求加工张力小的布种,上走式的则比较适合做一些承受张力比较大的布种。如图5－23所示为J型缸织物走向示意图。

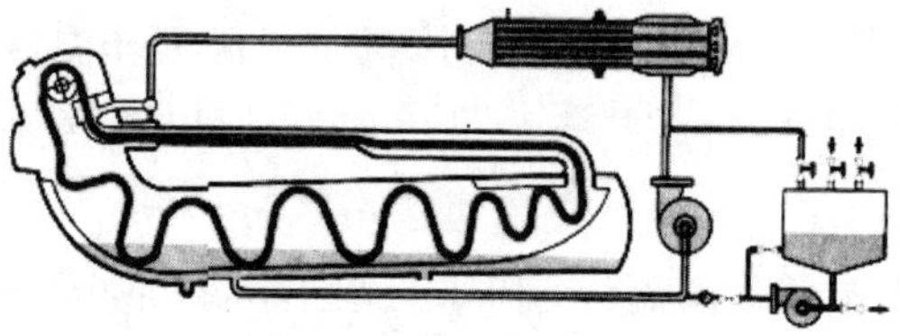

(a)织物上走式

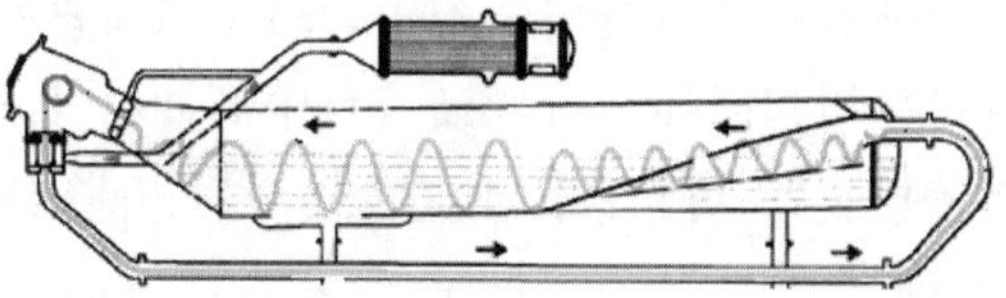

(b)织物下走式

图5－23　J型缸织物走向示意图

(4)织物经过喷嘴后高度落差:经喷出后织物落差越大,运行越舒展,有利于织物均匀上色,减少皱折产生的机会。

(5)缸体内染液:缸体内浸渍染液的织物在动力推动下运行,染液可以全充满也可以部分充满,或者是布液分离。

(6)循环系统:循环系统包括循环泵、过滤器、管式换热器、回流管路。染液不断自浸渍部分抽出,经过过滤器、循环泵、换热器重新打入喷嘴。

(7)喷口压力:喷口压力可调,可在49.06～196.2kPa(0.5～2kgf/cm^2)之间,染缸在染机在喷口压力低时主要是溢流推动,布运行速度100～1000m/min,适合于弹性布及低张力布种的特殊要求,如新合纤仿麂皮织物、桃皮绒、针织物等加工。当喷口压力增大时织物被迅速喷出的染液驱动,喷射作用占主导。喷射产生高压高速水流,适宜染不易裂纱起毛的布种,如纯涤纶、纯锦纶所织成的高密织物。

喷射溢流染色机具有批量小，品种适应性强，品种变换快，设备占地面积小，投资少的优点，但也存在如浴比大，能耗高，排放多等缺点。

近年来，高温高压喷射溢流染缸呈现出新变化趋势，改进主要体现更符合节能环保理念，要求浴比更低，如采用双幅进布，如图 5－24 所示，缸体后倾，储布槽前段与染液分离，织物被斜拉提升时带液量小，减少织物张力。槽内提布辊高度降低，也可以减少提布张力，储布槽采用 PTFE 管以减少织物运行中的阻力，并使织物在储布槽内始终处于松弛状态。双穿布缸体内织物运行如图 5－25 所示。

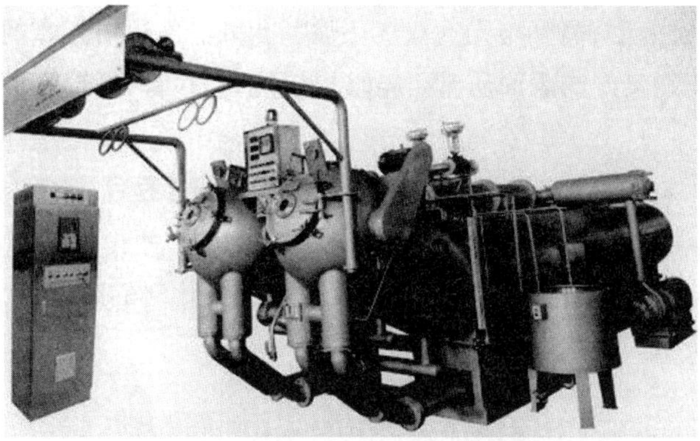

图 5－24　双穿布高温高压喷射溢流染色机（一管两布）

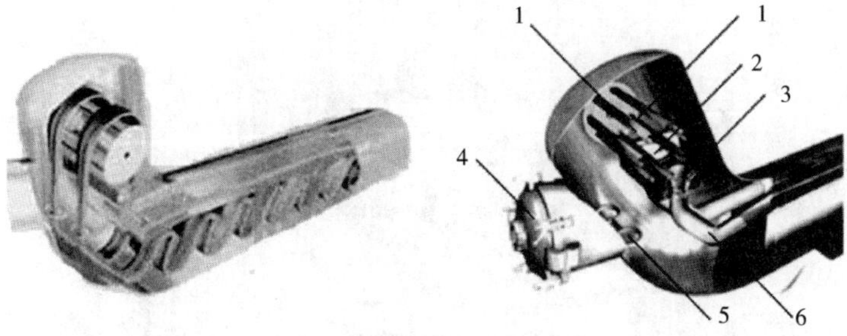

图 5－25　双穿布缸体内织物运行示意图

1—提布轮　2—溢流口Ⅰ　3—溢流口Ⅱ　4—密封盖　5—导布圈　6—溢流管

新设计也使操作保养变得更简单，自动化程度高，从进水，启动、升温、保温、降温、水洗、加药、搅拌、回水、洗桶、排水、报警、程式完成等均可编入程序，生产全自动控制。

（三）气流染色机

气流染色机（air flow dyeing machine）是一位德国工程师在 1979 年发明的，并在 1983 年转让给德国 THEN 公司，THEN 对此进行了研究并进行发展与推广，德国 Thies 公司也投入相似的研发，经过 20 多年的改进，此机型已基本成熟。近年来随着环保意识日益增强，政府加大了对用水量与排污量的限制,特别是针织物占比大幅提升,国内开始大量装备这种机型。由于它具有小浴比、高效率、出色的染色效果,在业界得到广泛推崇,是当前比较先进的染色机。

气流染色机是利用压缩空气使染液雾化,并以气雾推送织物在染缸内运行,同时高速气流将染液雾化喷射在织物上完成染色,提高液流染色机的染液与织物传质速度。

以更小的浴比完成染色,采用气动雾化系统以减少用水量,降低喷嘴压力减低织物与缸体的摩擦系数,改进织物输送机理和储布箱设计、从而达到缩短染色循环时间、减少水耗和处理织物柔和的目的。

1. 气流染色机构造 气流染色机主要由风机、循环泵、喷嘴、染槽、提布辊、出布辊、气流与液流循环管路组成,其中喷嘴是关键部位,高速气流的产生及染化料的雾化效果均取决于喷嘴。喷嘴提高了染色及水洗效率,高度抛光的双气环喷嘴能减少气流对坯布的冲击力,PTFE 槽体衬底则减少摩擦,保证织物良好的表面质量。染缸可以配2~6管,每管容量为225kg,按实际需要选配。

2. 气流染色的原理 以高压风机产生气流,经文丘里喷嘴后,高速气流雾化染液,并以高速气流而不是染液带动织物运行,同时染液以雾状喷向织物,使得染液与织物在很短时间内充分接触,上染织物。与液流染色机区别在于,水仅仅作为染化料的载体,而带动织物运行的是高速气流,如图5-26所示。染色过程存在三个循环:

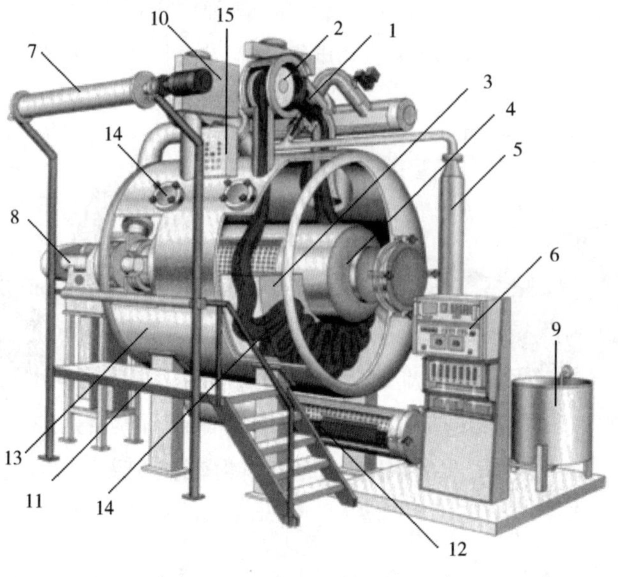

图5-26 气流染色机构造示意图

1—气流喷嘴 2—提布轮 3—PTFE 缸体内衬 4—热交换器 5—气流滤清器 6—PLC 工艺控制台 7—进出布辊 8—鼓风机 9—化料桶 10—提布电动机 11—操作台 12—染液过滤器 13—缸体 14—织物 15—手动控制面板

(1)气流循环。染缸内的空气通过空气滤清器后由一个鼓风机加压,形成强大的高速气流，该气流通过空气输送管道，分别送达各个喷嘴，在喷嘴里高速气流将染液带出瞬间雾化，从喷嘴里喷出的带有雾化染液的气流带动织物运行，同时雾化的染液均匀地接触织物。从喷嘴喷出的气流进入染缸内，经过空气滤清器又吸回风机，经风机加速后重新输送到喷嘴，如此反复循环。

（2）液流循环。染液集中在 PTFE 衬底下方的染缸底部，经过染液过滤器，再由一个很小的染液循环泵输送到热交换器，然后通过细小的输液管分别输送到喷嘴处，在喷嘴处染液被高速气流产生的压差瞬间雾化在气流中，喷向织物使织物带色上染，由于染液温度不断提高，染色就按规定的升温曲线进行。从喷嘴处出来的织物落在底部有 PTFE 棒状衬底上，织物上多余的染液会自动滴流到染缸底部，又经输液管到染液过滤器，经染液泵循环运行。气流染色机液流气流管路示意图如图 5－27 所示。

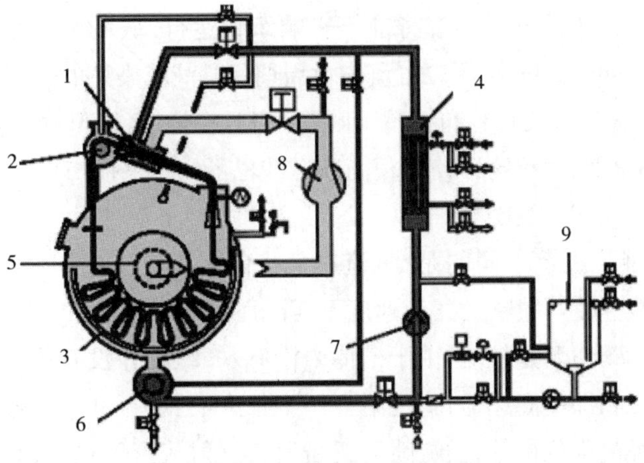

图 5－27　气流染色机液流气流管路示意图

1—气流喷嘴　2—提布轮　3—PTFE 缸体内衬　4—热交换器　5—气流滤清器
6—染液过滤器　7 加料泵　8—鼓风机　9—化料桶

（3）织物循环。在气流的作用下，经过提布轮的帮助，织物在染缸内快速运行，织物经过提布轮时是绳状，过喷嘴后在气流作用下舒展，又在往复摆布装置作用下，较均匀地堆置在衬底 PTFE 棒上，不容易压布。染液吸尽条件不同与液流缸，织物不再是从缸体内染液中吸染料，而是从分散在织物上的雾滴中吸收染料。如此三个循环反复作用，最终完成布匹染色。

3. 气流染色机的特点　与喷射溢流染色机相比，气流染色机设备结构有明显差别，形成了其明显特点，对染色品种、染色质量产生影响，下面简单分析如下：

（1）小浴比染色。因为带动布运行的载体是气流而不是水流，故而减少了用水量，另外由于染液重量减轻，节约了液流循环的能耗。浴比从 1∶10 降低到 1∶3。鼓风机风量可精确调节，达到布速恒定运转。

（2）织物快速染色与匀染性。由于浴比小，热交换效率高，升温速率可达 8～10℃/min，大大缩短了从起染时的温度到 90℃ 所用的时间，其次染液循环快，布运转速度高，织物在很短时间内与染液多次交换,充分匀染条件下,快速吸尽染料。匀染性取决于染液的温度和浓度分布,染液经过喷头成为气雾状小颗粒,染液在雾化室高压与气流发生混合,混合的过程在瞬间完成,雾化的液流直接喷射在织物表面,渗透力强,接触面大而且均匀,同时织物在高速气流中充分扩展抖动,保证织物的匀染性。两组喷淋管能促进染液充分交换,保证匀染。

对于超细纤维织物,由于其比表面积大,染料吸收快,如果没有染液与织物快速运动,织物很容易染花,但对普通液流染缸,织物与缸体摩擦大,织物运转速度受到限制,极容易造成染疵。气流缸则使织物运转加快,摩擦损伤降低,保证非常短时间内与染液充分接触,可以匀染,对其他高档织物,如 Tencel,桃皮绒、麂皮绒均可获得良好的匀染性,并且可获得非常柔软的手感。

(3)高温排液:高温高压喷射溢流染色机染色完成后,一定要以加热管通冷水,间接降温从135℃降低到50℃才可出机。该机因无须染液或水作为媒介输送织物,从装载到程序结束,织物始终在运行,即使在排水和注水过程中也是如此。可以高温排液是气流染色机优点之一。因为织物运行靠气流,所以工艺要求高温排液不影响织物运行,从135℃降低到100℃,只要1~3min,而液流机则需要40~50min,所以气流染色周期仅是液流染色的一半。

(4)PTFE 棒缸体衬底。染缸容布槽是半圆式 PTFE 棒构成,PTFE 俗称特氟龙,铺设于染缸底部使摩擦系数大幅降低,使织物即使以很高速运转也不致摩擦损伤,导布槽设计使织物张开,既消除了织物皱条,又利于染液交换。

(5)提布轮。与液流染色不同的是,气流染色机的提布轮不是织物运行的推送主要动力源,不会因为提布辊线速度与喷嘴的气流速度不匹配而出现堵布现象。提布轮仅起到使织物换向的作用,织物运行的动力源是气流,由于槽体内没有水,织物并没有浸没在染液中,提升中并不会增重很多,所以织物即使高速运行,也不会产生很大的张力,这一点液流染色机很难做到。对于薄织物,除了纯溢流染色机外,溢流喷射或喷射染缸射流密度较大,高速条件下,容易产生很大的冲击力,而气流密度较小,即使再高速条件下,也比较柔和。所以气流染色对织物损伤非常小。在液流染色过程中,如果是染液半充满状态,容易产生大量泡沫。必须加消泡剂。

采用计算机自控装置控制各种工艺参数,特别是使织物速度、绞盘驱动与喷嘴中液流之间的同步协调,以尽可能实现织物的柔和处理,普遍采用的触摸屏技术使操作更简便。

应指出气流染色机增大了对电能的消耗,风机是染色机核心,产生的高压气体进入雾化室以满足雾化、染色和送布的需要,意味着要产生风量、风压巨大,需要强大的风机提供巨大的动能。

(四)多向循环缓流染色机

最近由意大利 Brazzoli 推出新改进方案,也可以降低染色用水,同时电能耗费并不大。其主要构思是:普通溢流染色机液流推动织物运行,染液与织物间相对运行方向始终相同,如图5-28(a)所示,织物与染液循环方向相同,不能明显降低织物表面的扩散边界层,由于染色速度取决于染料向纤维内部扩散,扩散边界层或称为滞留底层对染色速度影响最大,普通染色速度比较慢。而由其推出的多向缓流(multi-flow)高温高压染色机,增加了液流垂直织物运行方向的循环,加大了液流湍流,降低了滞留底层的厚度,使染料向织物扩散变得容易,增加染色速度。如图5-28(b)所示,同时由于化料箱加料温度一般会与染液有温度差,这容易引起色花。增加液流方向,使缸体内染料浓度与染液温度更趋于均衡,染色质量提高。

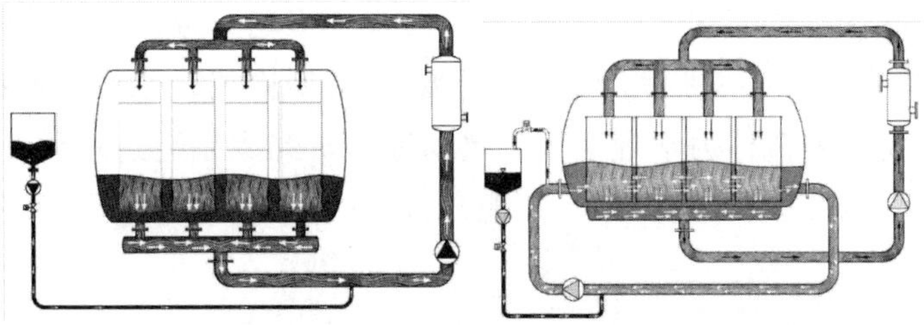

（a）普通液流循环　　　（b）多方向液流循环

图 5－28　多向循环缓流染色机

此外，同时改进了并联染缸织物的运行路径。如图 5－29 所示，普通染缸每一管内织物环是单独闭合，管与管之间由于布环长度不同、喷嘴压力与给液量大小差异，容易引起管差，而改进后织物只有一个布环，在染色过程中连续不停地在每个染槽间穿梭，避免造成管差。国内已有厂家装备了多向循环缓流染色机，节水效果仍不如气流染缸，此项技术仍在不断改进完善中。

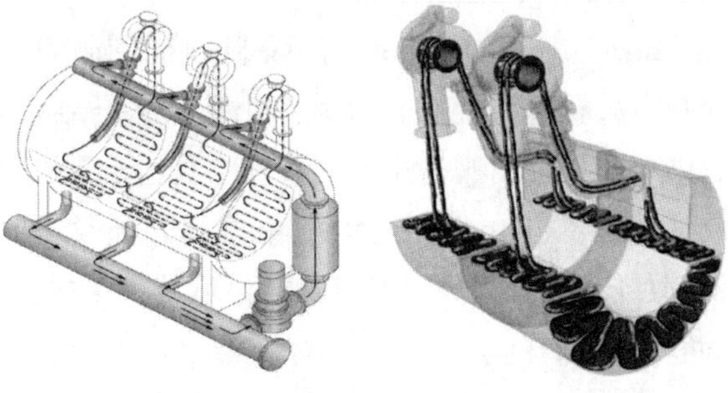

（a）普通染缸穿布　　　（b）改进染缸穿布

图 5－29　穿布路线对比示意图

尽管绳状染色机采用多项改进措施，但无论是气流染色机还是多向缓流染色机均有一定的产品适应性，新型染机控制要点与常规工艺也有所不同，需要不断地实践摸索和总结（图 5－30）。

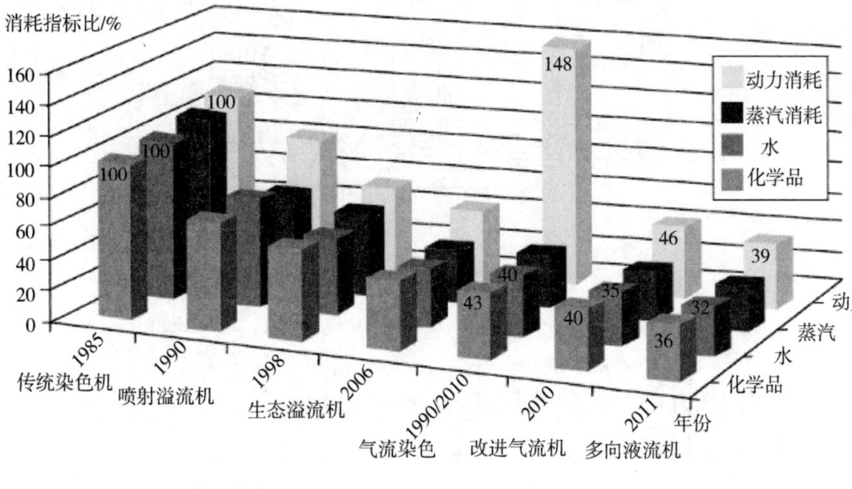

图 5－30　高温高压染色技术水电汽机化学品消耗对比图

新型绳状染色机在我国有仍有很大的市场,国内设备厂正迎头赶上,目前国产气流染色机的性能不断提升,随国家技术进步加快,环保意识增强,新型染色机会有更好的未来。当今,许多新的研发成果已将染料流体力学理论和高效助剂的研究成果通过现代化设计手段应用在新型染机装备中,只有染厂与设备厂的互相配合,才有利于促进染色设备的国产化和染色技术的进步。

第三节　其他染色设备

一、散纤维染色机

散纤维染色设备适用于毛纺织染整厂对散毛或其他散纤维的染色。有间歇式和连续式,这里仅对间歇式做简要介绍。

间歇式散纤维染色机(stock dyeing machine)由装料圆桶、圆形染槽和循环泵等组成,如图5-31所示。圆桶有一中心管,桶壁和中心管上满布小孔。将纤维装入圆桶,置于染槽内,放入染液,开动循环泵,升温染色。染液由圆桶中心管流出,通过纤维和圆桶壁由里向外,再回到中心管形成循环。有的散纤维染色机由一个锥形锅、染槽和循环泵组成,锥形锅的假底和锅盖上都布满小孔。染色时,将散纤维装入锅中,加盖压紧,然后置入染槽。染液经循环泵通过假底由下向上流出锅盖,形成循环进行染色。

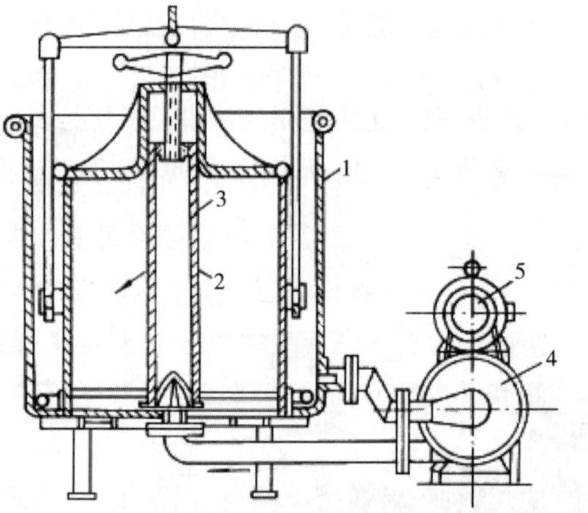

图5-31　散毛染色机

1—染槽　2—散毛桶　3—多孔芯轴　4—染液循环泵　5—电动机

染色的温度和时间按升温工艺曲线控制,染毕放去残液,注入清水,循环洗净纤维上的浮色,然后吊起散毛桶取出纤维。

二、毛条染色机

毛条(top)是指纺纱车间梳理出的粗纱,染色前往往把毛条倒成毛球进行染色,故又被称毛球染色机(top dyeing),适用于羊毛或涤纶等纤维的条子染色。也分间歇式和连续式两种:主要结构与桶式散纤维染色机相似。染色时,把绕成空心球状的条子放入筒内并拧紧筒盖,染液在循环泵驱动下,自圆筒外穿过壁孔进入毛球,再从多孔的中心管上部流出,反复进行至染色完毕染毕,放去残液,注入清水,洗净浮色,取出毛球。多数毛球染色机有 4 个毛球桶,可对毛条染色或者用于涤纶条载体染色。毛球染色机如图 5-32 所示。

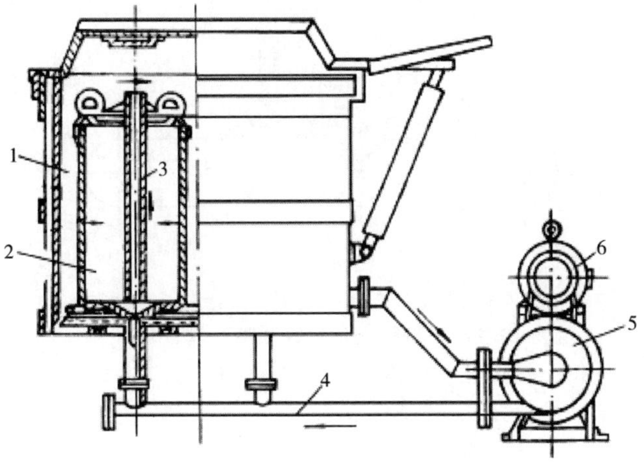

图 5-32 毛条染色机示意图

1—染槽 2—毛球桶 3—多孔管 4—染液循环管 5—循环泵 6—电动机

思考题

1. 试根据不同纺织品类别,分述常用染色机的种类有哪些?

2. 说明筒子纱染色机结构组成有哪些?与绞纱染色机相比有何应用上的优势?

3. 织物卷染机经向张力不匀是主要问题,哪些因素会导致织物张力不匀?

4. 棉织物染色常用染色机械有哪些?涤纶织物染色呢?

5. 绳状染色机有哪几个部分组成,还可以用于哪些工序,为什么?

6. 什么是溢流染色?什么是喷射染色?二者有何区别?

7. 解释气流染色机工作原理,应用气流染色机为何可以节能减排?

8. 气流染色机使织物高速运转而织物并没有擦伤,主要是因为什么?

9. 绳状染色机经历过几代改进,使得染色用水量大幅降低,试列举四种重大改进,并简述改进后为什么可以降低用水量?

10. 为什么中高辊、中支辊、中固辊为改善轧液的均匀性的措施是消极的?

11. 对均匀轧车的主要要求是使被浸轧织物获得左、中、右以及头、尾部位均匀一致的轧余率。提高其轧液均匀度的方法有很多种,试举出 5 种不同的均匀轧车,并简述其获得均匀轧液的理论依据。

12. 简述油压内支撑均匀轧车(德国 KÜSTER 型)组成和工作原理。

13. 多向循环缓流染色机为什么可以提高染色速度?

14. 生产色织面料需要纱线染色,工厂配备的染缸容量很有多种,试解释原因。

15. 试以 Auto CAD 画出图 5-27 和图 5-28 的草图。

第六章 印花机

印花机是将一种或多种不同颜色的染料或颜料在织物上印制所需要的花纹、图案的专门成套设备。根据印花工艺路线，成套印花设备可以分为印花主机和印花辅机。印花主机是指用于印制图案和固色处理等工序的印花设备；印花辅机是指花版制作、色浆调制等印花设备。

纺织印花设备发展历史悠久，最早使用的是手工操作的型纸板（或金属薄板）印花和凸纹木模印花。1785 年开始将凹纹印花的铜辊印花机应用于工业生产，可以连续印花，生产效率大为提高。但铜辊印花织物的张力、压印力较大，不能适应蚕丝织物和某些轻柔织物的印花，并且经向（纵向）花纹尺寸受到花筒周长的限制，不能印制大花纹图案。19 世纪，人们在型纸板印花的基础上发展为手工操作的筛网印花。虽然这种平面筛网印花生产效率较低，但能印制较大花纹，可以适应只能承受低张力织物的印花要求，并且有型纸板印花所不能达到的复杂而精细花纹的印制效果。1950 年人们又将手工操作的平网印花设备发展成全自动的平网印花机，提高了生产效率，减轻了操作劳动强度，印制精度也有所提高。随后，人们又在铜辊印花和平网印花的原理基础上研制了圆网印花机，并于 1965 年成功地应用于工艺生产，与平网印花相比，可连续印花，提高了运行布速。热转移印花技术出现于 20 世纪 60 年代后期，利用分散性染料升华原理，将印制在纸张上的花型转移复制到织物上。20 世纪 70 年代中期转移印花技术开始同传统印花一样投入连续性生产。冷转移印花又被称为湿法转移印花，是对棉、毛、丝等天然纤维织物印花，经轧碱后的织物与转移纸同时进入转印辊筒，转移印花纸上有染料的一面与被印的织物密合，通过压力作用使染料从纸上脱离，将转移印花纸上的图案或文字转印到织物上。20 世纪 60 至 70 年代美国 Milliken 公司开发的 Millitron 系统和奥地利 Zimmer 公司开发的 Chromojet 系统为纺织品数字喷墨印花设备奠定了基础，改变了传统印花需要将图案分色印制的缺点，印花生产工艺流程大大缩短。随着喷墨印花机印制速度的加快以及墨水成本的下降，将会具有更广泛的应用前景。

目前，常用的印花机可作如下分类：

近二十多年来，由于印花产品趋向小批量、高档化发展，各类印花机的印制效果和对印花产品的适应性，花筒雕刻、筛网制板的难易以及加工成本等原因，筛网印花机成为国内外使用印花机的主流趋势，其中尤以圆网印花机的增长更为突出。本章对滚筒印花机、筛网印花机、转移印花机以及喷墨印花机进行介绍。

- 印花机
  - 滚筒印花机
    - 放射式滚筒印花机
      - 单面滚筒印花机
      - 双面滚筒印花机
    - 立式滚筒印花机
    - 斜式滚筒印花机
  - 筛网印花机
    - 台板式平网印花机
      - 手工操作式
      - 自动移框刮
    - 自动筛网印花机
      - 平网式
      - 圆网式
        - 卧式
        - 立式
          - 单面印花
          - 双面印花
        - 放射式
      - 平网/圆网式
  - 转移印花机
    - 间歇式（平板压烫式）
    - 连续式（辊式）转移印花机
  - 喷墨印花机
    - 按需喷墨印花机（drop on demand，DOD）
    - 连续喷墨印花机（continuous ink jet,CIJ）

第一节　滚筒印花机

滚筒印花机是18世纪苏格兰人詹姆斯·贝尔发明的，所以也称贝尔机。他把花纹雕刻在铜辊上，将色浆藏于凹纹内并施加到织物上，故滚筒印花机又称为铜辊印花机，随着花筒回转，雕刻在铜辊上凹纹(阴纹)中的色浆压印到织物上，并再次由给浆辊补充，经刮浆刀刮除滚筒表面多余的色浆，再次付印，循环往复，连续生产。

一、滚筒印花机的分类

滚筒印花机按花筒排列方式不同可分为放射式滚筒印花机、立式滚筒印花机和斜式滚筒印花机三种类型。

放射式滚筒印花机根据在织物单面还是两面印花，又可分为单面滚筒印花机和双面滚筒印花机。图6－1所示即为放射式铜辊印花机，多只花筒围绕一只大承压辊面呈放射式排列。双面滚筒印花机如图6－2所示，主要供一些装饰用织物印花。

立式滚筒印花机如图6－3所示，每只花筒配有一只小直径承压辊，运转较轻，操作较方便。斜式者每组花筒、承压辊按斜线排列。

滚筒印花机常见的是放射式单面滚筒印花机，是由进布装置、印花机头、衬布和织物的烘干装置以及出布装置所组成。其中印花机头包括承压滚筒、印花滚筒、刮刀及出布装置。浆盘中盛放印花色浆,色浆由给浆辊带到花筒。滚筒印花机必须与烘燥单元组合成联合机使用,如图6-4所示。

滚筒印花机曾经非常普及,但因其花筒雕刻费工费时,花回大小和织物幅宽受限,放射性滚筒印花织物所受张力大,印花套色受限制,一般只能印到七套色,对花困难,以及劳动强度高,操

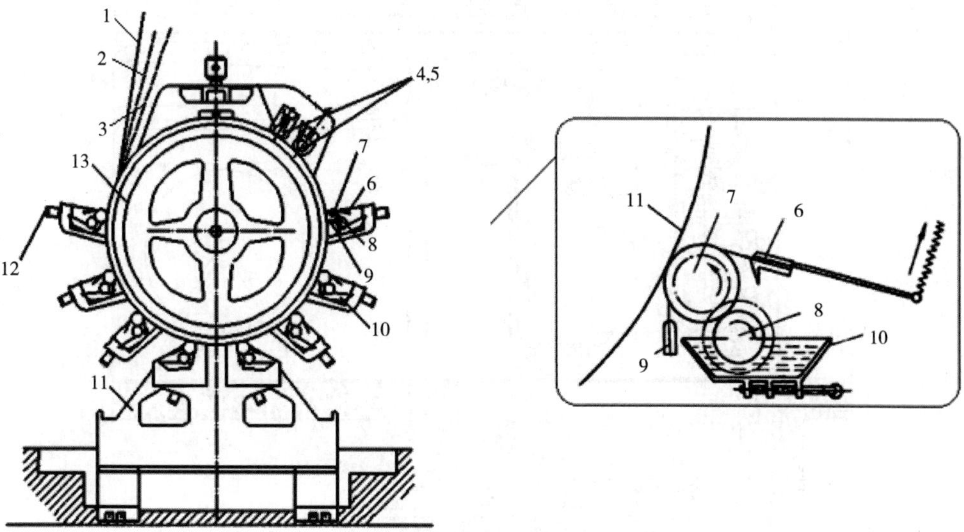

图6-1 放射式滚筒印花机示意图

1—印花织物 2—衬布 3—橡胶衬布 4,5—压辊 6—刮浆刀 7—花筒 8—给浆辊 9—除尘刮刀 10—浆盘 11—承压辊 12—加压油缸 13—机架

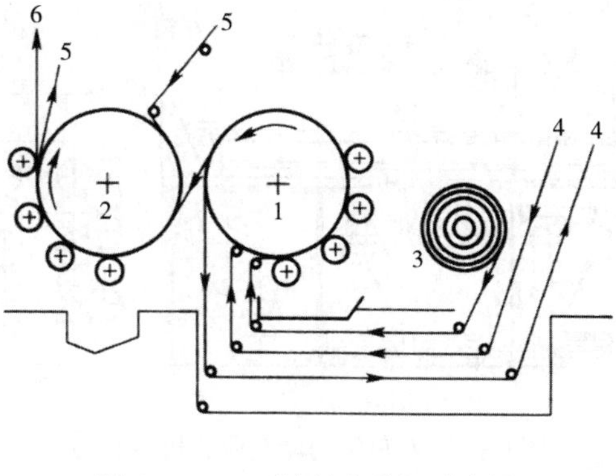

图6-2 双面滚筒印花机示意图

1,2—承压辊 3—待印织物 4,5—衬布 6—印花织物

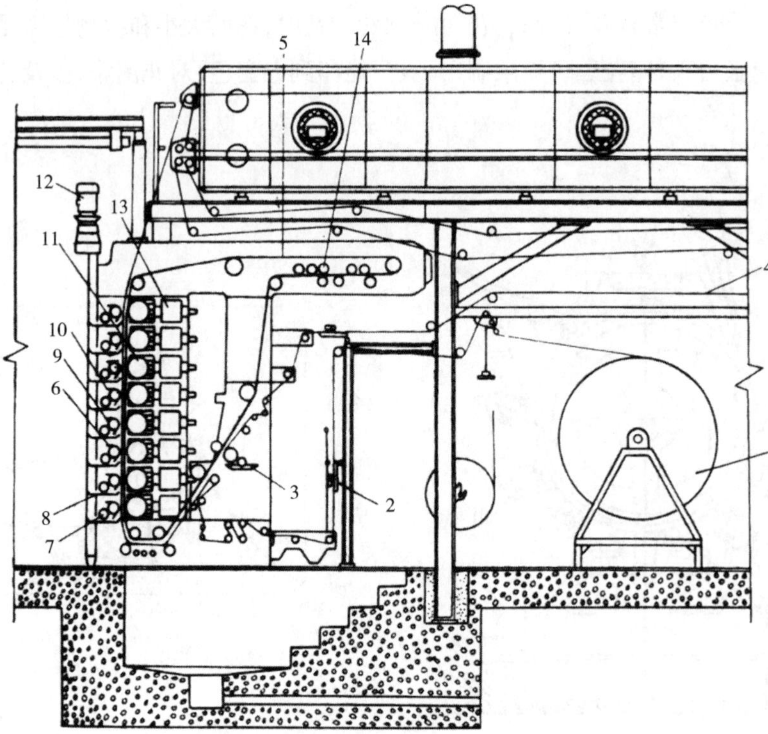

图6-3　立式滚筒印花机示意图

1—织物　2—吸边器　3—贴布装置　4—衬布　5—橡胶衬布　6—花筒　7—给浆辊　8—浆盘
9—刮浆刀　10—除尘刀　11—承压辊　12—刮刀传动机　13—气缸　14—清洗装置

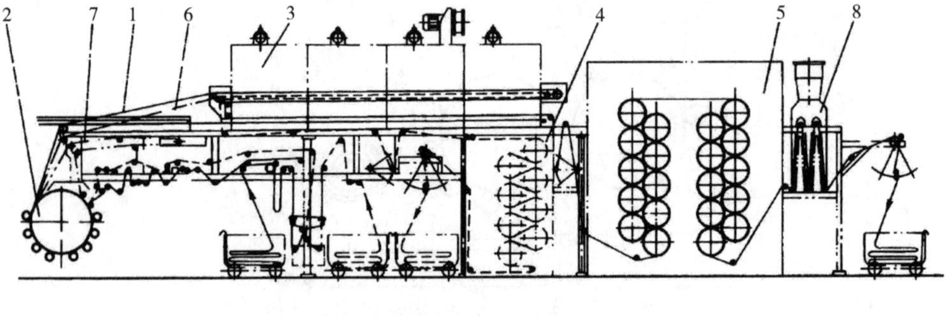

图6-4　八色滚筒印花联合机示意图

1—印花织物　2—滚筒印花机　3—热风预热机　4—衬布烘燥机
5—花布烘燥机　6—衬布　7—橡胶衬布　8—冷却装置

作维修不便等原因，属逐渐被淘汰的印花机。

二、烘燥设备

烘燥部分由衬布烘燥和印花织物烘燥两部分组成。衬布烘燥是为了烘干衬布表面由印花织物边部外侧印上和透过印花织物沾上的色浆，通过小烘筒烘燥即可(图6－4)。

印花织物烘燥是为了烘干刚印花纹色浆，以免在机内和出机后产生搭浆、沾污；因此在最初烘燥阶段只允许印花织物反面接触导布辊、烘筒。烘燥方法有多种，应从织物品种、烘燥效果、烘燥效率、设备投资、操作维修及设备占地面积等综合权衡选用。常用的印花织物烘燥设备有以下几种。

1. 中型烘燥设备　采用六只中型烘筒组成的烘燥机，其特点是印花织物反面与筒面接触，烘筒热面利用率高，但穿布操作不便，织物张力较大，如图6－5所示。

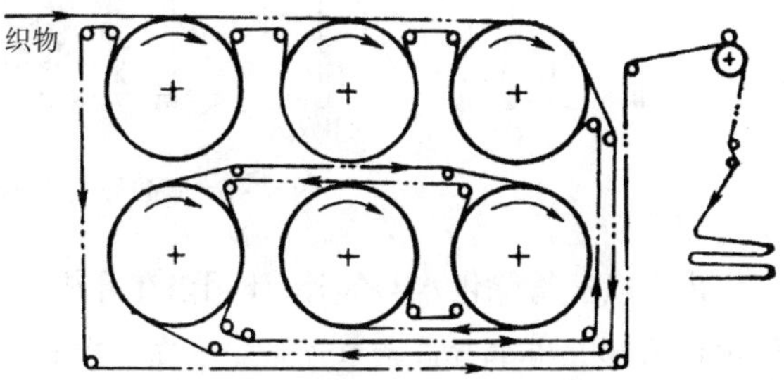

图6－5　印花织物烘燥

2. 热风烘燥和烘筒烘燥组合的烘燥设备　如图6－4所示，印花织物先在进布部分基架上方的热风烘燥机预烘，而后再经两柱小烘筒烘燥机继续烘燥，烘燥效果较好，为目前采用较多的印花织物烘燥方法。为适应涤棉混纺织物的印花，烘燥后出布前设有使印花织物冷却的装置。

三、蒸化机

1. 还原蒸化机　蒸化是印花加工的后续阶段，在相对封闭的箱体内以高温蒸汽作为媒介完成染料从印花色浆向织物转移和固色，蒸汽冷凝提供热量和水分，完成纤维和色浆的吸湿和升温，从而促使染料的还原和溶解，并向纤维中转移和固着。蒸化机是用于对织物印花或染色后进行汽蒸，使染料在织物上固色的专门设备。在蒸化机中，织物遇到饱和蒸汽后迅速升温，此时凝结水能使色浆中的染料、化学试剂溶解，有的还会发生化学反应，渗入纤维中，并向纤维内部扩散，达到固色的目的。所以，蒸化机必须提供完成这一过程所需的温度和湿度条件。根据织物传送形式的不同，蒸化机分为导辊式蒸化机和长环式蒸化机两类。

以棉织物还原染料色浆直接印花后的还原蒸化为例，在还原蒸化机汽蒸过程中，蒸汽散热使织物迅速升温，随之纤维吸湿溶胀，色浆吸湿使碱剂溶解、还原剂还原，而后还原染料还原、溶解，开始向纤维扩散。主要由于自管道喷向机内的饱和蒸汽减压而过热，以致机内蒸汽过热，且温度并不均匀，上中部分往往高达115℃左右。但机内蒸汽过热程度不宜过高，也不宜全在饱和蒸汽中汽蒸，通常控制在机内蒸汽略有一定正压力下，于102～105℃汽蒸。因而过热程度是该机唯一的控制参数。还原蒸化的另一要求是不允许空气进入机内，以体积百分比计，机内空气含量不应超过0.3%。开机时预先喷蒸汽排除机内空气。

图6-6为LM433型还原蒸化机示意图。它是印染设备的早期机型,上列48只导布辊中相邻两辊中的一只由主动长轴经圆锥齿轮传动,该辊另一端通过链传动相邻的一只导布辊。下列为48只被动导布辊,其中6只经三角胶带由下列导布辊带动而略有超速。主、被动导布辊的双列向心球面轴承安装于左右铸铁箱壁外侧,以延长其使用寿命并便于保养检修。

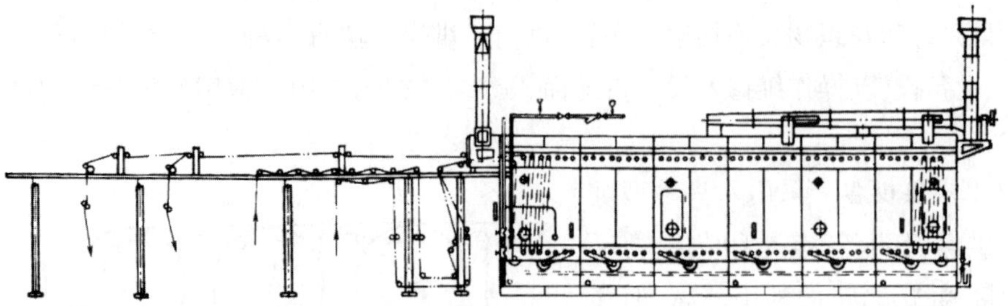

图6-6 LM433型还原蒸化机示意图

机内有喷气管除供水蒸气外,还用以在开机前喷气排除机内空气。机内底部为一水槽,其水位由槽后部的溢水弯管调节控制。水面下由直接蒸汽加热管和间接蒸汽管加热管加热产生常压饱和蒸汽调节、降低机内过热程度。为避免水槽内蒸汽和水滴直接喷溅到织物上造成水渍,在水槽上装有铜丝网、花铁板并覆盖粗麻布。机顶部位铸铁蒸汽夹板以防凝结水滴。LM433型还原蒸化机的主要特点:

(1)通常还原蒸化机的进出口设在机前下部,为一蒸汽夹层结构小箱,两侧连有排气管,进、出布口为同一较窄的口缝,并采用汽封阻止空气进入机内,此型还原蒸化机的进、出口设在机的上部,可避免机内下方的水槽产生的饱和蒸汽外逸,并有利于排出机内前上方的过热蒸汽,进而有利于机内蒸汽循环。同时,更有效地阻止空气进入机内,进出布口处的导布辊面不易产生冷凝水。

(2)织物进机后的穿布路线是先经下列导布辊下面6只略有超速的导布辊运行至后面,再在上下两列导布辊间运行至进出布口出机,从而使织物先受到水槽产生的饱和蒸汽汽蒸加热,较旧型还原蒸化机内织物先上下运行至后面,再从上列导布辊上方运行至进出布口的穿布路线有利于刚进机内的织物及其上的色浆充分吸湿。机内上方中部和后部的过热废气可从机后部排气管排出。

印花织物在几倍可双层联系汽蒸,单层容布量225m,汽蒸时间3~11m,汽蒸温度102~105℃,运行布速20~70m/min。

2. 导辊式蒸化机 导辊式蒸化机适用于棉及涤棉混纺织物中的还原染料或活性染料印花后常温常压汽蒸固色。织物在导辊间竖向穿布,为双面接触、紧式传送织物的蒸化机,如图6-7所示。该机公称宽度有1100mm和1600mm两种,印花织物可以单层或双层在机内连续蒸化,车速20~70m/min,容布量以单层计约225m,蒸化时间3~11min,汽蒸温度102~105℃。

蒸化机上部导布辊为主动辊,并采用单向超越离合器,可通过离合器的滑动使织物张力自

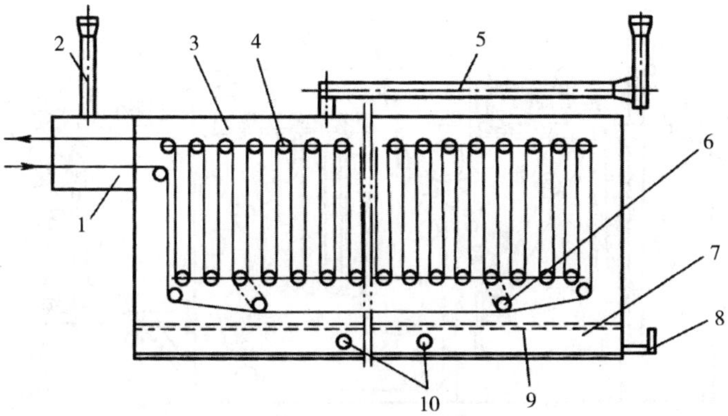

图 6-7 导辊式蒸化机

1—进出布气封口 2,5—排气管 3—箱体 4—导布辊 6—超速导辊 7—水槽 8—溢流管 9—多孔隔板 10—蒸汽管

动调整均匀。气封口及箱顶均为蒸汽夹套加热,箱顶后部有风机排汽,在蒸箱升温时使用,可以消除箱顶滴水;箱底有蒸汽直接加热的水槽,槽内还有蒸汽间接加热管。通常水面上还装有两根紫铜喷汽管,除供给饱和蒸汽外,还可在开车时用来排除机内空气。为防止水槽内水滴和蒸汽飞溅到织物上造成水渍,水槽上面有多孔隔板,还可在上面铺粗麻布等物。另外,还有蒸汽引射冷凝水喷雾的给湿装置等。

织物从蒸化箱上部的进出布汽封口进入机内,先向下经最下面的六根超速导布辊,然后向上,自上排最后一根主动导布辊开始再由后向前在上下导布辊间穿行,运行到前上方进出布汽封口处出布。这样使进机织物先受到蒸汽给湿预热,再上下穿行,有利于色浆中的染料充分溶解、反应、固着。湿度较大的废热气,由蒸箱后面的排气管排出。

3. 长环蒸化机 长环蒸化机适用于常温常压蒸化、高温常压蒸化和热空气焙烘三种工艺,织物呈悬挂状,为单面接触松式传送织物的蒸化机。适用于各种染料和涂料印花工艺,按热源可分为热油蒸化机和蒸汽蒸化机两种,按箱体结构可分为有底蒸化机和无底蒸化机两种。

(1)有底长环蒸化机。图 6-8 所示是常压有底高温蒸化机,可做双幅或双层织物汽蒸。该机工作幅度在 1600~3600mm 之间分档,每档间隔 200mm;车速为 4~40m/min、5~50m/min、8~80m/min、10~100m/min;容布量在 140~420m 之间分档,每档间隔 70m;蒸化时间为 2.1~21min、4.2~42min;工作温度 100~210℃;成环长度 1.25~2.5m。箱体为密闭有底结构,进出布处均有汽封口,蒸箱内底部有直接蒸汽喷管供汽、给湿。顶部有间接蒸汽保温,防止滴水。湿空气经箱体下部左右两侧的四台离心风机吸入,由箱体两侧夹层风道内的热油加热器加热,温度可达 185℃,再从顶部喷向织物。当采用饱和蒸汽汽蒸时,加热器内就不再需要输入热油,而是采用机外水箱填料式饱和蒸汽发生装置,从两侧中部喷射饱和蒸汽,用于常温常压蒸化。

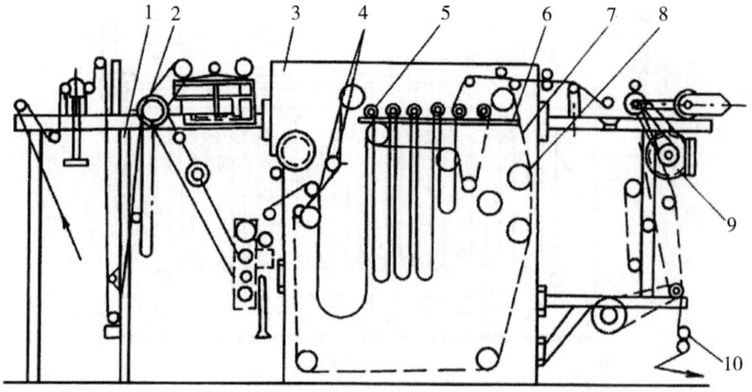

图6-8 常压有底高温蒸化机

1—进布架 2—进布汽封口 3—引布辊 4—挂布辊传动链 5—出布汽封口
6—落布架 7—容布量控制装置 8—布环 9—挂布杆 10—落布装置

如图6-9所示为该机成环机构及织物成环过程图。在蒸箱内左右两侧各有一条环形传动链,节距32mm,链上每隔一定距离对称各装一套夹持器,用以夹持悬布辊。运行时,始终保持下方传动链上有五根悬布辊随传动链运行,导轨上则搁有33根自转悬布辊。当悬布辊通过喂布辊下方,织物被挂于悬布辊上成环,直至悬布辊被送到顶部导轨上,夹持器才将该悬布辊释放,使其与传动链脱离。此时装在导轨进口处的左右两只凸轮回转一圈,将悬布辊推入导轨并

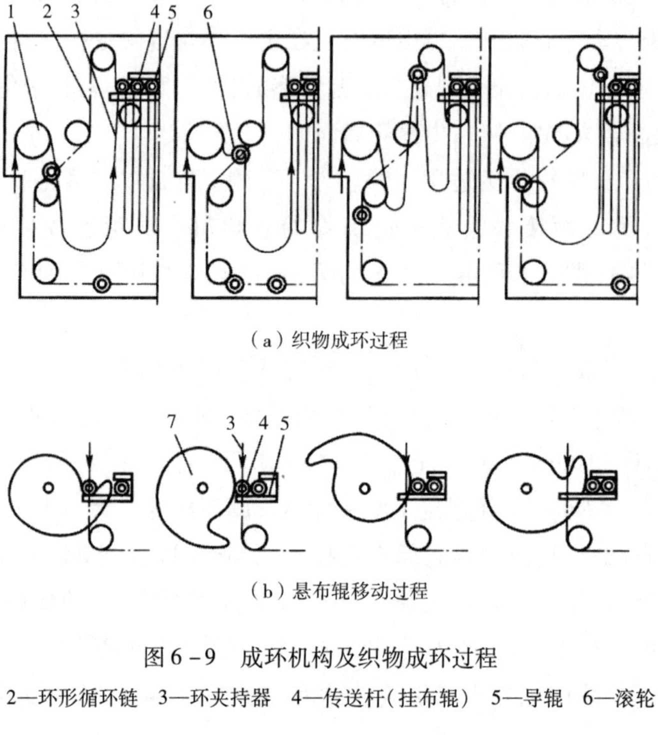

(a)织物成环过程

(b)悬布辊移动过程

图6-9 成环机构及织物成环过程

1—喂布辊 2—环形循环链 3—环夹持器 4—传送杆(挂布辊) 5—导辊 6—滚轮 7—凸轮

使所有悬布辊向前移动一个中心距距离。由于每根悬布辊两端装有滚轮，并在一端装有一只与链条啮合的链轮，因而当悬布辊在导轨上被凸轮推动时，能以很低的速度反方向自转，以自动变换悬挂织物与悬布辊面的接触位置，有利于均匀蒸化。在出布处脱离织物后的悬布辊又依次被夹持器夹持在传动链上，继续循环运行。成环长度与喂布辊表面速度、传动链线速度以及相邻两套夹持器的间距有关，可根据工艺需要分别调节。

(2)无底长环蒸化机。如图6－10所示为无底长环蒸化机，该机工作幅度有1800mm、2200mm和2800mm三种，速度20～60m/min，容布量180m，蒸化时间3～9min，工作温度100～210℃，环长1.5～2.2m。该机蒸化箱箱体为矩形，无底，双层隔板结构。隔板间为蒸汽通道，内置加热器起保温作用，可以避免在箱体上形成冷凝水。由于蒸汽比空气轻，蒸汽浮于蒸箱上部，加上在蒸箱顶部喷出的蒸汽也向下排挤空气，使空气很快从箱体底部排出。箱内为高温蒸汽，箱外为室温空气，在箱体底部因箱内蒸汽凝结形成雾层，使蒸箱内的蒸汽与箱外空气隔开，形成一道自然的汽封口，阻止箱内蒸汽外逸和室外空气进入箱内，而织物则从箱体底部自由进出蒸箱。

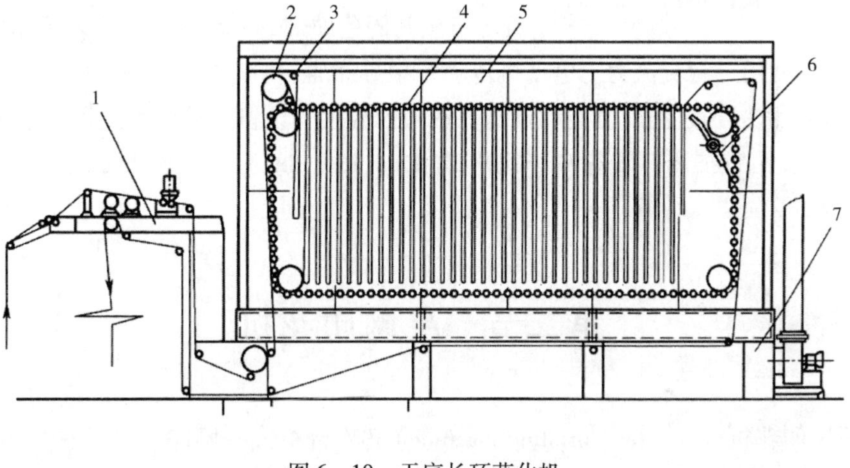

图6－10　无底长环蒸化机

1—进出布装置　2—喂布辊　3—成环引导杆　4—导辊链　5—蒸箱体　6—容布量控制器　7—吸风装置

该蒸箱两侧隔板的下部存放软水，有直接蒸汽管对软水加热，使之不断汽化，汽化出来的饱和蒸汽从双层隔板中间上升至顶部隔板，并从中间圆孔中喷出。若需高温蒸化时，夹层内不再加热，由过热蒸汽发生器产生的过热蒸汽，直接通入顶部隔板再喷向汽蒸室，蒸化温度可达185℃。在箱内离底部20cm处四周有狭缝式吸气风口，用以排除过量蒸汽及部分空气，以防止蒸汽从其底部向外逸出。

该机采用引导杆成环，机内左右各一条环形传动链上等距离安装许多小导辊，传动链做间歇传动，当织物由喂布辊连续喂入时，小导辊停留不动，织物即悬挂在两根小导辊之间，由引导杆从顶部最高位置向下压布，当织物成环长度达到要求时，引导杆触及限位开关，使之回升至顶部停留在最高位置，此时链条即带动小导辊移动一个中心距位置后停留不动，引导杆开始第二次循环。这种成环机构动作比较简单，长度控制方便，运行可靠，成环整齐。

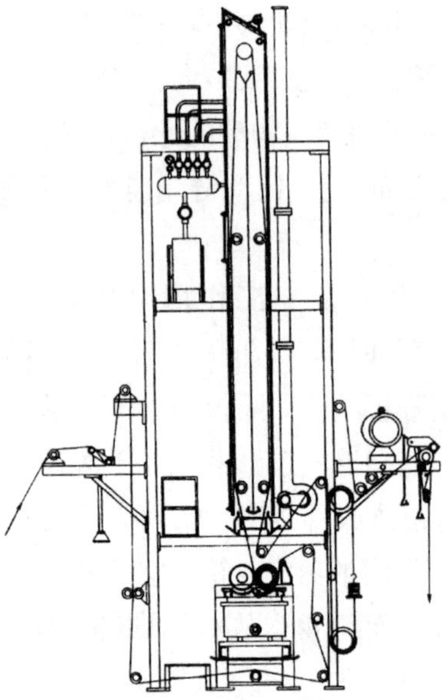
图6-11　高效快速蒸化机示意图

4. 快速蒸化机　快速蒸化机是一种主要供棉织物活性染料、还原染料以及涤棉织物还原染料、分散染料两相法色浆印花后浸轧固色助剂进行快速汽蒸固色的设备。由于两相法印花工艺印花色浆中只有染料和糊料，织物印花、烘干后，在快速蒸化前方浸轧固色助剂液；在进入蒸箱内由于过热蒸汽快速凝结织物表面，能在极短时间内完成固色，很好渗透，均匀发色。

如图6-11所示为一种高效快速蒸化机示意图，其快速蒸化箱的箱体内壁为不锈钢板制，外层为保险绝热层。箱内顶部和分隔板两侧共装设4根喷气管，经蒸汽过热器加热后的蒸汽由喷气管喷入箱内，并不断向箱体下端进、出布口喷移，有利于将箱内蒸化废气排出箱外和防止空气进入箱内。箱体设计呈30°倾角，并与进、出布口均设有间接加热，以防止蒸汽冷凝成水滴。经卧式两辊轧车浸轧固色助剂后的印花织物进入蒸箱内以其反面接触导辊运行，并由一台交流力矩电动机传动5根导布辊，可减小运行织物张力。蒸汽过热器由10根电热管加热，通过温度自控装置调节蒸箱内温度。该机蒸箱内温度可高达130℃，视工艺需要调节。蒸箱容布量视设备型号而异，有12m、10m、8m三种。该机传动采用交流变频调速，车速8～60m/min。

第二节　平网印花机

网动平网印花机(flat screen printing machine)又称台板式平网印花机。它与印花台板、自动平网印花机、布动式平网印花机以及全自动回转式台板走车印花机都属于平版筛网印花机。同放射式滚筒印花机相比较，这种印花机虽然产量比较低，但制版方便，花回长度范围大，套色多，织物印花时张力小，能获得清晰精细花纹而不易传色，给浆多而具有立体感，为滚筒印花机所不及；所以适宜蚕丝、棉、化纤等机织物和针织物印花，更适合小批量、多品种的高档织物印花。

一、网动平网印花机

网动平网印花机固定安装有钢板制的印花台板，夹层由间接蒸汽管加热，台面上依次敷设能增加弹性的绒毯和可刷洗的漆布或经塑料涂层的织物，使板面保持在40～45℃，有利于粘贴待印织物和织物上所印花纹色浆干燥，并便于取下印花织物后刷洗贴布板面所粘贴色浆、布浆。因而特别适用于真涤、化纤织物大花型和满地印花，但需手工操作，即使采用自动装置，操作劳动强度仍然较强。台板两侧分别移动平网轨道、平网定位插口和排放污水的沟槽(图6-12)，印花台板的长度视被印织物长度而不同,如印涤绸者一般在55m以上,印棉布者有长达130m以上。公称宽度有1200mm、1400mm、1600mm等几种。如果用于片衣、毛巾等平网印花,则台板长度、公称宽度都小得多,视产量和车间面积确定。

印花时用帖布浆或较持久的热黏帖布黏着剂将待印织物平整地贴到台板漆布面上,用橡胶刮浆刀在平板筛网上将色浆刮引到织物上,然后沿轨道移动筛网至一版间距定位处放在织物上刮印下一版花纹。待热台板上的织物已印花纹色浆稍干,再印第二块平板筛网的花纹色浆。按照这样的操作,直至印完全套花纹,待织物上刮印的花纹色浆烘干后即可从台板上取下进行后续加工。平板筛网可手工操作位移,也有采用机械操作。

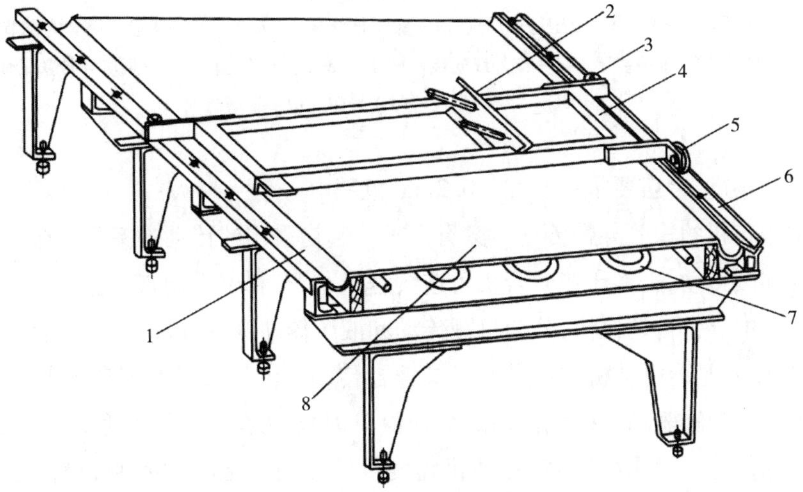

图6-12 网动平网印花机示意图

1—印花台板 2—间接蒸汽加热管 3—平版筛网 4—橡胶刮浆刀

5—平网定位销 6—滑轮 7—平网移动V型轨道 8—排水沟槽

二、自动平网印花机

自动平网印花机是将待印织物粘贴于环形橡胶导带上进行印花,能自动进布、粘贴、刮印;减轻了操作劳动强度,产量也有所提高,为目前使用较多的一种平版筛网印花机。由于织物在该机印花部分不能加热,所以与烘燥机组或联合机使用,如图6-13所示。

1. 进布部分 为了清除附着于待印织物表面的短纤维、纱头、灰尘,并使织物平整的进机,进布部分配有紧布器、吸尘装置、吸边器扩幅辊等装置。为适应针织物进布,可在进布架前装设小容布器,使针织物先落入其中而后在低张力下进机。

2. 印花部分 印花部分可分为橡胶导带、平版筛网和刮印机构三个主要部分。

(1)橡胶导带。无接缝环形橡胶带(endless rubber belt)供粘贴待印织物进机,并将其输送到刮印区和进烘房处。由于平网刮印时织物静止,因而橡胶导带在刮印区必须是间歇性运行,并应按平版筛网印花花回长度精确调整、控制其运行距离和静止状态而无左右偏移。这一机械

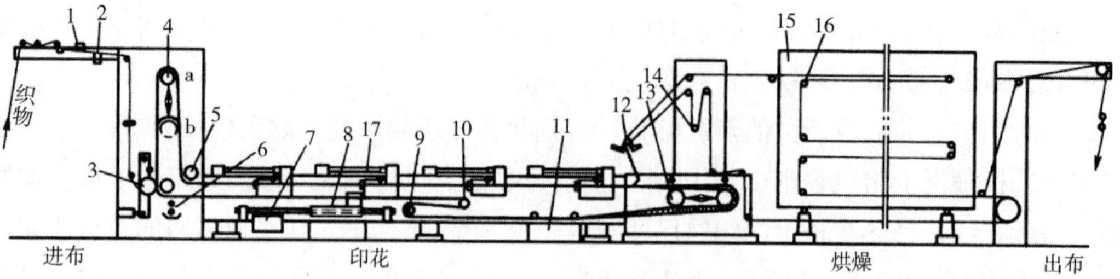

图6-13 LMH552型平网印花联合机示意图

1,2—细尘装置 3—热塑性树脂贴布热压辊 4—垂直游动辊 5—橡胶导带引导辊 6—水溶性浆贴布装置 7—液压系统控制板 8—液压行进油缸 9—橡胶导带连续传动辊 10—橡胶导带张力调节辊 11—橡胶导带水洗装置 12—红外线同步检测器 13—水平游动辊 14—烘房导带紧张辊 15—烘房 16—烘房导带引导辊 17—平版筛网

性能关系到对花精度,一般要求控制在±0.2mm范围内。

自动平网印花机的橡胶导带传动方案有两种。起初采用的传动方案是导带间歇传动,而在非印花区则为连续传动,平网印花联合机可连续进出布,有利于织物张力稳定,不易变形起皱。

①间歇传动的导带传动机构:分为机械传动和液压传动两种。机械传动是导带由拖引辊摩擦带动,而拖引辊则是由电动机或油马达经减速器传动。液压传动是导带由导带夹持器运行,而夹持器则由液压油缸驱动。机械传动的结构简单,制造方便,动力消耗少,但机械磨损大,对花精度差。液压传动者对花精度高,自动化程度也较高而便于集中控制,操作方便,但动力消耗大。

按平版筛网花回长度精确控制橡胶带的运行距离和静止状态有以下几种方法。

a. 光电控制机械传动:环形橡胶导带由机前和机尾两只拖引辊张紧,并由机尾的主动拖引辊摩擦带动导带运行。橡胶导带两侧各铆接一条宽100mm的钢带,用以控制导带伸长变形。钢带的正反面上每隔一定距离安装一对微型滚动轴承,依次卡入导带的左右运行轨道和拖引辊面的沟槽内,起到导带幅向限位作用。钢带沿边缘冲有等距离的用作光电定位的透光小孔眼(20mm),孔眼上下方分别装有按花回长度和导带间歇运行长度精确定位光源发射和接收装置,即发出脉冲信号,由数控装置计数而进行先快后慢、最后刹车,自动控制导带的传动。

折中传动机构很简单,花回调节方便;但对花精度较差,一般只能达到0.3mm,并且机械磨损也较大。

b. 液压变速机械传动:具有双超越离合器的减速器通过双向变量叶片式油电动机组传动,能变速传动导带主动拖引辊,达到自动控制导带升速、降速、静止的循环动作。油电动机组的变速、换向、开机、停机是由按花回长度精确调节的一套液压变速控制机构来控制的。对花精度较光电控制机械传动者有所提高。

c. 油压定位液压传动:橡胶导带左右两侧的多只导带夹持器夹持运行。如图6-14所示,这些夹持器通过连接件与传动主油缸的油缸体相连,由于活塞固定而油缸体移动,所以当油缸体作往复运动时就带动夹持器行进或后退。并且只有夹持器随油缸体前进时,才夹持导带边部带动行进;而当油缸体回程后退时,夹持器能放开导带边部随油缸体复位,准备下一个往复动作。因此,在油缸体回程中,导带处于静止状态而进行刮印。

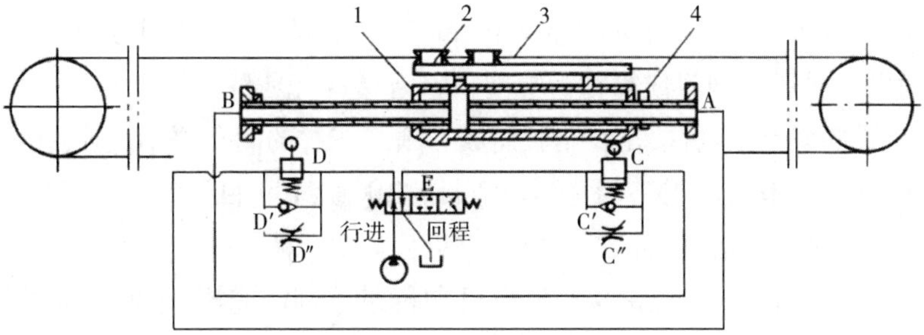

图 6-14 导带液压传动示意图

1—导带传动主油缸 2—导带夹持器 3—橡胶导带 4—定位挡块

由图 6-14 可知,压力油经单项阀 D′流进油缸 A 侧,推动油缸体向右移动,此时导带夹持器 2 夹持橡胶导带 3 边部随缸体同步移动;而 B 侧的油则通过阀 C 大量回油,导带处于高速行进阶段。当导带行进接近终止前(图示位置),缸体右端斜面接触缓冲控制阀 C 的控制器,B 侧回油量受阻逐渐减小,而使导带随缸体逐渐减速。当阀 C 完全关闭后,回油通入节流阀 C″回入油箱,这时导带处于爬行阶段,直至缸体右端触到定位挡块 4,并且主控制阀 E 处于静止位置,导带就随钢体终止行进而静止在所需固定位置。在回程时,主控制阀 E 换至回程位置,压力油经单向阀 C′流进油缸 B 侧,推动缸体向左回移,A 侧回油通过控制阀 D,此时夹持器开放随缸体快速回移,而导带静止不动,进行刮印。同样原理,当回程即将终止时,由于缓冲控制阀 D 和左端定位挡块的作用,而使缸体回移速度逐渐减慢直至静止,回程结束。

导带夹持器有电磁夹、气动夹、液动夹等多种,此外还有沿幅向吸附导带运动的真空吸盘。如图 6-15 所示为使用较普遍的电磁夹结构断面图。当需夹持导带时,线圈通电,吸动磁极片 4 使其顶部压向铸铁座 1 顶面,从而夹持导带边部使其随电磁夹行进;若使电磁夹断电,则电磁夹即松开而脱离导带边部。

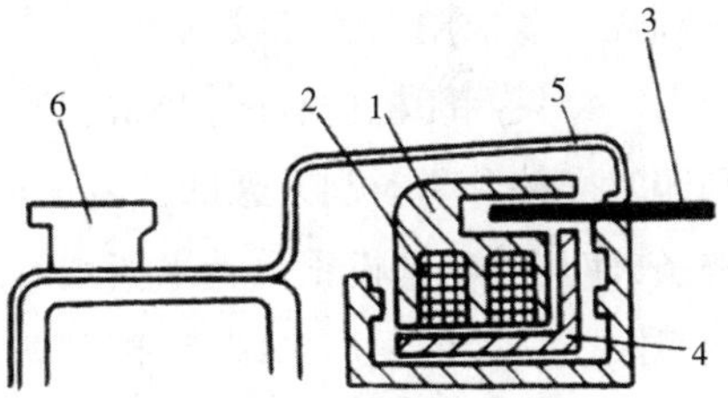

图 6-15 电磁夹结构断面示意图

1—铸铁座 2—线圈 3—橡胶导带 4—磁极片 5—导带压板 6—刮印器安装机架

②非印花区导带连续运行的传动结构:其基本原理是将圆形导带进布、出布两端的两只承压辊设计成能沿导带纵向游动。目前采用较多的是使两辊各接不同方向的游动式传达机构,也即进布处游动辊 4 在垂直方向上下游动,出布处游动辊 13 在水平方向前后游动(图 6-13)。当印花区导带运行时,进布处游动辊 4 相应下降,出布处游动辊 13 在水平方向上向烘房移动;而当印花区导带静止,刮印时,则两只游动辊分别相应上升和水平回移,从而可连续进布、烘燥和出布,解决了间歇进

出布所易产生的织物变形、起皱等问题。

关于粘贴待印织物和清洁导带,是由上浆装置给导带刮上一层薄薄的帖布浆,经帖布辊将待印织物平整地粘贴于导带上。印花织物离开导带后,经清洗装置洗除导带上的残留帖布浆和色浆并刮干。然后导带运行至上浆装置处再进行一次上浆、帖布。随着帖布浆的改进,近十多年来多采用较持久的热粘或冷粘的帖布黏着剂,每1~2月涂一次,使用方便。

(2)平版筛网。平版筛网习惯简称为平网(flat screen),是将锦纶涤网、涤纶涤网或蚕涤绢网绷紧粘牢在金属框架上,然后按花纹制版而成。精细花纹的网孔要小,但网孔过小,色浆透过网孔又比较困难。常用绢网的规格为9号(97目)、10号(109目)、11号(116目)、12号(124目)等。网孔的密度称为目数,即目数=网孔数/英寸。

印花时,平网下降到与织物压紧接触后方可印色浆。刮印完毕,平网需立即提升到一定高度,完全脱离印花织物,然后让印花织物随导带行进一个花回长度后,平网再次下降,进行刮印。因此,平网升降必须与导带运行、刮印器往复刮印运动配合得当。平网升降必须平稳,特别在提升时,若加速度太大会发生网底与印花织物表面色浆飞溅。因而,对于宽幅或花回较大的印花平网常采用先提升传动侧网框,后提升操作侧网框的两次生网方法,以减轻网面震动,防止色浆飞溅,而影响印花效果。在平网下降速度方面,为了缩短每一次刮印循环所需时间,提高印花机的生产率,又使平网能平稳下降压触到织物表面,常采用两次下降的方法,即平网先快速下降到距织物表面约10mm时,暂停下降,待导带停稳后再次下降压触织物。

平版筛网升降机构有曲柄滑块式升降机构、汽缸驱动凸轮式升降机构和油缸驱动连杆式升降机构等几种。

(3)刮印机构。刮印过程中就是利用刮刀或刮浆辊在平网上面的压刮或滚动,挤压色浆均匀的透过网板花纹部分的网孔,压印到织物上而获得色浆花纹的过程。刮印的效果和质量不仅取决于刮浆刀的材质、外形,刮浆角度,刮浆辊的材质、直径,刮浆挤压力和均匀程度,而且还与刮浆速度、次数,平网结构网孔密度,制版质量及色浆情况等有关。

刮浆刀多采用丁腈橡胶制成,耐油、耐老化性能好,对色浆适应性较强,但弹性不如天然橡胶刮刀。每只刮印机构有两把装在刮刀架上的橡胶刮刀,有刮刀传动机构拖动做往复运动,并在刮印时交替升降。刮刀架的往复运动由带电磁铁刹车的专用电动机经减速传动与刮刀相连的链条,使其随电动机正反转来实现。刮刀架沿轨道往复直线运动的行程,可通过往复螺杆调整两只限位开关的距离来调节、控制。刮刀架的两把刮刀交替升降,可采用偏心盘或滑板来控制(图6-16)。

刮刀架的刮印运动方向分为纬向(幅向)刮印浆刀和经向(纵向)刮印两种。一般以纬向刮印为多,因为刮浆刀停刮的位置织物左右边部的外侧,可避免织物上的这种停刮接痕,并且还可以减少因刮刀变形而造成的幅向色光差异,对添加色浆和对花操作也比较方便。经向刮印一般用于特阔织物或大花回花纹的印花,可提高产量,但刮刀架的平直度要求高。

刮浆辊刮印是以金属辊受电磁力作用产生对平网的接触压力,并随电磁铁移动而在网面滚动进行刮印,因而又称磁辊刮印。如图6-17所示,在导带下面的对应于每只网框位置各配有一套电气缸控制的电磁铁,做经向往复运动,从而带动刮浆辊在网面往复滚动刮印。

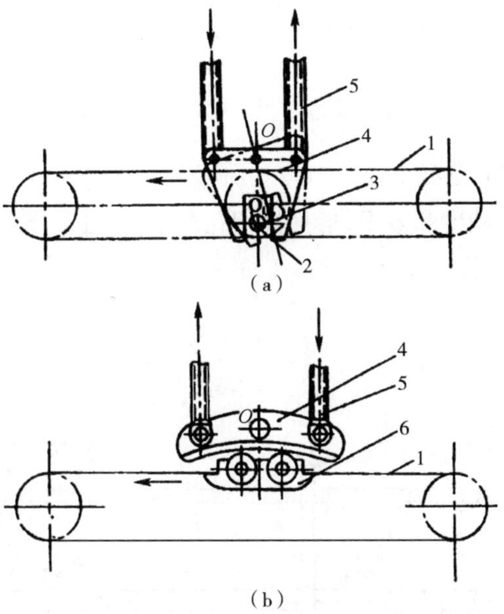

图 6-16 刮浆刀升降控制机构示意图

1—链条 2—偏心轮 3—偏心销 4—刀架 5—刮刀座 6—滑板座

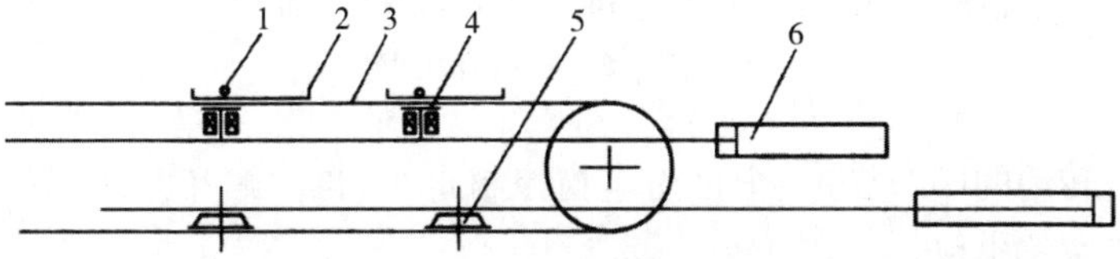

图 6-17 平网磁辊刮印机构示意图

1—金属 2—平版筛网 3—橡胶导带 4—电磁铁 5—导带吸盘 6—汽缸

利用刮浆刮印的优点是在正常情况下刮浆辊沿其轴向压力均匀，有利于织物幅向印制效果一致，平网上方无传动刮印器的机械传动装置，便于调换色浆和清洁工作；刮浆辊与网面之间为滚动摩擦，有利于延长平网使用寿命；结构简单，维护保养方便。但对刮浆辊的平直度、光洁度要求较高，而且各套色刮浆辊的刮印速度一致，不能像刮浆刀那样能按需要分别调节速度。

3. 烘燥部分 刚经印花的织物自橡胶导带立即引至热风烘燥机进布处，由主动运行的锦纶绦环形输送网带拖送进入烘房烘燥，最后由出布装置引出。由于印花织物搁置在输送网带上（织物反面接触网带）呈松式烘燥，可采用红外同步检测，根据橡胶导带与输送网带之间印花织物悬松位置的变化，完成印花机与烘燥机之间的自动同步调速。烘房进布处配有气动或电动纠偏装置，矫正输送网带的运行位置。

4. 出布部分 出布部分有落布式和卷布式出布方式，视工艺需求选用。

连续进、出布的织物运行速度必须同步，一般是由传动导带的油电动机轴端拖动的示速发电机发出的信号,自控拖动烘房输送网带的直流电动机的转速来完成。自动平网印花机的运行布速为10~30m/min,视花回长度、套色多少以及设备性能等而定。

三、全自动回转式台板走车印花机

回转式台板走车印花机是意大利Viero公司最新研制的全自动连续式印花台板印花机(图6-18),旨在提高机器印花精度和效率,能提高印花产量,而且操作更为简单,是适应小批量、多品种、高质量印花的理想设备。

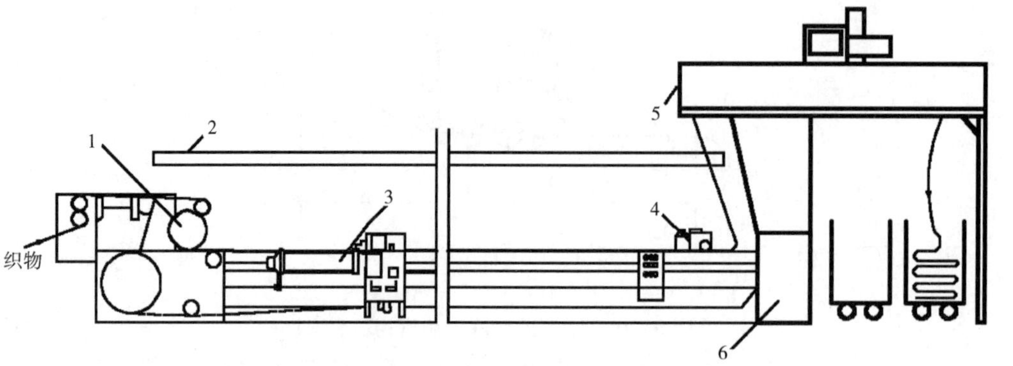

图6-18 Vieroprint 回转式台板走车印花机示意图

1—热压辊 2—加热管 3—DG—160 全自动走车印花机 4—圆网印花头
5—烘箱 6—导带清洗装置

整机由一条可转动的印花导带、全自动电脑控制走车、自动贴布系统、导带水洗部分、电脑控制红外线烘干系统等组成。

织物经进布装置,连续平整地紧贴在印花导带上。印花时,导带静止不动,由印花走车完成整个刮印过程,当印花结束后,织物经红外线加热器烘干,或进入烘箱烘干,由一双导辊退布/卷布系统卷装落布。与此同时,第二批待印织物可通过进布装置,从导带的前端,连续进布并紧贴在印花导带上,而在导带后部,导带清洗装置则对印花导带进行清洗。

1. 进布装置 由进布辊、张力调节器、热压辊等组成,贴布主轴最大直径有300mm或500mm两种形式。张力调节器可使织物的进布张力任意调节,以满足不同类型织物的要求,布卷的上机与下机非常简便、快速,并可以在走车刮印时,同步完成以便节省时间。另外,可根据织物厚度和贴绸胶性能调节热压辊的压力和温度,使之达到最佳的贴绸效果。

2. 台板结构 采用环状无接缝印花导带,导带由两端支承辊支撑并传动,台板高度为800mm,由于采用特殊的结构,对厂房地面的水平度及地基无特殊要求,导带两旁装有气动控制的强力夹持器,可牢牢地固定印花导带,确保印花精确无误,台板长度可根据用户要求分为40m、50m、60m及80m四种,台板宽度也可根据需要分为2500mm、2800mm、3100mm及3500mm四种,以满足不同印花织物门幅要求,平均耗气量40L/h。

3. 自动移框刮印走车 采用Viero Sigma计算机走车,该机计算机程序中编有8种不同的印花程序，例如，可连续刮印、隔板跳印、不同循环（最多80个）、同匹印花等。另外，计算机软件中配有独特的打样程序，可在同一匹布上作9种不同色调打样。刮印采用单把刮刀，使操作更加简单灵活，装拆容易，当刮刀刮动色浆朝前移时刮出花样，当刮刀走到网框端头时，刮刀靠偏心轮作用，自动升起跳过色浆，当刮刀往回刮印时，色浆仍在刮刀前面，这样单把刮刀起到了两把刮刀的作用。此外，刮刀的压力及刮刀的角度可以根据需要进行调节，全部参数均由键盘输入，数字控制使控制更加精确，调节更加方便。

4. 导带清洗装置 水洗装置的作用是去除印花后环状导带上残留的色浆及纤维绒毛等，该装置由三个主动回转的毛刷辊、拦水刮刀和水槽组成。水洗装置位于印花导带尾部，可移进拉出。

水洗毛刷转向与导带走向相反，由电动机驱动毛刷变速转动。为起到高效水洗作用，在毛刷旋转时，毛刷对导带施有一定压力，以便产生搓动效应。水槽分为三格，每格都设有刮水挡板，防止浓污水进入下一槽，从而提高了水洗效果。整个水洗装置由不锈钢制成，检修操作十分方便。织物印制色浆后立即进入烘箱进行烘燥，与此同时，水洗装置对导带进行清洗，此时导带上残留色浆还处于润湿状态，故清洗更为方便快捷。如图6－19所示为Vieroprint导带清洗装置。

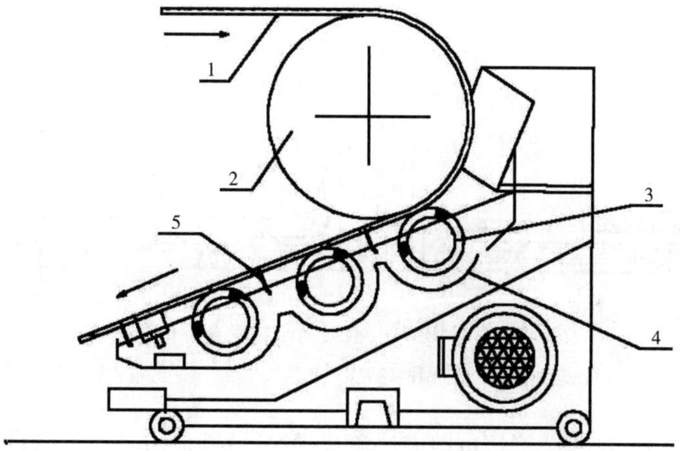

图6－19 Vieroprint导带清洗装置

1—印花导带 2—导带传动辊 3—毛刷轮 4—水槽 5—拦水刮刀

5. 烘燥装置 Vieroprint印花机的烘燥系统分两部分，其一在印花台板的上方，安装有先进的红外线烘干系统，可对印花织物进行直接烘燥，达到湿罩干效果。红外线与传统的热风烘燥相比具有节能、高效等特点。在导带的上方，可排列二排或三排红外线加热装置，它们与台板长度方向平行，整个红外线烘燥系统由电脑控制。其二在印花导带后端，可根据需要安装两种类型烘箱，垂直式烘燥机和水平式烘燥机，对印花后织物进行快速烘燥。

第三节　圆网印花机

圆网印花机(rotary screen printing machine)是以连续回转的圆筒筛网印花,与热风烘燥机组成联合机自动连续印花。目前使用最普遍的是卧式圆网印花机。此外,还有可单面印花或双面印花的立式圆网印花机、放射式圆网印花机;其中放射式圆网印花机的印花圆网排列与放射式滚筒印花机的花筒排列相似,虽然机器结构紧凑,占地面积较小,操作集中,但圆网花回长度和印花套色数均受到限制。还有平网/圆网印花机,将几只圆网装配在平网印花区的前端或(和)后端,平网和圆网可分开使用。

第一台圆网印花机是在1963年由荷兰斯托克(Stock)公司推出的,是一台长10~20m长方形钢结构的组合机架。它的面世使印花技术前进了一大步,生产效率大为提高。目前,全世界有50%以上的印花纺织品为圆网印花机印制。

一、圆网印花机组成

卧式圆网印花联合机与平网印花联合机的组成相似,由进布装置、圆网印花、热风烘燥和出布装置等单元组成(图6-20)。

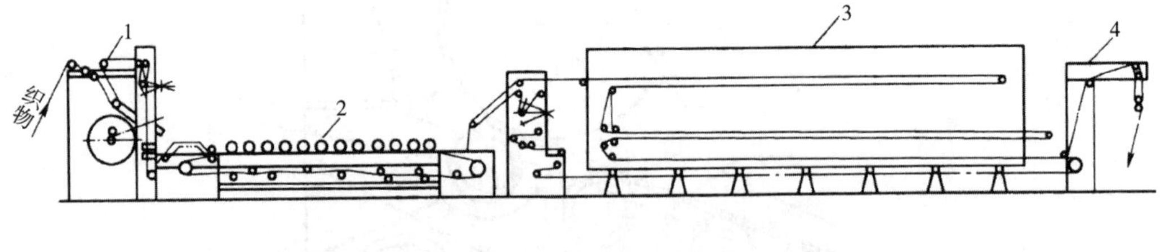

图6-20　LMH571A型圆网印花联合机示意图

1—进布装置　2—圆网印花　3—热风烘燥　4—出布装置

1. 圆网　无接缝的纯镍圆网用电镀方法制成,网厚0.1mm左右。形成网孔的常用方法是电镀成形法,即在金属芯模上按网孔大小和密度的要求轧成点子,然后将绝缘体嵌进这些点子中,因不通电流不能电镀上镍,从而形成有点孔的纯镍无缝圆网,再用感光法在圆网上按印花图案制成圆网花纹。后来有采用激光穿孔法直接在纯镍圆网上制成圆网花纹的网孔技术。

网孔形状有等边六角形、正方形和菱形等几种。网孔的密度有40目、60目、80目、100目、120目、125目、155目、185目和255目等多种,常用的为40目、60目、80目和100目。网孔目数影响因素以及规律选择:精细线条、厚织物、流动性好的色浆、低布速、合成纤维宜用高目数,反之宜用低目数。网孔形状以等边六角形为宜。

圆网周长有480mm、640mm、913mm和1826mm等几种。常用的为中间两者。1826mm周长的圆网供印制特大花回长度的图案。圆网印花幅宽有1280mm、1620mm、1850mm、2400mm、2800mm、3200mm等多种。每台圆网印花机可安装圆网数量,也即可印套色数分有6、12、16、

20、24 套色等几种。

2. 传动装置和对花装置 传动装置是印花机的主要配套部件，起支撑和传递印花织物的作用，也是获得可靠印花质量、影响印花机主要特征——速度和精度的关键部件。圆网传动装置相比于普通传动装置具有精度高、定负荷伸长率小、规格稳定、耐磨、耐清洗剂等特点。图 6-21(a)是圆网印花机部分传动装置示意图，由于环行橡胶导带连续运行，圆网连续回转，因而其活动机构比较简单。但圆网与导带的表面线速度必须相等，因此，圆网与导带合用一台电动机传动。

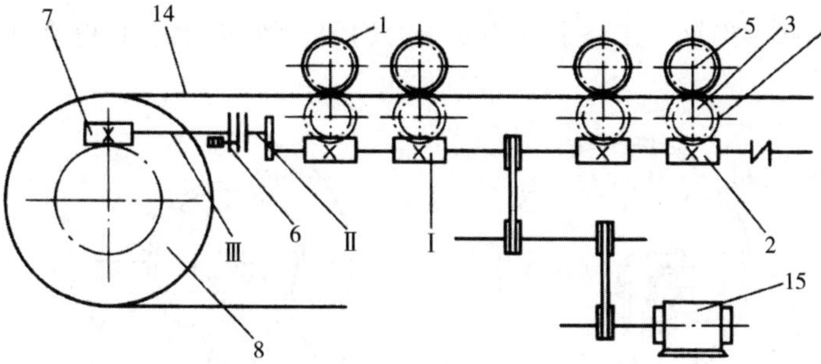

(a)

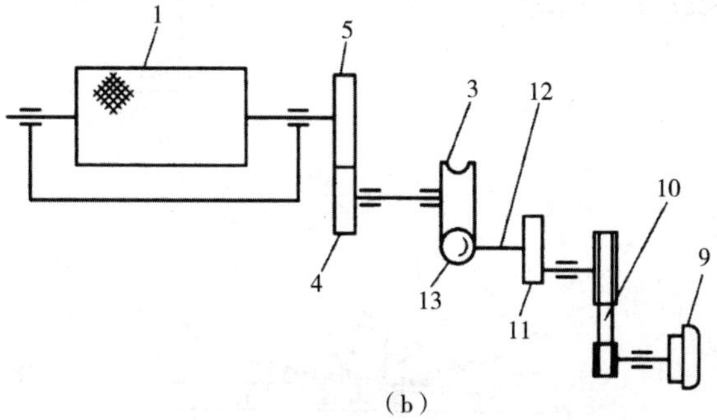

(b)

图 6-21 圆网印花机部分传动图

1—圆网 2,7,13—蜗杆 3—过桥轴蜗轮 4—齿轮 5—圆网齿轮 6—气动联轴器 8—拖引辊 9—对花手轮 10—齿形皮带 11—偏心轮 12—拨叉 14—橡胶导带 15—变速电动机

橡胶带是圆网印花传动装置中最主要组成部分之一，主要生产厂家有法国罗林公司(ROLLIN)、日本带工业株式会社、瑞士哈巴斯公司(HABBASE)。其中法国罗林公司的印花橡胶带使用情况较好，国内印花机大多数都配备此橡胶带。

圆网两端高低微调对花和幅向微调对花是通过圆网两端微调对花齿轮箱，传动有关对花轮进行的。圆网纵向对花装置如图 6-21(b)所示，转动对花手轮 9 旋转偏心轮 11 而改变拨叉 12 的位置，从而蜗杆 13 沿轴向移动，使过桥轴蜗轮 3 获得附加转角，即使该圆网与其他圆网之间产生位移，也可以达到纵向微调的对花目的。

3. 刮印机构 刮印机构的特点是给浆管在回转的圆网内供给色浆，刮印器固定不动，从圆网内壁将色浆挤压而均匀透过花纹网孔传到织物上。目前圆网印花的刮印器有下列三种类型。

(1)刮刀刮印机构。如图6－22所示圆网刮印机构为采用较普遍的一种刮印机构。色浆由给浆管2流向刮刀与圆网内壁之间,金属刮刀4在机械力的作用下产生弹性变形力,将色浆均匀地挤压透过回转圆网花纹网孔传印到织物上。刮刀有气管3的压力支持,装卸方便,刀口平直,不易发生弧弯,有利于刮刀压力均匀。

常用金属刮浆刀规格(刀片宽度×厚度)有40mm×0.10mm、40mm×0.15mm、50mm×0.15mm、55mm×0.20mm等几种。刮刀厚度的选用应视织物的厚薄稀密、印花图案、色浆流变性以及给浆量要求等而定。其规律是刀片越厚,弹性越差;承压大借机械力使色浆渗入织物的能力也大;反之,则色浆渗入织物的能力就差。也有采用高分子材料刮刀头气袋加压,适应性强,调整范围大,对网壁磨损小,在整个宽幅上压力均匀一致,有助于获得更好的刮印效果。

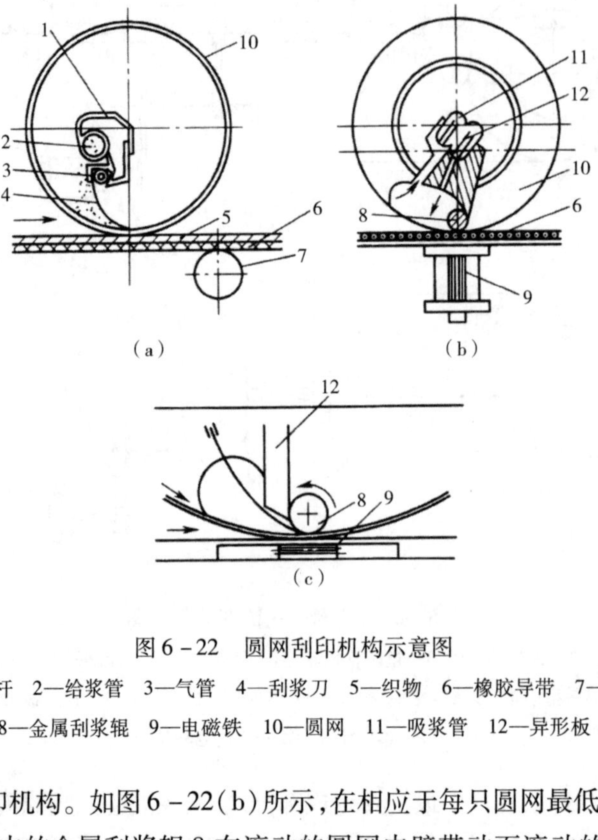

图6－22 圆网刮印机构示意图

1—刀杆 2—给浆管 3—气管 4—刮浆刀 5—织物 6—橡胶导带 7—拖辊
8—金属刮浆辊 9—电磁铁 10—圆网 11—吸浆管 12—异形板

(2)刮浆辊的刮印机构。如图6－22(b)所示,在相应于每只圆网最低处的橡胶导带6的下面装有电磁铁9,圆网内的金属刮浆辊8在滚动的圆网内壁带动而滚动的同时,受到电磁吸力而将色浆均匀挤压透过花纹网孔传印到织物上,多余的色浆由吸浆管11吸回。改变电磁力强弱和刮浆辊直径就能适应各种织物和不同的花形图案的印制,以及调整给浆量。这种刮印机构比较简单,维修方便,圆网摩擦也小。

(3)混合型刮浆机构。由于刮刀在压力较大时常会发生弧弯和刀片振动,从而容易造成刮浆不匀,而刮浆辊刮印有时又渗透性较差;因而有采用混合型刮印机构,如图6－22(c)所示。异形板12紧贴金属刮浆辊8,调节其位置可控制刮刀给浆量,又兼有刮浆辊使色浆均匀渗透的刮印效果。

圆网和平网印花有各自的特点,针对织物印花要求、印花速度等,选择合适的印花机。下面就圆网印花联合机与自动平网印花联合机主要性能作如下比较:

①圆网印花联合机产量较自动平网联合机高,最高运行布速可达90m/min,常用为60m/min。

②圆网印花联合机可印制连续的满地花型和条纹花型,而自动圆网印花联合机则不宜印制这类花型。

③自动平网印花联合机对图案花纹的各种花回长度适应性较强,特别适用于大花回印花,而圆网印花联合机只适用某一特定的花回长度或在较小范围内变更。

④相邻圆网中心距较相邻平网中心距小得多,从而圆网印花联合机占地较少,印花导带长度也大为缩短,有利于提高印花精度。

⑤平网制版较为方便,制版成本较圆网制版低,更适宜小批量印花生产。

近年来,关于圆网印花机的发展趋向,主要有以下方面:

以刮浆辊替代刮浆刀片:由于刮浆辊靠电磁吸力滚动刮浆时,线压力均匀,给浆量易于控制;刮浆辊在圆网内滚动磨损小,可提高圆网使用寿命,而其适宜阔幅圆网印花刮浆。当刮浆刀片用于门幅在2500mm以上的阔幅圆网时,圆网就须双侧传动,而刮浆辊由于滚动阻力小,即使圆网幅度3000mm时,圆网还可单侧传动,这有利于提高阔幅圆网印花机的质量。

各圆网单独传动取代集体传动:由于集体传动是由一主电动机通过蜗杆蜗轮分别传动橡胶导带和各圆网齿轮,其对花精度全靠机械加工质量来保证;而在使用过程中,因磨损等原因也会造成印花疵病。同时,集体传动不论印一套色还是少数几套色,所有蜗杆蜗轮都在运转,从而加快磨损,不利于节能降耗,并增加维修成本。而各圆网单独传动是各圆网分别由各自的电动机拖动,在计算机测控下同步运转,结构简化,更重要的是从根本上消除了积累误差,从而提高对花精度。

圆网在线清洗换浆:为更换色浆需要,采用在线自动快速清洗,既减少耗水量和污水排放量,又无须人工卸装圆网、清洗刮浆器,减少了停机时间。

近年来,由于印花产品趋向小批量、高档化发展,加之各类印花机的印制效果、对印花产品的适应性等原因,国内外使用筛网印花机的数量正在上升,其中尤以圆网印花机的增长最为突出。因此在了解了圆网印花机的基本结构、性能的基础上,再简要介绍这类印花设备最近的一些改进内容和发展趋势。

二、荷兰斯托克圆网印花机

荷兰斯托克(Stork)公司的Pegasus OR2型、Pegasus CC型和RD8型圆网印花机各具特色,可满足不同需求的客户。Pegasus CC型是Stork公司近几年开发的新机型。

1. Pegasus OR2型圆网印花机

(1)Pegasus OR2型圆网印花机为开放式网头座,具有优美的流线式造型。为了便于操作,在每个花位两侧装有控制面板,在机器两侧都可以进行三个方向的对花操作。该机设计了新的挡浆板,可有效防止浆料污染导带和磁台等部位。

(2)Pegasus OR2 型圆网印花机导带水洗包括一个喷管和一把毛刷组成的预洗装置,两个主动毛刷辊和一个清水喷管。废水可重复利用,水的循环利用还表现在清洗浆泵和浆管方面,只需补充少量清水就可以完成清洗工作。

(3)Pegasus OR2 型圆网印花机每个花位的圆网由步进电动机驱动,旋转编码器从被动辊拾取运动信号,数字脉冲准确地控制电动机旋转角度,从而确保圆网精确对花。

2. Pegasus CC 型圆网印花机

(1)**Pegasus CC** 型圆网印花机采用封闭式网头座系统。其标准配置为刮刀式刮印方式,根据需要也可配置磁棒刮印(图6-23),因而对织物品种和花型的适应性更广。

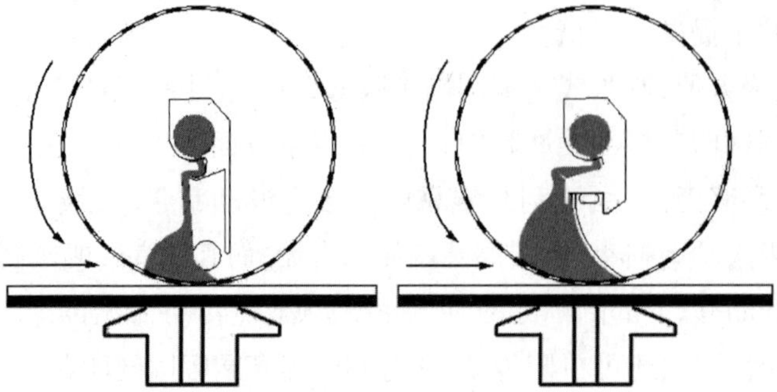

图6-23 磁棒和刮刀两用模式

(2)设置有印花导带定位自动测定系统,在每个印花位置有传感器,随时检测预埋在印花导带内的金属标记,可测量印花导带的动态性能的变化,根据此变化修正圆网的运动,从而保证达到最高的印花精度。

(3)每一个印花位的圆网可以单独抬起,这意味着可以在生产过程中更换新的圆网,为后面新的花型做准备,缩短生产准备时间。

3. RD8 型圆网印花机 RD8 型圆网印花机是一款经济适用的机型,其主要零部件与 RD4 型圆网印花机相同。采用单独电动机传动圆网,标准配置为刮刀刮印,也可配置磁棒刮印系统。RD8 型圆网印花机对原上胶装置做了较大改进,上胶的厚度和宽度可精确调整,避免胶水的浪费,同时也减轻了水洗负担。

三、奥地利齐玛圆网印花机

奥地利齐玛(Zimmer)公司的 Rotascreen Trendline 系列圆网印花机有 G 型和 U 型两种形式,主要区别在于网头轴承系统,G 型为封闭式,U 型为开放式,用户可根据需要及操作习惯自行选择。该系列机型有以下特点:

(1)圆网两端分别由一台电动机驱动,电动机装于横梁内,通过同步齿形带传动,电动机和传动装置受到较好的保护,减少了故障发生率。由于是双面传动,圆网受力更均衡,特别在宽幅情况下,优点更突出。两端的网头都可以自由移动,使得在幅宽范围内任何位置都可以印窄幅布。

(2)增加了 FDC 装置,即一个可自动移出的接浆盘。在印花停止和更换花型时,接浆盘自动移到圆网下方,以防止浆料滴到印好的织物上,印花开始后,接浆盘则收回到圆网横梁下方隐藏起来。

(3)独特设计的 IPS 电子控制间断印花系统,使得印花花回尺寸具有极大的灵活性。在 IPS 系统控制下,印花过程中每个圆网单独抬起和下降,从而实现双花回印花和织物边中不同区域的不同花型印花。最高车速可达 25m/min。

(4)ASG 输浆系统将齐玛原创的磁力系统与传统的刮刀系统结合起来,可以获得两种刮浆系统的优点(如均匀,易于调节和控制大小不同的给浆量等)。浆管材料可选铝合金、不锈钢或碳纤维等。

(5)为了尽量减少浆料消耗,特别设计了 RG—S2 型输浆管,具有微型输浆渠道,使最小量的浆料可均匀分布在刮刀整个长度方向上,对于小批量多品种的生产特别经济。

(6)PWS 机上清洗系统,以最短的时间和最低的水耗在机上清洗所有圆网和输浆管。先将网筒内和浆管内的剩余浆料抽吸出来,然后以循环水和新鲜清水进行喷淋和彻底清洗,可节省大部分耗水量。

四、意大利美加尼圆网印花机

意大利美加尼(Reggiani)公司的 UNICA 圆网印花机具有以下特点:

(1)封闭式圆网座,具有高精度、较好的稳定性和均匀的圆网张力。网头轴承有良好的密封结构和长效的润滑,可大大减少维护的工作量。

(2)独立圆网传动,有单侧传动和双侧传动两种方式,伺服电动机置于横梁内部,受到良好保护,通过同步齿形带传动圆网,噪声低,传动平稳,精度高。

(3)花回变换范围为 640 ~ 1018mm,由气动和电子控制完成,无须额外机械部件。操作人员只需要在操作屏上设定花回,印花头自动抬起到适当位置即可安放圆网。

(4)新的导带水洗系统设计,提高了水洗效率。采用两个独立水槽,各带一个主动毛刷辊,毛刷辊由交流变频传动,做差速运行,根据印花速度来调整刷洗强度。配备四把橡胶刮水刀,对导带进行彻底清洁和除水。

(5)UNCA 圆网印花机采用磁棒刮印,其磁台结构与其他采用电磁线圈的结构完全不同,是所谓“连续磁力磁场系统”,磁力更均匀,没有左、中、右差别,没有局部磁力过大现象,磁力调整从低到高,可无级调节,具有高效低能耗的特点。

第四节 转移印花机

转移印花机(transfer printing machines)是将印有图案的转印纸的正面与织物的正面紧贴,在一定的温度、压力下紧压一定时间,使转印纸上的图案转移到织物上的印花方法。根据转移温度的条件,可以分为热转移印花机和冷转移印花机。

一、热转移印花机

热转移印花机(thermal transfer printing machine)是适合将分散染料图案转印到聚酯、醋酯纤维等热塑性织物上的一种印花方法。根据转移印花工艺不同,可分为熔融转移、剥落转移、泳移转移和气相转移等几种方法。它们适用的织物、染料、助剂以及后整理要求、印制效果等有所不同。转移印花方法适用于涤纶针织物,能获得图案轮廓特别精细、层次多的印制效果,设备简单,便于操作。但转移印花也存在一些缺陷,例如耗用纸张多,费用较大,色谱有限,不适用于纯棉和再生纤维素纤维织物,染料利用率不高等。目前以气相转移印花较多,不必后处理,没有污水处理要求。

热转移印花机分间歇式和连续式两类。前者为平板热压转移印花机,后者有热辊毡毯转移印花机和真空红外线加热转移印花机。下面分别进行介绍。

(一)平板热压转移印花机

平板热压转移印花机是一种结构很简单的转移印花机,主要供服装、花片、装饰用织物印花如图6-24所示,该机平台上铺有待转移印花的织物和转印纸,由其上方可升降的金属热板紧压。热板温度可保持在180~220℃之间,视工艺要求而定;要求板面温度均匀,以使转移纸上的图案染料汽化而均匀地转移到与印花纸紧密接触的织物上。转移印花的时间为15~16 s,可自控转移印花时间和热板上升动作。也可采用输送带或循转式供料台按时将织物和转移纸送进和送出热压部分,可提高产量。对于不宜紧压的织物,可用多孔台板真空吸贴织物,并使染料易于汽化而提高转移效率。

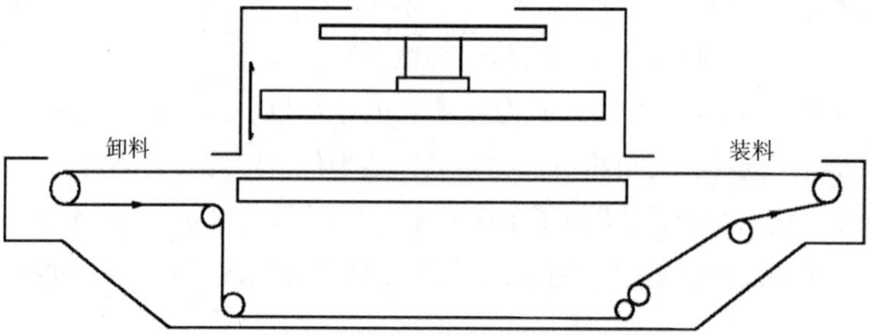

图6-24 平板热压转移印花机

(二)热辊毡毯转移印花机

如图6-25所示,热辊毡毯转移印花机由预热烘筒、热辊、循环毡毯等组成。待印织物先经烘筒预热,再将其正面与转印纸正面紧密接触一起送经热辊加热,使转印纸背面接触热辊辊面,并由无接缝耐热循环运行毡毯使织物和转印纸紧贴热辊均匀加热转移印花。热辊用热油或电加热,辊面温度180~220℃,转移时间为20~60 s,运行布速为3~12m/min。

(三)真空红外线加热转移印花机

真空红外线加热转移印花机,也称抽吸式转移印花机。

真空式是指辊内抽气而产生负压使织物吸附在辊筒表面，因此也被称为抽吸式转移印花机，通过一多孔滚筒的内外压差，将织物和转印纸吸紧在滚筒表面，靠红外线加热器对转印纸和织物加热，完成染料转移，示意图见图 6－25。

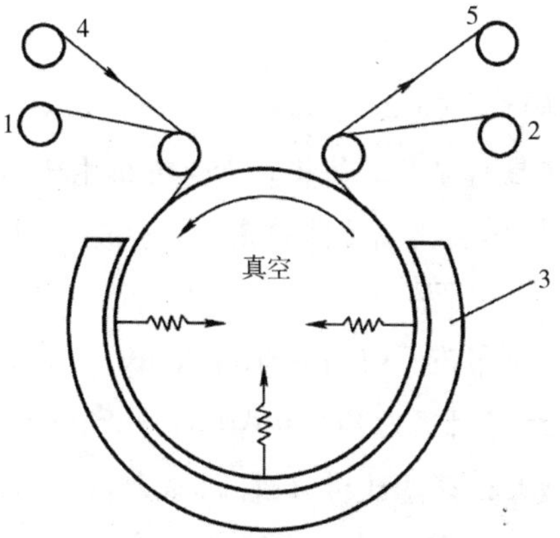

图 6－25　真空连续式印花机

1—转移纸　2—使用过的转移纸　3—红外加热器　4—织物　5—印花后织物

如图 6－26 所示为常用的抽吸式转移印花机。该机主要机构是中间有一根直径为 600～850mm 的金属网滚筒，有吸风装置在其内部形成一定的真空度；下部是电红外线辐射装置，在转印纸的背面对转印纸和织物加热，使之快速加热到 180～220℃，红外线辐射温度可通过在织物出口处的测温计测得的织物温度自动调节；遮盖帘子的作用是在突然停机或发生故障时，能

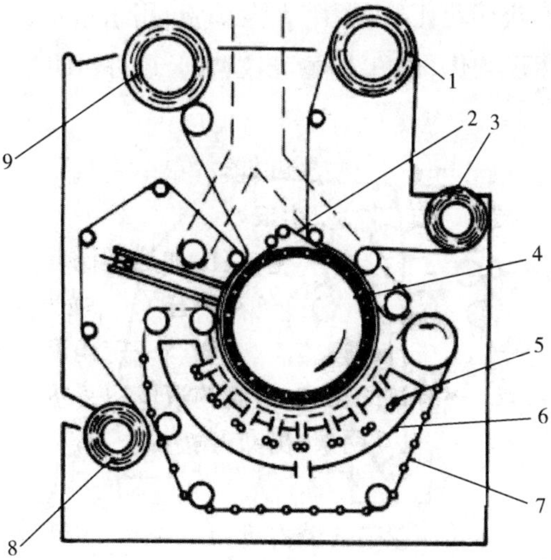

图 6－26　抽吸式转移印花机

1—织物　2—衬布　3—转印纸　4—多孔辊筒　5—电热管　6—红外加热箱
7—隔离网　8—使用完的转印纸　9—印花后的织物

自动运行到红外线辐射面的下面。该机还有匹长记录、定长自控、转印纸切断、排气通风等装置。这种机型的优点是有利于染料向纤维内部渗透,可保持针织物、腈纶织物等松软产品的风格,印花织物手感良好。其主要缺点是车速较低,耗电量较大。

二、冷转移印花机

冷转移印花又称为湿法转移印花(wet transfer printing,dew printing),相对于传统转移印花在棉、毛、丝等天然纤维上印花具有显著的优势。天然纤维由于常用水溶性染料,如活性染料或弱酸性染料,因此不可能通过升华法实现转移印花。且冷转移印花的图案花型逼真,艺术性强,工艺简单,而且其工艺表现为节能环保。

早在1984年,丹麦的丹斯克印花厂(Dansk Transfertry)就针对棉等天然纤维素纤维的转移印花进行了研究,并最终成功开发出名为Cotton Art的丹斯克转移印花法。德国屈斯特机器制造厂专门为该技术开发了新型的转移印花机,设计时速为20m/min。

如图6-27所示是Cotton Art—2000转移印花机运行示意图。该机占地面积小(约5m×7m),其主机底为一浸液槽2,垂直依次装有三台均匀轧车。一对转移印花纸供给辊6和一对送纸设备用辊7,还有一对卷取辊8(用于转印后剥离纸的卷取),这些滚筒分布在第2道均匀轧车4及第3道均匀轧车5的两侧。织物以20~30m/min的车速通过浸液槽,浸渍工作液后向上运行进入第1道均匀轧车3,轧液后与转移印花纸复合后进入第2道均匀轧车,再上行进入第3道均匀轧车。此时特殊的转移印花纸经均匀加压后,将活性染料在常温湿转移印上织物,转印的纸经第3道均匀轧车后被剥离卷取。转印织物通过导布辊进入有塑料薄膜衬垫的打卷装置9,打卷的织物在室温下堆置12~20h,充分固色后用三格热水洗去除浮色,烘干拉幅,不必蒸化退浆,因此无色浆污水。与常规印花比较,能耗节约50%,用水量很少,染色牢度无论中、厚、稀、薄棉织物或真丝绸,各项牢度均优,得色浓艳,花纹精细,还可转印艺术品花型,可用于羊毛织物的转移印花。

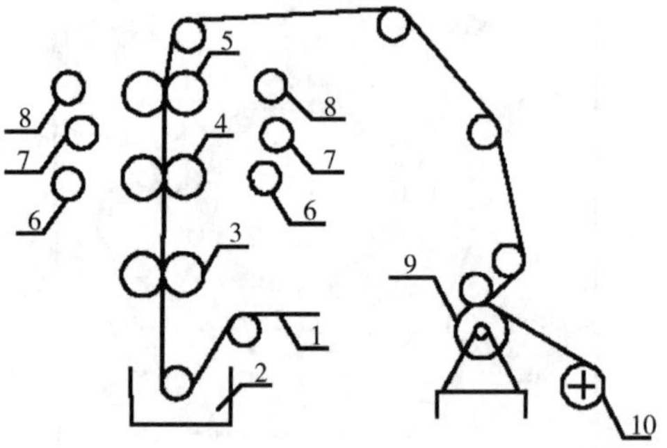

图6-27 Cotton Art转移印花机运行示意图

1—前处理后的半制品 2—浸液槽 3—第一道均匀轧车 4—第二道均匀轧车
5—第三道均匀轧车 6—转移印花纸华侨给辊 7—转移印花送纸备用辊
8—剥离纸卷取辊 9—卷布装置 10—塑料衬膜供给装置

第五节　喷墨印花机

一、喷墨印花机的分类

纺织品数码喷墨印花(digital printing)技术是集机械、计算机电子信息技术为一体的新型技术,改变了人们对传统纺织品生产和经营的观念,实现了纺织品印花的无网加工生产。与传统的印花工艺相比,喷墨印花技术具有以下几个方面的特点:

(1)没有传统印花生产过程中分色描稿、制片、制网等工序,直接可以采用数字化图形进行印花,大大缩短生产时间。

(2)喷墨印花产品印制清晰度高,色彩丰富,过渡自然,图案清晰。

(3)可以根据客户要求,进行单件或小批量制作,满足个性化需求,实现快速反应的生产流程。

(4)打破了传统生产的套色和花回长度的限制,极大地拓展了纺织图案设计的空间,提升了产品的档次。

(5)方便以电子网络销售为平台,建立新型管理体制和营销模式。

纺织品数码喷墨印花技术根据喷墨方式不同可以分为连续喷墨(continuous ink jet,CIJ)和按需喷墨(drop－on－demand,DOD)印花两类,如下所示。

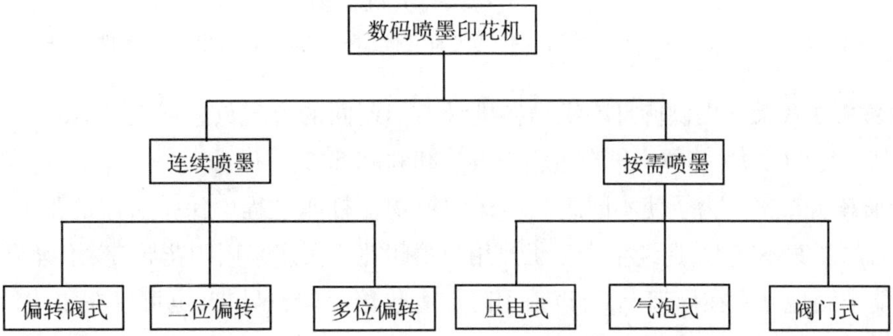

连续喷墨印花是在印花时产生一束大小均匀的墨滴流,利用控制系统有选择地使一部分墨滴与基质碰撞形成图案,另一部分墨滴则被收集系统回收后重新利用。连续喷墨方式可分为偏转阀式、二位偏转式和多位偏转式三种。二位连续喷墨产生的墨滴能在基质的一个部位上产生图案,而多位连续喷墨可以使墨滴同时在基质的多个部位上碰撞形成图案,不同位置上的未参与图案形成的墨滴被回收利用。

按需喷墨印花就是根据图案的需要产生墨滴,主要分为压电式、气泡式和阀门式三种。压电式喷墨印花机的喷嘴附近具有许多微小压电陶瓷,压电陶瓷在两端电压作用下具有伸展或收缩形变的特性,当图像信息电压加到压电陶瓷上时,压电陶瓷的伸缩振动将随着图像信息电压的变化而变化,并使喷头中的墨水在常温常压的稳定状态下,有效地控制墨滴的大小及调和方式,均匀准确地喷出墨水,从而获得较高精度和分辨率的图像。该类型喷墨印花机的生产厂家主要有 Epson、Mimaki、Roland、Stork 和浙江宏华等。

热泡式喷墨印花属于 DOD 模式,根据计算机发出的信号瞬间将喷嘴处的加热元件加热到高温,使墨水迅速达到高温状态,促使墨水汽化形成气泡,随着压力上升的力量推动气泡来挤压墨水,使墨滴从喷嘴孔喷出,并由加热器冷却气泡收缩,释放出墨水液滴。该类型喷墨印花机的主要生产厂家是惠普公司。

目前,压电式按需喷墨印花机由于喷头使用寿命长,印花精细度高,并且价格下降空间较大,已成为数码喷墨印花机的主流。

二、数码喷墨印花机的基本结构

如图 6-28 所示,数码喷墨印花机由织物退卷装置、织物传输装置、喷墨打印装置、干燥焙烘装置、成品收卷装置和导带清洗装置等部分组成。

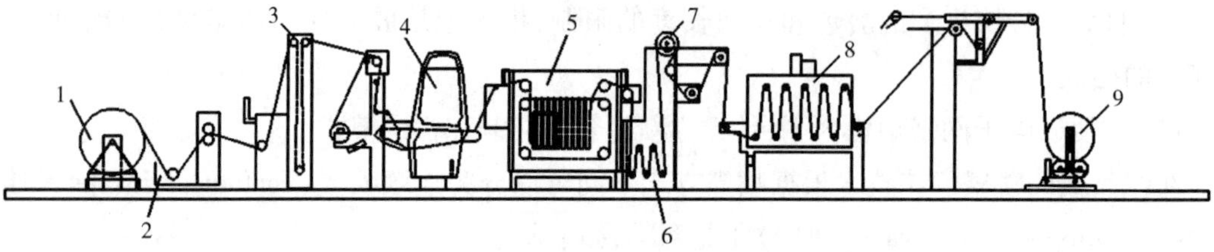

图 6-28　喷墨印花机示意图

1—退卷装置　2—预处理装置　3,8—烘干　4—喷墨印花机　5—汽蒸　6—水洗　7—预烘　9—收卷装置

1. 织物退卷装置　提供待打印织物在机台工作期间的合理放置或退绕,使得织物在打印过程中保持一定的张力,并防止进布过程中发生纬斜和起皱。

2. 织物传输装置　为了使不同组织结构的织物在打印过程中保持所需的张力,从而保证喷墨打印后的图案不变形,连续生产型工业用喷墨印花机大多采用印花导带来传输织物。为了保证织物能牢固地黏附在导带上,可以采用附加有热熔胶印花导带,也可以在印花过程中由其他装置向导带上施加涂胶。

3. 喷墨打印装置　喷墨打印装置包括喷头和带动喷头沿支撑导轨运动的字车。喷头的内部结构决定了打印图案的精细度,喷头的结构和个数决定了打印机的生产速度。字车在运行过程中具备自动检测打印织物的有无和宽度等功能,同时可以根据织物的厚度来调节喷嘴与织物的高度。

4. 干燥焙烘装置　喷墨打印后的织物需要及时进行烘干或焙烘,以进行固色处理或避免颜料渗化和沾色。目前大多数机型的喷墨印花机采用热风干燥的方式来进行干燥或焙烘。

5. 成品收卷装置　成品收卷装置需要提供一定的张力,以保证织物能连续无变形地从导带上脱离,并避免成品被污染。

6. 导带清洗装置　采用导带传输方式的喷墨印花机一般都配制连续清洗装置,能不间断地清洗掉在导带上的线头和杂物，保持导带的清洁，防止沾污后续织物。

三、主要的喷墨印花设备

（一）DReAM数码喷墨印花机

DReAM是意大利Riggiani公司、以色列Aprion公司和瑞士Ciba公司联合开发的数字喷墨印花机，它是目前市场上可以应用于工业化生产的速度较快的数字喷墨印花机。印花速度最快可以达到150m^2/h，相当于幅宽为1.6m的织物以6m/min的运行速度进行印花，接近于平网印花设备的低速生产水平。

DReAM数字喷墨印花机在变换花型时，仅产生约4 cm宽的织物损失，特别适合于100～800m的小批量订货客户。Ciba公司专门开发的系列墨水具备较高的合适黏度，能使喷嘴以非常高的速度将墨水喷射到织物上，同时又能防止墨滴在织物上渗化，因此能获得非常清晰的花纹轮廓、高的印花质量和明亮的色调。该印花机可以用于聚酰胺与莱卡混纺的等弹力织物和丝绸织物的喷墨印花，这些喷墨印花织物特别适合于流行女装和运动服的制作，也适用于家用纺织品、装饰织物等产品的喷墨印花。

这一数字喷墨印花系统具有许多独特的创新。例如，它综合了Reggiani出色的织物输送技术APB（adhesive printing blanket），即现在面料喷墨印花普遍采用的导带织物传输技术，可以对导带进行自动清洗和上胶；采用了Scitex Vision的Aprion MAGIC的6色喷墨技术；采用了Ciba专门开发的适用于高速印花系统的喷墨印花墨水等。因此，用DReAM数字喷墨印花系统能够获得更出色的数字喷墨印花效果。

（二）Artistri数字喷墨印花机

Artistri数字喷墨印花机也是目前世界上最新型的数字喷墨印花设备之一。Artistri系列数字喷墨印花机是由美国DuPont公司和日本的Kogoyo公司合作开发的，该系列喷墨印花机也采用了导带织物输送技术，具有导带自动水洗装置，能够满足弹力针织布料、毛巾、定位花型等印花要求。Atistri 2020喷墨印花机采用Seiko公司的压电式喷头，印花机由Kogoyo公司制造。

Artistri 2020系统配置有16个压电喷头，这16个喷头对单一类型墨水可以使用2 × 8色方案，或者对于两种不同类型的墨水使用1 × 8色方案。喷头高度可以在10mm范围内自由调节。Atistri 2020喷墨印花机具有高速模式、标准模式和高质量模式等3种不同的印花模式，印花速度可以在11～66m^2/h范围内进行调节，印花精度介于360～720dpi之间。印花精度和质量要求越高，印花速度越慢。Atistri 2020喷墨印花机可以印制的织物幅宽最大为1.85m，印花图案的有效宽度可以达到1.8m。

Artistri系列数字喷墨印花机的另一种有代表性的类型是Artistri 3210喷墨印花机。Artistri 3210喷墨印花机是一款专门为家纺行业设计的喷墨印花机，能满足客户多样性的需求。该机每小时的最大生产能力为30m^2/h，具有焙烘固色系统，印花织物在离开机器之前就可以在机器内部被干燥、固色。印花织物的最大幅宽可达3.2m，有效印花宽度为3.05m。独特的滚筒传送系统可以使织物自由印制，甚至可以同时印制两种幅宽较窄的织物，适用于纯棉、涤纶、涤棉混纺织物的印花。

思考题

1. 简述滚筒印花机的分类、核心结构组成及其工作过程。
2. 滚筒印花机与平圆网比较有哪些优缺点?为什么逐渐被淘汰?
3. 网动平网印花机、自动平网印花机和全自动回转式台版走车印花机各有哪些印花特点?
4. 自动平网印花机印花单元主要有哪些机构和装置?
5. 圆网印花机的基本结构有哪些?这类印花机近年来在结构和性能上有哪些改进?
6. 圆网印花机有哪些类型的刮印机构?简述说明它们的应用特点。
7. 简述数码印花机、平网印花机和圆网印花机的印花特点。
8. 热转移印花机的分类有哪些?各有什么特点?
9. 简述冷转移印花机的印花过程。
10. 试对比说明热转移印花机和冷转移印花机的差异性。
11. 试比较说明喷墨印花机和筛网印花机的特点。
12. 简述喷墨印花机的分类及其基本结构。

第七章　整理设备

在纺织品染整加工中，一般将前处理、染色和印花之外，旨在改善和提高产品服用性能或赋予特殊功能的加工称为织物后整理(finishing)，也常被称为整理，所配用的设备即为整理设备。

整理是本门学科。染整工程中"整"字的由来，是织物染整必不可少的一道后续加工工序，也是提高印染产品附加值的重要手段。经整理后的织物不仅品质大幅度提高，同时也可获得较高的产品附加值。随着纤维品种增多，服装文化内涵越来越丰富，顾客个性化需求广泛，整理内容也变得更加丰富，大致可以归纳为以下几个方面：

(1)使织物达到规定幅宽，保持织物尺寸、形状稳定。如拉幅定形、防皱、防缩整理等。

(2)改善织物手感。如通过化学助剂或机械方法改善或提高织物的柔软、丰满、硬挺、粗糙、轻薄以及厚实等手感效果。

(3)改善织物外观。如增白、轧光、电光、轧纹、起毛、剪毛和缩呢等。

(4)赋予织物其他特殊功能。如拒水、阻燃、防油污、抗紫外线、抗菌和增进保暖性等。

在整理过程中，有些整理工艺需使用专用的整理设备，但许多整理是与其他加工设备通用的。本章主要介绍拉幅定型机、预缩机、涂层整理机、磨毛机等专用整理设备。

第一节　拉幅定型机

拉幅定型机(stenter)是应用最广泛的后整理设备之一，利用热空气对织物进行烘燥整理并使之定型，也可以通过施加不同化学整理剂获得不同的服用性能。

纺织纤维在纺纱、织造及其机织物在练漂、染色、印花等加工过程中，受到外力作用，特别是经过紧式和绳状的设备加工的机织物，引起经向伸长、纬向收缩、幅度不匀以及纬斜等；经过烘筒烘燥后，织物往往还可能会产生"极光"、手感僵硬，因此，一些机织物在成为染整加工成品之前，需进行拉幅或其他有关整理，以消除或改善上述缺陷。

拉幅整理是在拉幅机上将具有一定含湿量的棉、麻、丝、毛纤维以及某些吸湿性较强的化学纤维的机织物幅度缓缓拉宽到规定尺寸，并同时进行加热烘燥，就可以消除部分内应力，调整经纬纱在织物中的状态，使织物幅度整齐划一而较为稳定，并在一定程度上能使纬斜(借助整纬装置)、"极光"、手感粗硬等得到改善。一些含合成纤维的织物则需高温拉幅，纤维经历热定型过程。

一、拉幅定型机的分类

拉幅定型机分为布铗式和针板式等几种。棉织物拉幅多采用布铗式定型机，针板式拉幅机多用于丝、毛、化纤及其混纺织物的拉幅整理。一般定型机所需热风为200℃，根据加热方式不同，布铗式又分循环导热油加热、煤气或天然气加热、热风烘燥和蒸汽排管式普通布铗定型机；普通布铗机结构虽较简单，但因其不能进行超喂，拉幅效果差，且烘燥温度不均匀而影响其整理效果，所以现在较少使用。针板式拉幅机都是采用热风烘燥，整理效果良好。拉幅定型机是印染厂的主要耗能设备，早期定型机采用电加热方式获得工艺温度，后以导热油为加热介质，需要配置锅炉先加热导热油，经过管道引入定型机。近年来，随环保要求的不断提高，采用天然气直燃加热和以中压蒸汽为加热介质的定型机成为主流。

二、拉幅定型机的结构及工艺流程

拉幅定型机要求施液均匀，烘房内温度均匀，循环风量大，能源消耗小。它包括进布、整纬、浸轧机、拉幅、烘房、出布装置，是由多个功能区组成的联合机，机器结构如图7－1所示。

设备流程：平幅进布→红外对中→轧车→圆盘整纬→下超喂→机械整纬→螺纹扩幅→上超喂→剥边→探边→上针→浆边→拉幅热定型→冷风冷却→脱针→切，吸边→冷水辊冷却→摆式落布或卷装落，配以轧车，可以进行轧水、浸轧等处理

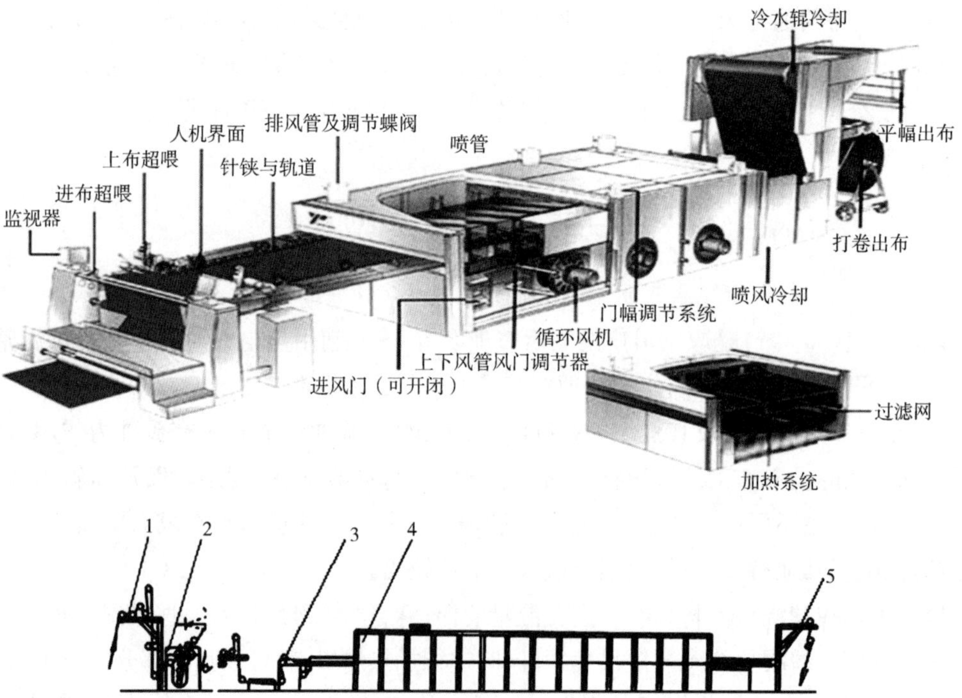

图7－1　拉幅定型机

1—进布装置　2—均匀轧车　3—布铗扩幅链　4—烘房　5—出布装置

定型机一般分为五个功能区：进布区、施液浸轧区、幅宽调整机构、热风烘干区、降温出布区。

1. 进布区 进布区完成对织物张力调节、左右对中、整纬等操作，由进布装置、整纬器、对中装置组成。对中装置能自动检测织物位置并予以校正，使织物与机器中心保持一致，防止走偏，在其前面装有三根螺纹扩幅辊，使织物充分展开（图 7－2）。整纬器则是通过两根整纬辊装在左右两个圆盘上，由电动机带动传动轴并通过齿轮、链轮使左右圆盘反向转动，从而达到纠正织物斜纬的目的。

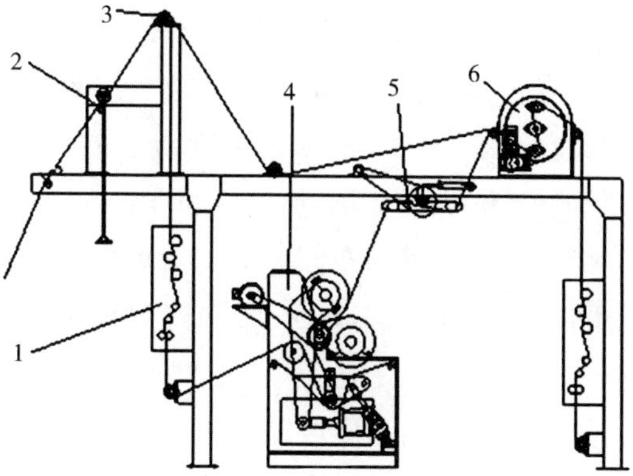

图 7－2 拉幅定型机进布区

1—对中装置 2—张力杆 3—导布辊 4—均匀轧车 5—同步电动机 6—紧布器

2. 施液浸轧区（图 7－2） 轧液装置一般选用均匀轧车，轧去大部分的水分，均匀施加整理剂于织物的纤维中。轧槽容积小但液下深度要高，易于轧去织物中的空气，并使织物含湿均匀或使织物预先渗入足够量的工作液。轧车压力要均匀，使织物上含工作液均匀且挤除织物上表面的树脂整理液。轧槽设计尽量小，减少轧液浪费，小容量轧液槽的溶液更新速度快，可避免工作液产生破乳、凝聚现象。连续加工中，应能够自动补液。

3. 幅宽调整机构 调幅装置包括进布调幅、出布调幅及烘房内调幅三部分，如图 7－3 所示，拉幅导轨通过导轨滑座安置在调幅横梁上，调幅丝杆旋转时，左右螺纹使左右两根导轨反向移动，改变其距离，并可以调节喂入速度，实现超喂。

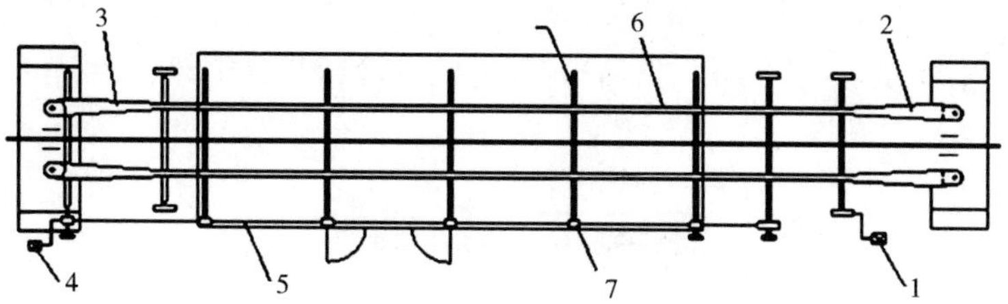

图 7－3 定型机扩幅轨道俯视图

1—进布调幅电动机 2—进布导轨 3—出布导轨 4—出布调幅导轨 5—调幅传动系统 6—烘房内导轨 7—调幅丝杠

布面经浸轧整理工作液后,平幅送入机台,布边挂接在针板链上,针板拉住两个布边,被两边夹持着送入循环风箱中,定型机上布的拉幅由链条产生。链条由大功率电动机带动,由压布轮上的毛刷将布压在针板的小针上。烘房内调幅由减速机通过边轴、伞齿轮箱传动各节烘房的调幅丝杠。出布导轨出布处幅度一般略小于织物下机幅度,以利于织物脱针。

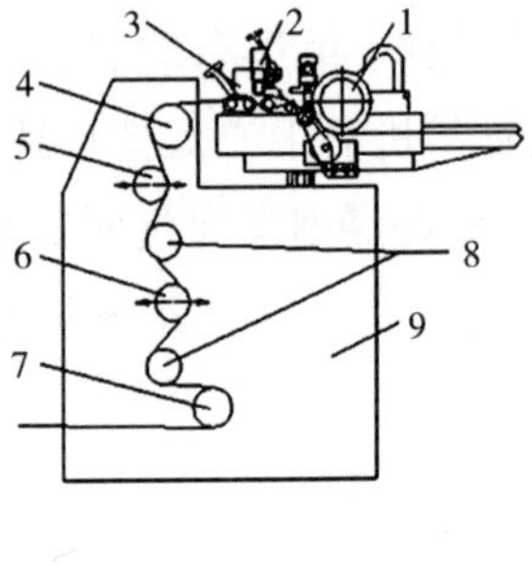

图7-4 进布箱与上针装置

1—主动毛刷轮 2—探边装置 3—剥边装置 4—上超喂辊 5—手动整纬 6—机械整纬 7—下超喂辊 8—螺纹扩幅 9—进布箱体

织物上针装置如图7-4所示:由主动毛刷轮、托轮及被动毛刷轮组成,主动毛刷轮为由电机通过齿形带传动,其速度比超喂辊速度稍快,并与主机速度同步变化,主动毛刷轮升降由气缸控制。

4. 热风烘干区 室温空气经风扇引导通过热交换器加热,加热后的空气在循环风扇的鼓吹下不断由气孔喷向布面,热风接触湿布后,温度下降而湿度升高。箱体要求保温良好。热交换器管道有很薄的金属片,冷风经风机带动以快速通过热排管,产生高效热交换。

一般选用积木式烘房,数组连续不同温度段循环风箱进行加热。每节长3m,由机架、隔热板、喷风管、循环风机及加热装置组成,热风循环系统采用小循环,每节烘房组成一个循环系统,交叉排列,由于烘房容积小,热风循环路线短,循环风量大,所以烘房升温快温度均匀,每节烘房的温度可以单独自控。可选用燃烧器点燃天然气或煤气来加热,当铂热电阻检测到的烘房温度与设定温度产生偏差时,也通过温控表控制燃烧器火焰的大小实现烘房温度自动调节。

5. 降温出布区 排风系统:排风系统有进排风门和管路等,可以加装废气余热利用装置。

监视器:配合出布的摄影机,随时观察出布情况与质量。

静电消除器:布与布轮摩擦接触,且湿度降低,很容易产生静电。

冷却装置:可采用喷风管左右对吹,使织物出烘房后可以迅速降低布面温度,冷却风机为离心风机。冷风吹向布面,降低布面温度。加配冷却水辊,采用电机通过减速机传动。冷却水由装在两轴端的旋转接头流进流出,旋转接头必须用软管与进出水管连接。

余热回收装置:安装在废气排出口,一般定型机废气温度可达到170℃,如果不经利用,大量余热被排出,定型机余热回收的方式是从排出的热风中回收热能,再返回定型机加热系统。

整理过程是干织物由平幅进布装置导入轧车,浸轧工作液后,由布铗或针板链上针夹持,拉开织物到规定幅宽,经烘房逐级烘燥,然后冷却降温,由冷却装置冷却后,经落布架落布。

第二节 预缩机

在染整加工过程中,由于织物连续承受经向拉力而伸长,造成纬向收缩,并造成成品经向尺寸极不稳定,在后续的加工和使用过程中,遇湿热会产生一定程度的收缩,影响产品质量,给消费者造成损失和麻烦。因此，为避免成品收缩率不达标，织物在出厂前，应预先回缩，使之获得稳定门幅和匹长。采用预缩机（compressive shrinking machine）进行预缩加工可以减少织物的经向收缩。

常用的预缩机有胶毯预缩机、呢毯预缩机和阻尼预缩机。它们适宜于棉及棉型织物的预缩整理，可使缩水率下降至1%以下。

一、胶毯预缩机

1. 胶毯预缩机理 织物的收缩是由橡胶毯（rubber belt）、进布加压辊和加热承压辊之间的压力以及橡胶毯弹性收缩所产生的作用而形成的。厚实的橡胶毯是这类预缩机的核心和特征，当橡胶材料受力发生弯曲时，可以看出它的外弧伸长，内弧收缩。若将该橡胶毯反向受力发生弯曲时，则原来伸长的一边发生收缩，而原来收缩的一边发生伸长，如图7－5所示。

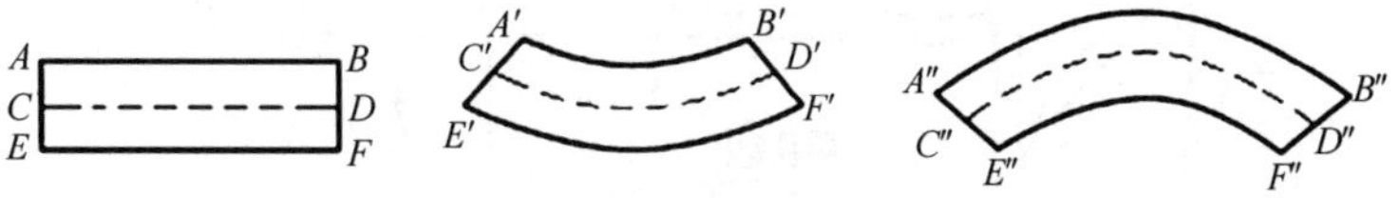

图7－5 弹性可压缩材料屈曲变形情况

若将含湿的棉织物紧贴在橡胶毯表面，则胶毯与湿织物摩擦力使该织物随着橡胶毯发生形变，随着橡胶毯伸长和压缩而发生伸长和压缩，胶毯的收缩会使织物纬纱密度增加、经向收缩，达到一定的预缩效果。

如图7－6所示，在进行机械预缩时，胶毯沿导辊运行，随位置不断变换，胶毯伸长、压缩。进布时织物紧贴在橡胶毯伸长部位 a 处。当橡胶毯围绕于给布辊时，外侧表面伸长，内表面缩短即 $a>b>c$，运转至加热承压辊后，a 段由伸长变化为缩短，b 为胶毯中部长度不变，c 段发生伸长，这时出现 $a'<b'<c'$。由于 $b=b'$，因此 $a>a'$。由于给布辊与加热承压辊之间的压力作用，使橡胶毯受到剧烈压缩而变薄伸长，而运行到 S 点时，这种挤压作用消失，橡胶毯将向外恢复弹出，产生了向后挤压的作用力 F，这个反作用力使得橡胶毯紧压于承压辊，也就将织物紧贴在了橡胶毯上，不能滑动。这样织物的形状将完全按橡胶毯变形，进入压缩区域，橡胶毯压缩，织物也随其压缩即发生收缩，从而达到预缩的目的。当橡胶毯离开承压辊时，织物必须立即离开橡胶毯。因此橡胶毯在后面的导辊上又呈拉伸状态，如织物不及时离开橡胶毯将又会被拉伸而消除预缩效果。织物上的水分和加热作用能够增加纤维的可塑性，提高织物的预

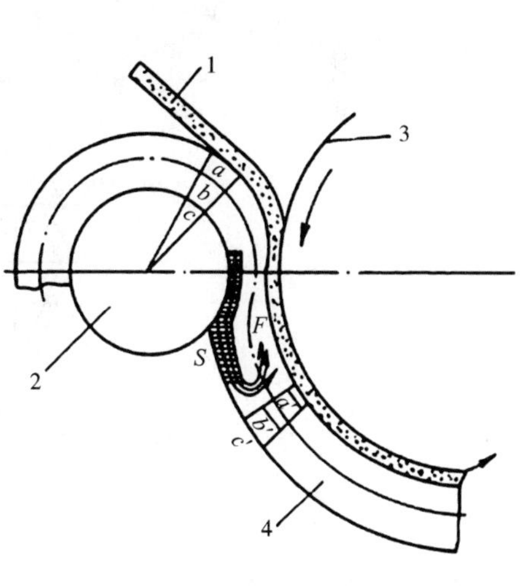

图7－6 织物预缩整理时橡胶毯受力情况

1—织物 2—给湿辊 3—主辊筒（加热承压辊） 4—橡胶毯

缩效果。

从织物预缩机理可知,织物的预缩效果取决于胶毯厚度、给布辊与承压辊之间的压力、织物的含湿状况以及承压辊的温度。因此,胶毯厚度越厚,压力越大,含湿量越均匀,温度越高,织物的预缩效果就越好。

2. 胶毯预缩机的类型及结构 目前使用的胶毯预缩机主要有简式三辊橡胶毯预缩机、布铗链预缩整理联合机和普通三辊橡胶毯预缩机等。

(1)简式三辊橡胶毯预缩机:如图7-7所示,它由进出布装置、给湿装置及三辊橡胶毯预缩装置组成。其核心机构是三辊橡胶毯预缩装置,如图7-8所示,它由橡胶毯、加热承压辊、加压导辊及橡胶毯调节装置等组成,承压辊用蒸汽加热,给湿采用水管喷雾给湿。

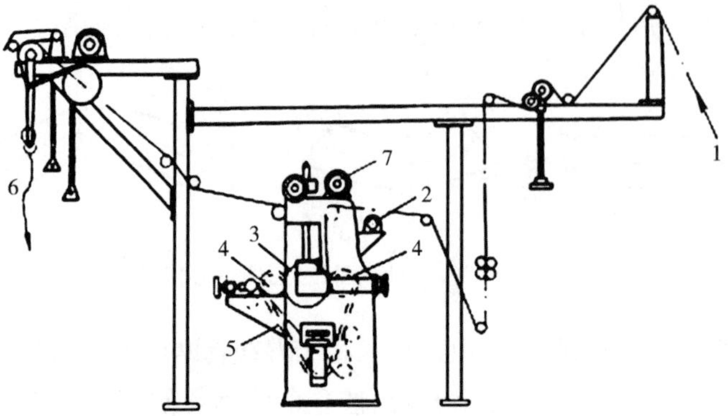

图7-7 简式三辊橡胶毯预缩机

1—进布 2—给湿管 3—加热承压辊 4—导辊及加压辊 5—橡胶毯 6—出布 7—承压辊升降电动机

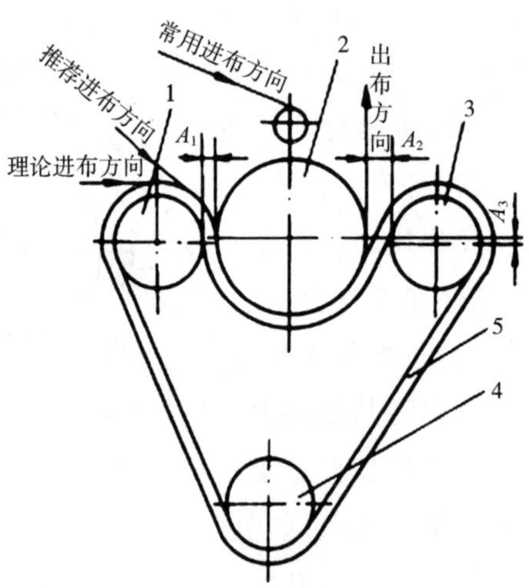

图7-8 预缩部分示意图

1—进布加压辊 2—加热承压辊 3—出布辊 4—橡胶毯调节辊 5—橡胶毯

织物运行过程为:进布架干进布→水管喷雾给湿→三辊胶毯预缩→落布架落布。该机结构简单,成本低,操作方便,但预缩效果不稳定。

(2)布铗链式预缩整理联合机:如图7－9所示,全机由进出布装置、汽蒸给湿装置、短布铗拉幅装置、三辊橡胶毯预缩机及呢毯烘干部分组成。进出布装置由张力器、吸边器、喂入辊及布速测定仪组成。给湿采用喷雾和汽蒸箱,以提高渗透吸湿效果。短布铗拉幅装置使织物平整无褶皱地进入三辊胶毯预缩机,并能依据工艺需要调整织物的喂入速度和经、纬向张力。预缩装置是预缩机的核心部件,由进布、加热承压辊、橡胶毯、加压辊、橡胶毯导辊及张力调节器、橡胶毯冷却等装置组成。呢毯烘干机的作用是对经三辊橡胶毯预缩的织物进行烘干定形,以保证织物的缩水稳定性,并能改善织物的手感和光泽。

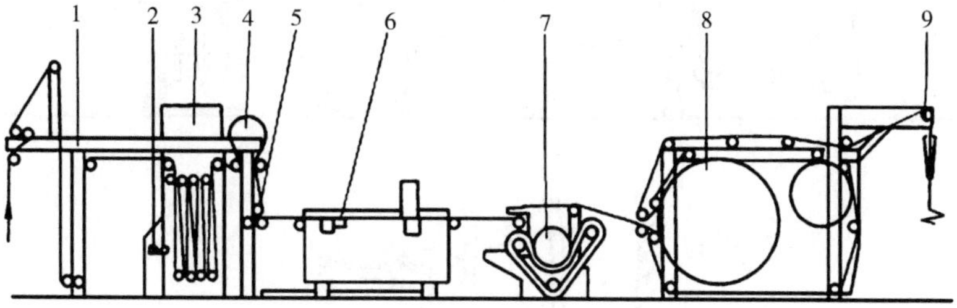

图7－9　布铗链式预缩整理联合机

1—进布装置　2—给湿装置　3—汽蒸室　4—烘筒　5—整纬装置　6—布铗拉幅装置
7—橡胶毯预缩机　8—呢毯整理机　9—落布装置

织物运行过程为:进布架干进布→给湿箱喷雾给湿和蒸汽给湿→单烘筒预烘→短布铗拉幅→三辊橡胶毯预缩→呢毯整理机平烫烘燥→冷却装置冷却→消除静电→落布架落布。

(3)普通三辊橡胶毯预缩联合机:结构如图7－10所示。它与布铗链式预缩联合机相比,只是少了一个短布铗链拉幅装置,给湿部分采用给湿箱给湿,给湿箱内装有喷汽管和喷雾管,织物可双面喷雾给湿,也能喷雾与蒸汽加热同时进行,以提高织物的渗透给湿率。

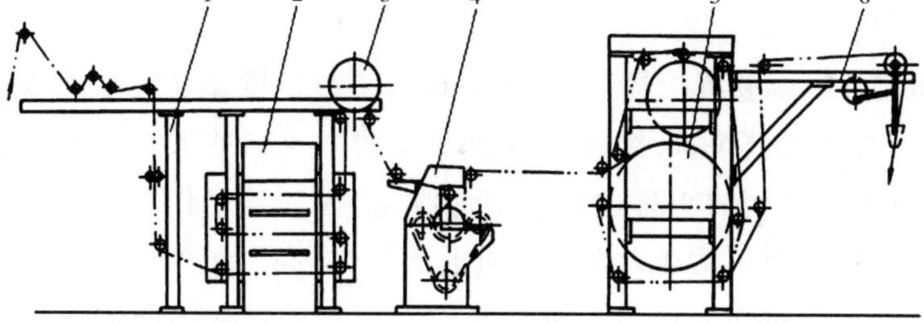

图7－10　普通三辊橡胶毯预缩联合机示意图

1—进布架　2—喷雾给湿箱　3—预烘烘筒　4—三辊橡胶毯预缩装置
5—呢毯烘燥装置　6—落布架

织物运行过程为:干织物进布→给湿箱双面喷雾给湿→单只烘筒预烘→三辊橡胶毯预缩→呢毯熨烫烘燥→落布架落布。

二、呢毯预缩机

呢毯预缩机(blanket pre - shrinking machine)主要由给湿装置、加热装置、循环呢毯喂布辊、拉幅装置、大小烘筒及进出布装置组成,如图7-11所示。

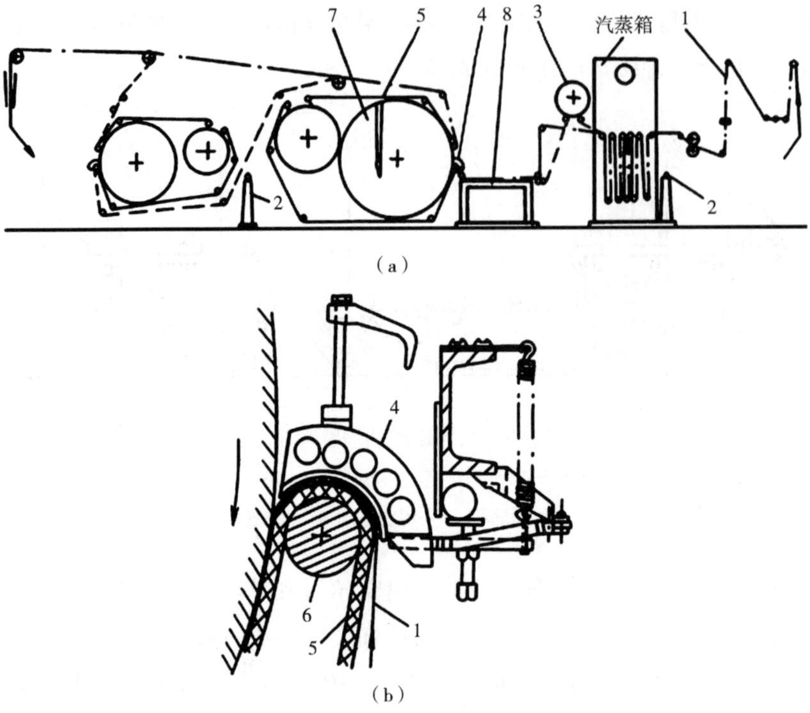

图7-11 毛毯式防缩整理联合机示意图

1—织物 2—给湿装置 3—小烘筒 4—电热靴 5—毛毯 6—喂布辊 7—大烘筒 8—拉幅装置

给湿后的织物经拉幅装置拉幅后,以松式状态平整地紧贴在呢毯外表面,呢毯包覆于小直径喂布辊上,外表面被拉长;继而转向包覆于曲率反向的大烘筒上,被拉长的呢毯表面发生收缩,紧贴于呢毯上的织物也被强制地收缩,起到预缩作用。由于织物含湿、电热靴的热压以及织物被呢毯压贴在大烘筒表面上运行,提高了织物的可塑性,有利于提高织物的预缩效果。而织物被呢毯压贴于热烘筒表面运行的过程中被烘燥,达到稳定预缩的目的。

织物运行过程为:进布架干进布→喷雾给湿→蒸汽给湿→单只烘筒预烘→短布铗拉幅→两组呢毯预缩→落布。

经此预缩机整理的织物缩水率可降到1%以内。对织物的不同缩率要求,需要更换不同直径的喂布辊和不同厚度的呢毯。

三、阻尼预缩机

阻尼预缩机由进布汽蒸、预缩和出布部分组成，如图 7-12 所示。

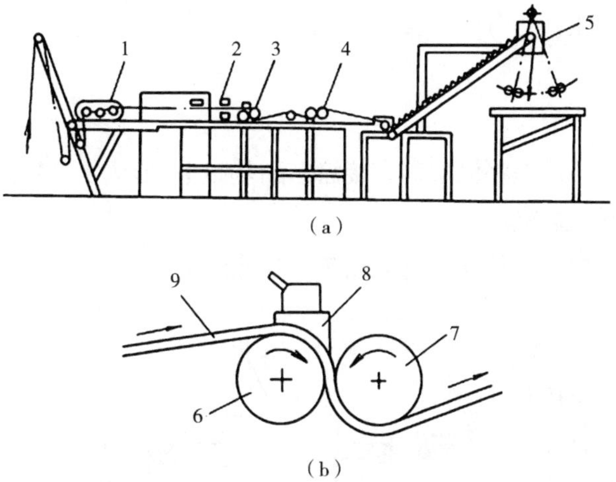

图 7-12 阻尼预缩机

1—超喂装置 2—汽蒸装置 3—第一阻尼预缩装置 4—第二阻尼预缩装置
5—落布折叠装置 6—喂入辊 7—阻滞辊 8—阻尼刀 9—圆筒针织物

进布汽蒸部分由进布辊、扩幅器、超喂装置和蒸汽给湿箱等组成。织物经进布辊、超喂装置、进入汽蒸装置。汽蒸装置为盘式上下汽蒸箱，箱内装有蒸汽喷射管，对织物给湿。

预缩部分为两组阻尼预缩装置，以适应针织物两面预缩的需要。每组由喂入辊、阻滞辊和阻尼刀组成。阻滞辊、喂入辊由蒸汽加热，阻尼刀由电加热，并由气动装置控制施加于织物的压力。

出布部分由胶辊帘带、卷取装置或折叠装置组成。织物离开第二组预缩装置后，由胶辊帘带送至卷取或折叠装置，实行卷取或折叠出布。

织物运行过程为：进布辊平幅干进布→超喂轮超喂→蒸汽给湿→两组阻尼预缩→胶辊帘带送布→折叠或卷取出布。

阻尼预缩机适用于棉毛布、弹力罗纹布和汗布等针织物的预缩处理，预缩率 0～30%，可按需求调节，预缩后的织物平整、门幅稳定、缩水率小、织物手感柔软。

预缩机理：阻滞辊辊面较粗糙，辊面线速度低，喂入辊辊面光滑，线速度高。织物在阻尼刀板的热压下，紧贴喂入辊辊面并被压入两辊间轧点，强制织物收缩，起到预缩的作用。同时，由于湿热条件，使织物稳定。织物的预缩量可由两辊间的速度差来控制。速度差大，预缩量大；速度差小，预缩量也小。

第三节　涂层整理机

涂层整理是在织物表面均匀地涂敷一层或多层高分子材料,使其正反面具有不同功能的一种表面整理技术。按其工艺可分为直接涂层、黏合涂层和转移涂层三大类。

一、直接涂层

直接涂层(coating)整理是将涂层剂直接涂布到基布上,形成复合物的加工。它又可分为干法涂层、湿法涂层和热熔成膜法。

干法直接涂层机和湿法直接涂层机如图7-13和图7-14所示。

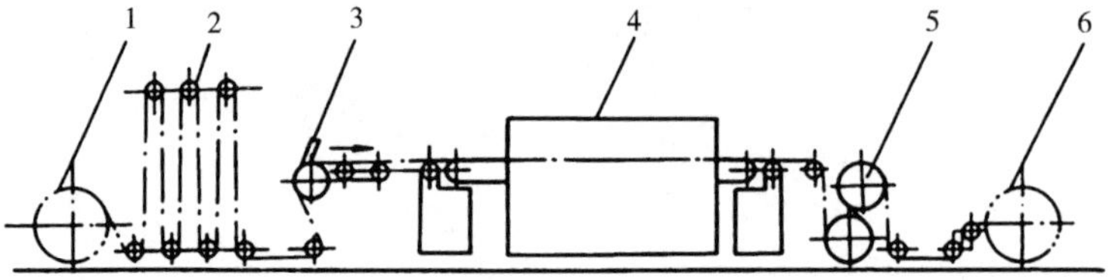

图7-13　干法直接涂层机

1—进布架　2—张力装置　3—涂布器　4—烘干机　5—冷却辊　6—成卷装置

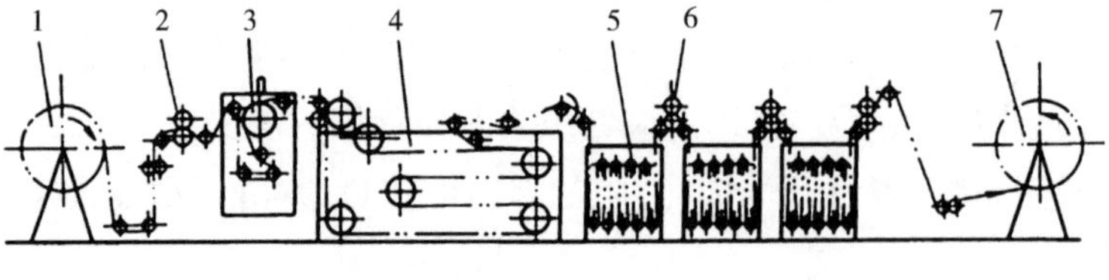

图7-14　湿法直接涂层机

1—织物　2—进布轧车　3—刮刀或涂布器　4—凝固浴　5—水洗机　6—轧车　7—成卷装置

二、黏合涂层

黏合涂层又称粘合织物、层压织物。是把一层以上的织物(或非织造布)黏结在一起,或将织物与其他高分子材料黏结在一起,形成兼有多种功能的复合材料。这种黏合的方式常被称作热压层合法(laminating),是涂层新工艺。它是将具有热塑性黏合剂加热至熔融态后直接涂布在基布上,经冷却黏在基布表面,形成复合物的加工,如图7-15所示。

三、转移涂层

转移涂层整理(transfer coating)是先将涂层剂涂布在转移纸上,然后将转移纸与基布叠合,

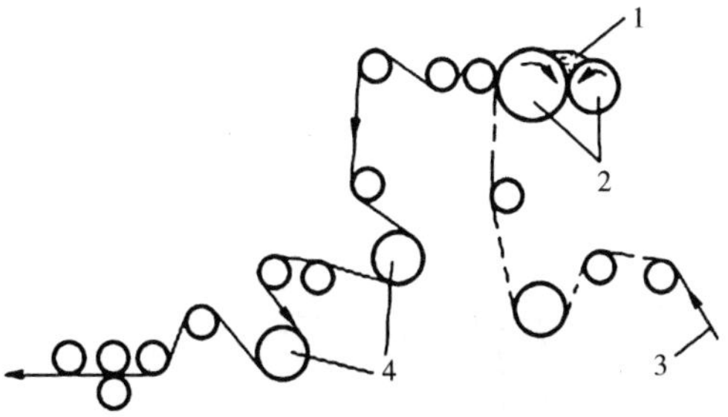

图 7 – 15　热熔成膜涂布法

1—热塑性涂层剂　2—加热的涂布辊　3—织物(底布)　4—冷却辊

经轧压、烘燥,使涂层剂转移到基布上,经烘干冷却后,转移纸与涂层织物分离,分别成卷。转移涂层机如图 7 – 16 所示。

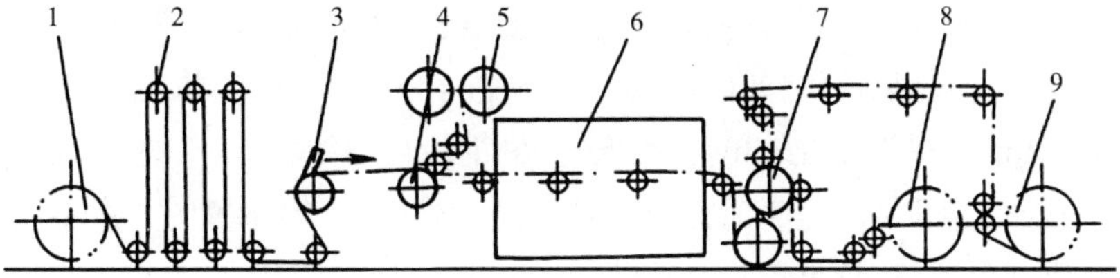

图 7 – 16　转移涂层机示意图

1—转移纸　2—张力装置　3—涂布器　4—黏合装置　5—基布退卷　6—烘干机

7—冷却辊　8—转移纸成卷装置　9—涂层织物成卷装置

直接涂层整理机中最重要的单元装置有涂布器、烘干装置、退卷和上卷装置、轧平和冷却装置。

涂层整理机的关键单元是涂布器,主要有刮刀式涂布器、辊式涂布器、圆网涂布器、粉末涂布器等。它的最基本形式有刮刀式涂布器和辊式涂布器两种,如图 7 – 17 所示。

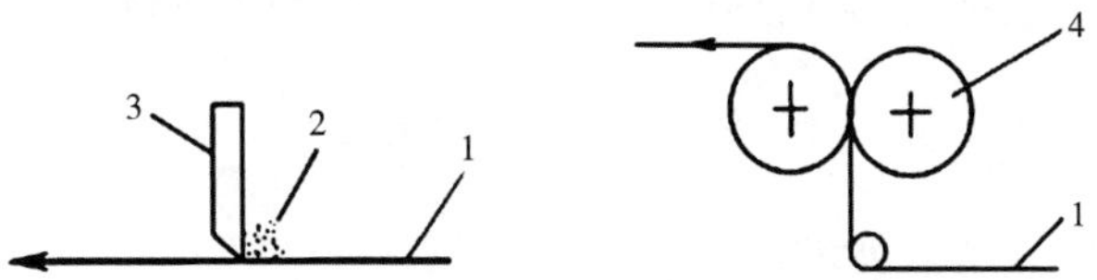

(a) 刮刀式涂布器　　(b) 辊式涂布器

图 7 – 17　涂布器

1—织物　2—涂层剂　3—刮刀　4—涂布辊

刮刀式涂布器的涂层厚度主要取决于刮刀的位置和刀口的厚度。刮刀位置低、刀口薄,则涂层薄,反之则厚。辊式涂布器的涂层厚度则与两辊的间隙有关。间隙大,涂层厚,反之则薄。

在涂层整理机中,刮刀式涂布器与辊式涂布器也可联合使用,或者组成刀辊式混合涂布器使用。常用的烘干装置有:热风拉幅机、热定形机、热风托辊烘干机、热风金属网烘干机等。轧平装置使涂层织物表面平整、紧密。也可将轧平与轧纹相结合(轧纹金属辊),生产不同表面效果的涂层产品。

第四节　磨毛机

磨毛整理(sand finishing)是一种借助机械摩擦的方法使织物产生绒面的整理。通过磨毛机中高速运转的砂磨辊或是碳纤维磨料、陶瓷纤维磨料等与织物表面摩擦,挑断或拉出表面的纤维,而使其产生一层短绒毛,既保留原有力学性能又赋予织物新的风格,增加了保暖和柔软性,手感丰厚,适用于冬季保暖产品以及贴身使用的产品。按一般工艺要求,磨毛后布面绒毛"细、密、短、匀",织物厚度增加,手感柔软、平滑、舒适。

按织物加工时含湿状态不同可分为干磨机和湿磨机,磨毛机的组成有所差异。干磨机由平幅进布装置、蒸汽给湿箱、烘筒烘燥、磨毛、吸尘、刷毛、出布等部分组成;湿磨机在给湿、烘燥后增加柔软度剂或其他整理剂液浸轧单元,经磨毛、刷毛后再增加轧干、水洗、轧干、烘燥等单元。

磨毛联合机最主要的构成是磨毛辊的布置方式,根据磨毛辊布置的方式不同,磨毛机可分为立式磨毛机、卧式磨毛机、行星辊式磨毛机三种形式。

1. 立式磨毛机　立式磨毛机主要是指磨毛辊的布置是上下排列,可以有单排磨辊,也可以有两排或多排,如图7-18所示,是常见的两排磨毛辊立式排列磨毛机。

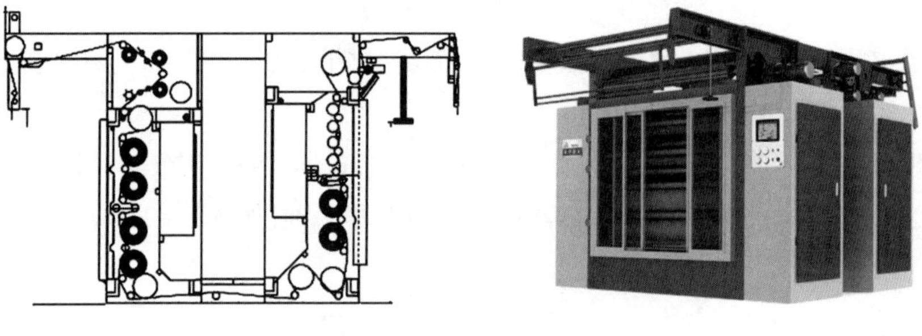

图7-18　立式磨毛机

2. 卧式磨毛机　卧式磨毛机结构如图7-19所示。

3. 行星辊式磨毛机　图7-20所示为行星辊式磨毛机的一种。在大辊面上有磨毛辊6根,彼此隔断交错间隔排列。

行星辊式磨毛机结构类似于针辊起毛机,即在大辊面上均匀配置一组能自转的磨毛辊进行磨毛。由于织物在行星式磨毛机一次磨毛过程中经过多根磨毛辊磨毛,克服了采用多角形磨毛辊的多辊卧式磨毛机噪音大的缺点。

采用双转鼓及大圆鼓结构使织物与磨砂辊的接触面积大大增加,得到的磨毛效果更均匀,手感更自然柔和,近似于湿磨毛的效果。

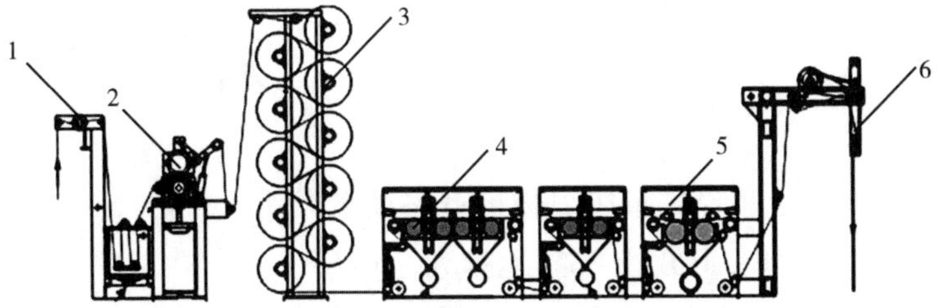

图 7-19 卧式磨毛联合机

1—进布装置 2—轧车 3—烘筒烘干机 4—四辊砂皮磨毛机
5—两辊碳纤维磨毛机 6—出布装置

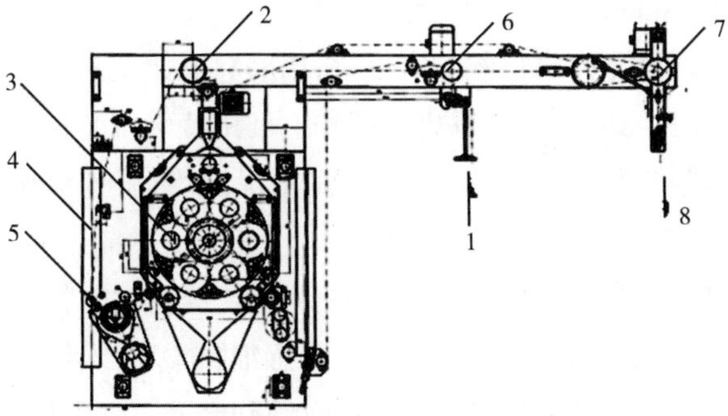

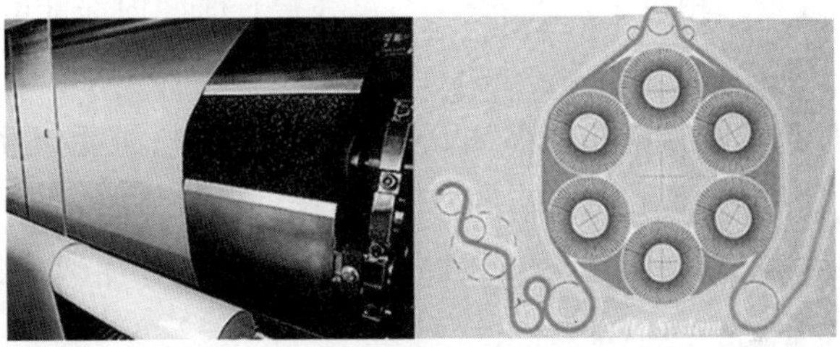

图 7-20 行星辊式磨毛机

1—进布辊 2—前导辊 3—后导辊 4—上导辊 5—出布辊 6—锡林 7—左磨辊
8—右磨辊

磨毛辊采用外齿轮和内齿轮传动的行星式传动机构，由左右两侧电动机传动，右侧经中心外齿轮传动各主磨毛辊，左侧经中心外齿轮传动各副磨毛辊。大辊直径 663mm，转速不变为 42r/min。主磨毛辊、副磨毛辊、布速、织物张力按出布辊与喂布辊的速差调节。织物在大辊上的局部张力还可通过调节主、副磨毛辊间相对速度来控制。磨毛辊直径为 100mm，主、副磨毛辊表面卷绕的砂皮布分别采用左旋和右旋，副磨毛辊相对主磨毛辊具有反向磨毛功能。刷毛装置除清理磨毛后织物表面的杂质，还可理顺绒面的倒向。如图 7-21 所示为双动式磨毛机示意图。

处理后的织物撕裂强度降低很小，对织物的结构损伤较小，更能改善处理织物表面的瑕疵条纹等。

工艺流程:进布→吸边器→开幅→磨毛进布→六辊砂皮磨毛→四辊碳素磨毛→磨毛出布→布面除尘→落布(摆幅或卷装可选用)

图7-21 双动式磨毛机示意图

砂皮磨毛作用原理:砂磨辊排布在织物运行路径上,砂磨辊表面紧密包覆着砂皮,砂皮上密集地排列着砂磨粒,砂磨粒呈锋利的尖角和刀刃状,大小不一。在磨毛时,砂磨粒与织物紧密接触,当砂磨辊高速运转时,每颗磨粒都相当于切削工具,使纱线中的纤维被拉出并割断。当织物表面被反复摩擦时,就产生了绒面。砂皮辊利用率高,更换方便快捷,可选择不同目数的砂皮调整起毛效果。

近年来,出现了以碳纤维作为磨料丝的磨毛辊,以磨料尼龙丝制成的磨毛辊,更适合加工产生短而细密绒面效果的面料,如麂皮绒、桃皮绒织物。利用特殊研磨材料对织物表面磨刷,可使其表面的纤维末端翘起或被部分削除,使织物表面呈现出均匀、连续的仿石洗、仿砂洗、仿旧效果。

碳纤维磨毛辊:一般是以高耐磨性磨料丝包覆磨毛辊,磨毛时磨料丝与织物呈柔性接触,磨削力均匀,作用柔和,织物磨毛后表面绒毛短而匀,手感细腻柔和,织物强度下降轻微,不易产生砂皮磨辊常见的直条纹,对表面有凹凸纹理的织物有独到之处。碳素纤维辊磨毛手感更自然柔和,布面毛绒更加均匀细致。相对于传统的砂纸,可在很长时间内保证恒定的起绒效果,无须经常更换。

碳纤维磨毛辊具有对织物布身损伤小,磨毛织物手感柔软,绒毛细密、均匀的特点,可快速更换刷板,磨毛效果较传统的金刚砂皮辊具有质的飞跃。

也有用陶瓷纤维作为磨料,磨毛手感极其自然柔和,绒毛更加细致均匀致密,使用寿命更长。如图7-22所示为常见磨毛辊示意图。

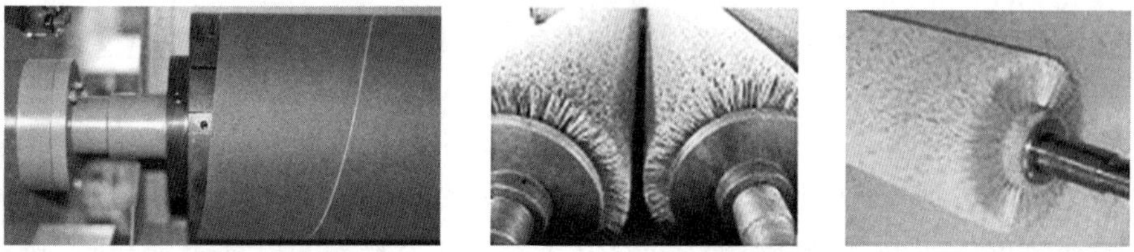

(a)砂皮磨毛辊 (b)碳纤维磨毛辊 (c)陶瓷纤维磨毛辊

图7-22 常见磨毛辊

新型磨毛机采用多种磨毛辊组合,砂皮与碳纤维组合磨毛机,具有适应范围宽、自动化程度高、传动简练、操作方便等优点,适用于机织布、低弹性织物的磨毛,磨毛辊采用钢辊包覆砂纸的形式。或为磨料尼龙丝形式,适用于织物的柔式磨毛,对织物表面纤维损伤程度小,起到使织物柔软、产生做旧的效果,这两种结构基本一致。通过多种工艺参数的组合设计可获得不同的磨毛效果。

磨毛织物绒面形成的原理：磨辊高速运转，与织物相互高速运动摩擦，辊筒表面的磨料与织物紧密接触，借助磨粒锐利的刀锋和尖角首先将纱线中的纤维拉出割断成1～2mm长的单纤维状，然后随着磨毛的继续进行，将单纤维磨成绒毛，使原来卷曲的纱线也磨削成扁平。

碳纤维磨毛辊磨毛时与织物呈柔性接触，磨削力均匀，作用柔和，织物磨毛后表面绒毛短而匀，手感细腻柔和，织物强度下降轻微，不易产生砂皮磨辊常见的直条纹，对表面有凹凸纹理的织物有独到之处。如图7－23所示为磨毛机作用示意图。

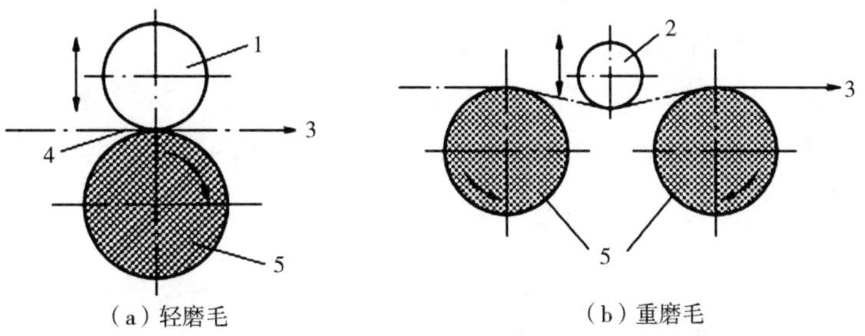

图7－23　磨毛机作用示意图

1—橡胶压辊　2—调节辊　3—织物运行方向　4—可调节的砂磨切线　5—砂磨辊

织物的张力是织物与磨毛辊接触松紧度的表现。在磨毛过程中，布面张力越大，布面与磨毛辊接触越紧密，磨毛效果越好。但张力不能过大，否则织物强力下降也越多，影响织物性能，使磨毛效果变差，出现布面发花、绒毛不均匀，导致磨柳等疵品。织物保持恒定的张力可避免出现表面出现裂缝等瑕疵，所以在高速运行的磨毛机上，实现织物的实际张力保持恒定非常关键。织物运行路线示意如图7－24所示。

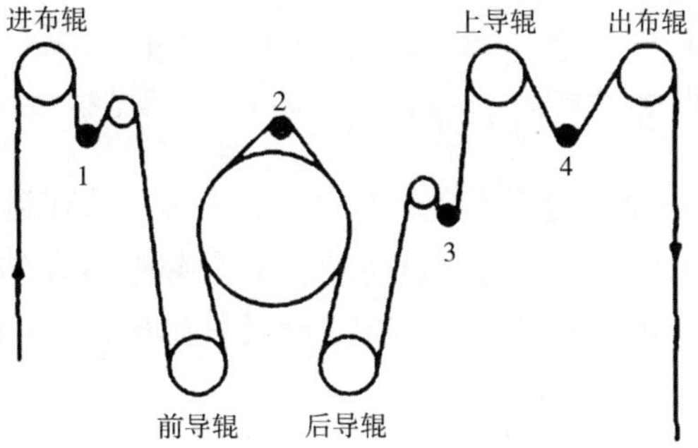

图7－24　织物运行路线示意图

磨毛整理虽然也是一种用机械方法使织物产生绒面的整理工艺，但它与起毛整理产生的绒面有不同的风格。起毛是由金属针布的针尖挑起织物纬纱中的纤维并钩断后产生绒毛。其绒毛疏散而修长，织物厚度增加有蓬松感，能提高穿着的温暖感。而磨毛是由砂粒锋利的刀刃及尖角磨削织物的经纬纱后产生的绒毛，其绒毛细密而短匀，织物厚度增加，有柔软、平滑、舒适感。

第五节　起毛、剪毛机

一、起毛机

起毛机(raising machine ,napping machine)是改变织物表面形态的传统加工方式,借助起毛辊上密布的针尖,与织物接触时将布面纱线表面纤维勾出织物组织,形成直立绒毛,改善织物保暖性和手感。起毛机有钢丝针起毛机和刺果起毛机两种。

1. 钢丝针起毛机　根据针辊上针尖方向的不同,钢丝针起毛机可分为单动式和双动式两种。主要由起毛辊筒、刷毛辊、导辊、针辊、吸尘箱等组成。如图7-25所示为双动式钢丝针起毛机。

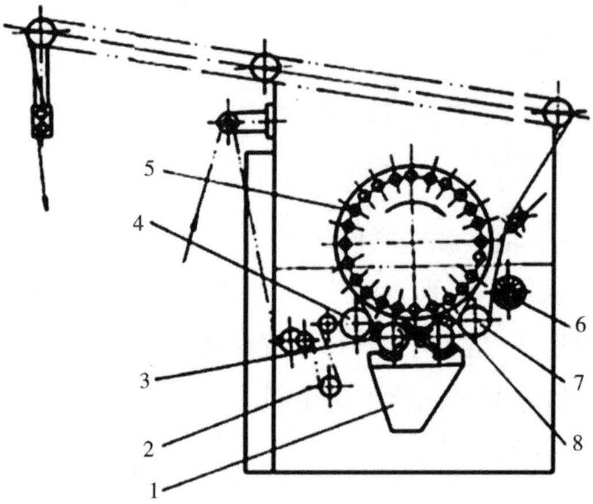

图7-25　双动式钢丝针起毛机

1—除尘箱　2—张力辊　3—毛刷辊　4—进呢辊　5—针辊　6—刷毛辊　7—出呢辊　8—起毛辊筒

起毛辊筒上一般装有18~40只包覆钢丝针布的针辊,针辊一边随起毛辊筒公转,一边自转。

(1)单动式起毛机。单动式起毛机针辊转动方向与起毛辊筒转动方向相反,针尖指向一致,且与织物运行方向相同,如图7-26(a)所示。调节针辊转速,可获得不同的起毛效果。

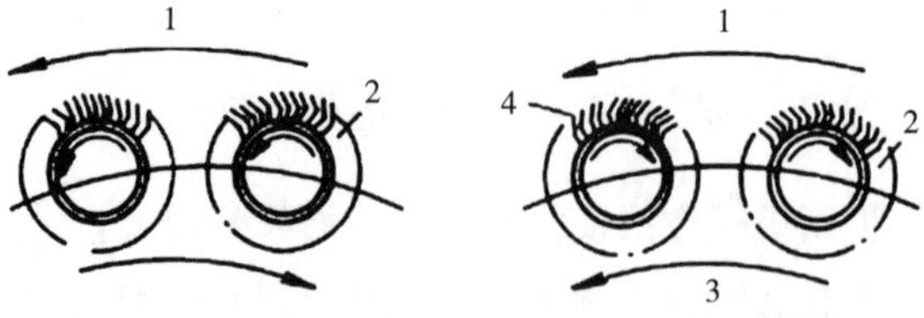

(a)单动起毛　(b)双动起毛

图7-26　单动、双动起毛示意图

1—织物　2—顺针辊　3—大辊筒　4—逆针辊

（2）双动式起毛机。双动式起毛机如图 7－26（b）所示，起毛辊筒上有两组数目相同的顺针辊和逆针辊，它们依次间隔地安装在起毛辊筒上。顺针辊针尖指向与织物运行方向一致，逆针辊针尖指向与织物运行方向相反。顺针辊起梳毛作用，逆针辊起起毛作用。起毛辊筒的转速是固定的，只有改变织物的运行速度或调节顺、逆针辊的转速，才可获不同的起毛和梳毛效果。

2. 刺果起毛机　刺果（teasel）是一种植物果实，表面长有方向一致的锋利钩刺，将其紧密均匀地固定在可以转动的大辊筒上，即成为起毛辊筒（或叫起毛辊）。起毛时，调节织物与起毛辊适当接触和一定的线速度，使刺果表面的钩刺逐渐地将织物表面的纤维竖直拉出，产生起毛作用。起毛辊的转向与织物运行方向相反，其下方有一毛刷辊，与起毛辊转向相反，以刷去刺果钩刺上的绒毛，绒毛则由吸尘装置吸除。

刺果起毛机适用于湿起毛，起毛作用缓和，对织物强力影响小，手感光泽较好，但效率低。现在使用的刺果多为金属刺果或塑料刺果。

二、剪毛机

剪毛机（shearing machine，cropping machine）有纵向（经向）剪毛机、横向（纬向）剪毛机和花式剪毛机三种。毛纺厂使用较多的是纵向剪毛机。纵向剪毛机按剪毛刀的组数不同，又可分为单刀、双刀和三刀剪毛机等多种。增加剪毛刀组数可以获得均匀的剪毛效果。

剪毛机为剪短、剪齐粗纺、精纺毛织物及绒面织物的表面绒毛，而使精纺毛织物织纹清晰、表面光洁，绒面织物的绒毛整齐的一类设备。按配置的剪毛装置数量分有单刀和多刀几种。如N041 型三刀剪毛机由平幅进布装置、平幅出布装置、三列剪毛装置、毛刷辊、织物翻转装置、吸尘装置和传动机构等组成。

如图 7－27 所示为 N041 型三刀剪毛机示意图，它主要由进出布装置、三组剪毛机构、织物翻转装置及传动装置组成。织物由进布装置导入剪毛机构剪毛，经翻转装置可实现双面剪毛。

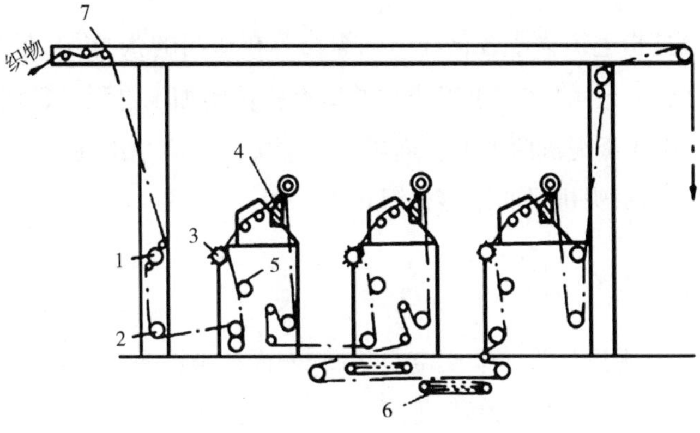

图 7－27　N041 型三刀剪毛机示意图

1—紧布器　2—调节辊　3—刷毛辊　4—剪毛刀　5—翼片辊
6—织物翻转辊　7—张力杆

剪毛机的核心是剪毛机构,由螺旋刀、平刀及支呢架等三部分组成,如图7-28所示。螺旋刀是由螺旋刀片直立卷绕在圆芯轴上所形成的,螺旋角度为28°~30°,刀片数为8~24片。提高螺旋刀转速和加大螺旋刀直径,可提高剪毛效率。平刀是一块狭长的薄刀片,刃部十分锋利,背部有椭圆形长孔,可以用螺丝固定于平刀架上,安装在螺旋刀下面,与螺旋刀形成剪刀口。支呢架支承受剪织物,分实架和空架两种,见图7-28(a)和(b)。实架剪毛效率高,绒头整齐,但若有纱结或杂物,易将织物表面剪切甚至剪破;空架不易剪坏织物,但剪毛效率低,剪后绒头不如实架整齐。

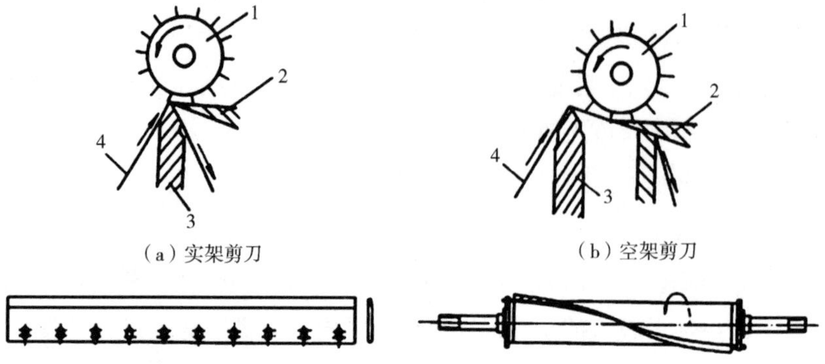

图7-28 剪毛机构

1—螺旋刀 2—平刀 3—支呢架 4—毛织物

第六节 蒸呢机

蒸呢(decatizing)是指毛织物或者化纤仿毛织物等在适当的张力、压力条件下,通过汽蒸使织物呢面平整、尺寸稳定、光泽自然、手感柔软并富有弹性的加工过程。常用蒸呢设备可分为常压式蒸呢机和高温高压式蒸呢机两大类。而常压式蒸呢机又有单滚筒蒸呢机、双滚筒蒸呢机和连续蒸呢机等,高温高压蒸呢机又叫罐蒸机(kier)。

一、单滚筒蒸呢机

如图7-29所示,蒸呢滚筒为一铜质空心滚筒,表面布满许多小孔眼,轴心可通入蒸汽。蒸呢滚筒外下部有一带孔的蒸汽管供给蒸汽,进行外蒸汽蒸呢。烫板可通入蒸汽熨烫包布及织物。压辊由杠杆压锤,在卷呢时给予织物和包布一定的压力。抽风机把透过呢层的蒸汽抽走,蒸呢结束后,又能抽气冷却。

单滚筒蒸呢机的蒸呢过程为:织物通过张力架、扩幅板后,随包布一起平整地通过烫板卷绕到蒸呢滚筒上,呢匹卷完后,用细带将布卷两边捆紧,然后关闭罩壳,在蒸呢滚筒回转状态下向

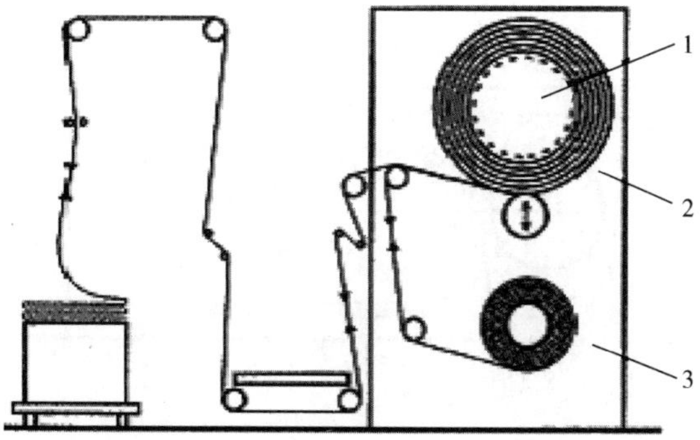

图7－29　单辊筒蒸呢机示意图

1—多孔的汽蒸辊筒　2—织物与包布夹层缠绕　3—蒸呢包布

滚筒内通入蒸汽，使用抽气设备将透过呢层的蒸汽抽走。蒸呢一定时间后，换开外蒸汽蒸呢。蒸呢结束时，抽冷气冷却后出机。

二、双滚筒蒸呢机

双滚筒蒸呢机主要由两个多孔蒸呢滚筒和一只烘筒组成，如图7－30所示。烘筒位于两只蒸呢滚筒之间，用于烘干包布。蒸呢滚筒轴芯可通入蒸汽，进行单向喷汽汽蒸和抽冷。由于蒸呢滚筒外径较单滚筒蒸呢滚筒小，织物卷绕层厚，因此，内外层蒸呢质量差异较大，且热损失也大。

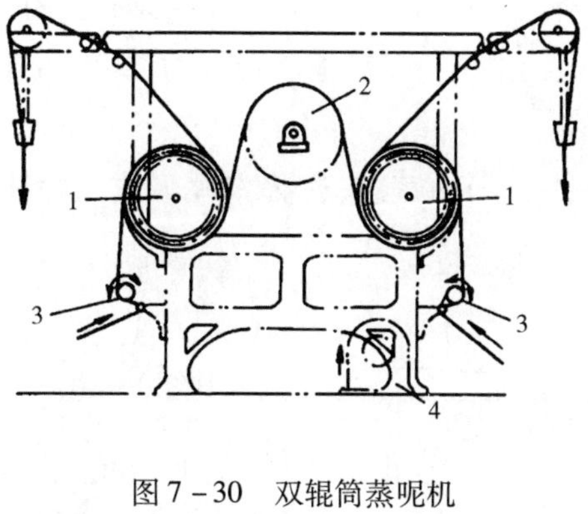

图7－30　双辊筒蒸呢机

1—蒸呢辊筒　2—包布烘干辊筒　3—张力架　4—抽风机

三、连续蒸呢机

如图7－31所示为一连续蒸呢机结构示意图。它由多孔蒸呢滚筒、多孔抽冷滚筒、循环呢毯及进出呢装置等组成。

蒸呢滚筒外围套装内表面带孔的蒸汽夹套，蒸汽由孔眼喷出，在蒸呢滚筒的抽吸下，蒸汽穿过循环呢毯、织物和蒸呢滚筒孔眼进入蒸呢滚筒内，经抽气装置排出；循环呢毯由高强度合成纤

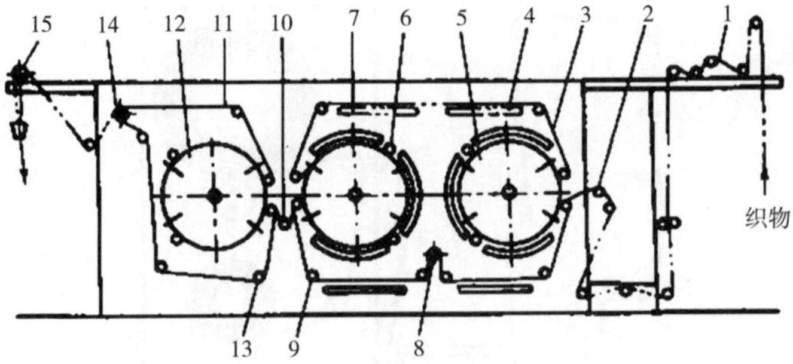

图7-31　连续蒸呢机

1—进布装置　2—进布主动辊　3—蒸呢毯　4,7—蒸汽夹板　5—蒸呢抽气大辊　6—压辊
8—蒸呢毯纠偏装置　9—蒸呢毯张力调节辊　10—张力式线速调节装置　11—冷却呢毯
12—冷却抽气大辊　13—张力调节辊　14—纠偏装置　15—落布装置

维制成,为一无接缝环形带,由喂毯辊、蒸呢及抽冷滚筒出口处的拖引辊传动运行,并可由这三只主动辊的速差来调节呢毯在蒸呢和抽冷滚筒上所受的张力,使织物在两滚筒上受到不同的压力,满足不同的工艺要求。呢毯纠偏装置可保证呢毯在运行中不发生左右偏移。

该机工作过程为:呢坯经紧布器、扩幅辊和进呢装置导入蒸呢滚筒,并随呢毯一起运行。呢毯经喂毯辊进入蒸呢滚筒,并把呢坯压在蒸呢滚筒外表面上,抽吸装置把蒸汽夹套喷出的蒸汽透过呢毯和呢坯抽吸入滚筒内,并排出机外。呢毯在拖引辊的拖引下,连同呢坯离开蒸呢滚筒并进入抽冷滚筒抽冷降温。降温后的织物无张力地搁置在传送导带上,再经吹风冷却,由出呢装置折叠出布。循环呢毯由抽冷滚筒拖引辊拖动,烘干后,经喂呢辊牵引进入蒸呢滚筒汽蒸,如此循环实现连续蒸呢。

罐蒸机(kier decatizing machine)由蒸罐、蒸辊、转塔及进出呢装置等组成,如图7-32所示。

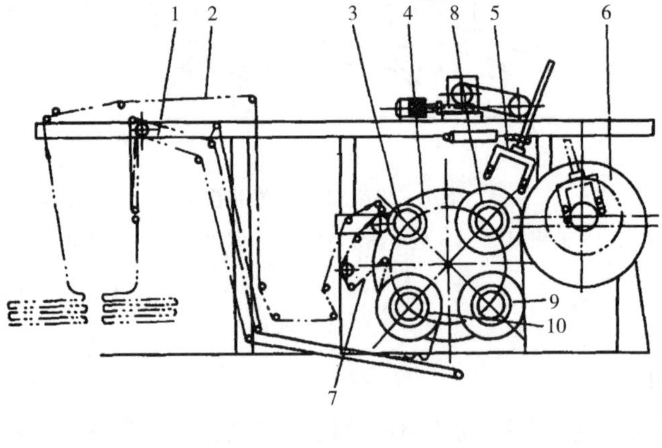

图7-32　罐蒸机示意图

1—出呢装置　2—织物　3—蒸辊　4—转塔　5—机械手　6—蒸罐　7—包布
8—落轴装置　9—抽冷位置　10—退卷装置

蒸罐为带门的密闭容器，内有蒸汽直接喷射口，外配抽吸装置，蒸辊为一多孔滚筒，转塔是织物上卷、落轴、抽冷及退卷的装置。

蒸呢时，把织物和包布一起平整地卷绕在蒸辊上，由机械手推入蒸罐中，密闭罐门，排出空气，将蒸汽交替地由蒸辊内部及外部通入，在高温、高压条件下蒸呢。蒸呢温度可达135℃。罐内最大蒸汽压力可达300kPa。汽蒸完毕，由机械手拿出，放在转塔的落轴位置，转塔转动一个位置。在上卷位置卷绕好的蒸辊转到落轴位置，并被机械手推入蒸罐汽蒸。汽蒸好的蒸辊转到抽冷位置抽冷，抽冷冷却后的蒸辊在退卷处退卷。退卷完的蒸辊则转到上卷位置。退卷的呢坯经出呢装置出布，而退卷的包布又和经进呢装置引入的未经蒸呢的呢坯一起卷绕到蒸辊上。在整个蒸呢过程中，罐蒸、抽冷、退卷和上卷同时进行。该机自动化程度高，加工品种范围广，蒸呢后织物平整光洁，弹性好，但织物强度会有所下降。如果配用电光辊、轧花辊等，也可用作电光、轧花等后整理。

第七节 轧光机、电光机及轧纹机

轧光、轧纹机(calendaring and embossing machine)是用来改善织物外观的。前者是以增进织物的光泽为主要目的，而轧纹机则使织物具有凹凸不平的立体花纹或产生局部光泽，获得类似于立体图案的效果。利用纤维在加热条件下的可塑性将织物表面轧平或轧出平行的细密斜线，以增进织物光泽的整理过程。

轧光与轧纹机核心部件由3~10只表面光滑的软硬轧辊组成。软轧辊一般由棉、麻、毛等纤维经高压压制而成，因此也叫作纤维轧辊，结构如图7-33所示。也有以塑胶材料为表层的软轧辊，称聚酰胺塑料辊，软轧辊共同特点是弹性好、耐热、耐用、能承受较大的压力。

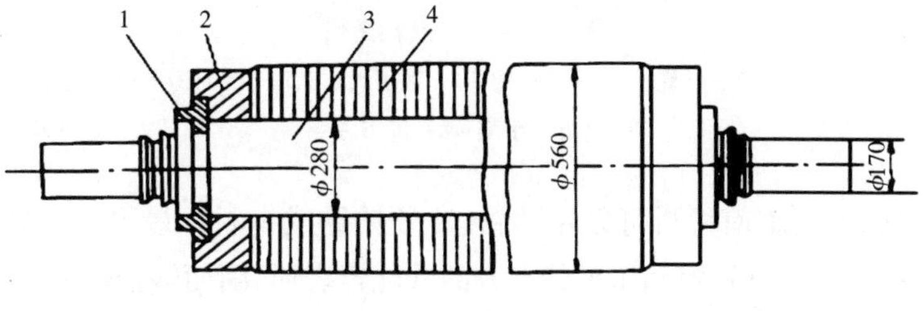

图7-33 纤维轧辊结构示意图

1—止推环 2—压盖 3—轧辊 4—纤维层

硬轧辊为金属辊，是主动辊，表面经过高度抛光或刻有密集的平行斜线，常附有加热装置；主要是用铸铁、淬铁、钢等金属制成，其中淬铁辊表面硬度高，易保持平整光滑度，常作轧光辊使用。加热辊均为金属辊，辊芯中空，有电加热、蒸汽加热及热油加热等形式。早期曾采用杠杆重锤加压，现多为油压加压，压力为10~100t。

使用多轧辊的设备时，利用软、硬轧点的不同组合和压力、温度、穿引方式的变化，可得到不同的表面光泽。

一、轧光机

轧光机(glazing calender)又称压光机，由轧辊组、机架、加热系统、加压机构、进布装置、出布装置和传动机构以及控制系统组成。按轧光工艺要求和轧辊特点组合使用，轧辊组多为立式排列。依据轧辊辊面材料、轧压力、温度、不同的软、硬轧辊组合及穿布方式，可获得不同的轧光效果。

用于轧光的设备可归纳为普通轧光机、摩擦轧光机通用轧光机、叠层轧光机和多功能轧光机。

1. 普通轧光机 普通轧光机通常由一只金属辊和两只软轧辊组成两个硬轧点，织物经过轧压后可达到一般光泽要求，也可用多只软、硬轧辊分别组合进行轧压。用以压扁织物中的纱线，使织纹紧密，改善织物光泽、手感。常用的轧辊数量有3、5、6、7辊等几种，如图7－34所示为三辊轧光机示意图。

最简单的普通轧光机一般由三个轧辊组成。辊筒排列方式一般为"软—硬—软"。设备采用蒸汽加热，加热辊的温度为80～110℃。

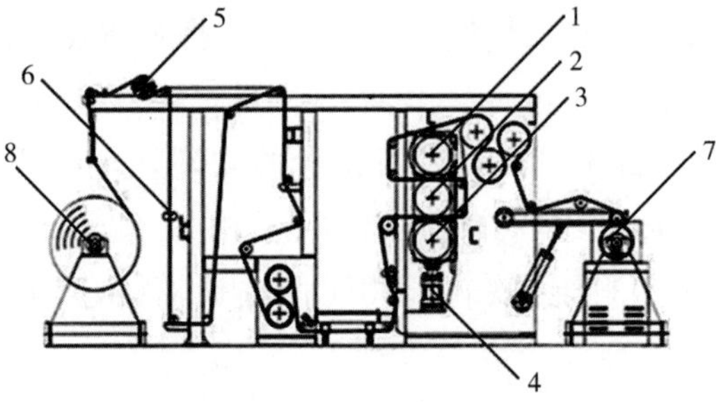

图7－34 三辊轧光机

1—纤维辊 2—硬轧辊 3—软轧辊 4—加压气缸 5—张力杆 6—吸边器 7—出布A字架 8—进布A字架

金属轧辊(硬轧辊)：辊面材料可以用铸铁、冷硬铸铁或钢材。最下面的轧辊可用铸铁辊，其作用主要为支承上面各只轧辊和压平其上方的软轧辊表面，因而辊径较大。冷硬铸铁辊表面硬度高而光滑。钢辊多以中碳钢制成中空辊，通入蒸汽或装电加热元件加热，也有将钢辊辊面镀铬抛光的。金属轧辊直径一般为200～500mm，其中钢辊多为200～300mm。

纤维轧辊(软轧辊)：辊面材料分有棉、羊毛、麻等几种，都以这些材料的纸、帛或非织造纤维层片叠层高压成形后车磨而成。棉辊多用于棉布轧光，重光轧光则常用于亚麻辊。由于羊毛辊耐热性稍差，所以常以羊毛纸和棉布混合材料制成使用。

普通轧光机适用于织物的一般轧光整理，用于各类漂、色、花平纹织物的平轧光，在加重压力的条件下,也可作为硬浆薄织物的重轧光整理用设备。图7-35为普通三辊轧光机示意图。通常由一只金属辊和两只软辊组成两个硬轧点,织物经过轧压后可达到一般光泽要求,也可用多只软、硬轧辊分别组合进行轧压。

2. 摩擦轧光机　摩擦轧光机一般由一只软辊和两只硬辊组成,一般呈硬—软—硬排列。上面的硬辊是高度抛光的摩擦辊,与软辊构成摩擦点。下辊由铸铁制成,中辊由纸粕或棉花制成,下面的硬辊与软辊构成硬轧点。在摩擦辊前上方有一个小的蜡辊,是可以自由调节的,既能与摩擦辊接触也可以脱离。在机械运行时,蜡辊上包一层毛毯,并且涂上一些油脂,用于润滑摩擦辊和擦去滚筒上黏附的纤维尘屑和积聚的淀粉等污物。

图7-35　立式三辊轧光机
1—墙板　2—纤维轧辊　3—加热钢辊
4—加压油缸　5—主电机

设备结构及工作过程:轧光整理时,织物先经过硬轧点,再经过摩擦轧点。摩擦辊的线速度大于通过轧点的织物的速度,使织物表面受到摩擦而取得磨光效果。同时,由于压轧及摩擦作用,使纱线压扁,织物表面光滑,产生强烈光泽。

在加工时,可根据织物的加工要求,通过传动装置,调节摩擦率(即上下两辊筒的线速度比率)在30%~300%范围内,具体的级别有30%、50%、75%、100%、150%、200%、300%,其中较为通用的是50%~75%。摩擦辊温度为100~120℃,织物含水率为10%~15%。

摩擦轧光机适用于斜纹衬里布、中纱支平纹布及描图布的轧光整理。经过整理的织物表面有很强的极光,很光亮,如涂上了一层蜡一样。

3. 通用轧光机　五辊以上的轧光机即称通用轧光机。因为辊筒的排列方式不同,用途也不同,整理的效果也不同,主要有以下几种情况:

①如果软—硬辊筒交替排列,则用于织物的单面轧光。

②如果中部有两只是软辊筒相邻排列,则用于双面轧光。

③如果只用下面的三只轧辊,则可作为摩擦轧光机使用。

④如果配有一组6~10套导辊的导布架,则用于叠层轧光。如图7-36为七辊轧光机示意图。

4. 叠层轧光机　五辊以上的轧光机除用作平轧外,若配以一套导辊和导布架,还可以进行叠层轧光,用于白色棉织物叠压。如图7-37所示,经过一套导辊使平幅织物叠成6层通过相等线速度运转的轧辊组各轧点,经过数次重复相互辗压作用,能使织物表面产生粒纹效应,同时产生光泽柔和、手感柔软、纹路清晰的效果。

叠层轧光:在同一轧点同时有多层织物经受轧压。各层织物间有相互搓揉作用,可使织物的织纹清晰,手感柔软,光泽柔和,常用于府绸类织物的轧光,叠层最多可达6层。叠层轧光的特点除了可使织物获得柔和的光泽外,还可使织物具有柔软的手感和纹路清晰的外观,效果自然。

织物叠层轧光时,先穿绕轧光机辊筒一周,经导布架辊筒,再重复穿绕各轧光辊筒,如此反复穿绕5~6次,穿绕层数越多,整理出来的织物手感越柔软。穿布方式如图7-37所示。这类

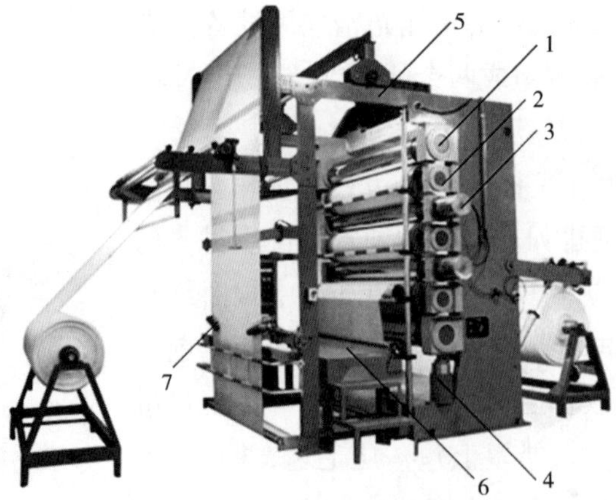

图7-36　七辊轧光机示意图

1—硬轧辊　2—纤维辊(软轧辊)　3—硬轧辊(主动)　4—油压加压系统　5—机架
6—操作台　7—吸边器

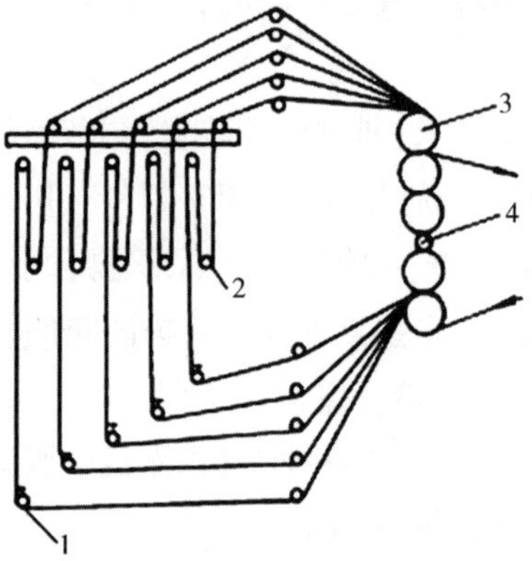

图7-37　叠层轧光机穿布方式示意图

1—齐边辊筒　2—张力辊筒　3—纤维轧辊　4—加热硬轧辊

方法多用于府绸类的漂、什色织物的整理。

5. 多功能轧光机　自20世纪80年代后期,国内外研制了一些多动能轧光机,通过调换不同钢辊或软轧辊可进行普通轧光、摩擦轧光、电光和一般轧纹整理,以增强单台设备对不同工艺风格产品的适应性。如丝光压花、复合、起绉、叠层等,赋予光泽、平滑、密实、柔软、云纹、金属压印、凹凸压花、复合等效果。

按轧辊排布形式的不同介绍两种较典型的多功能三辊轧光机。

(1)多功能立式三辊轧光机。如图7-38所示,该机采用下油缸加压方式,最上面的纤维辊可依需要进行更换,最下面为加热钢辊,可采用蒸汽、燃气及电加热,热辊表面最高温度可达250℃。采用不同的穿布方式可获得不同的轧光效果,如织物经纤维轧辊与尼龙液压均匀轧辊间的轧点可获软轧光效果,织物经加热钢辊与尼龙辊轧点可获得平轧光效果。

若将最上面的纤维轧辊更换为电光辊,便可进行电光整理。若更换为凸纹钢辊,则可进行

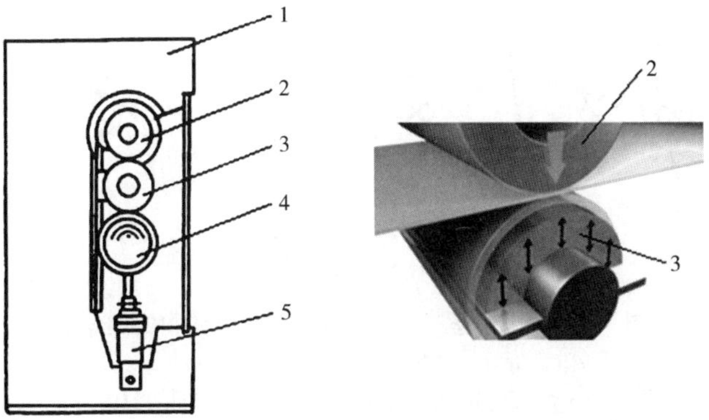

图 7－38　立式三辊轧光机及轧辊示意图

1—墙板　2—纤维轧辊　3—尼龙液压均匀轧辊　4—加热钢辊　5—加压油缸

轧纹整理。可选择的有均匀辊(S－Roll)、活塞辊(Hycon L)、凹凸刻花辊(Embossing),可获得仿丝光(Simili)、叠层(Chaising)、起绉(Texcrush)等多种效果。轧辊加热系统有油加热和电加热两种,油加热最高温度为(250 ±1)℃,电蒸汽为(230 ±1)℃。

(2)多功能 L 型三辊轧光机。如图 7－39 所示,将加热钢辊、聚酰胺均匀轧辊和弹性轧辊呈 L 型排列组成多功能三辊压光机。聚酰胺均匀轧辊是一种液压活塞式可控中高轧辊,安装于互成 90°的两个平面内的静压活塞油缸,可补偿互相压轧的两根轧辊的自然挠曲,使聚酰胺均匀辊与加热钢辊及弹性轧辊均能保持轴向的压力均匀,以保证织物幅向轧光效果均匀。聚酰胺辊压缩回弹性好,织物缝头通过也不会损伤轧辊。但其耐热性较差,通冷水或吹冷风冷却,可以延长其使用寿命。

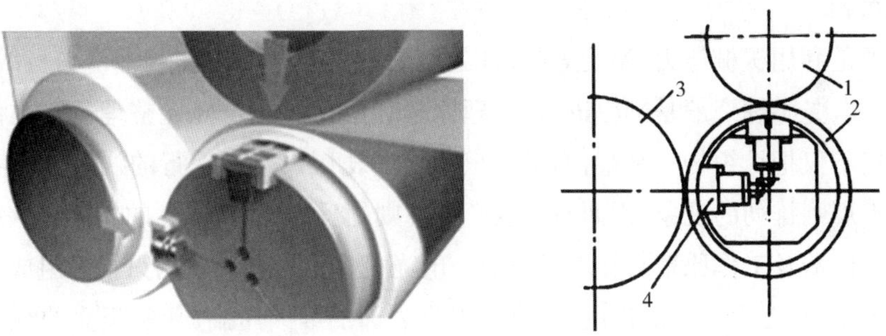

图 7－39　多功能 L 型三辊轧光机示意图

1—加热钢棍　2—聚酰胺均匀轧辊　3—弹性轧辊　4—静压活塞

织物轧光时,采用不同的穿布方式,可获得不同的整理效果(图 7－40)。如织物通过聚酰胺轧辊与加热钢辊轧点时,可获得高光泽度;通过纤维轧辊与聚酰胺轧辊轧点时,可获得消光整理的效果,织物手感柔软丰满;织物通过两个轧点,施加不同的压力,既可获得需要的光泽,又能使织物手感柔软和丰满。

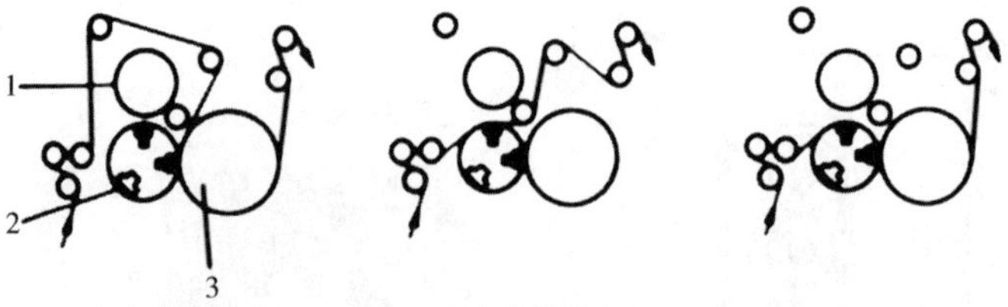

(a)柔软处理　　(b)光泽处理　　(c)柔软+光泽处理

图7-40　多用途三辊轧光机穿布路线图和处理效果

如图7-41所示为其他一类,轧光机采用三辊设计(钢辊/HyCon-L活塞辊/棉花辊),可以在一个织物路径内同时完成光泽和柔软手感两种整理效果。

图7-41　钢辊/HyCon-L活塞辊/棉花辊

同时,HyCon活塞辊内有特殊的顶块设计,机器最高生产速度可以达到100m/min。其优点是可在一次轧压时产生两种不同的工作压力,在整个布幅上的压力可任意调节。可在一次操作条件下获得光泽和柔软的整理效果。缝头自动释压装置和金属探测器是必不可少的监控设备。当缝头通过轧辊时,自动释压装置的探头发出指令,通过调节器,驱动液压系统使轧辊提起;当有针或其他金属异物通过时,金属探测器探头同样发出指令,使轧辊迅速释压,轧辊提起,同时发出报警信号,避免损坏轧辊或压断织物。

二、电光机

电光整理是利用机械压力、温度等的作用,使织物具有平滑光洁或细密平行线条的表面和良好的光泽。电光整理一般是剖幅进行,整理原理和加工过程与轧光整理基本类似,其主要区别是电光整理不仅把针织物轧平整,而且在织物表面轧压出互相平行的线纹,掩盖了织物表面纤维或纱线不规则排列的现象,因而对光线产生规则的反射,获得强烈的光泽和丝绸般的感觉。电光整理机的构造及工作原理与轧光机类似。电光机多由一硬一软两只辊筒组成,其中硬辊筒不但可以加热,而且在表压力的作用下,将针织物表面的纱线压扁压平,竖立的绒毛压伏,织物表面变得平滑光洁,对光线的漫反射程度降低,从而使织物的光泽得到提高。

三、轧纹机

轧纹机(embossing calender)也被称为轧花机、压花机,是由刻有阳纹花纹的钢锟和软辊组成轧点,织物通过刻有对应花纹的软硬辊,在湿、热、压力作用下,产生凹凸花纹。在热轧条件下使织物局部轧平或轧出斜线,呈现有光泽的花纹、图案或商标。

轧纹机为两辊式结构(图7-42),外形与电光机类似,不同之处是其轧辊上刻有花纹。依照软轧辊上是否刻花纹又可分为轧花机和拷花机。

轧花机的硬辊为钢辊，表面刻有凸起较高的阳纹花纹（高度为0.9～1.4mm）。软轧辊表面轧有与硬轧辊凸纹相吻合而深度稍浅的阴纹（0.4～0.7mm），钢辊直径较小且与软轧辊保持整数比，一般为1:2或1:3。钢辊内置电加热装置，温度可达150～200℃。并以齿轮啮合传动两辊。通常，中空钢辊用电加热至150～200℃。一般以油压加压，线压力为980～2450N/cm。织物含水率10%～15%，车速7～10m/min。织物轧花后可得到明显的凹凸花纹。若与树脂整理相结合，便可获得耐久性凹凸花纹。

图7－42　轧纹机示意图
1—硬轧辊　2—软轧辊

轧纹辊筒与丁腈橡胶辊筒配合组成，其中丁腈橡胶辊筒为主辊筒。轧纹辊筒采用螺杆及杠杆加压，由于花纹深度只有0.4～0.6mm，压力小，因此对软轧辊要求不高，轧纹辊筒加热温度可达到150～200℃。印轧到先经过热固性合成树脂初缩体处理过的纤维素纤维织物上后，即进入焙烘机焙烘后，便可形成耐久性凹凸花纹。

对于涤纶针织物也可在只有钢辊辊面刻有较浅花纹的轻型轧纹机上进行加热轧纹加工。轻式轧纹机也称为拷花机，拷花机的加热钢辊表面所刻花纹的凸起高度较低，且软轧辊表面无花纹，织物仅靠钢辊凸纹产生花纹效果，获得的花纹不明显。为防止钢辊上的凸纹在软轧辊上产生凹痕，要求采用高弹性软轧辊，较轻的轧压力，硬轧辊小于软辊，软轧辊与硬轧辊的周长不能成整数比。

烤花机硬辊一般可采用印花用紫铜辊，软辊为丁腈橡胶辊筒（主动辊筒），拷花时硬辊刻纹较浅，软辊没有明显对应的阴纹，拷花时压力也较小，织物上产生的花纹凹凸程度也较浅，有隐花之感。

为确保轧光机安全运行，各轧光机上均设有金属探测、缝头探测、紧急停车、装置及静电消除器，用以保护纤维轧辊、尼龙轧辊、聚酰胺轧辊不受损坏。

第八节　气流柔软机

织物手感是消费者的主观感受，是影响织物风格的重要因素。柔软的手感给人触觉享受，并可增加织物附加值。柔软整理大多是采用化学法如有机硅柔软剂经轧—烘—焙（pad－dry－cure）工艺，在纤维表面形成有机硅铺展成膜，来降低纤维之间的摩擦系数，使纤维在外力作用下容易滑动而产生柔软效果。大量使用助剂会对人体和环境产生一定的危害，而采用机械整理,符合生态理念,并且可以产生化学法所得不到的整理风格,气流柔软整理具有较高的附加值。

经气流柔软整理(air flow softening finishing)织物的手感特征:气流式柔软整理的主要目的就是通过空气的气流带动织物在松弛的状态下,进行机械的摔打,由于织物在机内周而复始地运动,使织物的组织点松动,纱线间摩擦力降低,易产生相对滑移使其柔软,在摔打过程中纱线变得蓬松,织物的屈曲波增大,使织物丰满,从而使织物产生柔软感、悬垂感。同时在松弛的状态下摔打又可以使前道工序过程中产生的拉伸和蠕变预先消除,达到定型的作用,在整理过程中可以不加化学助剂,只靠气流摩擦织物,所以又被称为打风。

一、织物机械柔软整理所需基本条件

1. 湿度 一定的温湿度可以使亲水性纤维得到溶胀,有利于减小纤维在揉搓中的阻力。天然纤维素纤维在湿热自由松弛状态下,还可得到一定的预收缩。Lyocell 纤维具有原纤化特性,可在纤维表面分叉出短纤绒,布面可产生"桃皮绒"的效果。Lyocell 纤维原纤化的产生需要具备一个很重要的条件,这就是织物之间在一定湿态下,要有相互摩擦运动。羊毛纤维因干燥时的纤维鳞片对纤维抱合很紧,无弹性,缺少定向摩擦,即使在外力作用下,也很难伸长或回缩,无法进行缩绒。而在湿润条件下,毛纤维鳞片会膨胀而张开,这时在外力作用下就能够伸长或回缩,可产生缩绒。

2. 外力 机械对织物作用形式有多种,有轧辊挤压作用、栅栏的撞击、气流的振动和拍击等,不同作用有不同的风格。从气流柔软作用的原理来看,最重要的是气流的振动和拍击作用。因为它比任何其他机械作用都来得柔和、均匀,能够被绝大部分需要外力作用的织物整理所接受。棉纤维在气流的振动和拍击作用下,不会出现擦伤现象。至于麻类织物因其纤维的刚性较大,所以还要附加栅栏撞击作用。在湿润条件下,羊毛在受到反复挤压和揉搓时,会产生定向摩擦效应,形成相互交错缠结,产生缩绒。

3. 温度 提高处理温度,对任何纤维都可以加快分子链段运动,降低纤维刚性。纤维容易伸长或回缩,有利于揉搓效果。温度可根据工艺要求确定,干整理采用空气加热,湿整理可以采用喷直接饱和蒸汽。

二、气流柔软机构造

如图7-43所示,气流柔软机由容布箱、提布辊、喷管、释放格栅(气物分离器)、风力循环系统、水喷淋汽加湿、集尘器、加热器、出布装置以及化料罐组成。

1. 容布箱 容布箱采用倾斜板并辅以聚四氟乙烯板,以有利于织物在循环中靠其自身重力向前推送,并减轻对织物的摩擦。尾部翘起形成一定坡度,织物撞击栅栏后顺势下滑。为了防止后面的织物翻倒压到前面,储布槽后部设置了一组挡杆,可以保证织物有序下滑。

2. 提布辊 提布辊采用六角辊结构以有利于提高提布的提升力,同时在循环的过程中产生的震荡拍打起到辅助松弛柔软的作用。

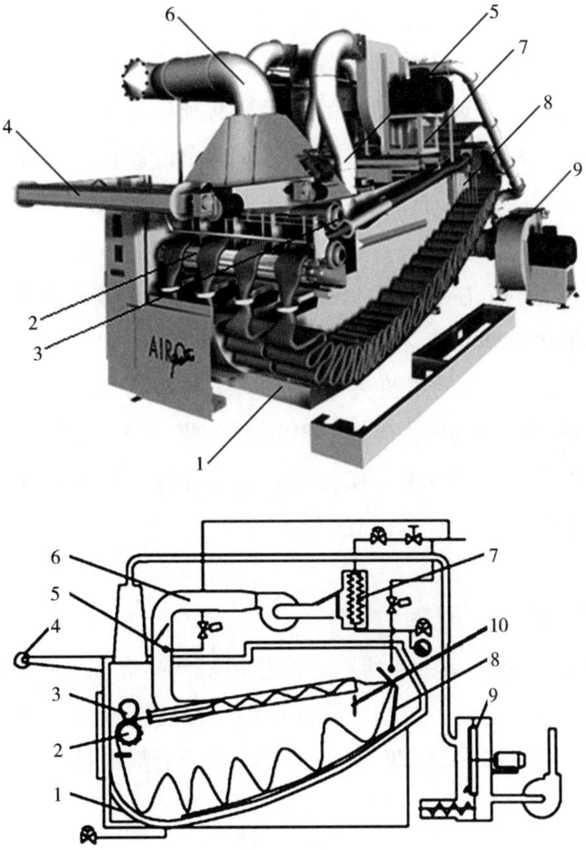

图7－43　气流柔软机结构示意图

1—容布箱　2—提布辊装置　3—轧辊装置　4—出布装置　5—直喷蒸汽给湿装置　6—气流循环系统　7—空气加热器　8—撞击栅栏　9—除尘系统　10—释放格栅

3. 释放格栅　格栅是将载有动能织物在撞击后将其动能放出达到蓬松柔软的作用，同时将气流与织物分离。

4. 气流循环系统　风力循环系统由进风与回风两部分组成，进布部分由风机出口分离器分四个喷射管。由高压风机产生高压气流，通过必要的管路分配系统，在文丘里管内产生高速气流，完成气流对织物的振动和牵引过程。这部分主要由高压风机和气流喷嘴所组成，可根据不同的处理工艺进行风量的调节。这里既包括布速的改变，同时还起到对织物作用力度的控制。

5. 提布辊装置　采用齿形辊，可交流变频调速。与气流牵引织物运行速度在高速条件下，会形成一定的线速度差。通常织物线速度大于提布辊线速度（有一定相对滑动），对织物产生一个牵扯作用，有利于织物在气流中波动。但相对滑动速度不能过大，否则会对某些织物产生擦伤。所以，两者具体的速度控制在什么范围最合适，应根据织物的特性和处理工艺要求来决定。

6. 撞击栅栏　导布管出来的织物，虽然在气流压力释放下速度有所下降，但仍处于较高运行速度状态。这时,如果织物通过撞击栅栏,进行瞬间能量转换,就可以使得刚性较强的纤维得到强制变形,获得一般机械作用无法达到的效果。撞击栅栏对麻类织物的作用是非常显著的,也是那些需要强烈撞击,才能得到处理效果的织物所必须设置的。

7. 喷直接蒸汽给湿装置 为织物需进行湿态处理而设置。由于饱和湿蒸汽遇到温度低的织物,会释放出潜热,并在纤维上形成冷凝水,迅速湿润纤维,所以织物可以在湿态下快速升温。纯棉针织物在这种状态下,可以获得一定的收缩。喷直接蒸汽一般设置在两个位置,一个是在气流喷嘴之前的风管内,另一个在导布管出口。蒸汽喷嘴喷出扇形水雾状,可以增加与气流或空气的接触面积,提高传热效率和传热分布的均匀性。

8. 除尘系统 与织物作用后的气流夹带大量从织物脱落的碎短绒,必须及时从设备容腔中排除。通过一个专用的除尘装置,将碎短绒截留并收集,经净化的空气排除机外。该系统中的除绒装置,是采用刮盘式。正常时不工作,当刮盘上滤网积聚的绒毛过多时,除尘风机的进口阻力增大,有一负压传感装置发出信号,刮盘开始工作。

三、气流柔软整理的工作原理

气流柔软整理工作原理如图7-44所示。高压风机产生高压气流,通过文丘里管转换为高速气流,牵引绳状织物作循环运动。织物纤维周期性地经历拍打、变化作用力和撞击过程,可获得特殊的整理效果。完成这种效果整理,需要实现以下三个基本过程。

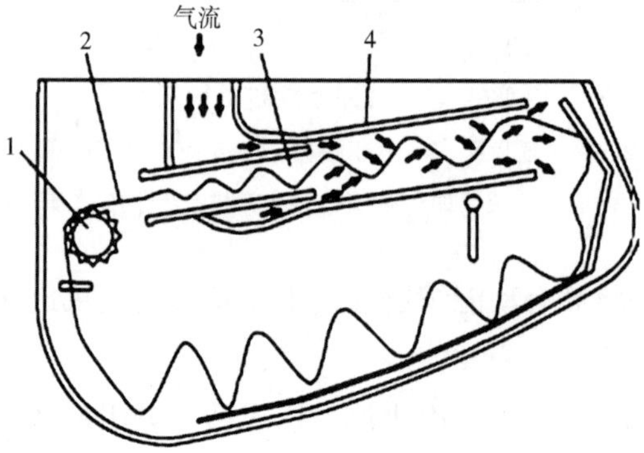

图7-44 气流柔软整理工作原理示意图

1—提布辊 2—织物 3—气流喷嘴 4—导布管

(1)织物在经过气流喷嘴和导布管时,高速气流使织物剧烈抖动,织物之间相互产生摩擦,气流与织物接触处的边界层内,气流对织物产生相对滑动摩擦。空气温度的增加,或者提高气流速度,都可能增加织物运动的激烈程度。

(2)当完成一定区域内的气流与织物的相互作用后,织物在突然失压状态下,产生急剧蓬松,自由向四周散开,织物纤维的状态会发生变化。织物弯曲或受挤压的纤维迅速展开,释放内应力。在这种周期性的作用下,织物的暂时性折痕能够得到消除,纤维分子的刚性也会不断减弱。

(3)失压状态下的织物以一定速度撞击栅栏,将动能全部转换为织物纤维的变形能,然后自由落入储布槽。织物沿斜滑槽(通常底部垫聚四氟乙烯板)滑到储布槽前部,经提布辊重新进入气流喷嘴进行下一个循环。

织物在整个动程循环中,气流喷嘴前的提布辊,并不起到牵引织物运行的主要作用,而是作为改变织物运行方向,减小阻力之用。织物在高速运行条件下,虽然提布辊有速度调节,但很难做到与气流牵引织物的速度同步。这种速度差是客观存在的。如果将该速度差控制在一定的范围内,让提布辊的线速度低于气流牵引织物的速度,那么就如同旗杆拉住在风中飘扬的旗帜一样,能够产生剧烈的抖动。这恰恰为气流对织物的作用,以及织物之间的揉搓提供来了有利条件。

四、影响整理质量的工艺因素

1. 织物线速度 织物线速度起两个作用,首先是在织物长度一定时,可以表现织物循环的频率,显然频率越高,对织物作用次数越多,有利于需要一定作用次数的整理过程;其次是高压气流对织物振动拍击和织物之间的揉搓,可随织物线速度的变化而不同。这两个作用是相互关联的,快速循环的织物必然会受到强烈的作用,对不同的织物品种和整理工艺有不同的要求。

2. 风量 风量对织物处理效果起到很重要的作用。织物的线速度和高压气流对织物振动拍击的程度,可以通过风量的大小控制。风量形成的高速气流牵引织物运行,须保证与提布辊线速度的关系。风量大小应根据织物品种和整理工艺来确定,最好编程进行动态控制。在干整理过程中,应考虑到空气随温度的提高黏性增加,会增大对织物的牵引力,即布速提高。

3. 温度 温度是根据工艺要求而设定的。通常有两个检测点,一个在空气加热器与循环风机之间,检测加热空气的温度并控制加热的温度;另一个在除尘风机上,检测排风温度。升温和保温是由空气加热器提供,冷却一般是通过吸入机外自然空气进行强制对流循环来实现。因为空气的比热较小,所以空气强制对流降温的速度也比较快。

4. 湿度 对许多亲水性纤维(如棉、麻、黏胶等),在一定的湿度条件下,可以增加纤维的膨润性,有利于整理效果。采用循环气流中加湿(如湿饱和蒸汽)或者排湿,可以有效控制容腔内空气的湿度。

5. 时间 时间是控制整理过程的长短。在其他参数一定的条件下,整理过程进行到什么程度,就由时间来控制。在满足整理过程的条件下,所用的时间越短越好,可以避免织物在长时间的作用下可能出现的损伤。

6. 预热 预热主要是控制冷凝水的排放。在直接蒸汽加热加湿之前,织物和设备有可能是冷态,一旦蒸汽进入循环气流中放出潜热时,就会在管壁和设备容腔内壁上形成冷凝水。如果滴在织物上就会产生水渍印,影响产品质量。因此,除了设备应设置预热防止冷凝水滴外,还要及时排出管道和储布槽内的冷凝水。

思考题

1. 拉幅定型机能耗很高，占印染厂总耗能的比重较大，试述现代定型机降低能耗的方法有哪些？并解释降低能耗的原理。

2. 后整理车间拉幅定型机一般配有均匀轧车，而前处理车间则少有配置，试解释这样配置的原因。

3. 简述橡胶毯预缩机的工作原理，预缩作用与哪些因素有关？

4. 简述涂层整理机的工作过程与工作原理。

5. 简述磨毛机工作过程与磨毛工作原理。

6. 磨毛机与起毛机都可以改善织物手感，试比较两者的异同。

7. 简述剪毛机的工作过程与工作原理。

8. 试比较摩擦轧光辊、电光轧光辊、轧纹辊有何异同。

9. 试述气流整理机处理织物的过程和工作原理。

10. 气流柔软整理是现代染整的新加工技术，试述与传统柔软整理有哪些异同。

11. 试用 auto CAD 画出本章图 7－39、图 7－43。

第八章　染整设备的自动控制

20 世纪 70 年代，国内企业染整生产如加水、加助剂、加染料、升温、降温、染液循环等全部由操作人员手动完成。挡车工操作开关实现开机、关机；手动开闭阀门实现加水、放水；根据仪表读数，调整蒸汽阀门改变升温速度；调整冷却水阀门改变降温速度等。挡车工劳动强度高，工艺执行情况凭个人感觉和经验，工艺参数实际误差大，加工重现性差。20 世纪 80 年代初，染整设备开始采用“仪表 + 继电器”控制生产设备，执行工艺时，挡车工根据温度计设定升温速度，仪表传感器触发继电器开闭，驱动电动阀门控制升温速度；参考压力表读数开闭阀门，调节喷射溢流染缸的染液喷嘴压力；以滑差电机或机械式无级调速器调整导布辊转速等。仪表、继电器组合与手动开关调控系统部分实现了自动控制，但控制精度较低；由于电路的断开闭合均靠电磁铁释放、吸合，机械磨损严重，能源消耗大；继电器开闭频繁，易于损坏，系统运行和维护成本高。进入 90 年代，染整设备开始广泛使用计算机技术，具有标志意义的是大量应用可编程逻辑控制器（Programmable Logic Controller，PLC），PLC 是由模仿继电器控制原理上发展起来的，最初只有开关量逻辑控制，后也有了对模拟量控制。如压力自动调节控制，升温曲线自动跟踪、记录，保温时间控制。染化料的配送也借助计算机控制，并有指示、报警等多项功能。再后来，设备机电一体化程度不断提高，车间同类设备控制系统脱离现场，多台套设备的操控单元开始进行中央集中控制（群控）。

进入 21 世纪，控制系统进一步完善，全过程的工艺操作程序均由计算机控制和显示，大量的成熟工艺储存在设备配置的计算机中，可供随时调用翻单。染色机配备自动加料系统，自动加水、升温、降温，并可对运行中的织物进行速度检测，使染整过程精益执行，染色更均匀，甚至是获得预期的织物外观和手感。根据加工品种不同，并可以执行预设工艺。设备对控制系统的依赖逐渐升级且不断加深。

为保持在国际市场中的竞争优势，现代化染整生产必须适应交期短、更新快、小批量、多品种的新形势。因此设备高速、高效率、一次准（right first time）成为基本要求。仅凭人的记忆、感觉和经验判断，手工操控设备变得越来越难。且随着计算机、网络、测控、大数据等技术的发展，人工智能 AI（artificial intelligence）大量进入生产过程，设备换代则更多地体现在控制系统的升级。我国正加紧实施“中国制造 2025”规划，传统行业加速转型升级，人工智能（AI）催生控制系统甚至是行业的重大变革，未来的工厂形态将更加自动化、智能化，用工大幅减少。自动控制不仅可以把染整员工从繁重的体力劳动、部分脑力劳动以及一些恶劣的工作环境中解放出来，而且能极大地提高劳动生产率，提高产品质量，所以说装备自动化智能化水平是我国从纺织大国向纺织强国转变的重要条件和显著标志。熟练掌握并运用好设备控制系统，是对未来染整从业者的基本要求，对印染行业发展具有重要意义。

第一节　自动控制系统的组成

现代染整设备大都由动力系统、传动机构、执行机构和控制系统组成。自动控制系统是指采用自动控制装置,对生产中某些关键性参数或者是影响生产的某些要素进行自动控制,使它们在受到外界干扰或者自身扰动的影响而偏离正常状态时,能够被自动地调节而回到工艺所要求的数值范围内,自动控制调节是指不需要人的直接参与。

现代染整的生产,大多数是连续性生产,各设备相互关联,当其中某一设备的工艺条件发生变化时,都可能引起其他设备中某些参数或多或少地波动,偏离了正常的工艺条件。装备了自动控制系统后,不仅可以实现各生产的自动依序进行,还能实现对产品的自动质检、评级、包装,设备工作状态的实时监测、报警、反馈处理等功能,还可以提醒厂家进行及时维护保养,准备备件等。控制系统代替人判断、执行部分操作,降低操作者劳动强度,提升产品质量稳定性、生产重现性,减少消耗,降低运行成本,从而提升企业市场竞争力。染整设备最终成为"傻瓜机""染整机器人",染整工厂成为"智慧工厂""无人工厂"。因此,印染厂的自动化或智能化是制造业未来数年的发展趋势。

增加设备自动控制功能也称为设备自动化或智能化,主要是指机器设备或生产、管理过程在没有人或较少人的直接参与下,按照人的要求,经过自动检测、信息处理、分析判断、操纵控制,实现预期目标的过程。

自动控制系统通常由检测传感器、控制器、动力源、执行器和受控设备五个部分构成,如图8-1所示,五个部分将分别完成信息的获取、信息的传递、信息的转换、信息的处理及控制执行等,从而实现设备的自动运行,其控制原理类似于抽水马桶,传感器类似于浮球,当水位低于或等于预定值时,触发或关闭控制器(杠杆装置),控制器打开或关闭执行器—进水阀门,而此例中动力来自自来水势能。

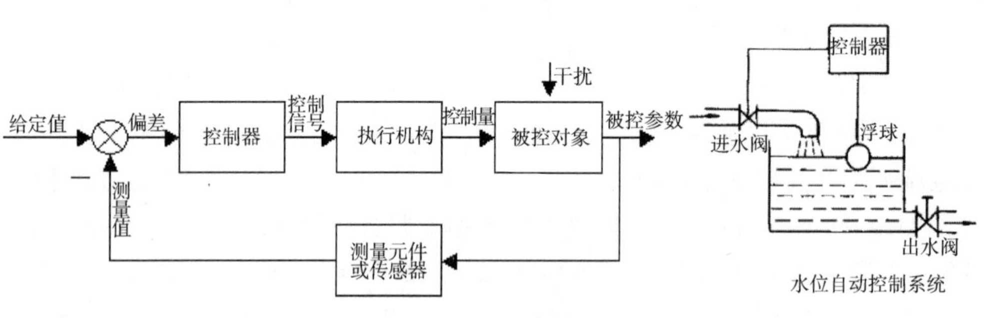

图8-1　控制系统示意图

在控制系统的分析研究中,如图8-1所示的结构(也称为方块图或方框图)得到了广泛的应用。控制系统的结构图能直观地反映信号从输入到输出的传递过程,清楚地表明系统各环节间的连接关系和系统的工作原理,便于求取控制系统的传递函数,是控制系统分析、设计的有力工具。

一、传感器

传感器(sensor)是可以响应被测量的工艺因素,并按照一定规律转换成可用输出信号的器件或装置,通常由敏感元件和转换元件组成。传感器被用来收集或采样染整加工过程的温度、压力、流量、液位和成分等工艺参数,它首先把被测量的变化转换成光、电压、电感、电容等信号的变化,然后借助光电元件进一步将光信号转换成电信号。

传感器的输入对输出的影响被称为传感系数或灵敏度(sensitivity)。例如,水银温度计,如果温度上升 1℃时,水银柱上升 1cm,则其传感系数为 1cm /℃。理想的传感器输入和输出呈线性关系。而工程要求传感器能快速、精确获取信息并且使用稳定。

按工作原理不同可分为:电阻式传感器、电容式传感器、电感式传感器、压电式传感器、热电式传感器。

按用途不同分类:温敏传感器、湿敏传感器、气体传感器、气体报警器、压力传感器、紫外线传感器、磁敏传感器、位移传感器。

二、控制器

控制器(controller)是指按照预定顺序改变主电路或控制电路的开通和闭合状态,或者改变电路中电阻值来控制执行器的启动、调速、制动和反向的发令装置。控制器由程序计数器、指令寄存器、指令译码器、时序产生器和操作控制器组成,它是系统的核心,是发布命令的“决策机构”,完成协调和指挥执行器的操作。控制器可以由单片机、PLC 或计算机等充当。

单片机(Single Chip Microcomputer,SCM),单片机就是把微型计算机的中央处理器、存储器、定时器、I/O 接口等一些主要功能部件集成在一个芯片上,因而体积小、质量轻、价格便宜。同时具有记忆存储功能,用来存储规定指令及外部输入的各种数据。用单片机可以设计出各种工业控制系统、环境控制系统、生产线自动控制系统等。配备了单片机的设备则往往冠以“智能型”,如智能水洗机、智能型烧毛机等,生产效率或操控精度大幅提升。目前单片机有 60 多个系列,数百种之多,Intel 公司的 MCS—51 系比较有代表性。

设备的控制系统如采用通用计算机,固然可实现全部功能,但早期通用计算机成本高,体积大,对工作环境要求高,而且大材小用,采用廉价的单片机明显具有优势。加装了“单片机 + 控制程序 + 接口电路 + 执行机构”的染整设备,能够自动控制整个加工过程,从加水、加助剂、洗涤等过程,还有多种不同的固定程序供选择,操作员只需上下布即可,过程就由单片机自动控制下完成了,这样极大地降低了挡车工的劳动强度,同时也减少了因员工误操作造成的损失。

在装备制造领域,可编程逻辑控制器 PLC 作为控制器更为常见,PLC 是工业控制的核心部分,是微机技术与继电器常规控制相结合,强调其可编程的特点。20 世纪 70 年代,只有开和关的逻辑控制器被首先应用于汽车制造行业,它可存储、执行逻辑运算、顺序控制、定时、计数等操作命令,控制机器或生产过程。使用者编制程序以表达生产过程的工艺要求,并事先存于 PLC 的用户程序存储器中。运行时按存储程序的内容逐条执行,以完成工艺流程所要求的操作。PLC 的 CPU 内有寻址计数器,在程序运行过程中每执行一条,该计数器自动加 1,程序从起始步

(步序号为0)起依次执行到最终步(通常为END指令),然后再返回起始步,从头开始执行,周而复始,直到运行(RUN)切换到停止状态(STOP)或者停机。PLC这种执行程序的方法被称逐条运行,可以理解为扫描式。

通过存入程序,PLC能以数字或模拟的方式输入和输出,控制各类的机械或生产过程。PLC与单片机的区别在于:PLC使用了单片机技术,对输入输出信号采用集中批处理,这和微机对输入、输出信号采用实时处理有很大不同。如果将单片机比作一张白纸,PLC则为在白纸上画好的表格,使用单片机技术就像在白纸上写字,而使用PLC技术就像是填表格,掌握单片机技术就像学会写字的能力,掌握PLC技术就像是学会看表格和填表格的能力。PLC工作流程如图8-2所示。

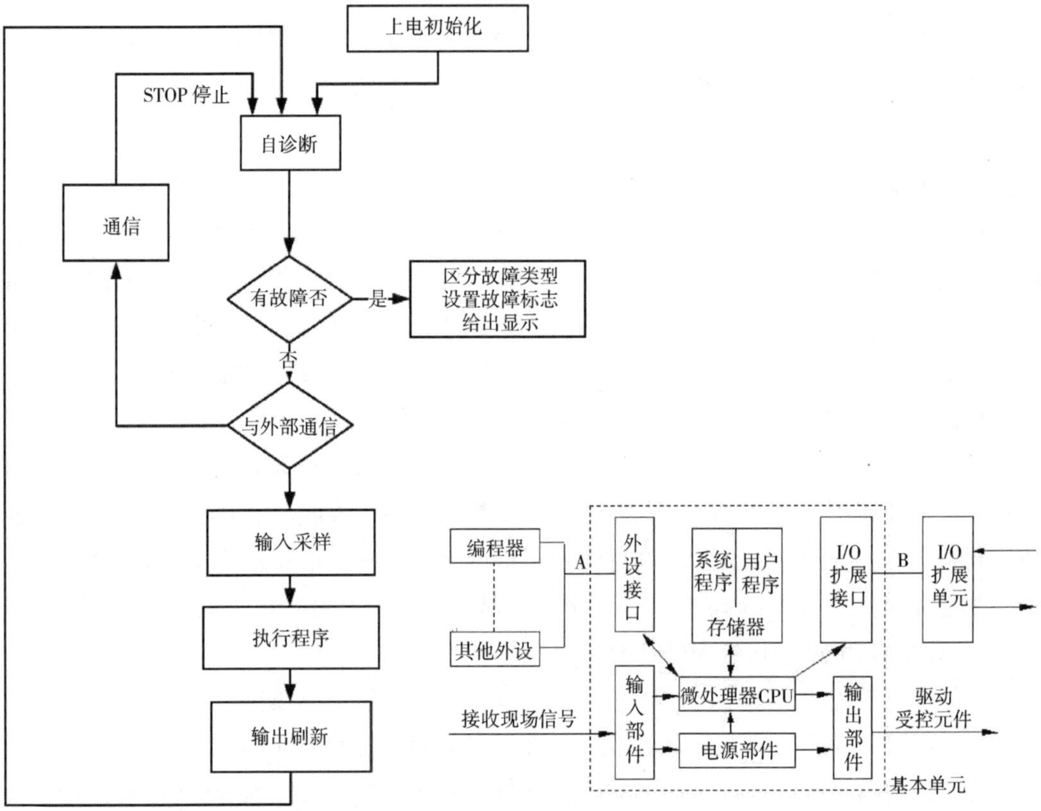

图8-2 PLC工作流程图

三、执行器

执行器的作用是接受控制器送来的控制信号,改变被控介质的大小,从而将被控变量维持在所要求的数值上或一定的范围内。执行器直接作用于受控对象,起"手"和"脚"的作用,如用来驱动受控介质。在过程控制系统中,执行器由执行机构和调节机构两部分组成。调节机构通过执行元件直接改变生产过程的参数,使生产过程满足预定的要求。执行机构则接受来自控制器的控制信息把它转换为驱动调节机构的输出(如角位移或直线位移输出)。

执行器按其能源形式可分为气动、液动、电动三大类。气动执行器用压缩空气作为能源，特点是结构简单、动作可靠、平稳、输出推力较大、维修方便、防火防爆，而且价格较低，可方便地与被动仪表配套使用，在自动生产线上应用极为普遍。液压执行元件功率大，快速性好，运行平稳，广泛用于大功率的控制系统。电动执行元件安装灵活，使用方便，在自动控制系统中应用极广。

在设备自动化系统中，执行元件根据输入能量的不同可分为电动执行元件、气动执行元件和液压执行元件三类。

1. 电动执行元件　电动执行元件(electric actuator)能将电能转换成机械能以实现往复运动或回转运动的电磁元件。常用的有直流伺服电动机、交流伺服电动机、步进电动机、电磁制动器、电磁接触器和调节阀等。电动执行元件具有调速范围宽、灵敏度高、响应速度快、无自转现象等性能，并能长期连续可靠地工作。

(1)直流伺服电动机：将输入的电信号转换成角位移或角速度输出而带动负载的直流电动机，按激磁方式可分为电磁式和永磁式两类。它的工作原理与普通直流电动机完全相同，一般应用于功率稍大的自动控制系统中。

(2)交流伺服电动机：定子绕组的轴线在空间相差90°电角度的两相异步电动机。其中一相作为激磁绕组，接至固定的交流电源上；另一相作为控制绕组受功率放大器输出电压的控制。与直流伺服电动机相比，它消除了电刷的摩擦和换向火花造成的干扰，因而工作可靠、寿命长，但其机械性能和控制性能存在非线性，且电动机的参数随转速而变，因而控制系统的动态特性会受到不利影响。

(3)电磁制动器：电动快速停车装置。它被用来产生制动力矩使电动机迅速而准确地停止运转，在机床、吊车等频繁启动和制动的机械设备中有广泛的应用。电动机通电时，电磁铁的线圈同时通电，将电磁铁吸合，通过杠杆使制动瓦与制动轮松开，电动机自由转动。断电时，电磁铁吸力消失，弹簧通过杠杆使制动瓦抱紧制动轮，电机迅速停转。

(4)电磁接触器：是一种通断功率较大的电磁开关。它被用于遥控交、直流电路的通断，还可与温度继电器组合成磁力起动器，用于机床电机、电力电容器和电焊、电热、起重设备等控制系统的过载保护。电磁接触器按电源分为交流接触器、直流接触器两种。它由电磁铁和连接到铁心上的接触开关构成。当电磁铁线圈中通过规定值电流时，电磁力使铁心吸合，开关的触头即接通电路。

(5)调节阀：染整工艺装备应用较多的是电动调节阀也就是控制阀，也有通过电动计量泵，作为执行部分，主要动作就是调节阀门开启度的变化。常用于油压、气动系统中。

2. 气动执行元件　气动执行元件(pneumatic actuator)是能将气体能转换成机械能以实现往复运动或回转运动的执行元件。实现直线往复运动的气动执行元件称为气缸，实现回转运动的称为气动马达。

气缸：压缩空气从一端进入气缸，使活塞向前运动，靠另一端的弹簧力或自重等使活塞回到原来位置；或者气缸活塞的往复运动均由压缩空气推动。气缸一般用0.5～0.7MPa的压缩空气作为动力源，行程从数毫米到数百毫米，输出推力从数十千克到数十吨。

气动电动机:分为摆动式和回转式两类,前者实现有限回转运动,后者实现连续回转运动。

3. 液压执行元件 液压执行元件(hydraulic actuator)是能将液压能转换为机械能以实现往复运动或回转运动的执行元件,分为液压缸、摆动液压电动机和旋转液压电动机三类。液压执行元件的优点是单位重量和单位体积的功率很大,机械刚性好,动态响应快,缺点是制造工艺复杂、维护困难和效率低。

(1)液压缸:实现直线往复机械运动,输出力和线速度。

(2)摆动液压电动机:实现有限往复回转机械运动,输出力矩和角速度。它的动作原理与双作用气压缸相同。液压电动机结构紧凑,效率高,能在两个方向产生很大的瞬时力矩。

(3)旋转液压电动机:实现无限回转机械运动,输出扭矩和角速度。它的特点是转动惯量小,换向平稳,便于启动和制动,对加速度、速度、位置具有极好的控制性能,可与旋转负载直接相联。

四、自动控制系统

自动控制系统工作原理:检测传感部分对本身和外部环境的各种参数和状态进行检测,并变成可识别的信号,传输给电子控制单元,电子控制单元接收测试信息以及外部直接输入的指令进行集中、存储、分析、加工处理,按处理结果和规定的程序与节奏发出相应的指令,控制整个系统有目的的运行,执行器根据其发出的指令,完成规定的动作和功能。

染整设备自动控制系统种类繁多,一般情况下,维持设备正常运行主要有以下几类控制系统:

1. 过程控制系统(Processing Control System, PCS) 过程控制系统主要是控制染整过程中工艺参数,保持生产过程正常运行。测控参数主要有温度、压力、液位、流量、工作液浓度等,使其达到设定值并维持恒定。如染整过程中染液的升温、降温,染缸的加水、放水,汽蒸箱、水洗箱、烘干箱的温度控制等。许多工艺因素可以通过操作台设定,而设置的终端则可以远离机台,最终实现中央群控。

2. 设备传动控制系统(Mechanical & Electrical Transmission Control System, METCS) 设备传动控制系统是指以电动机为执行机构,控制织物运行速度,系统闭环控制并使多台电动机同步联动,保证织物平顺受控运行的控制系统。印染厂因加工对象品种多样,织物克重、组织结构、设备本身运转等情况的改变,使得染整设备除需要经常启停外,车速也需要有较大的调整范围;电源的电压、频率以及负荷等因素的变化也会引起设备车速的变化;织物在设备不同部分间运转会承受不同张力、压力,在运行的不同阶段温度不同,这些都会使织物产生伸长或收缩。这就要求染整设备的传动受控制,使加工对象运转精确、稳定、受控。设备运行的好坏,传动控制系统是一个较为重要的因素。

3. 设备运行监控系统(Machine Control System, MCS) 设备运行监控系统主要是指维持设备正常运行所需的自动调节甚至是自动诊断的系统,如设备机械振动记录分析、探伤、自动润滑和报警灯,属于染整设备本体控制,通过显示屏可以显示运行状态,或配有仪表、报警灯等,如染色机堵布报警装置、烧毛机火口停机、灭火装置、冷却水温度自动控制和报警。

4. 生产实时监控系统(Realtime Produce and Supervisory Control System,RPC) 生产实时监控系统又称在线监视系统,印染企业普遍引入的是染色机集中监控管理系统(Centralized Monitoring Control System,CMCS),监视设备前后车操作动态的运行状况,并提示对故障分析、监视系统、工作现场状态监视、操作员工的监控。

5. 制造企业生产过程执行系统(MES,Manufacturing Execution System) 制造企业生产过程执行系统是面向制造企业车间执行层的生产信息化管理系统。MES 可以为企业提供包括制造数据管理、计划排产管理、生产调度管理、库存管理、质量管理、人力资源管理、工作中心/设备管理、工具工装管理、采购管理、成本管理、项目看板管理、生产过程控制、底层数据集成分析、上层数据集成分解等管理模块。

以上控制系统,并不是每台设备都必须选用。PCS、MCS、CMCS 和 METCS 是比较常见的。MES 则偏重于统合管理,是更高层的控制系统。

随着印染设备的快速发展,仅靠人力无法执行精细操作,而传统的单回路仪表控制已经不能驾驭现代高速印染设备,计算机自动控制日益显得重要,从业者也要既懂得染整工艺和设备又懂得自动化控制技术,才会使高速印染设备发挥最大的效能。

第二节 染整过程控制系统

过程控制系统以生产过程各工艺因素作为被控制量,使之接近给定值或保持在给定范围内,如控制染色过程的浓度、液位、流量以及压力等,控制升温、降温、进水、放水等原来需人工操控的加工条件。过程控制有助于实现精益生产,可使生产过程中消耗降低、质量稳定和产量提高。

20 世纪 80 年代,一些印染厂家为控制生产中的一些关键参数,在部分工序配备了在线监测、自动控制装置,并取得明显效果和成熟经验。后期,这些监控装置就逐渐成为新设备标准配置,因此这些装置也被称为染整工艺参数最优化控制组件。随着科技进步和加工能力的提升,染整设备机电一体化趋势明显,特别是随着单片机发展,成本降低,过程控制系统不断升级并日趋成熟。

本节将介绍一些在线自动测控控制系统的基本原理和应用。此类系统多采用单片机或者是 PLC 或 IPC 作为控制器,控制对象包括温度、压力、液位高度、流量、速度、位移量等工艺参数,系统进行闭环控制从而保证机台高速高效稳定运行,并随时显示机台运行情况,有的还具有故障自诊断报警灯功能。

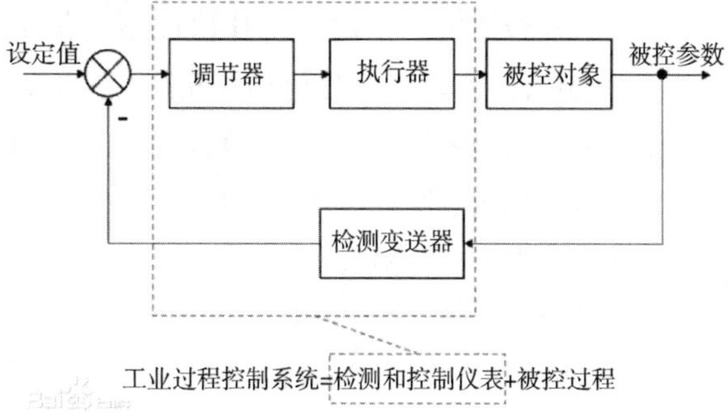

图 8-3 自动控制系统工作原理示意图

过程自动控制系统的工作原理如图 8-3 所示。检测输出量(被控制量)的实际值,将输出量的实际值与给定值(输入量)进行比较得出偏差,用偏差值产生控制调节作用去消除偏差,使得输出量维持期望的输出。

通过以下应用实例来说明控制系统的构建与原理。

实例1 织物丝光机碱液浓度、液位自动控制系统

丝光加工中,棉织物连续通过丝光槽,浸轧碱液并保持适当时间,棉织物染色性能获得提升,变得更有光泽,尺寸稳定性得到改善。但浸轧碱液的过程会使碱液浓度和丝光槽液位发生变化,并影响丝光质量,控制碱液浓度恒定是保证产品质量的关键因素。如图8-4所示是丝光碱液浓度自动控制系统示意图。丝光槽的碱液浓度和丝光碱液位是系统的监控目标。

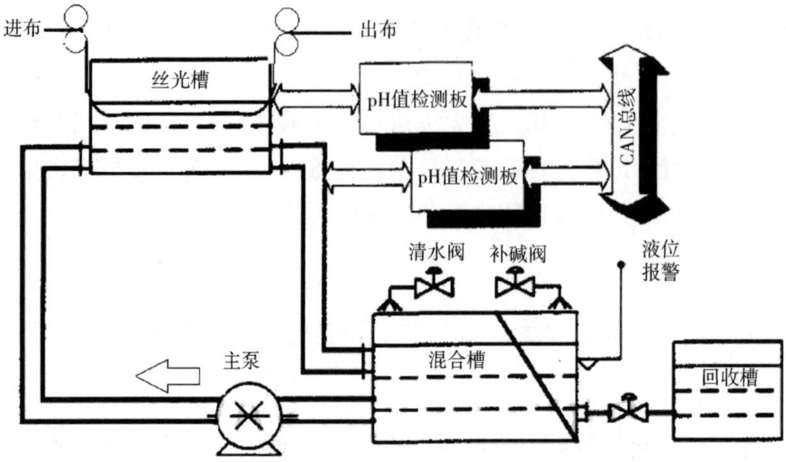

图8-4 丝光碱液浓度控制系统示意图

混合槽是用来补加清水和高浓度碱液的,加工过程中,织物不断带走溶质碱和水分,丝光槽的唯一补给口来自混合槽。混合槽中有过滤装置,滤去浓碱中的杂质毛屑。混合槽中的清水和浓碱液加入是通过可控阀门来实现的,阀门采用电流控制开启程度,流量较大。混合槽内还有液位报警装置,当液面高过指定液位时,传感器会输出高电平,可以直接作为控制系统的I/O信号输入。混合槽与回收槽相连,单片机驱动开关阀门以控制加料和停止加料,液位高于报警线时,可从开关阀排液。

丝光槽内液碱浓度变化,通过pH值传感器获知,丝光槽流出的碱液浓度也通过pH值传感器获知,二者出现的偏差经单片机运算获得,并输出信号,开启或者闭合加清水、浓碱的阀门,补充并混合到预定的碱浓度。如图8-5所示为丝光液碱液位测量示意图。

碱浓度测定采用pH值测量仪,测量一般采用电位法,测量装置主要由两个玻璃电极组成,当把电极置于溶液中时,电极间产生不同的电势差,参比电极有固定电位。复合电极把参比电极和玻璃电极合为一体,更加方便。复合电极也适用于印染丝光工序的浓碱液浓度和退浆、煮练工序的淡碱液浓度、漂白工序的双氧水浓度的在线检测与控制的技术及设备,能有效保持液体浓度稳定,节约碱液消耗和减少含碱废液的排放量。

丝光过程中,织物带液后会发生收缩,为保证织物成品规格与尺寸稳定性,一定要控制好织

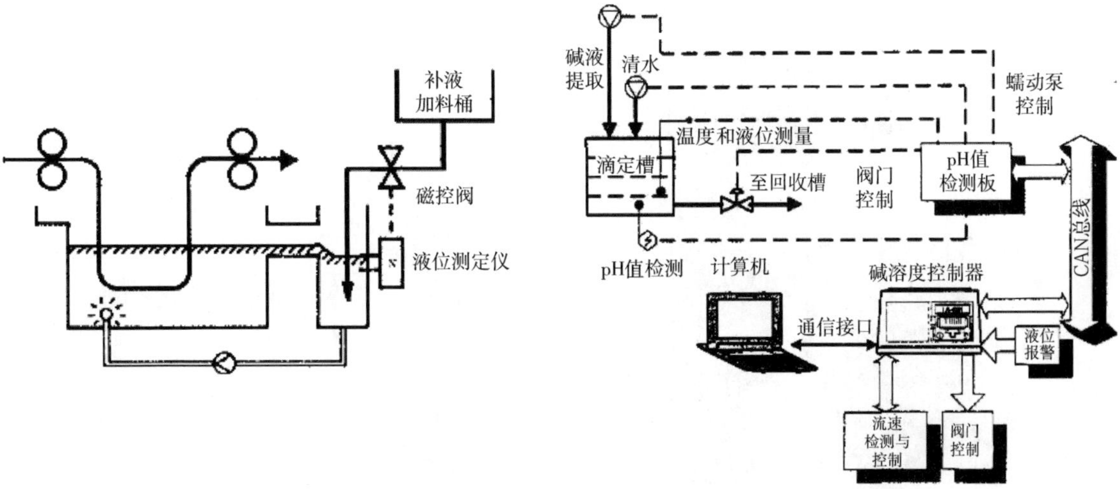

图 8－5 丝光液碱液位测量示意图

物的张力。张力测试与张力传感器则是控制过程的关键。

在染整加工过程中，织物超喂与牵伸、卷染与收卷均需调整前后电动机的转速，控制转速的传感信号可通过运行织物张力的变化获得，一种简单的织物的张力传感器如图 8－6 所示，织物从三个滚筒间穿过，中间滚筒轴承下可装配压变式称重传感器，将织物对导辊施加的压力转换为电阻值的变化，传至应变响应，得到正比于张力的输出电压或电流值。设计系统时应根据控制对象，选择灵敏传感器，也可以选择仪表作为感知元件。

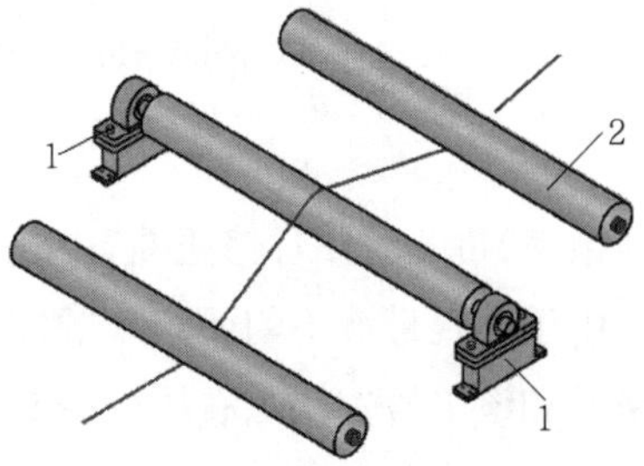

图 8－6 三辊织物张力测试传感器

1—张力传感器 2—导布辊

实例 2 连续轧染机色差和轧余率自动控制系统

连续轧染要求轧液均匀渗透织物内部，常采用油压式均匀轧车完成浸轧。以往对轧染的色差控制依赖操作员的感官研判，全凭操作工的经验判断调节均匀轧车左中右轧液压力，可控性差，对操作工人的素质和经验要求高，而且实时性差，难以准确控制轧车左、中、右三处轧余率相等。但是，通过对均匀轧车的多点轧余率进行非接触在线检测，数字化显示，则能确保染色的一次成功率和染色的重现性。

轧余率的在线检测系统一方面要控制染槽染液的浓度，另一方面要使织物通过染液中的时间保持一致（与液位高度和车速有关），然后是控制轧车各点（左、中、右）压力，如检测出左、中、右织物带液量不同，迅速调节相应点的压力，以上功能由计算机完成。出布处装有色差检测装置以打印出织物左、中、右和前、后的色差判定色差等级。轧余率与色差自动控制系统如图 8－7 所示。

微波穿透织物时，会被织物所含水分选择性部分吸收，测算被吸收的强度可以推断含水率的大小，利用这个原理制作轧余率传感器，装置在出轧车后织物的左、中、右三点进行检测。

在线监测色差是利用 Lab VIEW 软件对织物进行左中右往复来回扫描，采集织物幅向、经

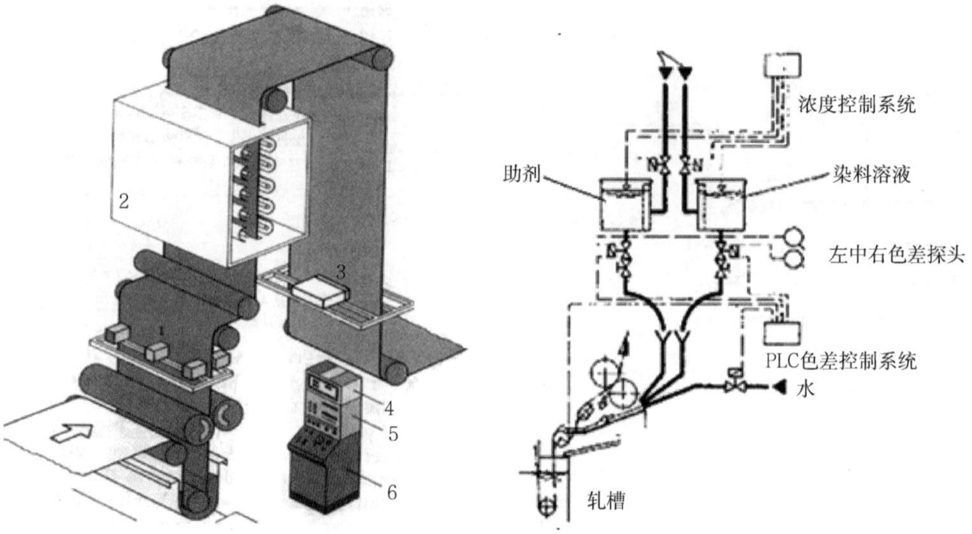

图8-7　轧余率与色差自动控制系统

1—测试探头　2—红外线预　3—含湿量测试头　4—数字色差显示器

5—PLC控制器　6—轧车控制(手动/自动转换)

向轧余率,可实时闭环修正左、中、右轧车液压油的压力参数,对均匀轧车实施自动控制,能彻底解决由于轧辊带液不匀而产生的左中右色差,确保织物色泽均匀。同时控制端的电脑可记录加工单号和该单号左、中、右压力控制输出参数,方便下次直接调用,保证产品的质量和生产工艺的重现性,实现对整个生产工艺过程的在线闭环控制。

实际生产中,往往有多个参数(被控量)需要控制,又有多个变量可用作控制量。在很多情况下,被控量与控制量之间呈现出交互影响的关系,每个控制量的变化会同时引起几个被控量变化。这种变量间的交互影响称为耦合。耦合的存在会使过程控制系统变得更为复杂。如图8-8所示为轧染联合机工艺因素测控系统示意图,多参数控制包括染液浓度自动调节、染液自动供应、张力自动调节、压力自动调节、红外线自动调节、汽蒸箱温度自动控制、车速自动控制、烘筒温度自动控制等。为了实现各种复杂的控制任务,首先要将被控制对象和控制装置按照一定的方式连接起来,组成一个有机的整体,体现出整个系统自动控制。

图8-8所示的染色联合机有接近10个水洗箱和2个蒸煮箱,其温度需要监测和控制,各个控制对象之间没有联系,互相独立,监控方式基本相同,所以仅以单个水洗箱监控加以说明。系统图组成如图8-9所示。水洗箱温度变量经过温度传感器采集后,在经过A/D模块将模拟量转换成数字量传送给PLC。PLC作为核心控制器,将采集过来的温度,与设定值比较运算,按规定的规律进行控制,实现温度闭环稳定控制。

温度传感器用以感知温度,热电阻温度传感器是利用导体或半导体的电阻值随温度变化而变化的原理进行测温的一种传感器,热电阻传感器由热电阻、连接导线及显示仪表组成,热电阻也可以与温度变送器连接,将温度转换为标准电流信号输出。如图8-10所示为热电阻结构示意图。

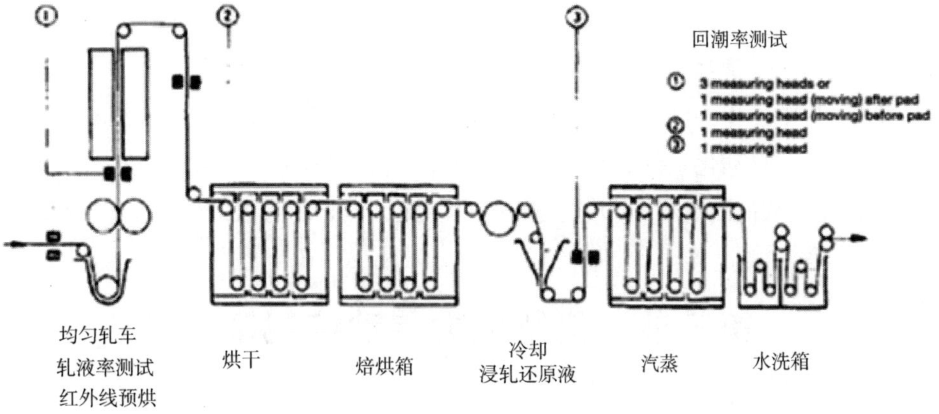

图 8－8　轧染联合机湿度、温度采集与控制系统

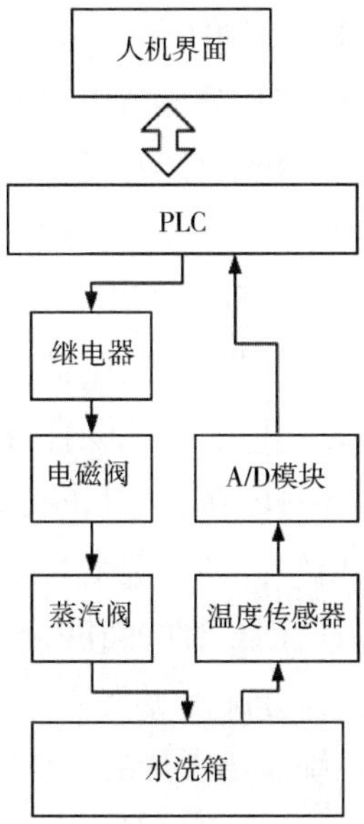

图 8－9　温控系统组成示意图

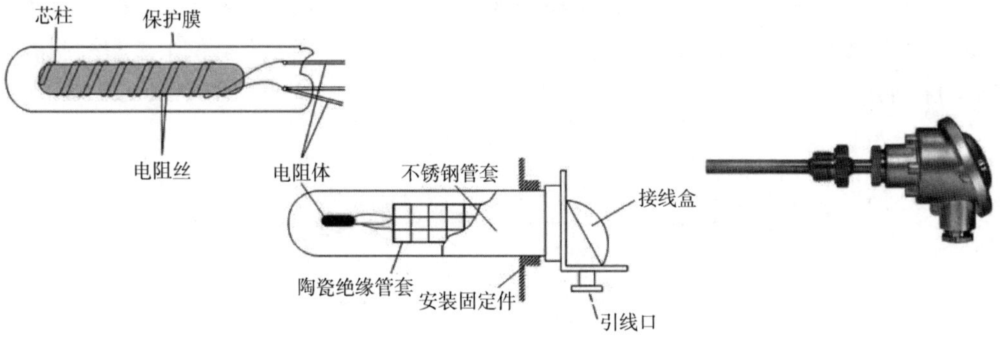

图 8－10　热电阻结构示意图

用于制造热电阻的材料应具有尽可能大和稳定的电阻温度系数和电阻率,输出最好呈线性,物理化学性能稳定,重现性好等。目前最常用的有铂热电阻和铜热电阻。影响热电偶温度传感器测量的四个因素是:插入深度、响应时间、热阻抗增加和热辐射。

从20世纪80年代初,过程控制系统开始与过程信息系统相结合,具有更多的功能。过程信息系统在操作员与自动化系统之间提供了人机交互功能,各种显示屏幕能显示过程设备的状态、报警和过程变量数值的流程图,并能在屏幕的一定区域显示过去的信息。

第三节　染整电力传动控制系统

传动系统(Mechanical & Electrical Transmission Control System,METCS)是构成染整设备的重要组成部分。现代设备的驱动通常是由电动机及控制装置完成,许多染整设备是多单元模块式组合而成的联合机,每个单元有单独的电动机驱动,为使设备正常运转,所有电动机必须同步运行。这类控制多单元电动机同步运转体系被称为传动控制系统。

对于总长达数十米的染整联合机,织物从进布到出布,在机内有数百米到数千米织物的长度,要保证所有单元设备的输送装置都具有相同的线速度是难以达到的。如果前方的线速度低于后方,织物就会松弛下来,可能产生严重事故;相反如果前方织物线速度过多地高于后方,则又使织物承受过大的张力,不仅造成织物伸长,影响质量,而且会损坏机件。此外由于加工的织物品种、工艺要求不同,调速范围要求也不同。染整联合机加工过程中,工艺要求产品保持恒定的线速度和张力。线速度和张力的差异对印花、漂白、染色织物的均匀度、牢度、手感、缩水率都会造成影响。所以,稳定、反应快速的电气传动系统是满足工艺生产的重要因素。

染整联合机的同步传动控制对象具有非线性、强耦合性、运行环境复杂扰动多等特点,在运行过程中对速度链控制、张力控制和负荷分配等提出了很高的要求。各个电动机都应该构成闭环调速系统,且相互之间需要连锁。系统需要大量的速度反馈检测、张力检测、电压检测反馈等装置。染整联合机连续运转的必要条件就是织物在各主动辊面线速度能自动同步调整并稳定,若干个可变速电动机闭环控制,以保证平幅织物在机内正常运行。

为了实现各种复杂的控制任务,首先要将被控制对象和控制装置按照一定的方式连接起来,组成一个有机的整体,即同步自动控制系统。电力传动系统也具有类似于工程控制的构成,如图8-11所示。

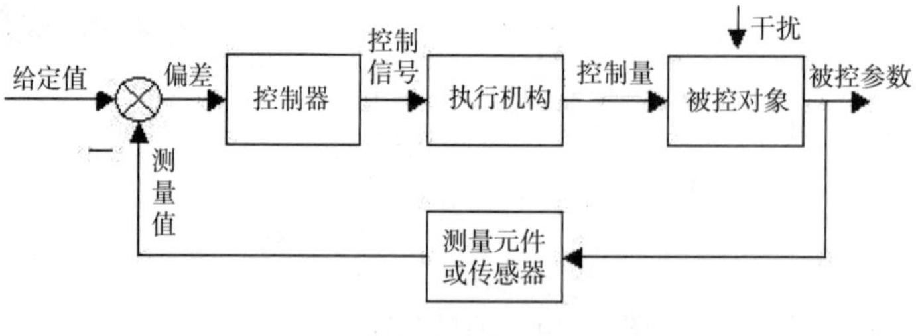

图8-11　电力传动控制系统示意图

电力传动控制系统由EMTCS由探测器或传感器、控制器、执行器、被控对象四部分组成。

系统中测量元件可以是张力传感器、速度传感器或是位置传感器，控制器仍然可以是单片机、工控机或者是PLC等，受控对象就是各个单元的电动机，它能按照规定指令及时控制电动机的启动、制动、运转方向及工作转速等，以满足工作设备及生产工艺要求。因此测控元件的性能（如控制精度、响应速度、可靠性、效率、自动化程度及经济性等）直接影响染整设备的性能，影响产品的产量、质量、成本和劳动条件等方面。

本节将简要介绍染整多单元驱动设备对传动控制系统的基本要求和控制联合机同步传动的方式。

一、多单元驱动设备对传动控制系统的基本要求

随着染整设备不断升级和工作车速不断提高，联合机对各单元同步传动要求越来越高，对传动系统一般有如下几个方面要求：

（1）传动系统要有一定控制精度和响应速度。以保证在正常生产中的织物在各个单元机上传动过程中不被过分拉伸或有松弛，而影响织物质量，甚至引起断头影响正常的生产。

（2）织物通过单元机或联合机的线速度可调范围大，且平稳无级调速。生产不同品种的织物时，工作车速需要进行相应的调整，比如烘筒烘干机车速，对于轻薄织物，车速要高，对厚重织物，车速要低。如印花联合机，经常需要降低车速以进行对花操作，故要求选用调速范围较宽的变速电动机。

（3）为方便开停车，以及设备维护保养、引布检查各分部的运行情况，各分部应具有低速可调的布进速度。但低速缓行运转时间不宜过长，以减少无效的运行和机械磨损。

（4）多单元速度协调传动系统中，两相邻的单元间线速度跟随、微差调节；织物堆置收缩或牵伸、超喂，应达到稳速比例调节，防止拉断布匹等事故。

（5）在位置控制传动中，应能高精度地实施稳态速度同步跟随。

二、控制联合机同步传动的方式

有些情况下，印染设备的多个直流电动机其实并不是真正的同步，而是跟随运行，例如：卷装坯布进布时的开卷、出布时的收卷拖动电动机，前者速度应该是由慢逐步加快，后者相反。车速调节系统可根据操作要求平滑调节整机车速并实现稳速运行，而相邻的电动机间速度调节则会根据单元机之间张力大小，通过电动机变速加以调节。

根据控制的特点，联合机传动可分为集体传动系统、直流传动染整设备同步调速系统和交流变频分步传动系统。

1. 集体传动系统 集体传动是指整机采用一台变速电动机，用刚性传动系统（长轴、齿轮、链轮等）来保证同步速比。

集体传动构造简单，方便维修，早期采用较多。如中华人民共和国成立之初设计定型的54型系列染整设备主要采用集体传动。一台电动机带动主传动轴运行，各个传动轴通过齿轮等机

械装置连接在主传动轴上,跟随主传动轴进行同步运行。集体传动不易进行张力控制和负荷分配控制,整个系统的灵活性也较低。除此之外,当织物经过不同的工艺阶段,其伸长收缩可能不同,前后单元的转动惯量和阻力矩之比不尽相同,在开车启动、升降车速或停车制动时,容易产生单元速度不可能完全一致,因而易造成织物张力过大,甚至拉断织物,或者是织物松弛缠绕等缺陷。这种方式动力传输范围小,容易造成器件磨损,维护困难,后逐渐被淘汰。

改进型传动系统将原系统进行改进,开发出分段集体传动系统,即将联合机分成几段,中间采用储布箱来缓冲前后段车速的差异,以达到连续生产。为了适应工艺调节的要求,也可以加装无级变速机构来进行微量调节。目前大多数染色机都采用分部传动方式,即每个分部都分别由单独的电动机进行精确控制。

2. 直流传动染整设备同步调速系统 随着技术发展,直流控制理论与控制技术的日趋成熟,可控硅的制造技术日趋完善,直流传动同步调速逐步发展并得以广泛采用。其控制精度可以满足各类单元机对传动控制的需要。直流电动机的磁通和电枢电流可以独立进行控制,是一种典型的解耦控制,所以动态性能好。而采用矢量控制方式,仿照直流电动机的控制方式,将异步电动机的定子电流的磁场分量和转矩分量解耦开来,分别加以控制,就能实现交流异步电动机的理想动态性能。多单元分组同步传动是指每台单元机各有单独调速电动机传动,各电动机的速度同步调整依靠调速控制机构自动控制,如调磁调压松紧架,自动调速机构可以通过织物张力的变化、织物位置的变化或者中转织物重量的变化,控制调整电动机转速,保证联合机中织物线速度同步。如图8-12所示为PLC同步驱动主流程图与控制系统结构图。

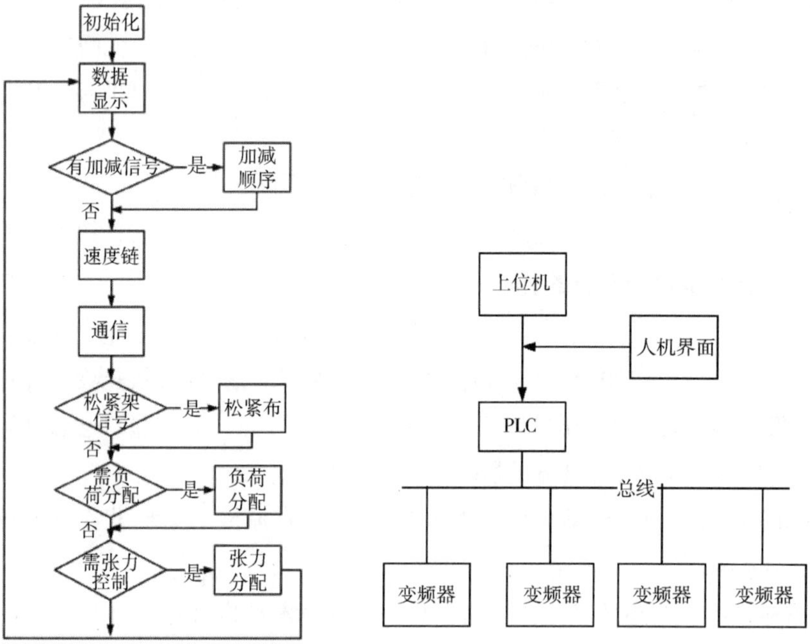

图8-12 PLC同步驱动主流程图与控制系统结构图

(1)共电源方式(SCR－D系统):所有单元的电动机由一个公用可调的直流电源供电。整机运行速度随着这个直流电源的变化而改变。各单元之间的恒张力同步协调是通过松紧架调节磁场来实现的。优点是简单经济,缺点是速度响应性差,低速同步协调能力差,电动机功率未充分利用。

(2)分电源可控硅直流拖动系统(S－SCR－D系统):每个单元电动机都由一个单独电源供电,而电动机的磁场恒定不变以保证电动机运行时能够提供恒转矩,各单元速差由松紧架检测出、微调本单元电枢电压,从而保证全机同步运行,其优点是单元机同步容易实现,调速精度和适应性无论在高速和低速都较好,调速范围可以超过1:20。其缺点是每个单元备一套整流电源、设备投资费用较高、维修难度大。

不论是共电源方式,还是分电源方式,由于它们都是用直流电动机拖动,因而它们又都具有直流电动机固有的缺陷,如因机械特性较软必须组成转速闭环,所以结构复杂,而且印染厂温、湿度大,腐蚀性液体多,使得电动机使用寿命短、故障率高、维护量大等。

3. 交流变频分部传动系统　随着电子技术的发展,交流电机的控制品质得以不断提高,其运行可靠、维护方便等优势逐渐显现出来,并在染整设备中得到广泛的应用,取得了满意的效果。目前,交流传动已经开始全面取代直流传动。全封闭型的异步电动机在印染厂温度高、腐蚀性液(气)体多的环境中最为适用。交流变频调速技术的发展,也为异步电动机在多电动机同步传动系统中的应用奠定了基础。

如图8－13所示为交流变频同步传动系统,工艺要求夹持在这两个传动点之间的织物张力恒定。必须实现相邻两单元设备同步运行,以导辊2和导辊1为例,两轧车分别为独立的传动点,单元同步采用松紧架协调,同步传感器采用导电塑料式电阻器或无触点传感器,通过PLC控制单元控制前后交流变频电动机同步运行。

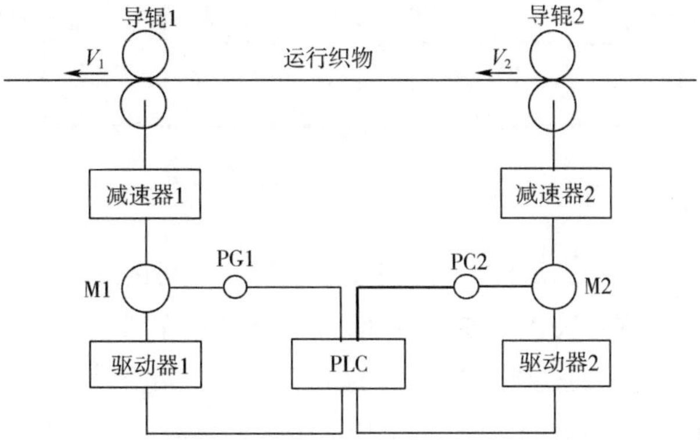

图8－13　交流变频同步传动示意图

交流变频技术是随着交流电动机无级调速的需要而诞生的,并随着电力、电子器件不断发展和单片机技术的日新月异,计算机的快速发展以及新的控制理论和技术,如矢量控制、直接转矩控制、无速度传感器控制及基于模糊控制、滑模变结构控制、神经网络控制等智能控制理论的逐步完善,使交流变频技术日益成熟。交流变频调速系统的许多性能指标如:调速范围、调速精度、动态响应、零速转矩、功率因数、运行效率和使用方便、维护简单等中有些方面甚至超过了直流调速系统。因此在许多领域交流变频调速系统有逐步取代直流调速系统的趋势,得到了广泛的应用,并取得了显著的经济效益。

实例 退煮漂联合机多单元同步传动系统

如图8－14所示,整机工艺流程为:平幅进布→卧式二辊轧车→还原蒸箱→四格不锈钢水洗槽→透风→浸轧蒸洗箱→小轧车→浸轧蒸洗箱→小轧车→浸轧蒸洗箱→小轧车→普通平洗槽→中小辊轧车→三柱烘筒→平幅落布。

设备为多单元同步传动系统,由单元1(卷绕单元)、单元2～单元n(退绕单元)组成。每个单元都有独立变频器、交流变频调速电动机和减速机。n个单元形成$n-1$个张力区,要求n个单元保持严格同步关系,以便保证各个张力区张力符合工艺要求。

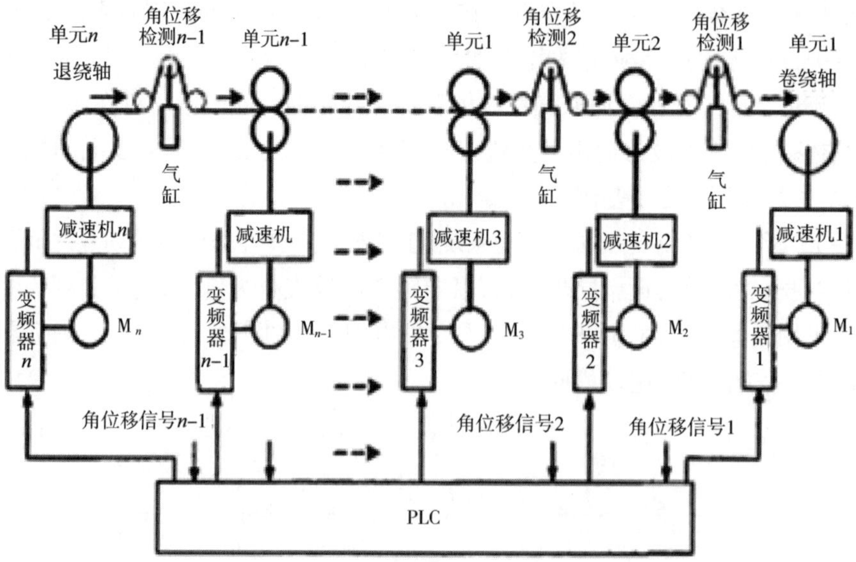

图8－14 单元同步传动控制系统示意图

染整设备变频传动网络化发展的同时,在配置结构上公共直流母线式供电方式也是一种发展趋势。公共直流母线技术是在多电动机调速系统中,采用单独的整流/回馈装置为系统提供一定功率的直流电压,调速用逆变器直接挂在直流母线上。当系统工作在发电状态时,能量通过母线及回馈装置直接回馈到电网,以达到节能、提高设备运行可靠性、减少设备维护量和设备占地面积的效果。

随着染整设备向着高速、高效、精密方向发展,对传动系统的要求越来越高。不仅要求机械传动系统能够传递较大的功率和载荷,而且传动系统本身必须具备较好的可靠性,从而降低设备的运营成本并提高设备运营过程中的安全性。

第四节　染整设备运行状态控制系统

设备运行状态控制系统(Machine Control System,MCS)主要是指设备维持正常运行所需自动调节甚至是自动诊断的功能系统,如测试评估转速、车速、张力、自动润滑和液压等装置,属于染整本体设备控制,通过显示屏可以显示运行状态,或配有仪表、报警灯等,如染色机堵布报警装置、烧毛机火口停机灭火装置、发动机过热自动报警和保护系统。

设备运行状态遵循一定的规律,将设备故障率对使用年限作图,可获得设备劣化曲线,又被形象地称作设备寿命曲线。由于曲线的形状类似浴盆的剖面线,因此也被称为浴盆曲线,如图8－15所示。

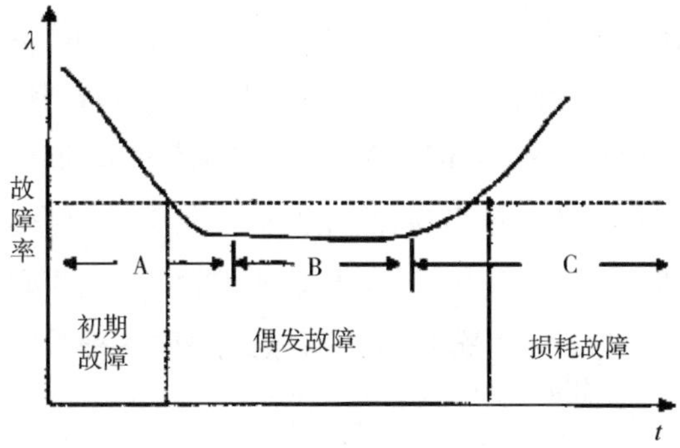

图8－15　设备的寿命曲线

在设备使用过程中,其运行和出现故障特点可分为三个阶段:

A——磨合期,表示新机器磨合阶段,这时故障率较高;

B——正常使用期,表示机器经磨合后处于稳定阶段,这时故障率最低;

C——耗损期,表示机器由于磨损、疲劳、腐蚀已处于老年阶段,因此故障率又逐步升高。

在连续生产系统中,如果某台关键设备因故障而不能继续运行,往往会影响整个订单的交付而造成巨大的经济损失。因此对于连续化生产系统,判断设备运行状态,诊断故障具有重要意义。对某些关键染整设备,因故障存在导致加工质量下降,使产品质量不稳定,设备故障诊断关系到生产以及质量的稳定。

一、设备运行状态控制系统组成

设备故障诊断是一门综合性交叉学科,研究如何通过测取设备在运行过程中的状态信息,进而识别设备及其零部件运行的状态,判定其是否异常并进行故障分析和预测。其意义是满足现代设备维修需求,避免和降低事故危害,实现对机械设备不解体监测和诊断。

机械设备故障诊断类似于疾病诊断,机械设备出现故障或故障隐患时,会反映出各种征兆,如振动、温度、压力等信号的变化。但不是所有信号对任何故障隐患都很敏感,如对齿轮箱来说,如若轴承出现破损,振动信号变化要比温度信号敏感;如果润滑不足,则温度信号就比振动信号敏感。设备在不同的运行状态下(故障也是一类运行状态),其特征信息的敏感程度是不同的。特征信号的获取,不仅与所选择的信号内容有关,而且与传感器的类型、传感器的精度和测点位置有关。

二、设备运行状态判断方法及控制策略

在故障诊断的发展过程中,人们发现最重要、最关键而且也最困难的问题就是故障特征信息提取,其必须借助于信息处理,特别是现代信号处理的理论方法和技术手段,探索故障特征信息提取的途径,发展新的故障诊断理论和技术。

1. 振动噪声测定法 机械设备在运行状态下(包括正常和异常状态)都会产生振动和噪声。振动的噪声强弱及其包含的主要频率成分和故障的类型、程度、部位和原因有着密切联系。大多数情况下,运行规律决定了它的振动频率。由于是定速运转,其振动频率即为该零件的特征频率,观测特征频率的振动幅值变化,可以了解该零部件的运动状态和劣化程度。由于不受背景噪声干扰的影响,使信号处理比较容易,因此振动法应用比较普遍。

当旋转机械发生油膜涡动、转子裂纹、转子与定子刮磨、基座松动等故障时,往往会产生混沌现象,采用几何分形方法对振动信号分析可以有效地提取各种故障特征,其中关联维数应用得最为广泛。

以傅里叶变换为核心的经典信号处理方法在旋转机械故障诊断中发挥了巨大的作用,这些方法包括频谱分析、阶比谱分析、相关分析、细化谱分析、时间序列分析、倒频谱分析、包络分析和全息谱。

2. 压电效应测定法 某些物质如石英晶体,在受到冲击性外力作用后,不仅几何尺寸发生变化,而且其内部发生极化,相对的表面出现电荷,形成电场。外力消失后,又恢复原状,这种现象叫作压电效应。将这种物质置于电场中,其几何尺寸也会发生变化,叫作电致伸缩效应。多数人工压电陶瓷的压电常数比石英晶体大数百倍,即灵敏度要高很多。利用压电效应,制成压电式加速度传感器,可用于检测机械运转中的加速度振动信号。利用电致伸缩效应,制成超声波探头,可用于探测构件内部缺陷。

3. 温度传感器测定法 高速运转的设备如果损伤,转子与定子刮磨会产生热量,使机件温度升高,当温度超过设定值,则形成数据报警。测定系统中采用红外测温技术,可以方便完成信号采集与比对。也可以直接从显示屏幕上读出,由此可以判断设备运行状态是否处于正常范围之外。

4. 速度传感器测定法 速度传感器又称为磁电式变换器,有时也叫作“点动力式变换器”或“感应式变换器”,它利用电磁感应原理,将运动速度转换成线圈中的感应电势输出。它的工作不需要电源,而是直接从被测物体吸取机械能量并转换成电信号输出,是一种典型的发生器

型变换器。由于它的输出功率较大,因而大大简化了后续电路,且性能稳定,又具有一定的工作带宽,所以获得了较普遍的应用。磁电式速度传感器有绝对式和相对式两种,前者测量被测对象的绝对振动速度,后者测量两个运动部件之间的相对速度。当运行速度达不到规定数值时,可以触发报警信号,并直观地出现在显示屏上,见图 8－16。

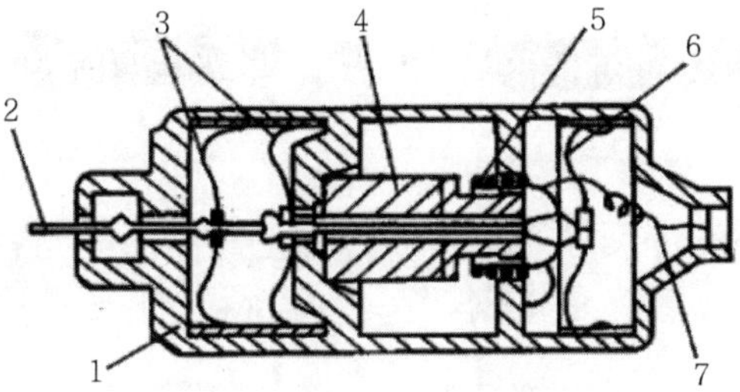

图 8－16 磁电式绝对速度传感器

1—壳体 2—心轴壳体 3,6—弹簧片 4—永磁铁 5—线圈 7—引出线

三、设备运行状态控制系统的应用

染整设备日趋呈现出大型化、高效能、高产量、联合机等特征,设备运行状态是每个单元机甚至是零部件运行状态的累积,有时一个很小的单元机或者是零部件故障也可能造成大量产品降等,甚至造成整个设备损坏。要对联合机的过程运行状态的进行控制,必须从对关键工艺点、易损部位进行监控,形成自始至终的过程控制闭环,实现全面运行状态可控制,达到全稳生产线。只有形成这样的控制,才能保证企业范围生产过程平稳有序。有了稳定的工序状态,才会有稳定的产品质量。

如图 8－17 所示是设备运行状态控制系统典型应用模型。在该模型中,每个现场监控点都设有监控计算机,系统把设备运行状态的数据读入计算机后,一方面要在运行状态控制图上打点,同时还要把数据传入服务器。包含质量数据采集在内的生产信息,根据系统的实际需求进行细节的修改,可以考虑修改如图 8－17 所示的模型,形成设备运行状态监控系统和生产信息系统只在服务器级互联的应用模式。区分出生产过程中产品质量的随机波动与异常波动,从而对生产过程的异常趋势提出预警,以便生产管理人员及时采取措施,消除异常,恢复过程的稳定,从而达到提高和控制质量的目的。

在生产过程中,产品质量的波动是不可避免的。它是由人、机器、材料、方法和环境等基本因素的波动影响所致。波动分为正常波动和异常波动两种。正常波动是偶然性原因(不可避免因素)造成的。它对产品质量影响较小,在技术上难以消除,在经济上也不值得消除。异常波动是由系统原因(异常因素)造成的。它对产品质量影响很大,但能够采取措施避免和消除。过程控制的目的就是消除、避免异常波动,使过程处于正常波动状态。

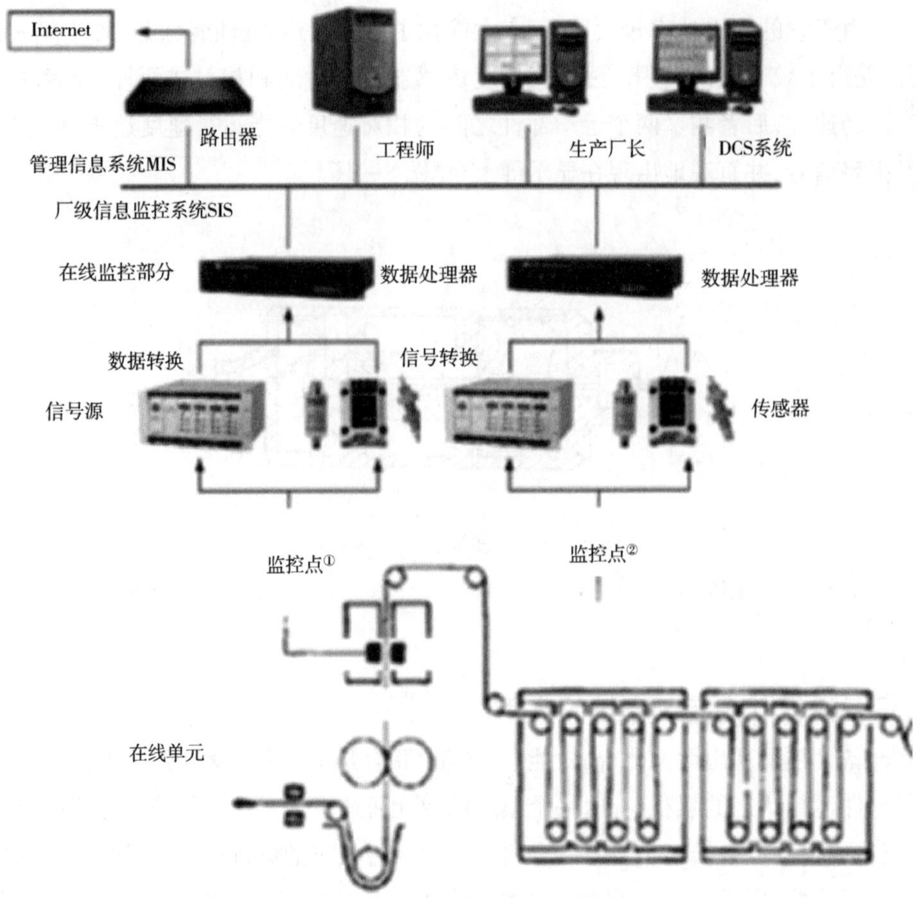

图 8-17　设备运行状态控制系统示意图

第五节　染色机集中控制系统

染色机集中控制系统(Centralized Monitoring Control System,CMCS)也被称群控系统,是将车间内许多相同或类似的染色机械、染料自动称量溶解输送系统、助剂自动溶解计量输送系统以及其他与生产相关的设备通过专用网络连接到中央控制计算机主机,形成的中枢控制系统。在中控主机上可以设定每个机台工艺参数,按程序精准运行生产工艺,将染整单机作业模式升级为集群作业,实现车间整体智能化生产,最终必然发展为智能化工厂。

19 世纪,远程控制是依赖压缩空气通过管路实现的;到 20 世纪 50 年代,通过电路传输 0～10mA 和 4～20mA 电流模拟信号的远程控制系统被提出并广泛应用;20 世纪 70 年代,随着计算机进步与应用,基于"集中型控制"的概念,出现了中央控制计算机系统,而信号传输系统依然沿用 4～20mA 的模拟信号,后来发现,伴随着"集中控制"系统变得复杂,模拟信号存在着易失控、可靠性低的缺点。

随着生产设备上单片机的普遍应用和计算机可靠性的提高,出现了分布式控制系统(Distributed Control System,DSC),DSC 采用一台中央计算机指挥若干台装置于现场的测控计算机和智能控制单元。由此多台计算机和一些智能仪表以及智能部件实现的分布式控制,而数字传输信号逐步取代模拟传输信号。

分布式控制系统可以是两级的、三级的或更多级的。利用计算机对生产过程进行集中监视、操作、管理和分散控制。DCS 具有控制功能多样化、操作简便、系统可以扩展、维护方便、可靠性高等特点。分布式控制系统与集中型控制系统相比,其功能更强,具有更高的安全性。

随着微处理器的快速发展和广泛的应用,数字通信网络延伸到工业过程现场成为可能,产生了以微处理器为核心,使用集成电路代替常规电子线路,实施信息采集、显示、处理、传输以及优化控制等功能的智能设备。设备之间彼此通信、控制,在精度、可操作性以及可靠性、可维护性等方面都有更高的要求。DCS 通常是一对一单独传送信号,其所采用的模拟信号精度低,易受干扰,位于操作室的操作员对模拟仪表往往难以调整参数和预测故障,处于"失控"状态,很多的仪表厂商自定标准,互换性差,仪表的功能也较单一,难以满足现代的要求,而且几乎所有的控制功能都位于控制站中。由此,导致了现场总线的产生。现场总线体现了分布、开放、互联、高可靠性的特点,而这些正是 DCS 系统的缺点。

1984 年,国际电工委员会 IEC(International Electrotechnical Commission,IEC)对现场总线(Fieldbus Control System,FCS)定义为:现场总线是一种应用于生产现场,在现场设备之间、现场设备和控制装置之间实行双向、串形、多结点的数字通信技术。FCS 采取一对多双向传输信号,采用的数字信号精度高、可靠性强,设备也始终处于操作员的远程监控和可控状态,用户可以自由按需选择不同品牌种类的设备互联,智能仪表具有通信、控制和运算等丰富的功能,而且控制功能分散到各个智能仪表中去。由此可以看到 FCS 相对于 DCS 的进步。

通过现场总线,集控系统可接管现场染色机的控制权,记录染色全程的数据,染色工艺得到精准执行,降低人为因素造成的缸差、色差,提高产品质量;自动执行染色机加水、加染辅料、升温、染液循环等操作,监控染色升温曲线,降低操作员劳动强度,提高工作效率;监测每台染色机的运行状态和故障,减少人为因素造成的操作失误,提高机台利用率;集控系统对工艺执行情况纪录存档,对加工过程和历史订单实现可追溯,可还原;为产品质量分析生产统计报表,同时也为客户资料管理以及生产管理提供了极大的方便。

染色机集中控制系统技术成熟并获得广泛应用的时间不长,还在不断发展完善中,车间集控系统可以接入 MES(Manufacturing Execution System,MES)即制造企业生产过程执行系统,或者是企业资源计划系统 ERP(Enterprise Resource Planning,ERP),实现功能的不断扩展。随着信息化技术、网络技术与移动互联技术不断进步,中央集控系统发展空间和前景十分广阔。

一、中央集控系统的组成

中央集群控制系统一般由五部分组成:中央控制主机、人机交互界面(User Interface,UI)、现场总线、各类控制接口、受控设备等。

如本章前面章节所述,现代染整设备都具有独立计算机控制系统,计算机接管了大多数的操作与工艺因素的在线监控。一台主机(或称为上位机)通过接口以及总线系统可与数十台甚至百余台染色机的控制电脑(或称为下位机)互联,远程下令执行控制单元所有功能。主机可以向每个机台的单片机发送生产工艺和接受控制器回馈的运行数据,而每台下位机可以脱离主机独立控制染色机或者是其他检测设备。核心部分是系统监控软件,通过总线连接成为总体,构成一个集散网络监控系统。中央集散控制体系如图8-18所示。

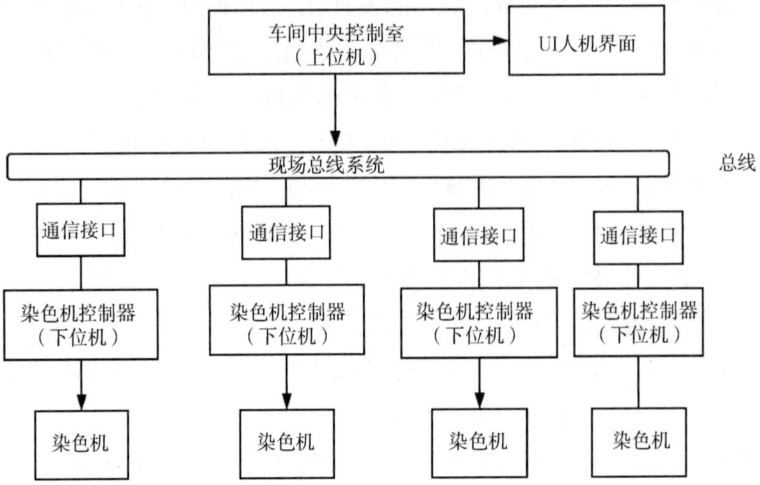

图8-18　中央集散控制体系示意图

集控系统还应包括各类传感器、软件、计算机、打印机等群控系统所需各种设备,以及至少一个开放式通信接口。以备接入各种功能性模块或者是系统功能性扩展。这里所说的模块(Module Block)是指在程序设计中,为完成某一功能所需的一段程序或子程序;或指能由编译程序、装配程序等处理的独立程序单位;或指大型软件系统的一部分。

下位机控制器多以单片机作为核心,具备染色机所需的各类控制功能,机内存储了多种工艺曲线可以调用。多台控制器也可以集中安装,但染色机台边也应有现场控制箱,提供必要的工作指示和必要的操作键。

中央集控系统的人机界面也被称为用户界面或使用者界面,是人与计算机之间传递、操作逻辑、交换信息的媒介和对话接口,是控制系统的重要组成部分。UI设计是指对软件的人机交互、操作逻辑、界面美观的整体设计,也叫界面设计。界面设计一般包含三方面含义:一是图形设计,即集中控制系统的"外形"设计;二是交互设计,主要在于操作流程、逻辑结构、操作规范等;三是用户体验。它是介于使用者与硬件而设计彼此之间互动沟通相关软件,目的在于让使用者能够方便有效率地去操作硬件以达成双向之互动,完成所希望借助硬件完成之工作。评价标准还根据具体客户需求,总体是简单易懂、易于操作、强调美观,对于高级用户则还可以进行界面修改或升级。

二、现场总线系统

现场总线FCS是应用于生产现场,连接智能现场设备和自动化系统的全数字、双向、多站的通信系统。主要是解决工业现场的智能化仪器仪表、控制器、执行机构等现场设备间的数字通信以及这些现场控制设备和高级控制系统之间的信息传递问题。总线(Bus)是传输信息的公共通道,是由导线组成的传输线束,总线将系统内不同的计算机联系在一起。通信介质可以是双绞线、同轴电缆或光导纤维。现场总线使具有自动控制系统的设备实现了通信和交互控制。

通过现场总线,一对双绞线可以挂接多个控制设备,节约安装成本,节省维护开销,信息传输可靠性大大提高。总线系统需提供一套信息传输管理的通用规则即管理协议,加上物理介质,就构成了系统的总线。

总线的工作原理:如果把生产现场看作一座城市,那么总线就像是城市里的公共汽车,能按照固定行车路线,来回不停地传输信息。

当总线空闲时,即其他设备接口都以高阻态形式连接在总线上。此时若一个设备要与目的设备通信,发起通信的设备会驱动总线,发出地址和数据。而其他以高阻态形式连接在总线上的设备如果收到与自己相符的地址信息后,马上接收总线上的数据。发送设备完成通信后,将总线让出,即输出变为高阻态。从这个意义上说,如果把中央控制主机比作大脑的话,总线就相当于神经系统。工厂自动化信息网络可分为以下三层结构:工厂管理级、车间监控级、现场设备级,而现场总线是工厂底层设备之间的通信网络。

1. 现场总线的本质

(1)现场通信网络:用于自动化生产的现场设备或现场仪表互连的现场通信网络。

(2)现场设备互联:依据实际需要使用不同的传输介质把不同的现场设备或者现场仪表相互关联。

(3)互操作性:用户可以根据自身的需求选择不同厂家或不同型号的产品构成所需的控制回路,从而可以自由地集成 FCS。

(4)分散功能块:FCS 废弃了 DCS 的输入/输出单元和控制站,把 DCS 控制站的功能块分散地分配给现场仪表,从而构成虚拟控制站,彻底实现了分散控制。

(5)通信线供电:通信线供电方式允许现场仪表直接从通信线上摄取能量,这种方式提供用于本质安全环境的低功耗现场仪表,与其配套的还有安全栅。

(6)开放式互联网络:现场总线为开放式互联网络,既可以与同层网络互联,也可与不同层网络互联,还可以实现网络数据库的共享。

也正是由于 FCS 的以上特点使得其从设计、安装、投运到正常生产都具有很大的优越性。首先由于现场具有自动控制单元机的设备能执行较为复杂的任务,不再需要单独的控制器、计算单元等,节省了硬件投资和使用面积;FCS 的接线较为简单,而且一条传输线可以挂接多台设备,节约安装费用;由于现场控制设备往往具有自诊断功能,并能将故障信息发送至控制室,减轻了维护工作;同时,由于用户拥有高度的系统集成自主权,可以比较灵活地选择合适的厂家产品;整体系统的可靠性和准确性也大为提高。

2. 现场总线的类型 目前有多个国家都推出现场总线,但彼此并不兼容。下面简单介绍两种常见的基金会总线和控制器局域网络总线。

(1)基金会现场总线:基金会现场总线(Foundation Fieldbus ,FF)是以美国 Fisher - Rousemount 公司为首的联合 ABB、西门子等 80 家公司制定的 ISP 协议和以 Honeywell 公司为首的联合欧洲等地 150 余家公司制定的 WorldFIP 协议于 1994 年 9 月合并的。基金会现场总线采用国际标准化组织(ISO)的开放化系统互联 OSI 的简化模型,即物理层、数据链路层、应用层,另外增加了用户层。FF 分低速 H1 和高速 H2 两种通信速率,前者传输速率为 31.25kb/s,通信距离可达 1900m,可支持总线供电和安全防爆环境。后者传输速率为 1Mb/s 和 2.5Mb/s,通信距离为 750m 和 500m,支持双绞线、光缆和无线发射,协议符号 IEC1158-2 标准。FF 的物理媒介的传输信号采用曼彻斯特编码。该总线在过程自动化领域得到了广泛的应用。

(2)控制器局域网络总线:控制器局域网络(Controller Area Network,CAN),是由德国 BOSCH 公司在 20 世纪 80 年代开发,并最终成为国际标准,是国际上应用最广泛的现场总线之一。CAN 总线上设备都是对等的。通信介质可以是双绞线、同轴电缆或光导纤维。数据段长度最多为 8kb,不会占用总线时间过长,从而保证数据通信的实时性。网络以两线制串行通信方法,凭借其很高的抗干扰能力,很好的差错控制能力,高可靠性,多节点网络互联,高速率长距离的传输特性,完善的通信协议,维修简便等优点,可以很好地满足系统的要求。CAN 特别适合工业过程监控。

由于现场总线目前种类繁多,标准不一,大部分现场层仍然会首选现场总线技术。由于技术的局限和各个厂家的利益之争,这样一个多种工业总线技术并存,以太网技术不断渗透的现状还会维持一段时间。

开放控制系统(Open Control System)是目前计算机技术发展所引出的新的结构体系概念。"开放"意味着对一种标准的信息交换规程的共识和支持,按此标准设计的系统,可以实现不同厂家产品的兼容和互换,且资源共享。开放控制系统通过工业通信网络使各种控制设备、管理计算机互联,实现控制与经营、管理、决策的集成,通过现场总线使现场仪表与控制室的控制设备互联,实现测量与控制一体化。

应用实例:通过人机界面,控制系统可以在主机上方便灵活地编入、修改染色工艺过程数据。如图 8-19 所示是具有典型特征的染色工艺曲线与某企业正在运行人机交互界面。当车

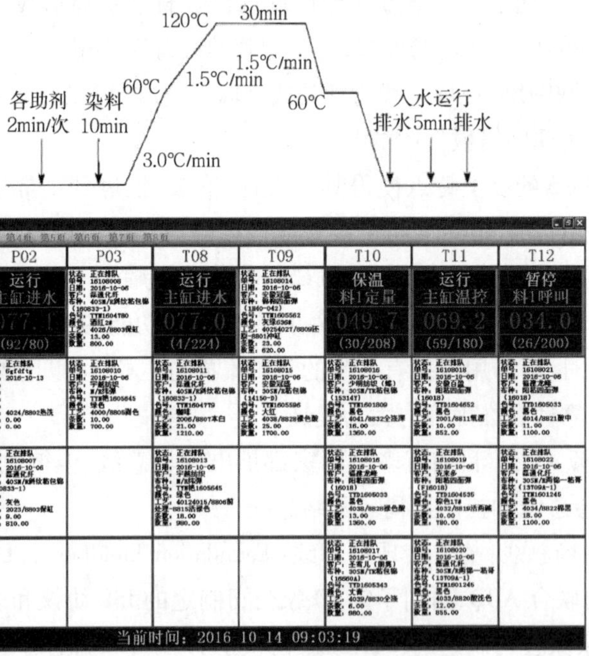

图 8-19　染色工艺曲线和人机界面示意图

间染色机做好各项准备,发送信号到集中控制室,请求运行时,系统将工艺曲线每阶段(前处理、染色升温、染色降温、染色保温、后整理)的各参数(水量、温度、时间、电机转速、浴比等)传到相应染色机的控制电脑中。染色机按预定的工艺曲线自动运行。

每台染色机的控制器(下位机)执行机构电磁阀门开闭可控制各类助剂染料的加注,同时控制液位和浴比,安装在蒸汽管路的电磁阀门执行升温降温的操作,升温速度与伺服电动机结合阀门综合控制。下位机也可以控制工艺运行的时长,编程、保存上传、下载工艺数据,实行监视记录染色机的状态;车间生产可根据不同染色工艺要求,控制如设备主泵、副泵、进水、出水、溢流、正转、反转、呼叫、报警、锁缸、泄压等,控制工艺如温度、泵速、循环方向、升降温梯度等。使用这些数据建立最佳的生产工艺过程,并下载到机台控制器。查询打印工艺曲线、数据资料和统计报表,为分析染色质量和生产管理提供了极大的方便。每个检测周期都存储记录温度测量值和工艺段标志,以备主机调用。如图 8－20 所示为工控机信号监控流程图。

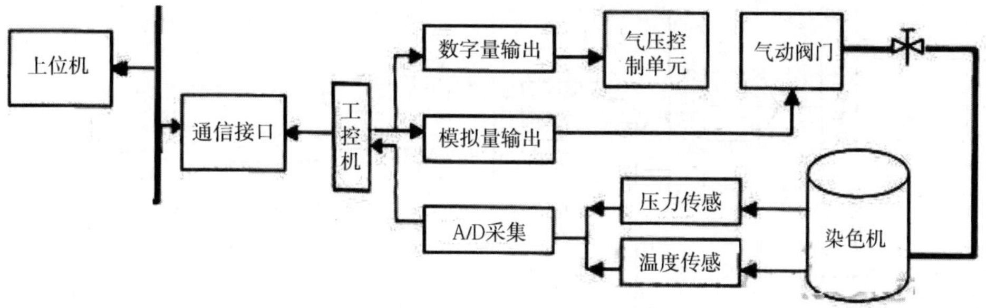

图 8－20　工控机信号监控流程图

三、自动配料系统

21 世纪初,为适应市场快速变化,许多印染企业在打样室配备了实验室滴液系统,系统以颜色管理为中心将比配色仪、滴液机和染料称重系统组网,以实现集成控制,提高配方准确率和打样成功率。

近年来,染整车间集中控制管理系统将染辅助剂计量与输送管道、管路、阀门、染料计量与输送设备、在线数据监视和管理系统结合到一起,通过网络化组成一个综合体系,实现对印染的全方位生产控制和管理,包含染辅材料称量、仓储、自动加料管理。根据操作方式,自动配料属于中央群控系统中的一个模块。

在加入自动配料系统模块后使印染厂提高生产效率和产品质量,降低对工人的依赖,并显著节省物料和人力成本,使工厂更加自动化、智能化、数字化。

自动配料系统是由带有自动配料算法软件的电脑作为其自动配料的控制器,可同时控制多台秤,多种不同物料或控制输出操作直观、清楚、自动恢复功能;有报表功能,能记录储存各类数据和制表打印;要求有报警提示功能;可接入自动监控软件,通过实时的在线监视器,随时监控生产的重要信息。

从加料的连续性看,自动加料系统可分为连续式加料系统和间歇加料系统;从加料的计量方式看,可分为体积式加料系统和质量(重量)式加料系统;从物料的形态看,可分为粉状物料,粒状物料和液体物料加料系统等;从加料传感器触发条件看,可分失重式和增重式称重传感器,测力传感器,扭矩传感器等。

1. 自动加料系统的组成 自动加料系统或称自动给料系统,将完成从染料助剂的仓储、称量、自动加料管理过程。系统结构分三层,设备层、集中监控层、远程监控层。一般由工控机、PLC、工业称重仪表、变频器、振动电机、混料机、传感器、传送带、输送管路等部分组成。加料器控制单元包括重量传感器、速度传感器以及加料器的控制模块,主要是执行控制算法等。监控系统应当包括IPC以及监控软件。加料器的变频控制器主要是驱动物料输送电动机。PLC控制单元包括可编程逻辑控制器、输入输出模块、通信模块等。如图8-21所示为自动加料控制系统示意图。

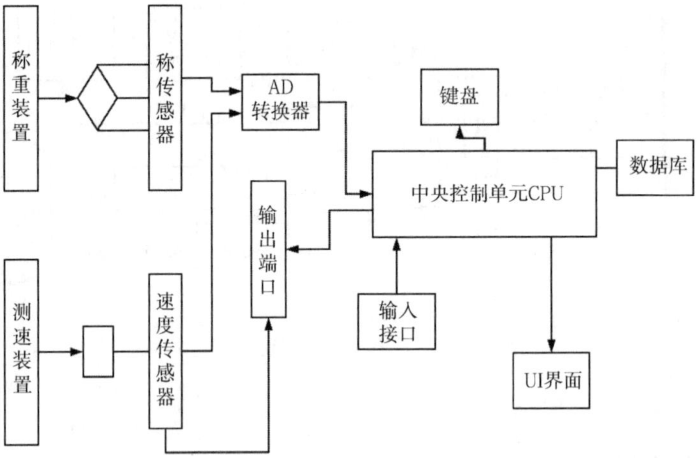

图8-21 自动加料控制系统示意图

完成自动加料,系统一般包括三个部分:失重或增重控制单元、PLC控制单元和监控单元即人机界面UI。被测物料传送到输送机构,放在秤盘上时,触发压力传感器,从而使阻抗发生变化,同时使用激励电压发生变化,输出一个变化的模拟信号。该信号经放大电路放大输出到模数转换器。转换成便于处理的数字信号输出到CPU运算控制。CPU根据键盘命令以及程序将这种结果输出到显示器。使用场景是在前端后端均配有输送机构,电磁流量计或称重模块作为助剂计量的核心设备。

2. 加料过程及控制策略 传统染色车间一般加料过程是:配料工根据打样室配料单在料房进行称重,称重完成之后放置在固定位置,染色工凭领料单将材料运送到机台,根据工艺手动按顺序加入化料桶进行配料,运转均匀后按工艺顺序打入染色机。

而引入自动加料系统后,助剂配方由技术科开单,并传输到中控主机,由主IPC控制计量输送系统中相应泵、阀动作,将助剂原液和水及时、定量地输送至指定的料桶,染料助剂称量系统可以实现染料及助剂自动称量、计量,其精确度可以得到严格控制,同时避免了人工作业的疏忽比如误看、误称、误取等，提高染色品质。

上位工控机提供人机交互界面，完成控制信息输入、数据管理，进行数据显示、存储、统计和报表等功能。对多台机器，配置多台称量料斗，对输送来的原料进行称量；加料机通过加料管道与称量料斗连接，加料管道上设有电控加料阀门；各个称量料斗设有料斗排料管道，料斗排料管道上设有料斗排料阀门；称重仪表，通过称重仪表读取各个称量料斗上的原料实际重量；控制器用于对比原料重量数据，并控制电控加料阀门或料斗排料阀门的开关；参数设置电脑、加料机、称量料斗、电控加料阀门、料斗排料阀门和称重仪表均与控制器通讯连接。

位于中控室的工控主机负责记录称重结果，显示称重数据，同时，控制人员可以在中控室通过控制电路手动控制配料过程的启停。采用快速、慢速、提前发出停止加料指令等控制策略，同时利用 PLC 的互锁技术确保配料的顺利进行。系统启动后，工控机向 PLC 发出开始加料信号，PLC 控制变频器驱动电动机进行快速加料，同时，主机持续不断地读取称重仪表的称重数据，当重量值接近设定值时，工控主机向 PLC 发出停止加料的控制指令，此时，PLC 控制变频器进行慢加，通过事先估计出传送机构上原料的残余，设定值和实际加料的差值和传送机构上染料的残余相当时，PLC 真正发出停止指令，该指令由变频器执行，从而控制电机停机，停机后传送机构上的原料无残余，配料精度符合要求。

染料属于粉粒状态物料借助输送带传送。给料系统的精度，可操作程度直接影响到产品工艺配方执行情况，产品质量高低以及资源消耗定额。如图 8－22 所示为自动配料系统流程示意图。

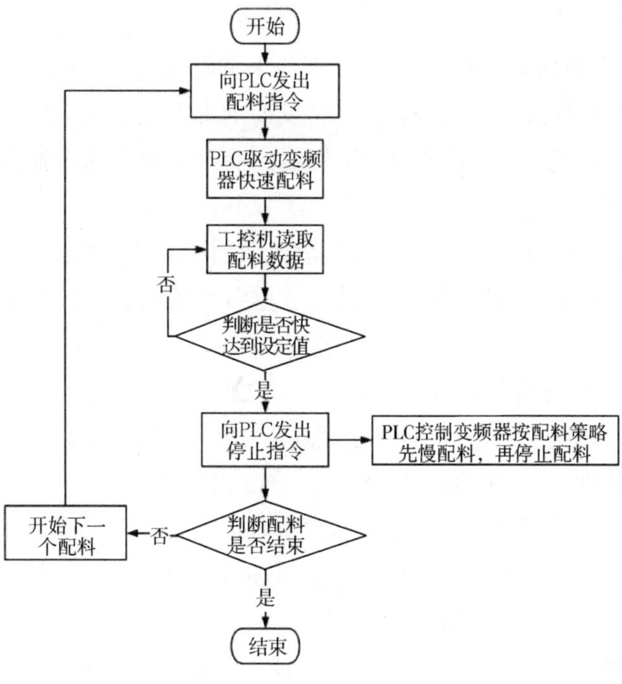

图 8－22　自动配料系统流程示意图

助剂自动加料系统与染料加料有区别,助剂大都是液体,或者可以溶解成溶液使用,助剂通过自动计量和管道密闭输送,可减少或杜绝异味,大大降低或杜绝了人员接触助剂的概率,特别是对于危险化学品的自动计量和密闭输送,减少或杜绝了危险化学品危害人员人身安全事故的发生。助剂则借助管道输送系统,直接到染色机的化料桶。助剂集中仓储管理,还可以节省生产车间空间和面积,现场结构更紧凑有序,现场环境可以做到"无积水、无粉尘、低噪音",作业区可以轻易达到整齐、整洁、美观的生产作业美好环境。如图8-23所示为助剂自动加料系统。

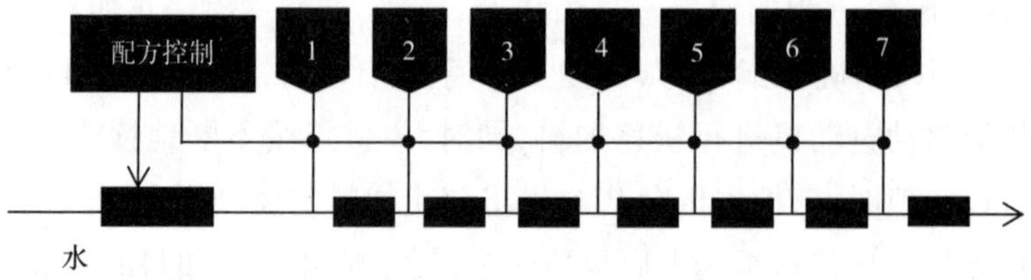

图8-23 助剂自动加料系统示意图

3. 加料系统的人机交互界面 染料助剂传送系统,为方便操作员通过该界面可以与现场设备进行实时交互,UI布局应考虑:提供配料过程的动画显示,过程可视化增加人直观印象,便于操作;能够向PLC发出控制指令,读取PLC的运行状态;读取并显示称重仪表上的称重信号,根据称重数据,向PLC发送指令;显示数据库和报表,保存配料数据,可以打印输出报表;方便配方的增加与修改;异常情况报警。

群控系统增加了自动加料功能后,使生产更趋于智能控制,显现出MES的功能,经更进一步发展,可终结手动生产模式下车间挡缸工染料及助剂常发生拿错、多称、少称或忘称、混用等错误现象,由此可以根本消除手动生产模式下影响产品质量的人为因素这一干扰源,对产品质量可以得到极大的提高。

在集控生产模式下,染料称量精确度可以设置;助剂计量精确度也可以设置。并且染料、助剂可以实现自动称量、计量和输送,其称量、计量数据可实现电脑监控并记录存储,便于实时或日后查询分析。

传统印染企业引入中央集控系统,可以具有如下优点:

(1)使染色工艺管理更加规范,而且保密性提高。染色工艺曲线可以集中由集控室操作人员输入、修改、管理,避免操作工误输入、误操作及修改程序,也提高了染色工艺流程的保密性;

(2)对设备运行状态进行监视记录,预判、预防质量事故;

(3)大大提高管理效率。可以对客户资料、工艺曲线、执行情况以及产量交期进行查询、统计管理,方便查阅调用,并帮助追溯面料降等原因;

(4)染色机控制系统原理潮湿、高温的现场,使用寿命得以延长。同时,改善工作环境,降低人力成本,降低不良品率。

进入21世纪,随着工业技术迅速发展,染整设备的自动化进程仍然在加速进行中。如今,经济全球化与消费需求个性化趋势更趋明显，订单结构也呈现小批量、多批次、颜色多变和质量要求较高的特点。

为增强企业上层管理信息系统与底层过程控制系统的联系，一般企业都已建立了自己的管理信息系统（如 MES、ERP）以及实现了企业对设备控制的基础自动化和过程自动化，并且在此基础上形成了相对独立的系统。许多独立的自动控制系统并入企业整个信息系统，ERP 系统还能统一处理销售、设计、内部运输、存储、包装、行情调查、会计、维修、管理等环节的信息，沟通企业内部和外部的信息，并能根据使用人员的需要有选择地提供信息报告。例如，顾客的订货单可在门市部送到信息系统中而立即传送到信息系统的生产调度部门。整个行业正朝着高效率、高质量、高效益、低消耗、低排放的现代化大工业方向持续发展，呈现出企业规模化、技术集成化、产品多样化、功能化、生产清洁化、资源节约化和产业全球化发展的突出特点。

另一个重要趋势是工厂生产设备广泛采用自动化技术，传动系统采用交流变频多单元同步调速系统；在控制系统方面，广泛应用 PLC 或 IPC 控制；工艺参数在线监控普遍应用，提升了染整设备的自动化程度，使工艺稳定性、重现性得以大幅度提高；染整设备机电一体化、自动化、人机对话、工艺设定、自动检测与控制、远程诊断等手段广泛使用。目前，自动化技术从单机控制发展到系统自动化，进而发展到工厂自动化。

随着国家制造业 2025 战略加紧实施，染整转型升级，企业更加看重装备现代高速设备，自动控制日益显得重要，所以现代印染要求从业者既要懂得染整工艺和设备，又要懂得自动化控制技术，才会使先进设备发挥最大的效能。

思考题

1. 为什么自动控制对印染业发展越来越重要，未来印染行业有哪些重点发展方向？
2. 现代染整机器一般由哪几部分组成？什么叫设备自动化？
3. 染整工艺设备常用到的传感器有哪些？对应的工艺因素是什么？
4. 按照驱动能源不同，自动控制执行器可分为哪几类？各举两类说明。
5. PLC 作为控制器在自动化装备制造领域获得了广泛应用，它具有哪些优点？
6. 自动控制系统由哪几部分组成？简述其控制原理。
7. 什么叫过程控制系统？什么元件可以实现对被控对象的驱动？举例说明在染整设备运行过程中有哪些应用？
8. 什么是传动控制系统？自动传动控制对设备运行有什么重要作用？
9. 试简述设备运行状态判断方法及控制策略。
10. 什么是人机互动界面？其设计原则有哪些？
11. 什么是现场总线系统？总线系统包含哪些部分？
12. 什么是 CAN 总线，基金会现场总线？什么是 DCS？
13. 什么是自动配料系统，什么是自动管路输送系统？

14. 为什么说中央集控系统使生产更趋向于智能制造?
15. 传统印染企业引入中央集控系统可以使生产升级,试述其优点。
16. 画出图8-4和图8-17温度控制系统示意图。

参考文献

[1]吴立. 染整工艺设备[M]. 北京:中国纺织出版社,2010.

[2]廖选亭. 染整设备[M]. 北京:中国纺织出版社,2009.

[3]盛慧英. 染整机械[M]. 北京:中国纺织出版社,1999.

[4]陈立秋. 新型染整工艺设备[M]. 北京:中国纺织出版社,2002.

[5]刘江坚. 第十四届上海国际纺织工业展览会针织染整机械述评[J]. 针织工业,2009(10):1-5.

[6]刘江坚,孟庆涛. 第十五届上海国际纺织工业展览会针织染整机械述评[J]. 针织工业,2011(7):25-48.

[7]阎克路. 染整工艺学教程:第一分册 [M]. 北京:中国纺织出版社,2005.

[8]朱才水. LZZQ 型筒状针织物烧毛联合机[J]. 印染,2005(22):35.

[9]陈祥勤. 针织物连续化平幅练漂染色工艺路线的实现[J]. 针织工业, 2008(8):36-37.

[10]武兴军. 针织物烧毛工艺[J]. 印染,2004(7):33-24.

[11]赵涛. 染整工艺与原理:下册[M]. 北京:中国纺织出版社,2009.

[12]范雪荣. 纺织品染整工艺学[M]. 2 版. 北京:中国纺织出版社,2006.

[13]陈立秋. 先进染整设备评析:前处理与染色领域[J]. 纺织导报,2010(9):62-63,66-69.

[14]王清安,赵明江. 国产条栅式练漂机的应用[J]. 印染机械,1997(1):3-7.

[15]张骏,周炳南,吴建华,等. 针织筒状平幅连续化练漂联合机的研发及实践[J]. 针织工业,2010(7):29-31.

[16]徐顺成. 针织物平幅连续化前处理工艺与设备[J]. 针织工业,2011(5):34-36.

[17]解斌. 高效短流程退煮漂设备的剖析[J]. 染整技术,2004(5):32

[18]童耀辉. 筒子纱(经轴)纱染色生产技术[M]. 北京:中国纺织出版社,2007.

[19]邹衡. 纱线筒子染色工程[M]. 北京:中国纺织出版社,2004.

[20]王授伦,唐增荣. 纺织品印花实用技术[M]. 北京:中国纺织出版社,2002.

[21]胡平藩,武祥珊,钱灏,等. 筛网印花[M]. 北京:中国纺织出版社,2005.

[22]朱亚伟,赵建平. 丝织物染整设备[M]. 北京:中国纺织出版社,1998.

[23]信龙机械工业有限公司. 园网印花机的应用[M]. 北京:中国纺织出版社,2010.

[24]王宏. 染整工艺学:第四册[M]. 北京:中国纺织出版社,2004.

[25]陈立秋. 新型染整工艺设备[M]. 北京:中国纺织出版社,2002.

[26]房宽峻. 数字喷墨印花技术[M]. 北京:中国纺织出版社,2008.

[27]房宽峻. 中国数码喷墨印花设备的现状与发展趋势[J]. 纺织导报,2011(1):65.

[28]陈立秋. 冷转移印花的节能减排(一)[J]. 染整技术,2010,32(7):49.

[29]孙文铎. 平网和圆网印花设备的特性与选用(一)[J]. 印染,2005 (20):23.
[30]孙文铎. 平网和圆网印花设备的特性与选用(二)[J]. 印染,2005 (21):26.
[31]朱仁雄. 国内外印花设备的现状及发展趋势[C]//第八届全国印染行业新材料、新技术、新工艺、新产品技术交流会暨全国印染行业印花年会论文集. 北京:印染行业协会,2009:35 -48.